Mettre en place et exploiter un centre d'appels

Collection « Solutions d'entreprise » dirigée par Guy Hervier

Patrick Devoitine

Mettre en place et exploiter un centre d'appels

EYROLLES

ÉDITIONS EYROLLES
61, bd Saint-Germain
75240 Paris Cedex 05
www.editions-eyrolles.com

Remerciements

Les personnes dont les prénoms suivent se reconnaîtront !

La rédaction d'un tel ouvrage est une tâche de longue haleine qui perturbe de beaucoup l'environnement. À ce titre et avant quiconque, je voudrais remercier les membres de ma famille très proche : Mauricette, Alban, Quentin et aussi Caroline qui m'ont témoigné leur compréhension et ont supporté mon humeur, bien entendu maussade, pendant cet effort…

Que soient également remerciés Micheline K. et Christian qui m'ont fortement « invité » à poursuivre.

Une pensée pour Christèle dont le soutien a pu m'être précieux.

Que ne soient pas oubliés non plus tous ceux qui, chacun en son temps, ont permis que j'apprenne à être et non à savoir, à penser et non à connaître ; ils sont Edmond, Marceau mais aussi Alain et une autre Micheline.

Merci à vous tous.

Table des matières

Avant-propos

Nés dans les années 1970 pour répondre aux besoins des entreprises de VPC, les « centres d'appels » ont pour objectif, comme nous le détaillons largement dans cet ouvrage, de fournir aux clients d'une entreprise des prestations téléphoniques de la manière la plus organisée possible afin d'obéir à des critères de rentabilité tout en assurant une bonne qualité de service.

Les centres d'appels remplissent deux fonctions essentielles : l'activité commerciale et la prestation de services. Si la fonction commerciale se borne, le plus souvent, à la prise de commandes, la prestation de services couvre un champ plus large, qui s'étend de la simple action de renseignement jusqu'à l'organisation de plates-formes de support technique complètes.

Précisons également que la notion de centre d'appels se définit plus par un mode d'organisation du traitement des flux téléphoniques que par un critère de taille. Ainsi, un service composé de quatre conseillers repose sur un modèle de traitement quasiment identique à celui que l'on rencontrera dans les très grandes structures constituées de plusieurs centaines (voire milliers) de conseillers.

Enfin, il est indéniable que la mise en place d'un centre d'appels bouscule, plus que tout autre projet, l'organisation générale de l'entreprise concernée.

Quel est l'objectif de cet ouvrage ?

Cet ouvrage est conçu pour répondre aux questions qui se posent à toutes les étapes de la vie d'un centre d'appels.

Que vous démarriez une étude, que vous exploitiez un centre d'appels existant ou que vous ayez des projets de réorganisation ou d'évolution fonctionnelle de votre centre d'appels, ce livre vous aidera à préciser vos objectifs et à les atteindre plus efficacement.

- Si vous démarrez un projet, vous trouverez dans cet ouvrage les informations nécessaires pour choisir les solutions techniques et organisationnelles les plus adaptées à votre métier et à vos besoins. Depuis l'analyse préalable jusqu'à la mise en place de votre centre en passant par la rédaction des divers cahiers des charges, ce livre vous guidera dans la conduite du projet sans jamais vous éloigner des contraintes générales de rentabilité.

- Si vous souhaitez mettre en place un pilotage véritablement industriel ou simplement améliorer les performances de votre centre d'appels, vous trouverez dans ces pages toutes les techniques et méthodes qui vous permettront de réaliser vos reportings et vos prévisions avec l'objectif d'optimiser la qualité de service tout en maîtrisant les coûts d'exploitation. En particulier, vous trouverez tous les ingrédients nécessaires à la construction de tableaux de bord adaptés et synthétiques.

- Si vous voulez, enfin, restructurer ou faire évoluer, fonctionnellement ou organisationnellement, votre centre d'appels pour mieux répondre aux besoins de vos clients ou en améliorer la rentabilité, vous trouverez dans cet ouvrage des conseils méthodologiques spécifiques à la conduite de projet « à chaud », tenant compte des impératifs de continuité de service.

Nous insistons en dernier lieu sur le fait qu'un centre d'appels en état de marche et qui présente les performances espérées est toujours le résultat de la convergence des trois « piliers » que sont : une technologie complètement adéquate, une organisation sans faille et un management adapté. Loin de se limiter aux aspects technologiques, ce livre accorde ainsi une large place aux problématiques d'organisation et de ressources humaines.

La structure de l'ouvrage

Cet ouvrage comprend un chapitre introductif suivi de deux parties qui ont respectivement pour titre « Architecture technique » et « Mise en place et exploitation ».

- **Le chapitre d'introduction** propose une typologie des centres d'appels en fonctions de critères tels que la nature des services proposés, le niveau de valeur ajoutée ou la structure de clientèle (qu'elle soit interne ou externe). Sont également évoqués dans ce chapitre les principes de fonctionnement et les principaux critères de réussite d'un centre d'appels, ainsi qu'une brève analyse de l'état actuel du marché et de son potentiel d'évolution.

- **La première partie, « Architecture technique »**, qui regroupe les chapitres 2 à 5, offre un panorama technique complet des centres d'appels.

Le chapitre 2 présente les différentes « briques » matérielles et logicielles qui constituent un centre d'appel : ACD (Automatic Call Distributor), SVI (serveur vocal interactif), outils CTI (couplage téléphonie-informatique) et poste de travail des conseillers. Chacune de ces composantes est décrite en détail, aussi bien du point de vue de son utilisation pratique que de son principe de fonctionnement.

Le chapitre 3 décrit les infrastructures télécoms permettant le transport de la voix – réseaux téléphoniques publics et réseau Internet –, en mettant l'accent sur les services à valeur ajoutée proposés par les « réseaux intelligents », qui permettent de déporter une partie des fonctions dévolues traditionnellement aux ACD locaux. Nous rappelons à cette occasion que ce concept de « réseau intelligent » doit beaucoup aux besoins fonctionnels suscités par les centres d'appels.

Le chapitre 4 aborde un thème généralement peu développé dans les livres sur les centres d'appels et qui est pourtant au cœur des enjeux de ce métier : la gestion des flux (ou trafics) téléphoniques. Nous présentons les techniques de mesure des flux et les modèles de calcul grâce auxquels il est possible d'établir des prévisions de trafic et de planifier au mieux les ressources.

Le chapitre 5 traite des « Web call centers », qui associent à la relation téléphonique une connexion Internet, et font évoluer le traditionnel centre d'appels vers un ensemble de services beaucoup plus vaste, que l'on désigne sous le terme de « centre de contact ». Parmi les thèmes abordés dans ce chapitre : la voix sur IP, le contact en mode « chat », la navigation collaborative ou encore la visioconférence sur IP.

- **La seconde partie, « Mise en place et exploitation »**, qui regroupe les chapitres 6 à 11, a pour objet de présenter toutes les étapes du cycle de vie d'un centre d'appels en insistant tout particulièrement sur les questions d'organisation et de management.

Le chapitre 6 propose un guide méthodologique de conduite de projet. Nous y décrivons toutes les phases de la mise en place d'un centre d'appels, depuis l'analyse des besoins jusqu'au déploiement, en passant par le choix d'une architecture technique et d'un modèle d'organisation. Le lecteur pourra s'inspirer de cette démarche méthodologique précise et concrète pour piloter ses propres projets.

Le chapitre 7, intitulé « Analyse préalable et critères de choix », établit l'inventaire des questions qui doivent être posées (et résolues) en amont de tout projet de mise en place ou de refonte d'un centre d'appels : analyse des besoins, estimation des flux et évaluation des ressources humaines nécessaires, choix des fonctionnalités et du niveau de service proposés, choix des solutions techniques, question de l'externalisation, etc.

Le chapitre 8, que nous considérons comme un des plus essentiels de cet ouvrage, décrit les différents modèles d'organisation qui peuvent être retenus en fonction du volume du trafic et du niveau de service choisi. Pour des raisons pédagogiques, nous avons choisi de construire ce chapitre par touches successives en partant de la situation la plus simple (un seul flux d'appels et une équipe unique) jusqu'à la plus complexe (organisation multisite, flux multiples et équipes multiples…).

Le chapitre 9 traite du management et des ressources humaines, un sujet délicat puisqu'il s'agit de trouver un équilibre entre l'approche tayloriste, adaptée au traitement de masse des appels, et la nécessaire personnalisation du service client.

Le chapitre 10 nous indique quels outils doivent être mis en place pour permettre un pilotage efficace du centre d'appels : élaboration d'indicateurs pour mesurer la qualité de service et les performances, ainsi que de tableaux de bord de reporting.

Le chapitre 11 est consacré à l'art du *staffing*, c'est-à-dire aux méthodes de prévision des flux et de planification des ressources humaines à l'échelle hebdomadaire et mensuelle.

À qui s'adresse cet ouvrage ?

Cet ouvrage s'adresse aux différents acteurs impliqués dans un projet de mise en place, d'exploitation ou d'évolution d'un centre d'appels : décideurs, chefs de projets, responsables techniques, responsables de l'exploitation, etc. Ces acteurs peuvent appartenir à l'une des quatre entités suivantes :

- L'entreprise « maître d'ouvrage » qui va apparaître comme le propriétaire du centre d'appels sinon l'utilisateur principal[1].

- Les divers fournisseurs de matériels, logiciels et solutions, que ce soit dans le domaine des ACD, des SVI ou des solutions CTI.

- Les « intégrateurs » qui ont pour mission d'implanter la solution complète et de la connecter aux éléments internes de l'entreprise maître d'ouvrage : système d'information, infrastructure télécoms, etc.

- Le prestataire chargé de l'hébergement et/ou de l'exploitation du centre d'appels dans le cas d'une externalisation ; notons que ces prestataires sont, par ailleurs, maîtres d'ouvrage quant à l'exploitation de la structure qu'ils mettent à disposition de leurs clients.

Les responsables de plates-formes ou superviseurs, qui sont au cœur de l'exploitation opérationnelle des centres d'appels, trouveront dans cet ouvrage des informations précieuses sur les méthodes de calcul de prévision des flux et d'évaluation des besoins en ressources humaines (*staffing*).

1 Pour ce qui est d'une structure de help desk interne, toute l'organisation est concernée soit en tant que prestataire de service soit comme client.

Votre profil	Vos préoccupations	Les chapitres à lire en priorité
Direction Générale (maître d'ouvrage – prestataire)	Comprendre l'organisation d'un centre d'appels (pour qui, pourquoi, comment)	Chapitres 1, 6, 7, 9 et 10
Directeur Informatique (maître d'ouvrage – prestataire – help desk)	Aborder les questions de l'intégration entre l'informatique métier et les éléments du centre d'appels	Chapitres 1, 2, 3, 4, 5, 8 et 10
Architecte de système d'information (intégrateur)	Comprendre l'intégration CTI et les interconnexions des diverses « briques »	Chapitres 1, 2, 3, 4, 5, et 10
Directeur télécoms (maître d'ouvrage – prestataire - intégrateur)	Comprendre les spécificités des ACD ainsi que des réseaux externes de type Réseau Intelligent	Chapitres 1, 2, 3, 4, 5, 8 et 10
Consultant télécoms (société de service – indépendant)	Comprendre les spécificités des ACD ainsi que des réseaux externes de type Réseau Intelligent	Chapitres 1, 2, 3, 4, 5, 8 et 10
Exploitant télécoms (maître d'ouvrage – prestataire)	Comprendre le langage des responsables fonctionnels de centres d'appels qui lui demandent des modifications de programmation	Chapitres 1, 2, 3, 4, 5, 8 et 10
Responsable organisation (maître d'ouvrage – prestataire)	Comprendre les modifications d'organisation provoquées par le centre au sein de l'entreprise	Chapitres 1, 6, 7, 8 et 11
Consultant organisation (société de service – indépendant)	Bénéficier d'informations sur l'architecture technique des projets d'intégration et sur les spécifications nécessaires	Chapitres 1, 2, 3, 10, 11 et 12
Responsable de centre d'appels (maître d'ouvrage – prestataire)	Disposer d'outils et de méthodes pour améliorer les performances tout en diminuant les coûts. Réussir à mieux planifier les ressources humaines	La totalité, et plus particulièrement les chapitres 8 à 11
Superviseur centre d'appels (maître d'ouvrage – prestataire)	Idem	La totalité, et plus particulièrement les chapitres 8 à 11
Responsable d'équipe centre d'appels (maître d'ouvrage – prestataire)	Idem	La totalité, et plus particulièrement les chapitres 8 à 11

Chapitre 1

Introduction

Historiquement, les centres d'appels furent créés dans un environnement exclusivement commercial. Ainsi, la VPC naquit du constat que la production d'un catalogue comportant des bons de commande réduisait considérablement les coûts de commercialisation et, par conséquent, les prix de revient des produits vendus.

En outre, ce phénomène s'amplifia d'un effet de « masse » lié à la facilité d'expédier des catalogues en grande quantité et de toucher une clientèle beaucoup plus large en nettement moins de temps. Puis, très vite, ce nouveau médium de vente s'est avéré impersonnel et a nécessité une structure de « service après-vente » ne pouvant être réalisée que par téléphone (décrispation du client, personnalisation du contact…). Très rapidement, on s'est aperçu que ce moyen de communication ne se résumait pas à la simplicité apparente d'un « oui, bien sûr, je sais me servir d'un téléphone » ; on a constaté, *a contrario*, que le traitement massif d'appels téléphoniques, presque identiques, nécessitait une approche quasi industrielle de type production : une nouvelle organisation était née : les centres d'appels créant, par là même, de nouveaux métiers.

Forts de cette expérience, à la fois acquise et en cours de développement, les traditionnels « VPCistes » ont exploité cette structure et l'explosion de l'utilisation du téléphone pour prendre ainsi des commandes ; ce phénomène a engendré deux inconvénients : la création d'un second motif d'appel et l'augmentation, difficilement contrôlable, du nombre d'appels.

L'expérience et le professionnalisme ont ainsi progressé et des outils à la fois de téléphonie et d'informatique sont apparus sous la pression du marché. Parallèlement, d'autres usages se sont développés tels que le service après-vente dans le domaine du logiciel (*hot lines*) ou autres unités de service internes (*help desks*).

Dans tous les cas, la création de ces structures fut fondée sur des impératifs économiques. La banque, par exemple, développe actuellement en grand nombre des plates-formes d'appels dans le souci de servir ses clients le plus rapidement possible et à moindre coût. Si, en plus, on peut persuader le client, qui ne demande qu'à être convaincu, qu'il gagne le temps de déplacement à l'agence, alors la boucle est bouclée et l'on se trouve dans une relation commerciale idéale : client satisfait/fournisseur satisfait. Encore faut-il être conscient qu'il est utile, indispensable, impératif de... fournir effectivement le service et de s'en assurer. C'est là le thème du présent ouvrage.

Note

Ainsi, un conseiller client de la banque est occupé au guichet avec un client, lorsque le téléphone sonne. Si la communication téléphonique avec l'autre client se prolonge, le client du guichet risque de s'impatienter et d'avoir le sentiment de ne pas être traité en client privilégié. Quant au conseiller client, il risque de n'en satisfaire aucun !

Ce chapitre a pour objectif de décrire un centre d'appels dans le contexte de l'entreprise (ses origines, ses missions, les raisons de sa création, sa place dans l'organisation...). Tous les sujets économiques, fonctionnels ou organisationnels sont abordés ; les problématiques techniques ou logiques seront, quant à elles, traitées au cours des chapitres suivants.

Définitions essentielles

Un centre d'appels est un service de l'entreprise affecté à une mission précise impliquant l'utilisation massive du téléphone et de l'informatique. Les activités sont diverses et variées depuis la traditionnelle télévente ou VPC (origine des centres d'appels) jusqu'à la *hot line*, en passant aujourd'hui par des services d'assistance au sens large[1]. Dans tous les cas, il s'agit bien de mettre en relation des « humains demandeurs » avec des « humains fournisseurs (de services) ».

1 On développe actuellement de plus en plus des services d'assistance des utilisateurs internes sur des sujets précis.

Nous trouverons, d'une part, les « opérateurs » ou « télé-opérateurs » ou « conseillers[1] » et, d'autre part, les « clients », (terme très générique qui désignera systématiquement, dans cet ouvrage, la personne qui appelle le centre).

L'objectif initial étant de concentrer les demandes vers un service centralisé, on se trouve confronté à une problématique de traitement d'appels dit « appels de masse » ; l'appel du client est acheminé vers le service, lui-même considéré comme une entité unique, et non vers une personne précise. La demande n'est pas individualisée (faute de quoi, les objectifs deviendraient antinomiques).

Il est clair que nous sommes arrivés, avec les structures de centres d'appels, à un niveau d'organisation dont l'objectif est de tenter de standardiser, dans une certaine mesure, une fonction de prestation de services ; les deux approches étant *a priori* assez difficiles à concilier.

Historique et origines

L'origine historique des centres d'appels est la VPC (vente par correspondance de la région Nord, en particulier Lille, Roubaix, Tourcoing). Les grandes entreprises du domaine du textile, voyant leurs marges se réduire de manière drastique, ont utilisé le support commercial « catalogue » afin de réduire les coûts de commercialisation. Ce catalogue contenait (et contient toujours) des bons de commande que les clients retournaient par courrier ; le développement du téléphone et le désir de la clientèle d'être servie rapidement ont fait le reste, imposant à ces entreprises le développement des plates-formes de réponses aux appels téléphoniques et la mise en place d'une organisation adaptée. C'est l'origine même des centres d'appels en Europe.

Note

Ces entreprises ont très tôt développé la vente par correspondance ; elles avaient d'ailleurs été créées dans ce but. L'utilisation massive du téléphone, quant à elle, correspond aux années de développement de cet outil en France, c'est-à-dire début de la décennie 1980. Aujourd'hui, on peut raisonnablement admettre que les sociétés de ce secteur et de cette région représentent plusieurs milliers de positions de travail et, donc, de conseillers.

Par la suite, sont apparus des besoins de « hot line » chez les grands éditeurs de logiciels ; la problématique étant de renseigner les clients le plus rapidement possible et de manière interactive sur les fonc-

[1] Ce terme est actuellement le plus couramment employé.

tionnalités, les difficultés d'utilisation et les dysfonctionnements des logiciels. Des plates-formes de traitement téléphoniques de ces demandes ont alors été conçues.

Enfin, se sont créées des structures de réponse à une population interne sur des problématiques précises : les help desks qui ont trouvé leur origine dans le domaine de l'informatique mais qui se développent aujourd'hui pour devenir de véritables services d'information à disposition du personnel et sur des sujets concernant le métier même de l'entreprise.

Actuellement, les centres d'appels se sont généralisés dans un grand nombre de métiers. Citons les structures commerciales qui vont de la vente par correspondance de masse à des organisations plus modestes ; citons également les structures de *help desk* (assistance informatique) qui sont transverses en termes de métiers. Enfin, le monde des services et, en particulier, le domaine bancaire ont largement développé ces modes de fonctionnement.

Quelques principes forts et incontournables

Mon expérience de mise en œuvre d'un grand nombre de centres d'appels m'autorise à livrer ici un certain nombre de principes généraux que j'ai pu acquérir et qu'il convient de ne jamais oublier lorsqu'on travaille dans cet environnement ; toute dérogation ayant des conséquences parfois inattendues, mais toujours graves en regard de la mission à remplir.

Le centre d'appels est une relation humaine

Gardons-nous en toutes circonstances de la déviance du technologue dont le seul objectif réside dans la technologie elle-même. NON, définitivement, si les centres d'appels nécessitent une construction technologique de pointe, celle-ci n'est en aucun cas la mission du centre ; ce dernier est mis en place et organisé pour mettre à la disposition des « appelants » (le plus souvent clients, qu'ils soient internes ou externes) les ressources compétentes permettant de réaliser l'acte souhaité (acte d'achat, demande de renseignement, attente de service…).

Le seul véritable élément important est bien la relation humaine de type « fournisseur-client ». Tout doit être considéré comme si ce dernier avait pénétré dans un magasin et s'adressait à un vendeur.

Le niveau de qualité de service perçu (en particulier l'attention portée) doit être le même à travers le centre d'appels : c'est l'un des objectifs principaux de la construction tant technologique qu'organisationnelle.

Il se comporte comme un être vivant

Un flux d'appels a pour particularité de réagir avec violence à des sollicitations propres au métier. Un cas évident est la réaction d'un centre d'appels traitant des ordres de bourse à une évolution sensible et inattendue du marché ; un autre pourrait être la réaction d'une plate-forme bancaire suite à un retard de virement des salaires dans la fonction publique (cet exemple n'étant cité qu'en regard du grand nombre de comptes simultanément affectés).

Ces deux exemples, chacun dans leur domaine, auront pour conséquence une augmentation brutale du flux d'appels, *a priori*, ingérable (sauf en cas de pléthore de personnel disponible).

De l'autre côté, on pourrait citer l'éventuelle épidémie de grippes qui n'agit pas sur les flux mais décime les ressources produisant ainsi les mêmes résultats. Ce risque doit être connu et le plus possible anticipé : mise en place de dispositifs particuliers… Nous y reviendrons en détail.

Le client appelle quand il veut

C'est là une règle qu'il convient de ne jamais oublier. En effet, le client appelle quand il le souhaite (quand il en a envie, quand il en a le temps…). Toutes les tentatives pour « réorienter » cette liberté se soldent par des échecs. Par exemple, fermer le centre à une heure où les observations prouvent qu'il reste des appels ne conduit jamais à une « re-répartition » de ces flux sur le reste de la journée mais le plus souvent à une perte sèche de ces flux extérieurs. Une analyse fine de ces données démontre que ces clients ont été perdus.

Il faut noter que la fermeture du site n'est pas le seul élément dissuasif : la gestion de la saturation qui consiste, aux heures de pointe à mettre toujours un peu moins de ressources conduit aux mêmes résultats.

Le client est la base même de l'existence du service

On n'oubliera jamais que si le client (en tant que groupe) disparaît, l'existence du centre est bien entendu remise en cause ; or, si le service fourni n'est pas au niveau des attentes des clients, ces derniers chercheront une autre solution et la trouveront obligatoirement (dans le cadre de la VPC, cela consiste à appeler un concurrent ; dans le domaine help desk informatique interne, cela peut consister à quérir le collègue du bureau voisin qui « sait », provoquant ainsi une lourde désorganisation). Le résultat est alors la disparition du centre d'appels ; on peut donc affirmer que le non-respect des règles de qualité, dans ce domaine comme dans la plupart des autres, est suicidaire.

Pour « bien » traiter un appel, il faut d'abord y répondre

Un grand génie de l'automobile, Enzo Ferrari, exprimait le principe suivant : « pour qu'une voiture ait une chance de gagner une course, il faut d'abord qu'elle arrive ! ». Principe qui pourrait s'avérer comique d'évidence et de simplicité.

Pas du tout ! Le sens réellement caché de ce principe est que, avant toute prouesse technologique ou humaine, avant tout autre élément, la fiabilité des voitures est absolument essentielle ; il n'est d'aucun intérêt que la voiture dispose d'une puissance ou d'une vitesse supérieure à ses rivales si elle doit s'arrêter et abandonner.

À l'instar du milieu des courses automobiles, la qualité mesurée dans un centre d'appels doit tenir compte, essentiellement et prioritairement, à des données quantitatives de prise d'appels car « pour avoir une chance de bien traiter un appel, de passer une commande, de fournir la réponse attendue, plus basique encore d'être simplement courtois avec l'interlocuteur », il est nécessaire de « prendre l'appel » ou de « répondre au téléphone ». Cela implique en second lieu deux éléments : il faut éviter les dissuasions « toutes les lignes sont occupées, veuillez rappeler ultérieurement », mais également essayer d'éviter que les clients ne perdent patience et raccrochent. Cela signifie en clair que les temps d'attente sont un élément capital.

L'environnement, le contexte et l'organisation

Construire, modifier ou développer un centre d'appels dans une entreprise n'est jamais neutre ; cette structure ne peut pas rester une annexe, un élément externe ou tout autre élément disjoint de l'organisation elle-même ; au contraire, elle doit s'inscrire au mieux et trouver sa place dans l'organisation générale. Que l'on y prenne garde ou non, la création du centre d'appels aura pour conséquence de modifier l'organisation et les équilibres internes de l'entreprise (certaines expériences ont échoué pour avoir ignoré cette règle).

La figure 1-1 indique, très approximativement, quelles sont les fonctions qui interagissent avec la structure ; on note un type de fonction très important et particulier que nous dénommons « client interne » et qui est le service pour lequel l'outil centre d'appels a été créé (direction commerciale dans le cadre de la VPC, direction informatique dans la plupart des help desks…).

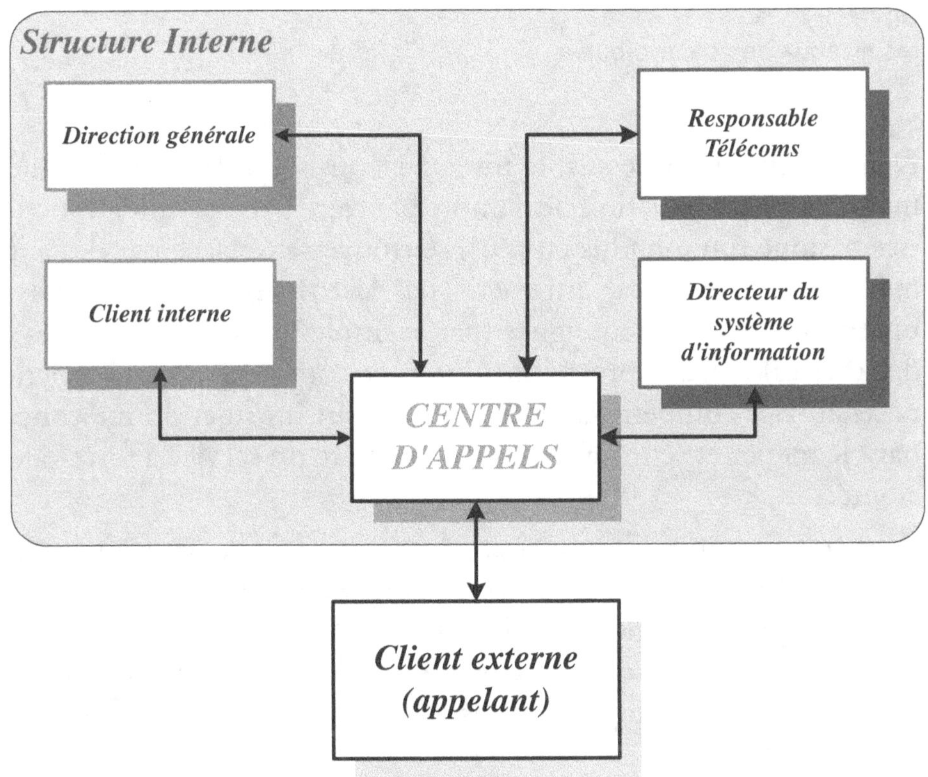

Figure 1-1
Le centre d'appels dans son contexte

La notion de valeur ajoutée produite

Parmi les critères de classifications possibles des centres d'appels, la notion de valeur ajoutée est particulièrement importante. En effet, le centre d'appels étant, par construction, une structure de services, les charges liées aux ressources humaines sont prépondérantes et, donc, la valeur ajoutée essentielle. On trouvera plusieurs types de métiers de centres d'appels en fonction des niveaux de compétence des opérateurs.

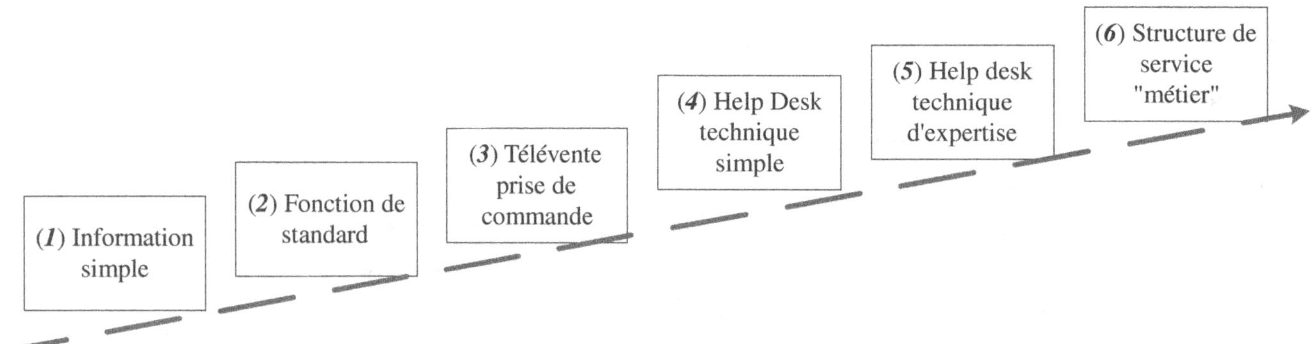

Figure 1-2
Les niveaux de valeur ajoutée

Dans le schéma ci-dessus, le niveau 1 consiste à délivrer de l'information de base (position de compte bancaire par exemple), fonction très basique qui, de plus en plus, se trouve remplacée par des automates (Serveur Vocal Interactif par exemple). En revanche, le niveau 6 consiste à renseigner (par exemple un réseau de ventes ou de services) sur des procédures internes complexes ; cette fonction nécessite des compétences très pointues sur un sujet donné concernant le métier et se trouve typiquement être un service à forte valeur ajoutée.

Pour ce qui est des niveaux 4 et 5, on notera qu'ils peuvent se trouver dans des structures séparées ou cohabiter dans un même centre d'appels. Le niveau le plus élevé n'est pas alors accessible directement mais uniquement par « passage » (ou transfert) du niveau en dessous. Il s'agit d'organisations complexes que nous aborderons ultérieurement.

Les structures de clientèle

Une seconde classification possible consiste à analyser les structures ayant des clients internes et des clients externes (on ne trouvera pas ici de cohabitation).

Structure répondant à des clients internes

C'est une organisation réservée à certains types de métiers ou de fonctions (help desk, renseignement « métier »). On n'y trouvera jamais de service à vocation commerciale directe. Les éléments de détermination sont que les clients sont connus, identifiés et que la perception qu'ils auront de la qualité de service peut être distordue par des intérêts internes, pas nécessairement cohérents avec l'objet du service lui-même. Attention, la clientèle interne peut exprimer des exigences supérieures à celles d'une clientèle externe.

Structure ayant des clients externes

Que ce soit de la télévente ou une activité de hot line (assistance client), nous sommes là au cœur du métier des centres d'appels qui consiste à mettre en relation l'entreprise (au sens large) avec l'ensemble de son monde extérieur « clients » ou « prospects », lesquels trouvent alors un point d'entrée unique. Lorsque ce pas est franchi, il faut se souvenir que « notre centre d'appels est devenu notre magasin avec sa vitrine, son accueil… ».

Deux fonctionnements : différences, complémentarité, coexistence

Le sujet est très souvent abordé dès lors qu'il s'agit de centre d'appels : doit-on (ou peut-on…) émettre des appels, c'est-à-dire appeler les clients depuis la structure ou gérer des appels arrivée, à savoir « attendre » que les clients veuillent bien appeler ?

Structure dédiée appels entrants

C'est la base des centres d'appels qui consiste à traiter une grande quantité d'appels entrants dont la distribution dans le temps est imposée par les clients eux-mêmes ; c'est à la fois la structure la plus délicate à gérer et la plus passionnante à construire ou à étudier.

On doit répondre à des appels plus ou moins spontanés émanant de l'extérieur ; la difficulté consiste alors à se mettre au « service » des correspondants qui appellent, c'est-à-dire de façon tout à fait aléatoire. Seuls un dimensionnement à l'origine (la mise en place du centre d'appels) le plus précis possible, basé sur des éléments statistiques, des critères de convergence rigoureux et l'expérience acquise en termes de gestion au jour le jour permettront de piloter cet « outil » complexe.

Structure dédiée appels sortants

Principalement réservé à des activités telles que la fonction commerciale ou des enquêtes statistiques, ce fonctionnement « appels sortants » est actif, voire pro-actif, commercialement « agressif » et simple de mise en œuvre. En effet, un nombre de lignes téléphoniques directes et de conseillers sera mis en place en fonction des objectifs fixés. Pour le confort, on y adjoindra un logiciel de suivi de contacts. Enfin, la principale difficulté sera de déterminer les heures d'appels et leur durée moyenne afin de dimensionner au mieux les équipes.

Conditions de coexistence des deux modes de fonctionnement

Problématique des activités stockables

La structure normale de la distribution des appels dans une journée ou une demi-journée pose le problème de la répartition des charges de personnel par période (heure, demi-heure). L'environnement réglementaire français (droit du travail) ne permet pas une adaptation directe des moyens au besoin réellement flexible ainsi exprimé. Par conséquent, l'autre voie de recherche a été explorée : celle qui permet d'adapter le travail aux moyens en place ; c'est la notion d'activité stockable.

On prévoit le nombre de personnes aptes à gérer les pointes d'appels d'une demi-journée (voire très légèrement plus pour des raisons de sécurité).

Les « opérateurs » n'ayant pas d'activité téléphonique à un instant donné et pour une période minimale (10 min. à 15 min.) effectuent des tâches annexes, dont le niveau d'urgence est sans commune mesure (de l'ordre de la journée, voire plus) telles que du courrier ou des appels départ pour prospection. Ce sont les activités dites stockables.

Quand le besoin s'en fait sentir et avec des contraintes de temps très courtes (de l'ordre de quelques secondes), les opérateurs (tout ou partie, en fonction du besoin) reprennent leur activité de téléphonie qu'ils quitteront dès lors que la pression sera redevenue plus faible.

Problématique des priorités

L'activité prioritaire est, par nécessité, celle qui demande la plus forte réactivité (par conséquent la gestion des appels téléphoniques entrants). La question est alors posée d'évaluer le délai entre l'abandon de l'activité stockable en cours et la reprise d'un appel téléphonique entrant ; par exemple, la clôture d'une communication téléphonique sortante peut nécessiter deux minutes, ce qui est inacceptable comme durée d'attente pour un client qui appelle. En revanche, la moyenne statistique de dix appels départs simultanés ramènera la probabilité d'attente à douze secondes (ce qui est parfaitement raisonnable).

En ce qui concerne d'autres activités telles que courrier (traitement, prises de commandes, saisie en général) à poste de travail, elles peuvent être interrompues instantanément pour permettre de répondre à un appel (on prêtera une attention particulière aux activités nécessitant un déplacement physique obligeant l'opérateur à quitter, momentanément, son poste de travail.

Ces fonctionnements compliquent les fonctions de management qui devront mettre en place une organisation optimale (efficacité maximale en termes d'activité à moindre coût acceptable) et tous les outils capables de mesurer en temps réel et différé ces performances.

Utilisateurs

Comme nous l'avons déjà abordé dans le domaine des valeurs ajoutées, les usages les plus fréquents sont la VPC et autres systèmes de « télécommercialisation », le service de type hot line externe et le service de type *help desk* interne. À cela s'ajoutent aujourd'hui des notions de service professionnels en interne ou à disposition des clients (tels que les services bancaires). On note également que les plus grosses structures de centres d'appels sont les services fournis aux utilisateurs de téléphones mobiles (appels service clients) traitant actuellement entre 100 000 et 350 000 appels par jour ! (cela est lié à l'énorme réservoir d'appelants potentiels que représente le parc des abonnés aux réseaux mobiles).

Progression évaluée et envisagée

On considère que la progression (en nombre) des centres d'appels en Europe (UE) est, en termes de nombre de positions, de l'ordre de 20 à 30 % par an pour les trois à quatre années à venir.

Par ailleurs, de nouveaux services pouvant être traités par des centres d'appels se développent (ce fut, en particulier de 1999 à 2001, la mise en place des plates-formes bancaires).

Enfin de nouveaux médias, tels qu'Internet viennent s'interconnecter avec la fonction de téléphonie pure afin de réaliser de véritables plates-formes de communication multimédias appelées « centres de contact » ; c'est l'avenir des centres d'appels.

PARTIE 1

Architecture technique

Chapitre 2

Composantes techniques

Schéma général d'un centre d'appels

Un centre d'appels s'appuie sur un groupe complexe d'éléments interconnectés. La figure 2-1 montre une vue fonctionnelle de cet ensemble. Nous détaillerons dans ce chapitre les propriétés, l'usage et les capacités de chacun des constituants.

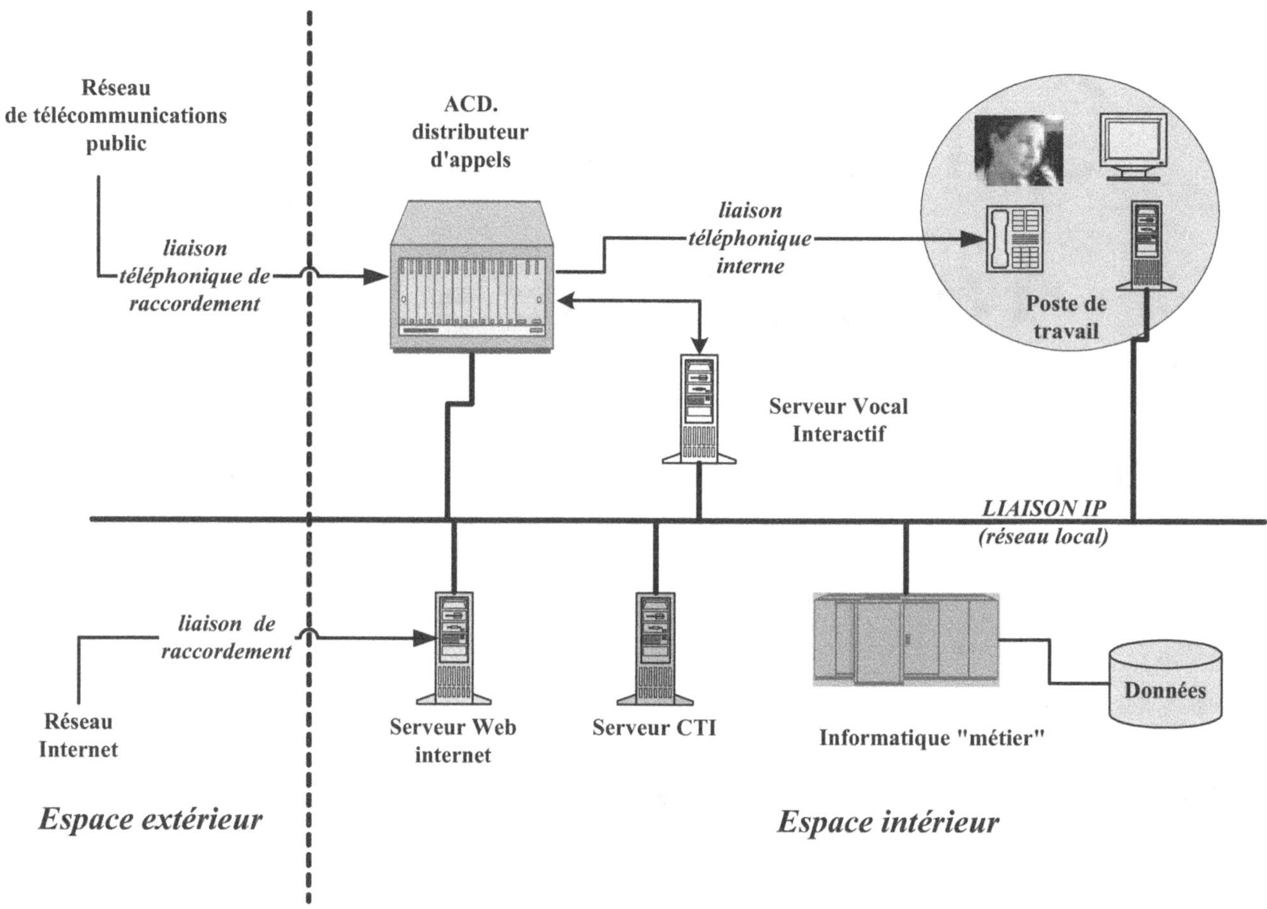

Figure 2-1
Le centre d'appels, schéma général

Préalablement à une analyse détaillée de chaque élément constitutif d'un centre d'appels, nous distinguerons deux grandes catégories d'équipements qui interviennent dans ce fonctionnement : ce sont, d'une part, les éléments internes constitutifs du centre d'appels et, d'autre part, les éléments annexes ou externes d'environnement.

Tableau 2-1
Les éléments constitutifs internes et externes

	ACD	Automatic call distributor = distributeur d'appels
Éléments internes	SVI	Serveur Vocal Interactif
	CTI	Couplage Téléphonie Informatique
	Poste	Poste de travail

Éléments externes	Réseaux téléphoniques publics
	Réseau Internet
	Informatique métier
	Enregistreur de communication

Dans les chapitres 2 et 3, tous ces éléments seront examinés en détail, à l'exception de l'informatique métier qui représente la base du système d'information de l'entreprise et ne nous intéresse que par son interconnexion avec le système ; c'est le cadre général du CTI.

Notons que la construction ainsi réalisée s'appuie sur deux systèmes existants que sont le réseau téléphonique interne de l'entreprise et le réseau local informatique (souvent IP).

L'ACD (ou PABX ou autocommutateur)

Aucune construction de centre d'appels ne sera envisageable sans cette pièce maîtresse qu'est le distributeur d'appels (ou ACD) ; la compréhension de son fonctionnement et la maîtrise de son paramétrage sont indispensables à la construction et au pilotage d'une telle organisation.

Schéma de fonctionnement et principe d'interconnexion

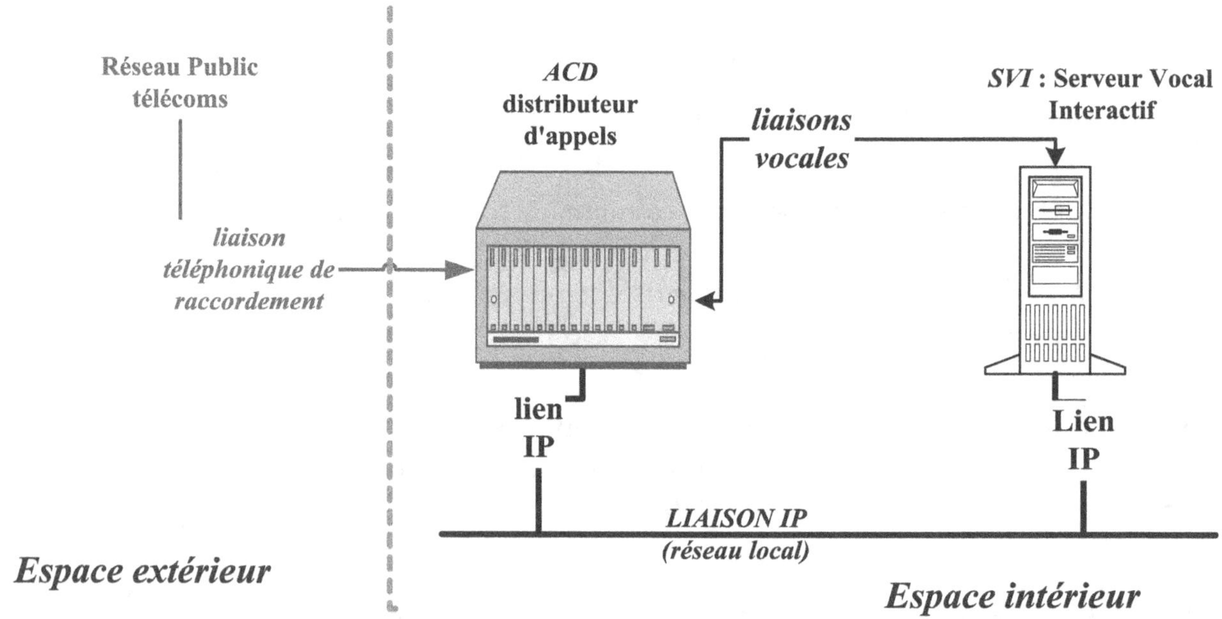

Figure 2-2
Distributeur d'appels (vue technique)

Le distributeur d'appels ou ACD (Automatic Call Distributor) est le nœud, le système nerveux central du centre d'appels. Il a pour fonction de « distribuer » les appels téléphoniques entrants sur des positions de travail aptes à les traiter (on se limitera ici à la notion de « prendre l'appel », à savoir de décrocher le téléphone. La partie qualité de la réponse, tant sur la forme que sur le fond, sera détaillée dans des chapitres ultérieurs). Ces postes de travail ou « positions » peuvent être occupés soit par des opérateurs (ou **conseillers** suivant la culture de l'entreprise), soit par les automates, tels que les serveurs vocaux interactifs ou SVI.

Ce dispositif est, à la base, un autocommutateur privé d'entreprise (ou PABX) qui héberge des fonctions évoluées et complexes telles que la distribution intelligente d'appels, la gestion des files d'attente ou encore les systèmes d'aide au pilotage du centre d'appels par la mise à disposition d'informations temps réel ou la production de statistiques.

Soulignons qu'il est question de traiter des flux dits « de masse »[1] par opposition à des appels administratifs. Dans un centre d'appels, les clients appellent un numéro unique qui est « servi » par un certain nombre de conseillers et, par conséquent, différentes positions en fonction de leur ordre d'arrivée ou de leur priorité (on sait sonner le poste qui est depuis le plus longtemps inactif[2] ou celui qui a traité le moins de trafic dans le dernier intervalle de temps de référence). Dans l'état actuel de la technologie, cette fonction de répartition peut reposer sur des algorithmes très complexes.

De plus, comme nous le montre la figure 2-2 (deux groupes de traitement), un même distributeur peut traiter parallèlement plusieurs flux indépendants, soit sur les mêmes groupes, soit sur des groupes séparés et avec des règles de routage différentes et plus ou moins complexes.

Les composantes de l'ACD

Comme nous venons de le voir, l'ACD est, de base, un PABX sur lequel sont implantés des logiciels et des fonctions spécifiques permettant de traiter les flux d'appels de masse concernés et de « mesurer » les divers résultats.

Les points d'entrée

Il s'agit des points d'entrée des appels sur le centre qui sont définis soit, dans la plupart des cas, par un numéro de téléphone unique, soit par une liaison physique donnée ; au niveau de la terminologie, ces entrées peuvent être nommées également « pilotes » ou « applications » ou encore « vecteurs » suivant la dénomination donnée par le constructeur.

Attention, cette dénomination n'est pas simplement physique, il faut l'entendre comme « points d'entrée des appels dans le logiciel ».

Ces points d'entrée sont physiquement affectés d'un nombre donné de « lignes téléphoniques » (que nous appellerons également circuits) lesquelles déterminent le nombre d'appels simultanés admissible. Nous détaillerons dans le chapitre 4 cette notion de flux acceptable et de taux de pertes nécessaire.

Un sous-dimensionnement de ces entrées, en nombre de lignes, aura pour conséquence une perte d'appels « en amont » qu'il sera impossible de mesurer, voire de constater au niveau du centre lui-même.

[1] Cette terminologie doit être prise dans son sens fonctionnel ; en effet le terme masse n'est pas nécessairement associé à nombre.

[2] On parlera d'inactif plutôt que raccroché car la partie « active », par opposition, comprend à la fois la phase de conversation et la phase de post-traitement.

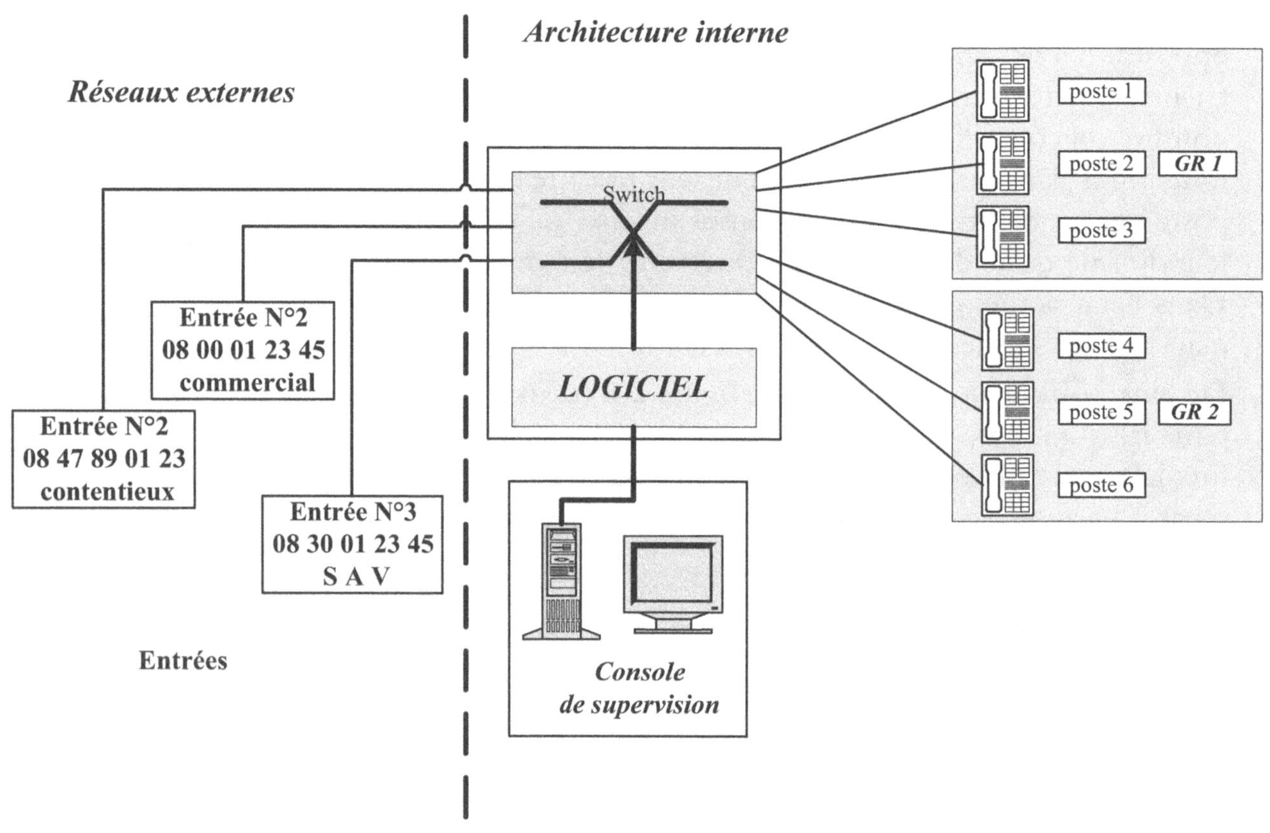

Figure 2-3
Trois « entrées différentes »

Le logiciel de distribution (ou routage) des appels

C'est l'élément essentiel qui réalise la fonction ACD proprement dite, c'est-à-dire la distribution, le routage ou encore la manière de traiter un appel entrant. Il fournit ses instructions au commutateur. Il assure les distributions complexes et conditionnelles des appels vers les différentes positions ou groupes de positions (appelés encore équipes) en fonction de tous les paramètres influents possibles tels que l'entrée, la provenance, le taux de charge des équipes, leur compétence, l'heure ou le jour. En un mot, la fonction « commutateur » remplit son office sur « ordre » de l'ACD.

Note

La fonction de détection de la provenance des appels est parfaitement disponible sur les réseaux vocaux qui acheminent le numéro du demandeur ; cette fonctionnalité est aujourd'hui très utilisée dans les grandes structures par l'emploi de fonctions annexes. Il faut néanmoins tenir compte de la capacité pour l'appelant de masquer son numéro ou de la possibilité des grosses installations téléphoniques de fournir un numéro unique pour tout appel sortant, quel que soit le poste émetteur.

Il s'agit d'une base logicielle complète avec traitement et paramétrage qui permet, entre autres choses au responsable du centre d'appels (ou d'exploitation), de définir et d'écrire les différents « scripts » (algorithmes de routage).

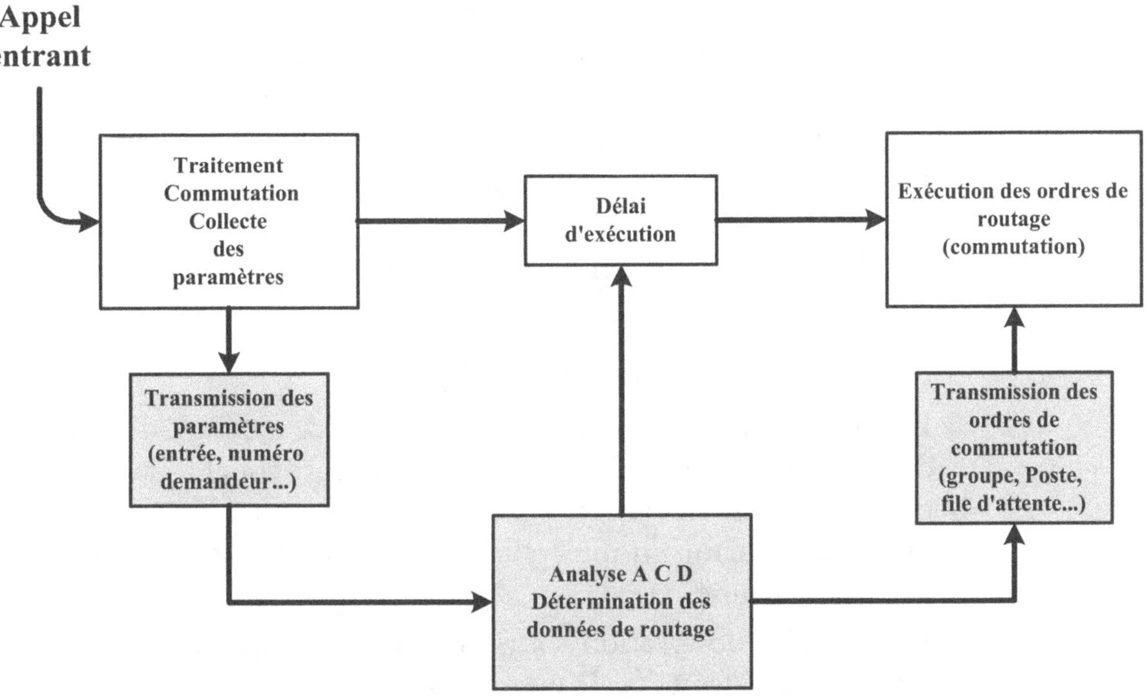

Figure 2-4
Interfaces entre la commutation et la fonction ACD

Les tâches de définition et l'écriture de ces scripts sont des opérations complexes et à risque (surtout dans une structure qui est déjà en activité !) ; elles imposent une maîtrise parfaite de l'ensemble de l'installation et des règles d'écoulement des flux. Malgré une interface utilisateur graphique et très ergonomique, cette opération ne peut être confiée qu'à un spécialiste ayant reçu une formation préalable en termes d'analyse[1]. Pratiquement, ces fonctions de scripting sont accessibles à partir de la console de supervision.

Ajoutons que deux architectures sont possibles suivant que le logiciel ACD est interne au PABX (c'est par exemple le cas sur des machines de type Alcatel 4400 CCD ou Nortel Networks Max) ou qu'il est disponible sur un serveur externe relié par support IP (c'est le cas de Nortel Networks Symposium ou de Avaya dcfinity).

[1] Le problème de compétence repose plus sur la capacité à comprendre et à modéliser un flux que sur sa description dans le logiciel lui-même.

Les logiciels d'observation temps réel

Le fonctionnement au quotidien d'un centre d'appels impose un suivi de la charge instantanée (nombre d'appels à traiter à un instant donné) et de son évolution à court terme ; ces fonctions, parties intégrantes de l'ACD, ont pour objet d'afficher en permanence, sur des unités appelées « baromètres » ou « bandeaux » (voire sur les écrans des postes de travail), les indicateurs nécessaires au pilotage du centre d'appels.

Sont affichés les nombres d'appels en cours de traitement, de conseillers libres, d'appels en attente, d'appels perdus pendant les trois ou quatre dernières minutes. Ce dispositif doit déclencher des réactions immédiates car l'on opère sur des intervalles de temps très courts.

Les logiciels d'observation statistiques

Le suivi et les prévisions de planning (ou staffing) d'un centre d'appel supposent que l'encadrement (en particulier le superviseur) puisse produire des analyses précises et, *a posteriori*, de ce qui a pu se passer pendant un intervalle de temps donné (tranche horaire, journée, semaine…).

Le logiciel d'observation statistique a pour objet de « tracer » les différents événements. Il permettra, entre autres choses, d'établir des tableaux de données par intervalle de temps comprenant les nombres d'appels (présentés, traités, ayant échoué…) ou les durées moyennes (de conversation, d'attente…), voire les durées d'activité des opérateurs. Concernant la sémantique des statistiques, cet aspect sera traité dans le chapitre 10 consacré au pilotage.

En complément, la plupart des ACD fournissent un « traçage » exhaustif des événements (un enregistrement par appel dans une base de données) permettant aux utilisateurs de créer leur propre reporting.

Terminologie

Le terme reporting est un anglicisme pratiquement incontournable. En effet ce terme est devenu général dans le métier des centres d'appels et désigne simplement l'ensemble des rapports et tableaux de bord nécessaires au pilotage ainsi que la fonction qui les produit.

Les logiciels de gestion de files d'attente

C'est l'une des composantes spécifiques des centres d'appels qui permet, dans des conditions décrites par l'exploitant lors de l'écriture des scripts, de « stocker » (mettre en attente) des appels lorsque tous les conseillers susceptibles de les traiter sont occupés. Le correspondant (appelant) se voit alors délivrer un message dit « de patience » ou « d'attente » et sera aiguillé sur un conseiller disponible.

On se rend compte intuitivement que le nombre d'appels placés simultanément en file d'attente est nécessairement limité puisque les capacités de traitement physiques (conseillers) le sont.

Pour la détermination de ce nombre maximum d'appels simultanément présents en file d'attente, on a le choix entre deux modes de calcul en fonction des deux paramètres que sont le nombre de conseillers et la durée probable d'attente.

Calcul en fonction du nombre de conseillers

Ce nombre est une fraction du nombre de conseillers actifs (par exemple 0,5 ou 0,75 fois le nombre dynamique de conseillers actifs) ; cette règle, la plus simple qui soit et la plus ancienne dans le domaine, ne tient pas compte des évolutions éventuelles et instantanées de certains paramètres tels que les durées de conversation.

Note

Malgré les évolutions éventuellement rapides du nombre de conseillers actifs, ce calcul est réalisé dynamiquement avec deux contraintes. Tout d'abord, et par évidence, on calcule un nombre entier (inférieur ou supérieur), ensuite on n'applique jamais moins 1 sur des appels présentés en file d'attente.

Calcul en fonction des durées d'attente

Lors de la présentation d'un nouvel appel, le système calcule une durée d'attente probable (fonction du nombre d'appels déjà en attente, de la durée d'attente des appels précédents et du nombre de conseillers actifs). Cet appel sera pris en attente si cette durée probable de patience calculée est inférieure à un seuil de référence prédéfini par les responsables du centre. Basé sur des éléments statistiques de prévision, ce mode de calcul est d'autant plus précis que le nombre d'appels est élevé ; on prêtera attention aux effets pervers liés à l'utilisation de cette règle dans de petites structures. Enfin, cette évaluation n'est valide que si la distribution des flux est relativement régulière, faute de quoi elle reviendrait évaluer un avenir incertain en fonction d'un passé connu (suis-je en mesure, sur une route que je ne connais pas, d'affirmer pouvoir négocier le virage qui arrive, à la même vitesse, que celui que je viens de traverser ?).

Sur dépassement de la capacité de la file d'attente, les appels sont aiguillés vers un centre de débordement ou un dispositif de dissuasion.

Les dispositifs de dissuasion

Ils permettent de refuser et, par conséquent, d'éliminer des appels lorsqu'ils sont en surnombre par rapport aux règles d'attente fixées (le système est alors saturé) ; en effet, quel que soit le mode de calcul choisi pour les files d'attente, le nombre de possibilités simultanées incluant traitement et attente est connu et fini, même s'il est variable ; nous l'appellerons « capacité maximale de traitement ». Dès lors que cette capacité maximale de traitement est atteinte, tout appel supplémentaire est aiguillé soit en débordement (vers un autre groupe ou un autre site), soit en dissuasion où il se voit délivrer un message du type «…veuillez rappeler ultérieurement » ensuite, le dispositif libère impérativement l'appel (raccroche), l'appelant se voit alors contraint de renouveler son appel.

Les messages

Dans la chaîne de traitement d'un appel, trois types de messages peuvent être délivrés à l'appelant : le message d'accueil, le message d'attente et le message de dissuasion. Ces messages sont internes au système et peuvent être paramétrés ou modifiés, à la demande, par le superviseur ou l'exploitant.

Message d'accueil

Du type « société X, ne quittez pas, un de nos conseillers va vous répondre ». Il a pour but de renseigner l'appelant sur le service qu'il a effectivement appelé. Les auteurs de faux appels raccrochent spontanément, ce qui peut éviter des engorgements parasites du système. Ce message se doit d'être d'autant plus court[1] qu'il engendre une augmentation de la durée totale de présence et qu'il doit obligatoirement être synchronisé (on commence à écouter au début d'un message). En effet, si on n'arrive pas au bon moment, on peut être contraint d'attendre, en sonnerie, une durée quasi équivalente à la durée du message lui-même.

Message d'attente ou de patience

C'est le message délivré pendant la durée où l'appel est placé en file d'attente et seulement dans ce cas ; il passe en « boucle » et ne nécessite pas de synchronisation. Il est censé inciter à la patience et peut donner des informations commerciales ; sa durée est variable et n'a pas d'incidence sur le fonctionnement.

[1] Traditionnellement un tel message ne délivre que la confirmation « du bon endroit » et dure entre quatre et six secondes.

Note

Si le fond ou la forme du message délivré peuvent être influents sur la capacité de patience de l'appelant, les études montrent que la durée du message répétitif n'intervient pas tant qu'elle est suffisamment réaliste pour être acceptée (supérieure à vingt secondes).

Message de dissuasion

Comme nous l'avons précisé, c'est le message délivré à l'appelant en cas de saturation et juste avant que le système ne libère l'appel par raccroche. Ce message doit être « humble » (culturel dans le métier) et relativement neutre.

Le management du centre d'appels peut être amené à modifier ces messages pour des raisons conjoncturelles (les vœux de nouvelle année dans le message d'accueil en est un exemple fort connu) ; pratiquement, on peut pré-enregistrer plusieurs messages de chaque type et aiguiller à la demande sur le contenu désiré. On n'omettra pas en particulier que certaines de ces situations peuvent présenter un fort caractère d'urgence dans les situations de crise par exemple où le trafic évolue très brutalement.

La console de supervision

L'ACD est programmé, configuré, paramétré à l'aide d'une interface homme machine normalement appelée « console ou terminal de supervision » et qui peut porter des dénominations commerciales diverses suivant les fabricants.

Ce terminal permet toute forme de relation ou dialogue avec la machine, en particulier la détermination des entrées, les scripts de routage ou de traitement des appels, l'affichage d'indicateurs instantanés (flux, évolution, conseillers actifs…) et, enfin, la production des données statistiques d'observation dont nous verrons des exemples ultérieurement. Ce terminal, en général un PC doté des outils internes et des logiciels annexes nécessaires, est à la disposition du superviseur.

Le poste de travail téléphonique

Le « terminal » associé à l'ACD est un simple poste téléphonique. On retiendra simplement qu'il s'agit d'un poste évolué autant qu'ergonomique, doté d'un afficheur permettant au conseiller d'être renseigné sur certains paramètres dynamiques (temps d'attente préalable de l'appel en sonnerie, nombre d'appels en attente, destination de l'appel, numéro appelé ou mieux encore sa traduction en texte…). Un tel terminal dispose également des touches de fonctions préprogrammées permettant au conseiller de se « loger » très simplement (rentrer à son poste de travail et déclarer sa présence).

En toute rigueur, un ACD peut fonctionner avec des postes téléphoniques classiques normalisés tels que ceux que nous utilisons à notre domicile ; cependant la pratique quotidienne du centre d'appels indique que les afficheurs et diverses touches préprogrammées des postes « constructeurs » sont indispensables pour maintenir un niveau de productivité élevé.

La notion de groupe de réponse ou d'équipe[1]

L'objectif étant de traiter des masses d'appels ou encore du trafic de masse, les conseillers affectés au traitement d'un (ou plusieurs) flux particulier(s) sont répartis en équipes ou groupes de conseillers qui définissent leur appartenance au moment de la procédure de *log in* sur le poste de travail (en particulier le terminal téléphonique) ; ils sont individuellement déclarés comme « agents » dans les bases de données de l'ACD et dotés d'un type ou d'un niveau de compétence ou des deux, ou même plusieurs. Ils peuvent également être capables de travailler sur deux sujets simultanément en premier niveau et entraide. Une équipe est un de ces ensembles homogènes de conseillers simultanément connectés.

Note

L'entraide consiste par exemple en deux équipes qui, bien que produisant des fonctions différentes, sont construites de telle manière que l'une peut servir de groupe de débordement à l'autre en cas de surcharge (et réciproquement).

Routages d'appels : algorithmes de traitement

Compte tenu des possibilités offertes par les ACD et des typologies de besoins exprimés par les utilisateurs, les règles ou algorithmes de traitement peuvent pratiquement varier à l'infini.

Nous ne fournirons ici que deux exemples sous forme graphique des fonctionnements les plus simples et les plus souvent rencontrés.

Algorithme simple ou « de base »

Le cas le plus élémentaire (1 pour 1)

Il s'agit de la simple définition du traitement des appels émanant d'une seule entrée et à destination d'une seule équipe. Cet algorithme fort simple permet de suivre simplement le passage en file d'attente et la mise en dissuasion.

[1] Il n'est pas question de ressources humaines mais seulement des capacités techniques de l'ACD en nombre de terminaisons et de fonctionnalités.

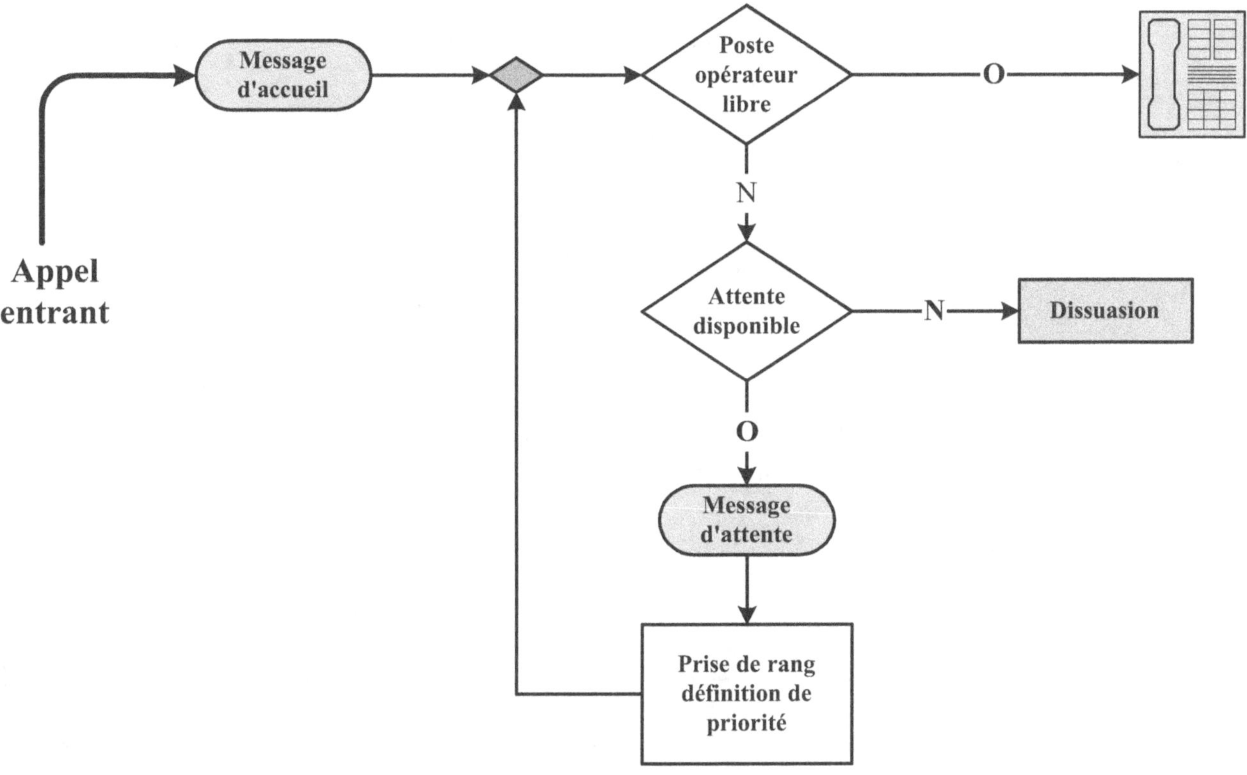

Figure 2-5
Algorithme simple (une équipe, une compétence, un flux)

Variation intégrant une équipe de débordement

La figure 2-6 présente ci-après une variante, encore simple, d'algo-rithme de routage dans lequel l'équipe chargée de traiter le flux normal d'appels est renforcée par une équipe dite de débordement qui n'est réellement activée qu'en cas de nécessité, c'est-à-dire de flux élevé.

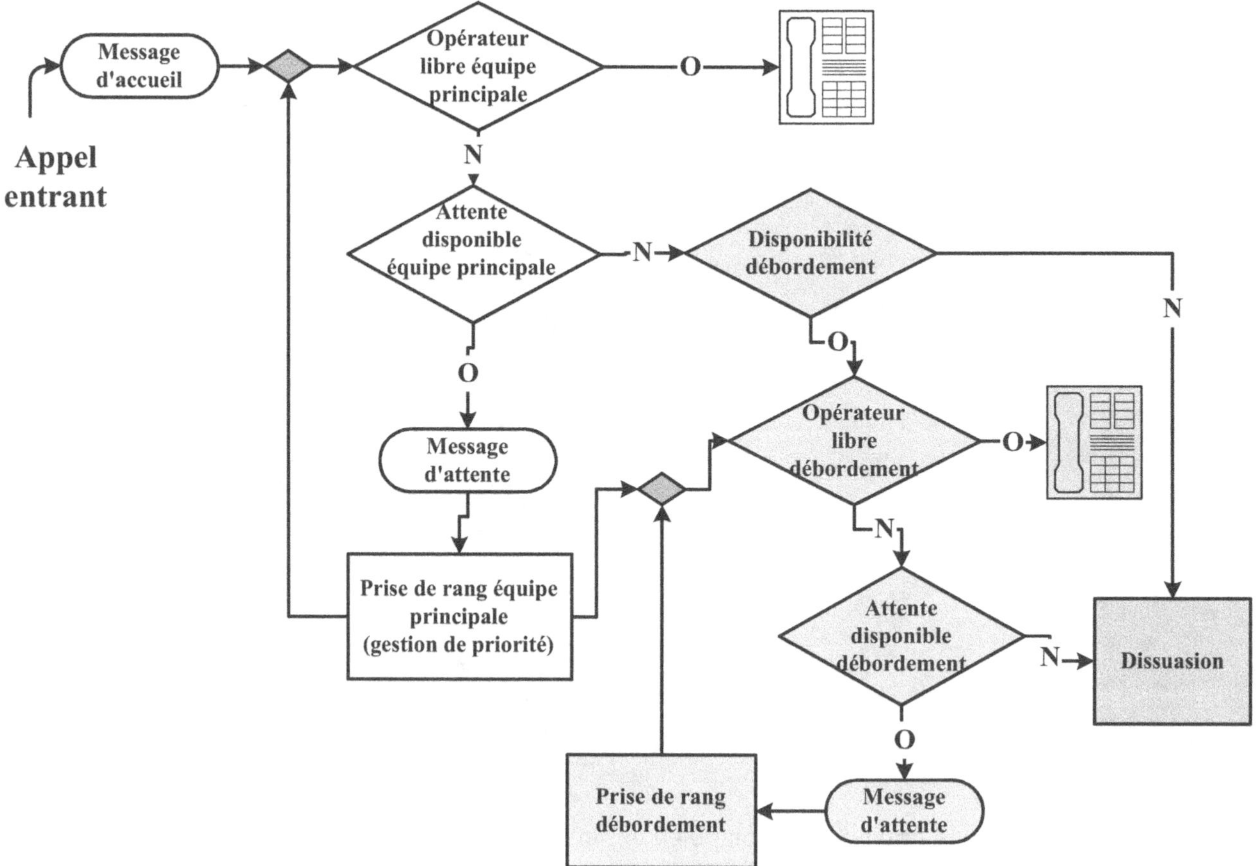

Figure 2-6
Algorithme présentant la distribution d'un flux unique sur deux équipes,
l'une principale et l'autre de débordement

Routage de type multicompétence incluant le débordement

Sur la figure 2-7, la représentation graphique est différente, imposée
par la complexité de l'organisation elle-même ; une présentation
algorithmique classique serait illisible.

Cette représentation est caractéristique (sans toutefois en être
propriétaire) du fonctionnement de l'ACD Alcatel 4400 CCD.

Exemple multicompétence, monosite

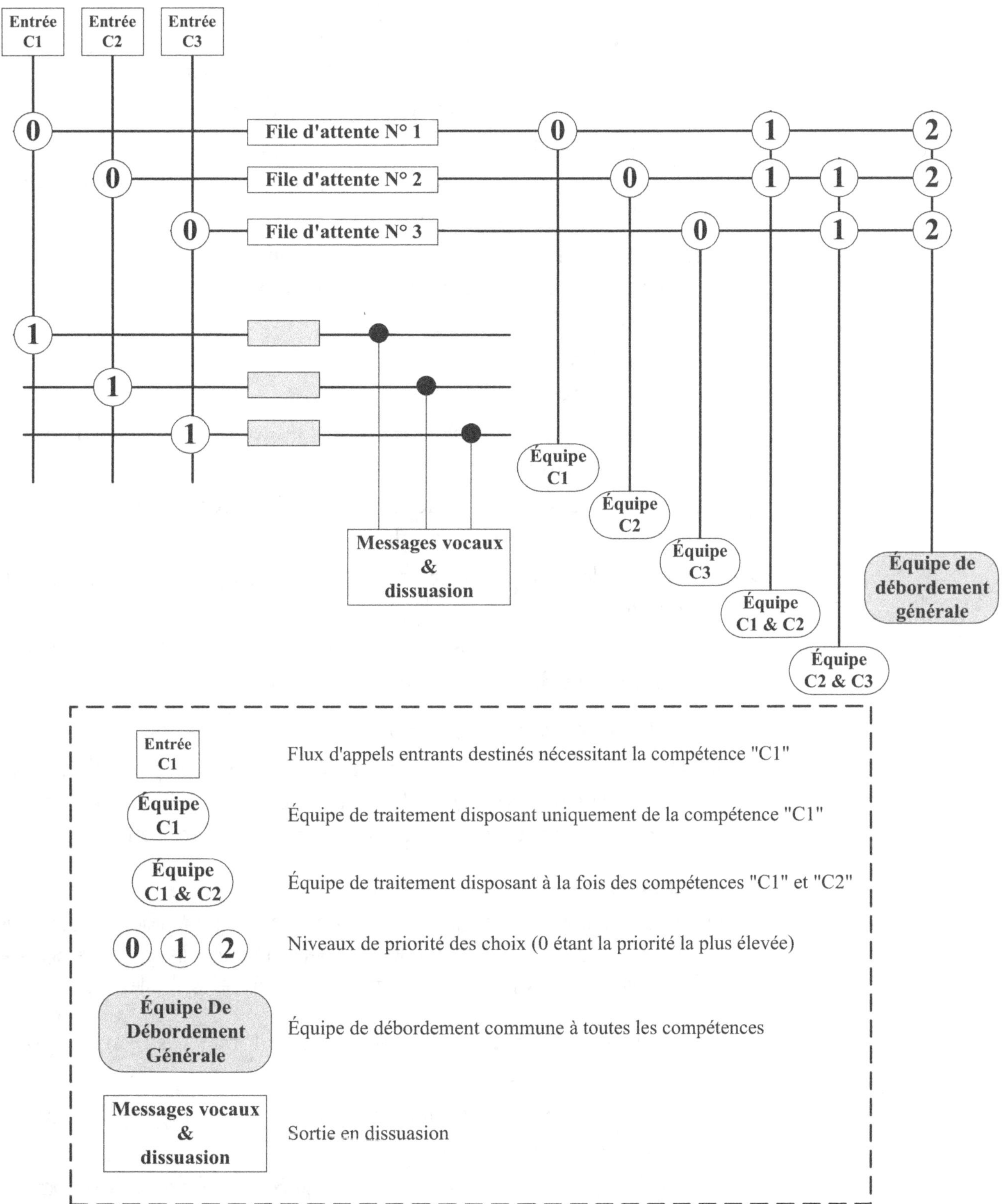

Figure 2-7
Algorithme présentant la distribution de trois flux sur des équipes disposant
de compétences différentes en monosite

La figure 2-7 présente un ensemble de règles de routage pour un centre d'appels tel que :

- trois flux d'appels distincts nécessitent trois types de compétences également distinctes (il ne s'agit pas ici de niveaux) ;
- trois équipes disposent chacune d'une compétence unique parmi ces trois nécessités ;
- deux équipes disposent, souvent avec un moindre niveau de deux types de compétences simultanées ;
- une équipe dite « de débordement général » permet, sinon de traiter des appels, du moins de les notifier et, ainsi, d'en perdre le moins possible ;
- chacun des flux présentés dispose d'une file d'attente indépendante ;
- les appels sont routés en premier (choix ?) vers l'équipe de compétence unique concernée ;
- à défaut, et si elle existe, les appels sont routés vers l'équipe apte à traiter deux compétences dont celle demandée ;
- à défaut, les appels sont routés vers l'équipe de débordement générale ;
- à défaut, les appels sont envoyés sur un dispositif de dissuasion qui avertit les demandeurs par un message.

Exemple multicompétences, multisite

Nous présentons ici un algorithme complexe comparable au cas précédent mais qui concerne deux sites possédant chacun une zone arrière et qui vont servir de solution d'entraide l'un pour l'autre.

Terminologie

On appelle zone arrière d'un site l'ensemble de la surface (souvent géographique mais également par segment de clientèle) définissant les clients dont les appels sont traités par ce site. Si le site de Rennes traite les clients d'Île-de-France, la zone arrière de Rennes est l'Île-de-France.

Les conditions de fonctionnement sont alors les suivantes pour chacun des deux sites :

- deux flux d'appels distincts nécessitent deux types de compétences également distinctes ;
- deux équipes disposent chacune d'une compétence unique parmi ces deux nécessités ;
- une équipe dispose, avec un moindre niveau, des deux types de compétences simultanées ;

- chacun des flux présentés dispose d'une file d'attente indépendante. Il s'agit bien ici des entrées directes et non des entrées de débordement provenant de l'autre site ;

- les appels sont « routés » en premier rang vers l'équipe de compétence unique concernée ;

- à défaut, les appels sont « routés » vers l'équipe apte à traiter les deux compétences ;

- à défaut, les appels sont « routés » en débordement sur l'autre site ;

- à défaut, les appels sont envoyés sur un dispositif de dissuasion qui avertit les demandeurs par un message.

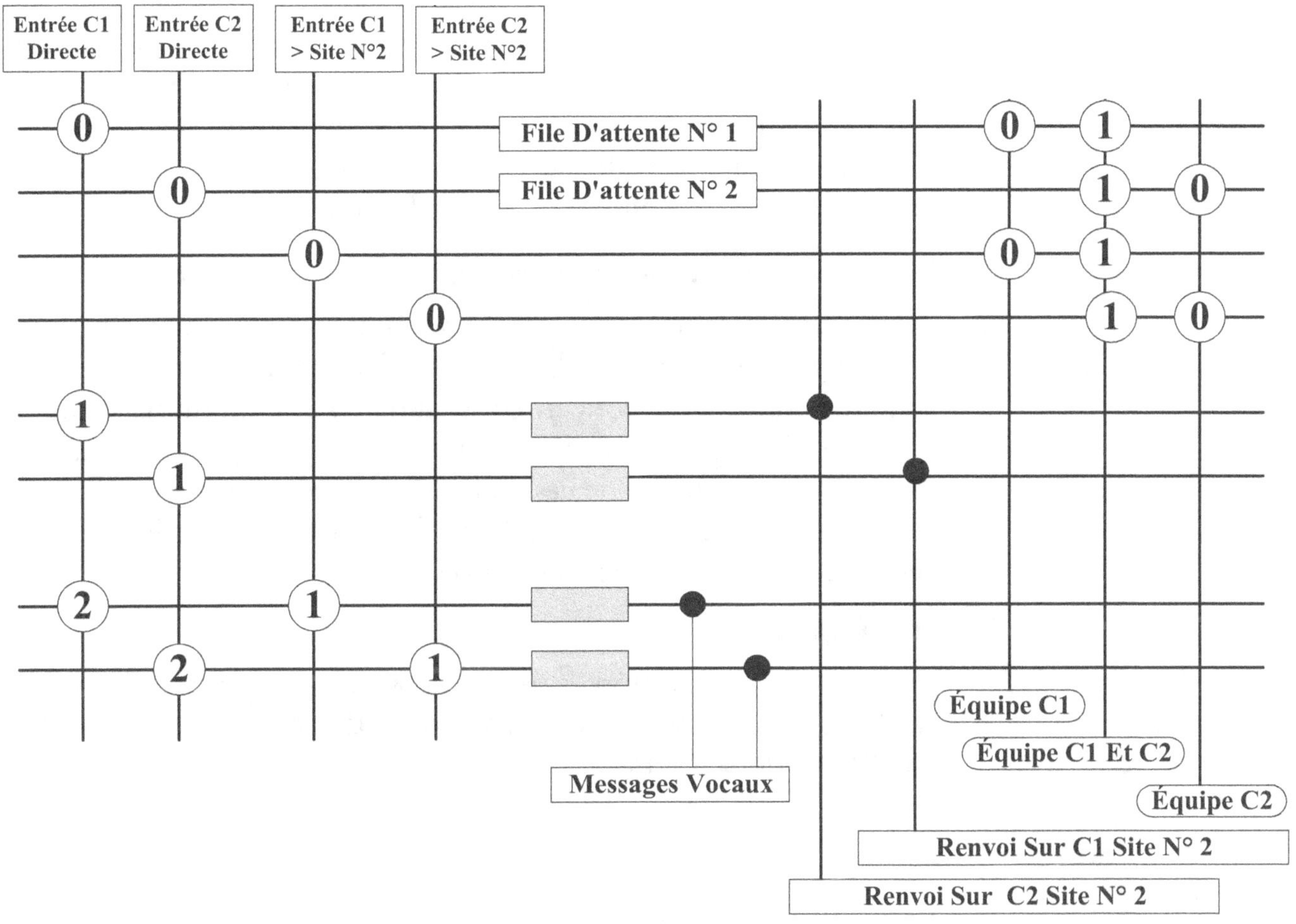

Figure 2-8
Algorithme présentant la distribution de deux flux sur des équipes disposant de compétences différentes avec entraide entre deux sites « identiques »

Éléments de pilotage et statistiques produites

Le sujet des statistiques sera vu ici sous la forme de production des données et valeurs ; l'utilisation qui pourra en être faite et la signification effective des résultats seront envisagées avec précision et détaillées dans le chapitre 10.

Deux approches sont nécessaires, incluant chacune des données spécifiques. Ce sont l'approche flux qui concerne les appels comportant des comptages et des durées, et l'approche conseillers qui concerne le traitement des appels (plus managériale) et où l'on trouvera également des comptages et des durées.

Grandeurs types concernant les flux

Pour la connaissance et le pilotage des flux à traiter, voire du travail à réaliser, le système ACD produit des données recensées par période horaire et qui concernent tout d'abord les nombres d'appels classés par catégorie (présentés, traités, perdus…). Le tableau ci-après donne un aperçu de ces chiffres avec des noms types de variables (seconde colonne) et des formules qui traduisent les interdépendances entre les diverses données.

Tableau 2-2

Tableau type de « comptages »

Les comptages d'appels : lire nombre d'appels			
Offerts	NA_o		Total des appels émis par des « demandeurs »
Perdus réseau	P_r		Appels perdus dans les réseaux publics
Présentés	NA_p	$NA_p = NA_o - P_r$	Total des appels présentés au centre d'appels
Traités	NA_+	$NA_+ + NA_- = NA_p$	Total des appels ayant obtenu un conseiller
immédiats	NA_{+0}		
après attente < t1	NA_{+1}		
après attente > t1 et < t2	NA_{+2}	$NA_+ = \sum NA_{+i}$	en fonction de la durée d'attente
après attente > t2 et < t3	NA_{+3}		
après attente > t3	NA_{+4}		
Perdus	NA_-	$NA_+ + NA_- = NA_p$	Total des appels « perdus »
Dont abandons	NA_{-A}	$NA_- = NA_{-A} + NA_{-D}$	Appelants ayant perdu patience et raccroché
immédiats	NA_{-A0}		
après attente < t1	NA_{-A1}		
après attente > t1 et < t2	NA_{-A2}	$NA_{-A} = \sum NA_{-Ai}$	en fonction de la durée d'attente
après attente > t2 et < t3	NA_{-A3}		
après attente > t3	NA_{-A4}		
Dont dissuasions	NA_{-D}	$NA_- = NA_{-A} + NA_{-D}$	Appels en surnombre aiguillés vers un raccrochage

De même, les flux représentant indirectement une durée totale de travail (voir le chapitre 4 consacré aux flux téléphoniques), l'ACD produit les données importantes concernant les durées (conversation, attente, post-traitement…) ; le tableau 2-3 nous indique un exemple de ces durées.

Tableau 2-3

Tableau des durées

Les durées significatives		
Durée moyenne de conversation	<CO>	
Durée maximale de conversation	CO_{MAX}	
Durée moyenne d'attente	<AT>	Ces grandeurs s'expriment en secondes
Durée maximale d'attente	AT_{MAX}	
Durée moyenne de post-traitement	<PT>	
Durée maximale de post-traitement	PT_{MAX}	

Grandeurs types utiles au management

À l'instar des besoins de mesure ou de contrôle des flux, les gestionnaires de centres d'appels ont besoin de mesurer des grandeurs concernant le personnel ; les ACD fournissent ces données brutes et certains exemples sont fournis dans le tableau 2-4.

Tableau 2-4
Tableau des données de « management »

Approche managériale « conseillers »	
Nom	**Nom du conseiller**
Équipe	Équipe concernée (un conseiller peut se connecter dans une période donnée sur plusieurs équipes)
Niveau de formation	Niveau de professionnalisme du conseiller (peut influer sur la productivité)
Durée de présence totale (log on)	Durée totale pendant laquelle le conseiller est connecté et peut traiter des appels
Durée totale de retrait	Durée totale pendant laquelle le conseiller se met en retrait pour effectuer d'autres tâches que téléphoniques
Durée totale de pause	Durée cumulée de repos
Durée cumulée d'activité téléphonique	Durée cumulée de téléphonie incluant les phases de conversation et de post-traitement
Durée moyenne de conversation	Implicite
Nombre d'appels traités	Implicite

Accès aux bases de données internes

Les « champs » définis dans les paragraphes précédents, qu'ils soient du domaine des flux ou du domaine du management, représentent des grandeurs « pré-calculées » ; certains systèmes (pour ne pas dire tous) proposent que les utilisateurs accèdent à la base de données interne de l'ACD qui contient des enregistrements appelés « tickets » d'appels et qui sont structurés comme l'indique le format ci-après.

Tableau 2-5
Exemple de structure de base de données interne

Nom du champ	Format
Entrée	Type codé (exemple SA01)
Date de présentation	JJ MM AA
Heure de présentation	HH MM SS
Date de début d'attente	JJ MM AA
Heure de début d'attente	HH MM SS
Date de fin d'attente	JJ MM AA
Heure de fin d'attente	HH MM SS
Poste destinataire	M C D U (quatre derniers chiffres du numéro de téléphone)
Poste sonné	M C D U
Date de début de sonnerie	JJ MM AA
Heure de début de sonnerie	HH MM SS
Date de fin de sonnerie	JJ MM AA
Heure de fin de sonnerie	HH MM SS
Cause de fin de sonnerie	Type codé (exemple : codage décimal)
Date de fin de conversation	JJ MM AA
Heure de fin de conversation	HH MM SS
…	…

L'accès à ces données nécessite que soient développées des applications complètes consécutives à des analyses très précises des besoins et des significations réelles de ce qui est recherché.

Note

Les diverses valeurs, champs ou résultats statistiques que nous avons vus dans ce chapitre (et sous les trois volets considérés) ne sont que premiers exemples et « vues génériques » de ce que peuvent produire les systèmes. Pour plus amples détails, le lecteur se référera au chapitre concernant le pilotage.

Le serveur vocal interactif

Définitions

Historiquement, et pour des raisons économiques évidentes, les prestataires de services ont éprouvé le besoin de diminuer les charges d'exploitation et de fournir des informations à l'aide d'automates (sur lesquels ces dernières étaient enregistrées). Ceux-ci fonctionnent alors comme de simples répondeurs et permettent à plusieurs appelants d'écouter simultanément le même message que l'on synchronise au départ (le système décroche de manière que l'appelant écoute le message à partir du début).

Puis la nécessité de stocker des informations ciblées et de donner le choix à l'interlocuteur est apparue ; la réponse fut de doter ces machines d'un système permettant d'interpréter les fréquences vocales (d'où le vocable de serveur vocal) qui sont émises par un poste téléphonique quand on compose. Le serveur vocal interactif (SVI) était né, capable de « comprendre » douze commandes différentes correspondant aux dix chiffres de 0 à 9 auxquelles s'ajoutent * et #. En réalité, la norme en a fixé seize (A, B, C, D venant se rajouter) mais l'expérience n'a gardé que les douze principales touches que l'on trouve sur tous les claviers téléphoniques.

Ces fréquences vocales étant normalisées au plan mondial par l'UIT sous la nomination « Q23 », les systèmes ont pu se développer sans aucun risque de difficultés normatives ou d'obsolescence technologique.

> **UIT (Union internationale des télécommunications)**
> Organisme qui siège à Genève et qui regroupe tous les opérateurs de télécommunications ; c'est là que sont édictées les normes (ou avis) que doivent respecter tous les systèmes connectés sur des réseaux à caractère public.

Dans la pratique, le SVI apparaît comme un PC muni d'un logiciel de définition de « scénarios », permettant de construire les diverses arborescences de traitement ; il est également muni de cartes de communications pour le raccordement à des réseaux soit externes (réseaux publics) soit internes (derrière le PABX). Comme pour l'ACD, la programmation du SVI nécessite une compétence importante plus fonctionnelle que technique (laquelle est rendue de plus en plus simple et ergonomique avec les années, par l'intermédiaire des interfaces graphiques).

Schéma et principes d'interconnexion

Comme le montrent les schémas ci-après, le serveur vocal interactif peut être raccordé au centre d'appels de deux manières : l'une en « direct réseau public » l'autre « en aval de l'ACD ».

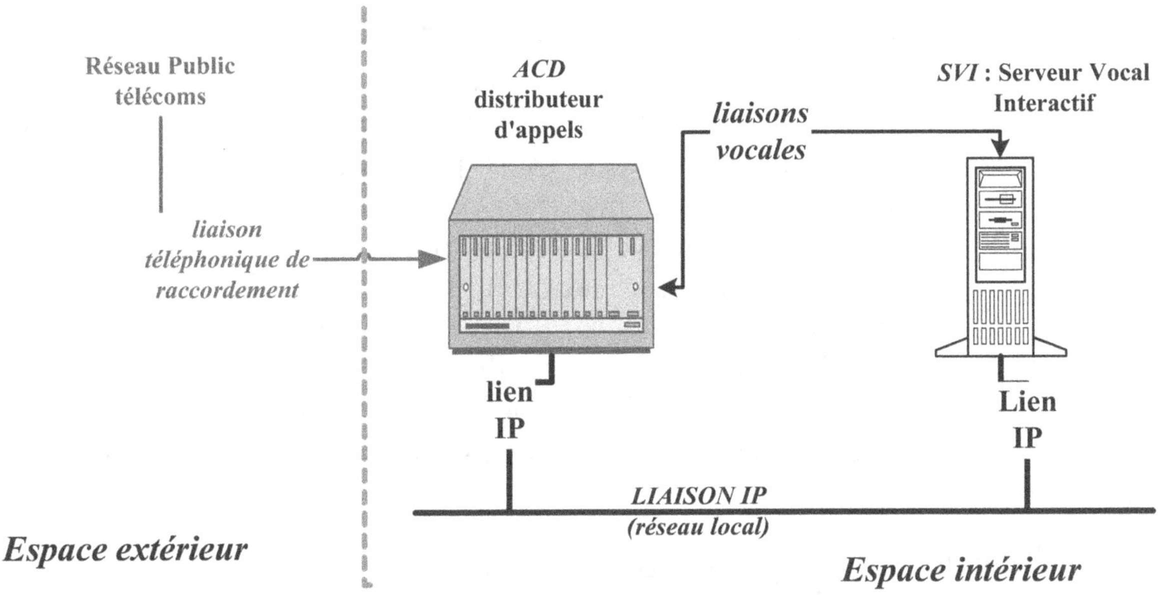

Figure 2-9
Raccordement en aval du PABX ACD

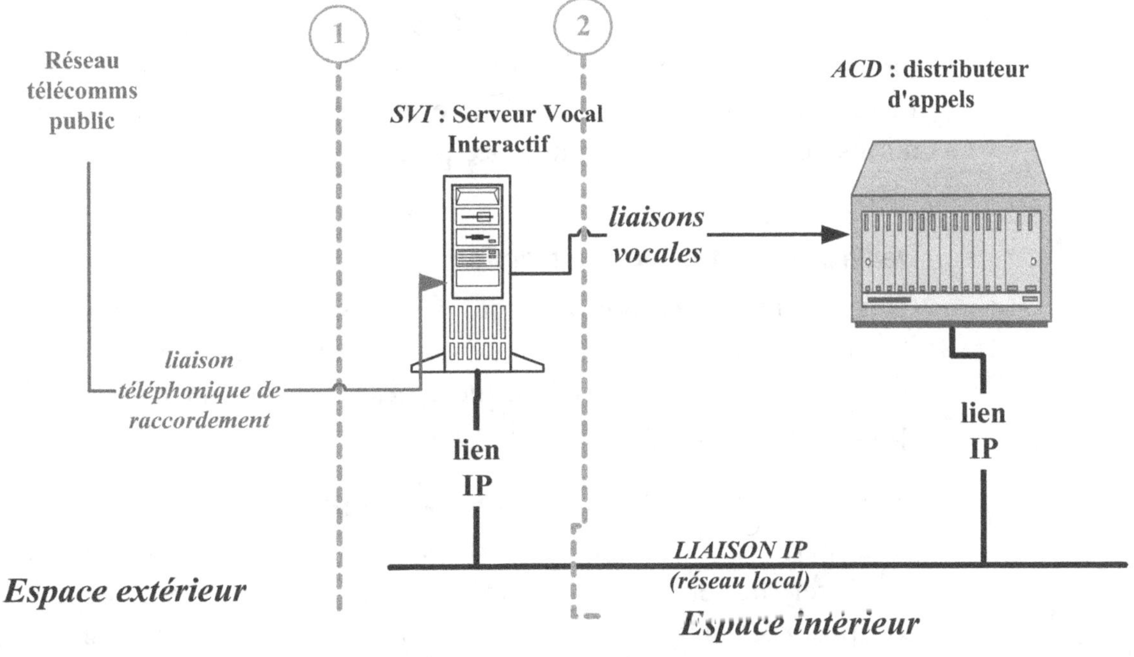

Figure 2-10
Raccordement en mode « direct réseau »

Dans le premier mode de raccordement, par ailleurs le plus communément utilisé, l'ACD distribue les appels au Serveur Vocal Interactif comme si celui-ci constituait le premier niveau des équipes de conseillers. Après avoir effectué son action, le SVI « remet » l'appel à l'ACD et libère la liaison. On a donc affaire à des appels de durée courte ce qui ne dispense pas de contrôler en permanence la bonne capacité de la liaison entre les deux machines à écouler ces flux.

Dans le second mode de raccordement, le SVI se trouve en amont de l'ACD et lui délivre les appels en fonction de critères prédéterminés ; les deux traits pointillés de séparation (notés respectivement 1 et 2) montrent clairement que, dans ce cas, le SVI peut très bien se trouver à l'extérieur du centre, chez un prestataire de services (architecture surtout utilisée par des opérateurs de « gros SVI » tels que Prosodie ®). Dans cette dernière hypothèse, le SVI reçoit directement les appels du réseau et n'en transmet qu'un certain nombre à l'ACD après « filtrage ». Cette solution est surtout utilisée lorsque la réponse SVI est suffisante pour la grande majorité des demandes.

Principaux types d'utilisation

Le SVI effectue sa mission soit en fournissant une information simple (l'appelant, obtient une réponse puis raccroche), soit en présélectionnant à l'aide des fonctions fréquences vocales et conformément aux desiderata de l'appelant une nouvelle destination ; il « redirige » alors l'appel vers l'ACD accompagné de ses nouveaux paramètres de routage et libère la liaison. Il peut également servir de filtrage de sécurité avant de pénétrer réellement dans le réseau. Nous allons voir ci-après les usages les plus courants rencontrés actuellement.

Délivrer une information simple

Cela va du simple répondeur, qui n'est pas vraiment « interactif » car il fournit à tous les appelants le même message, jusqu'à la possibilité d'écoute d'un message spécifique après sélection par le demandeur (pour obtenir…appuyez sur la touche…).

Effectuer un aiguillage conditionnel « *a priori* »

Cela permet à un appelant de « choisir » le service qu'il veut contacter au sein d'une organisation (pour obtenir le service X, composez le…). C'est le fonctionnement de type standard automatique qui correspond assez peu à la culture française et n'est donc que fort peu accepté même s'il est souvent utilisé[1].

1 Les enquêtes de satisfaction clientèle sont assez claires à ce sujet ; la préférence va très nettement à un contact humain.

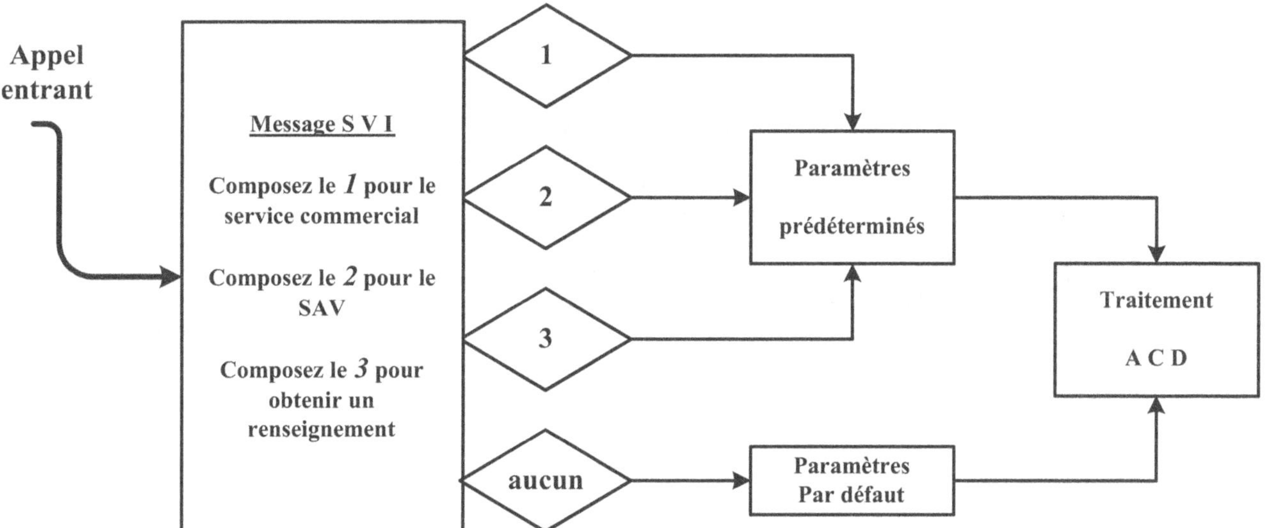

Figure 2-11
Exemple de fonctionnement type « aiguillage *a priori* »

La figure 2-11 nous indique un choix appelé « aucun » ou encore « par défaut » ; c'est là une règle générale d'utilisation des SVI qui consiste à ne pas oublier que le correspondant ne dispose pas nécessairement de fréquences vocales (ou ne sait pas les utiliser ou, simplement, ne comprend pas le message). Il est impératif que l'absence de réponse soit rapidement testée (5 secondes maximum) et qu'elle provoque un aiguillage vers un « conseiller ».

Effectuer un aiguillage conditionnel *a posteriori*

L'appelant ayant composé un numéro direct (SDA) qui est soit occupé soit en non-réponse est aiguillé vers le serveur vocal qui lui propose, par exemple, de composer un autre numéro. Ce numéro ayant été composé, le SVI va communiquer l'ordre de transfert à l'autocommutateur et, bien entendu, libérer la liaison.

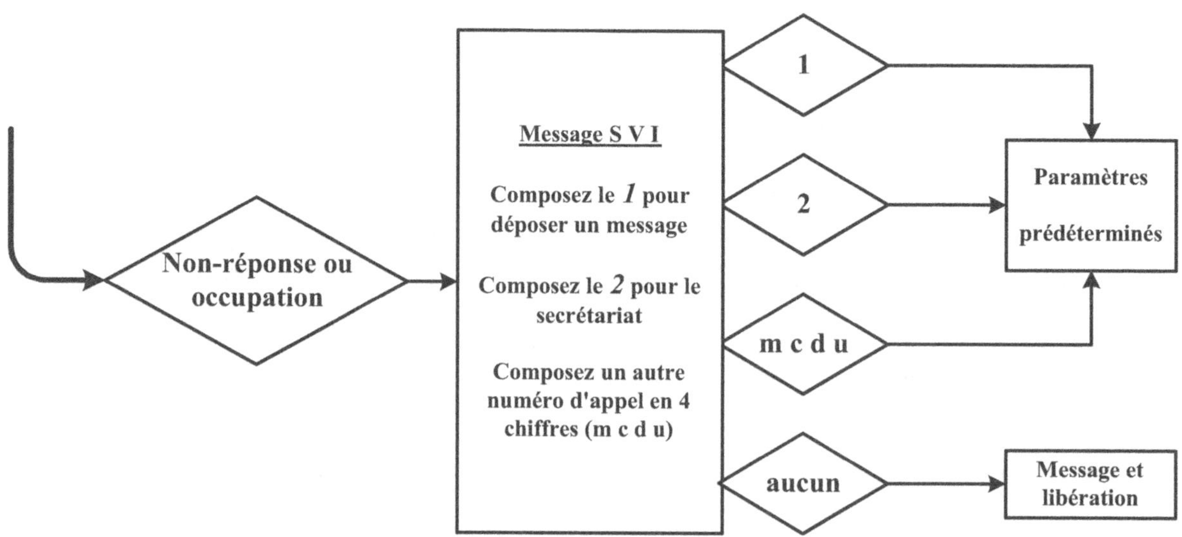

Figure 2-12
Exemple de fonctionnement type « aiguillage *a posteriori* »

Identifier et authentifier

La fonction peut consister à fournir à un client bancaire le montant du solde de son compte dès lors qu'il a communiqué son numéro de client (identification) et son mot de passe (authentification). Dans ce fonctionnement, l'information demandée et les données permettant l'identification et l'authentification ne sont pas stockées dans le SVI ; elles sont lues sur la base de données métier, interprétées et transmises. L'information désirée est alors délivrée par un automate de synthèse vocale, lui-même interne au SVI.

Les algorithmes concernant ce mode de fonctionnement impliquent également les liens CTI afin d'aller rechercher les données d'identification et d'authentification ; la solution qui consiste à stocker ces données dans le SVI est abandonnée pour cause de manque de sécurité et de double saisie obligatoire.

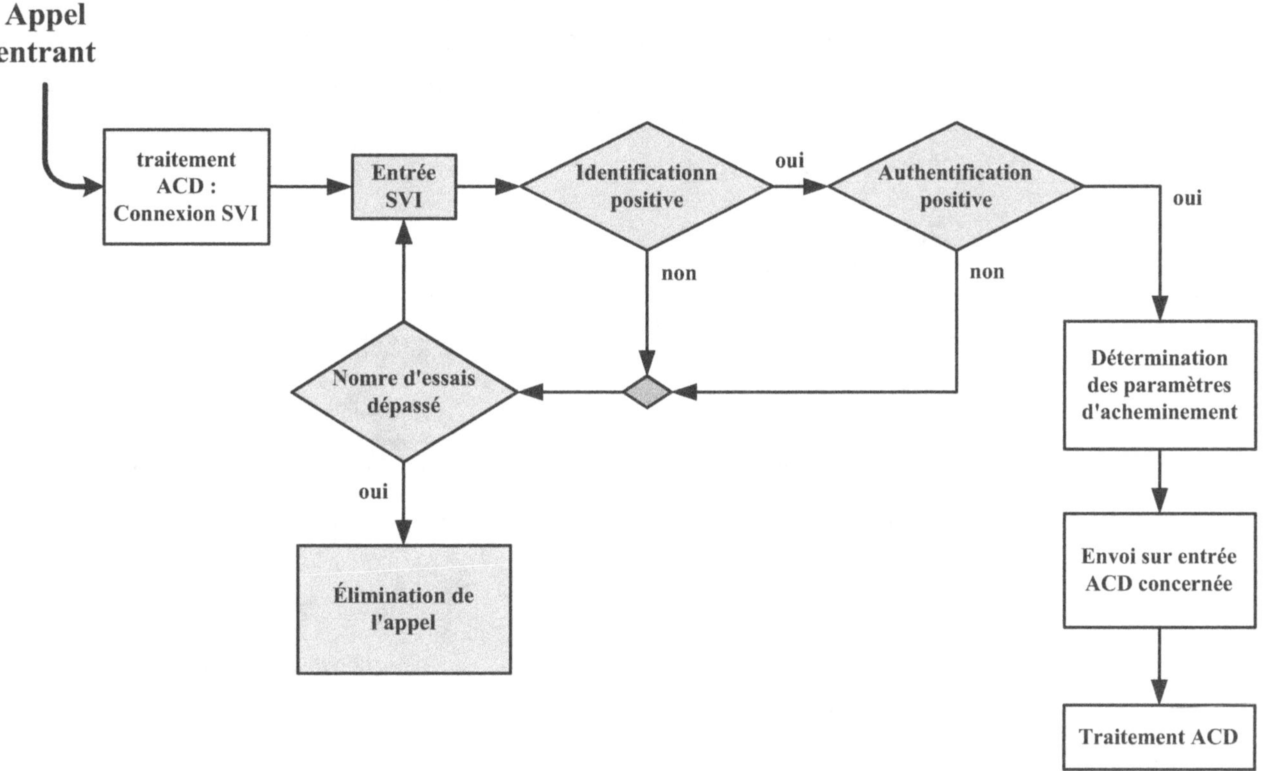

Figure 2-13
Fonctionnement du type identification et authentification

Programmation, pilotage et diverses statistiques

Comme tout système automatique en relation avec l'humain, le SVI doit pouvoir être programmé et contrôlé en termes de résultats obtenus ; ceux-ci doivent être conformes, non seulement à ce que l'on attendait mais également au besoin du service.

La programmation est, comme pour l'ACD, la somme de deux tâches qui sont respectivement la définition des organigrammes ou algorithmes de traitement des appels eux-mêmes (qui requiert des compétences importantes en termes de compréhension des organisations)[1] et l'écriture (à nouveau scripting) de ces organigrammes au sein du SVI lui-même. Cette dernière opération étant là aussi simplifiée par l'interface de programmation graphique, les compétences demandées sont plus légères et peuvent être acquises moyennant une formation relativement courte (de deux à trois jours).

Le contrôle *a posteriori* comme le pilotage « à chaud » suppose que des informations soient disponibles en temps réel et en temps différé. Le SVI produit ces diverses données et statistiques (nombre et durée d'appels par type de connexion, recensements des appels

[1] Il est essentiel de garder à l'esprit le caractère temps réel (au sens process action) des objets qui sont manipulés ici.

ayant abandonné ou n'ayant fourni aucune réponse aux attentes). Ces éléments bruts seront alors analysés, consolidés avec les résultats de l'ACD, et mis en forme pour produire des *reportings* spécifiques et divers tableaux de bord. Là encore, les précisions seront apportées au chapitre 10.

Tableau 2-6
Exemple de statistiques émanant des SVI

Base de suivi de SVI	
Date	Tranche horaire
Appels présentés	Total des appels présentés au S V I
« Traités »	Total des appels aiguillés par le SVI
Choix N° 1	en fonction du choix effectué ou de l'absence de choix
Choix N° 2	
Choix N° 3	
Absence de choix	
« Perdus »	Total des appels « perdus »
Dont abandons	Appelants ayant raccroché
immédiats	en fonction de la durée
après attente < t1	
après attente > t1	
Dont pertes saturation	Surcharge de flux

Avantages et inconvénients d'un SVI

Le SVI présente des avantages économiques significatifs dans la mesure où il peut traiter des opérations simples qui seraient prises en charge par des conseillers. En outre, il permet d'optimiser les temps de connexion à l'ACD.

Néanmoins, le public français est relativement réticent et ne l'accepte que contraint et forcé (ce sont les centres d'appels que nous appelons par obligation comme tous les services de l'État ou entreprises qui se trouvent sur un marché monopolistique comme Microsoft) ou avec la contrepartie d'une valeur ajoutée significative comme la sécurité des données dans le cadre des plates-formes bancaires (on peut également envisager des situations où le client d'un service de VPC se voit accorder une remise ou un cadeau quand il appelle un numéro directement aiguillé sur un SVI.

Contraintes et règles de bonne utilisation

Par les fonctions automatiques qu'il héberge et par son objectif à remplacer des ressources humaines, un SVI ne sera accepté par les utilisateurs (encore une fois les « clients », base même de l'existence du service) que moyennant le respect, dans l'écriture des scénarios, d'un certain nombre de règles de base issues de l'expérience.

Rappelons comme nous l'avons déjà précisé que tous les interlocuteurs n'ont pas nécessairement accès à des postes à fréquences vocales (exemple : les postes intérieurs spécifiques des installations privées où cette fonction nécessite d'être activée par un code ignoré de la plupart des utilisateurs). Il sera donc indispensable, dans le cas où le serveur vocal ne reçoit aucune réponse à son premier message, d'aiguiller l'appel vers un conseiller et, ce, de manière suffisamment rapide pour éviter un abandon. C'est la raison pour laquelle un certain nombre de services ont pour première demande : « appuyez sur la touche * de votre poste téléphonique » ; l'accès de l'interlocuteur aux fréquences vocales est alors validé.

En outre, les exigences du public (nos exigences inconscientes) quant à la qualité de l'audition sont aujourd'hui très élevées en raison de notre habitude à la pratique de sons de haute qualité. On mettra en place des synthèses vocales audibles et agréables à l'oreille. Là encore, l'adéquation sera mesurée par l'intermédiaire du taux d'abandon pendant la délivrance de message.

Enfin, la facilité d'utilisation et la compréhension des réponses nécessitent que les niveaux d'arborescence et les choix possibles soient raisonnables en regard des possibilités offertes (au-delà de trois niveaux de choix, un certain nombre d'utilisateurs ont une hésitation mémoire d'où un ralentissement général de la transaction). On s'efforcera donc de ne pas dépasser trois choix par niveau et l'on se limitera également à trois niveaux successifs, entre lesquels on trouvera obligatoirement une « intervention » (réponse fréquences vocales) de l'appelant. Intuitivement, on s'apercevra que cette architecture limite est déjà fort lourde.

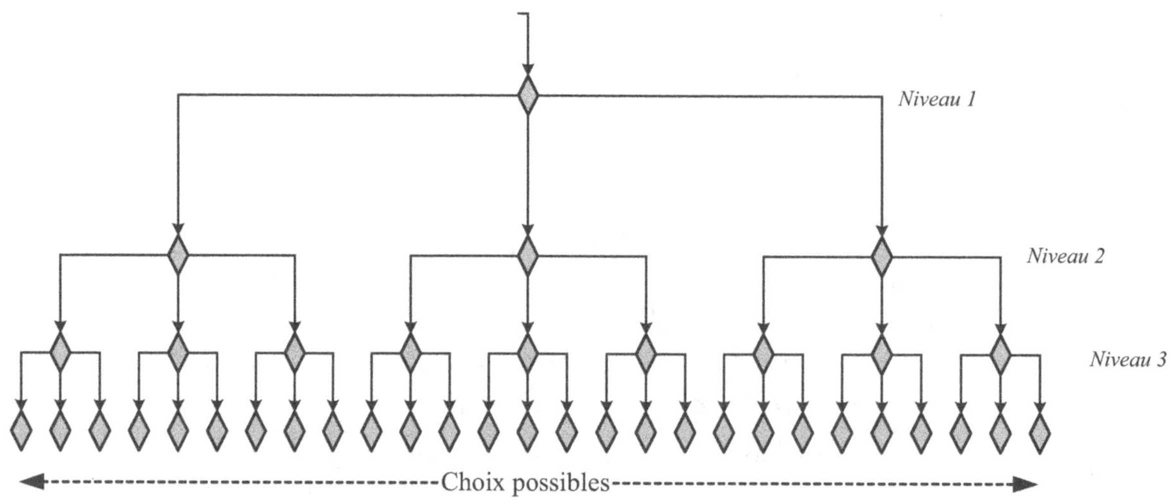

Figure 2-14
Exemple à trois niveaux et trois choix par niveau

Enfin, lorsque le SVI sert à collecter des nombres complets (tels que des numéros de clients), il est souvent utile de le répéter en synthèse vocale pour que l'appelant s'assure qu'il a ou non composé le bon numéro.

La fonction de couplage téléphonie informatique

Le centre d'appels vu précédemment, équipé d'un ACD et d'un SVI est en mesure de traiter un certain nombre de tâches comme recevoir et répondre aux appels. Toutefois, il n'est pas en mesure d'effectuer les fonctions nécessitant des accès à des bases de données de l'entreprise comme celles de reconnaître l'appelant (soit par le numéro demandeur soit par identification) et de « faire monter » sa fiche signalétique (contenue dans la base « métier ») sur le poste de travail où l'on aiguille l'appel téléphonique.

De plus, l'ACD comme le SVI ne peuvent réaliser des fonctions de routage complexes qui dépendraient d'informations contenues dans ces bases de données. Il s'agit, par exemple, d'aiguiller l'appel sur le service recouvrement lorsque l'appelant présente un retard de paiement.

Enfin, certains centres d'appels expriment le besoin de « coupler » les résultats obtenus en termes de qualité d'accueil téléphonique avec des données de production ou de niveau de service que l'on ne trouve, là encore et pour cause, que dans la base métier.

Ce constat étant réalisé et le besoin avéré, certaines normes d'interfaçage entre le monde de la téléphonie et celui de l'informatique de traitement sont apparues et ont ouvert la porte à la création d'applicatifs permettant de réaliser les fonctions nécessaires de couplage.

Les normes d'interfaçage téléphonie informatique

Depuis quelques années, les commutateurs de téléphonie sont dits « à programme enregistré ». Ce sont de véritables ordinateurs « temps réel » au sens strict du terme (conduite de process) capables soit d'être commandés à l'aide de paramètres prédéfinis mais normalisés, soit de rendre des informations, via des données non moins structurées.

L'informatique de traitement (en particulier de gestion) fonctionnant de la même manière mais avec des normes et formats différents, on a créé des passerelles permettant aux deux mondes de s'échanger des données et des instructions. Ces passerelles sont en réalité des procédures régissant l'ensemble des protocoles d'échange. On constate qu'il en existe deux catégories exclusives : le mode *first party* et le mode *third party*.

Les principales normes rencontrées sont CSTA, TSAPI et TAPI[1]

First party

Ce mode d'échange permet à des terminaux des deux mondes (poste téléphonique et terminal client) de dialoguer entre eux ; il s'agit d'un ensemble de fonctions relativement réduit qui ne se rencontre que fort rarement dans le domaine des centres d'appels.

[1] *CSTA* : Computeur Supported Telephony Application ; norme de couplage de type *Third party* édictée par l'association ECMA (European Computer Manufacturer Association).

TSAPI : Telephony Services Application Programming Interface ; normes de couplage de type *Third party* de l'environnement Novell.

TAPI : Telephony Application Programming Interface ; normes de couplage de l'environnement Microsoft Windows. TAPI1 est du domaine *First party* alors que TAPI2 est du domaine *Third party*.

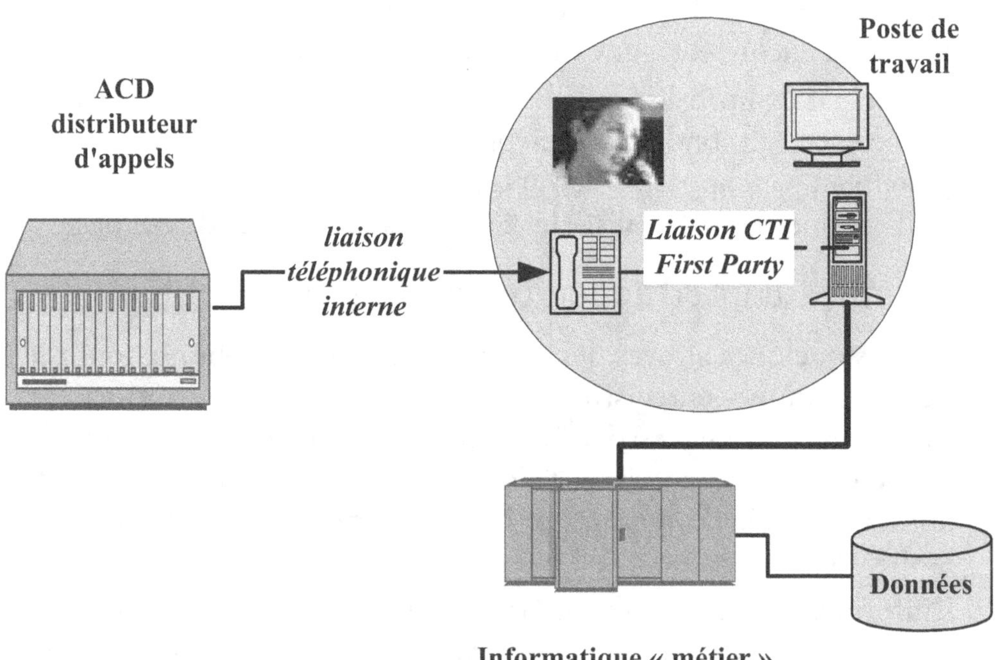

Figure 2-15
Le mode « first party »

Third party

Ce mode d'échange permet aux deux mondes de dialoguer via les systèmes centraux (PABX/ACD et serveur) et de « synchroniser » des informations sur les terminaux associés (téléphone et terminal) d'un même poste de travail. Il nécessite l'insertion dans le système d'un serveur appelé « serveur CTI » entre le monde de l'informatique et le monde de la commutation. La figure 2-16 montre la mise en place de ce serveur et l'existence des liaisons de part et d'autre (ces liaisons sont logiques, le lien physique se fait généralement sur support IP interne).

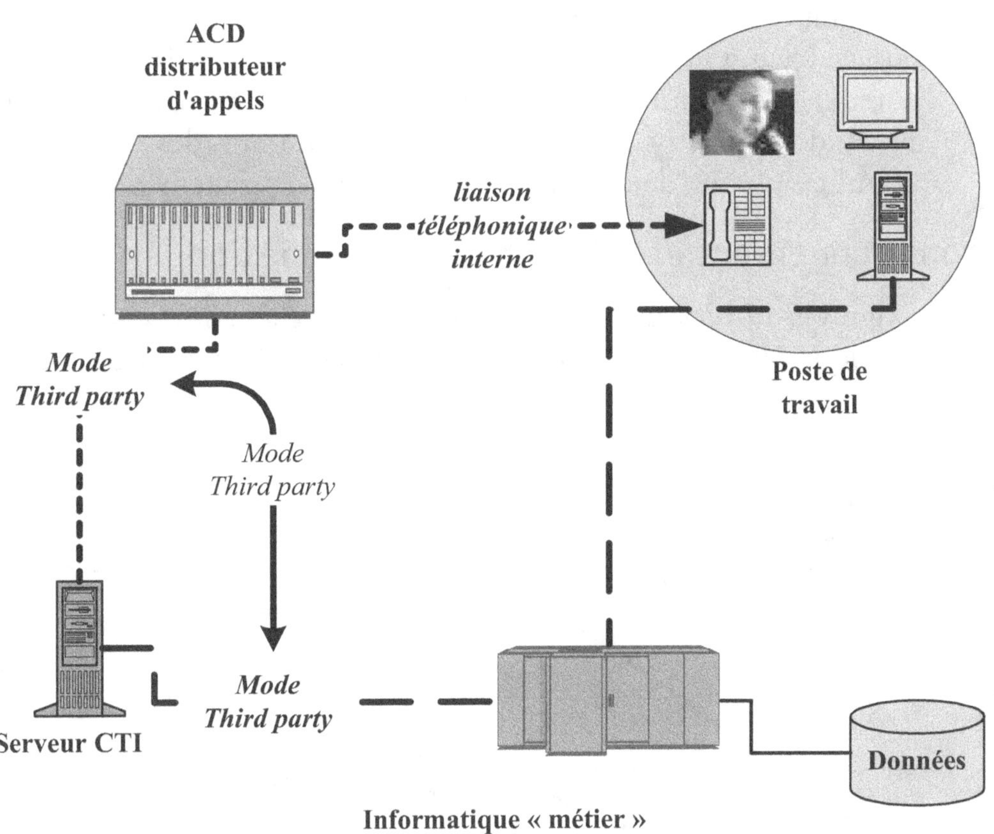

Figure 2-16
Le mode « third party »

Notion de *middleware* et d'intégration

La multiplicité des types et formats informatiques disponibles ainsi que la diversité des formats de données issus de la commutation ont empêché la mise au point de produits packagés prêts à l'emploi, réalisant la totalité des fonctions de bout en bout, et qui auraient pu être installés de façon simple sur le réseau interne du centre d'appels.

Les éditeurs de CTI se sont donc orientés vers la production d'outils d'interfaçage, généralement *third party* et qualifiés de middleware qui présentent toutes les primitives[1] nécessaires à la construction des liens tant avec la commutation qu'avec l'informatique de traitement.

[1] On pourrait également parler d'objet au sens informatique. Il s'agit de fonctions complexes et paramétrables qui autorisent le dialogue de part et d'autre.

Terminologie

Le terme middleware est un anglicisme sur le mode hardware et software qui indique qu'il s'agit de matériels et surtout logiciels intermédiaires ou médians au sens communication du terme.

Une fois ces logiciels middleware implantés sur un serveur idoine et dédié pour des raisons de sécurité, il reste à écrire les modules dits d'intégration. C'est la mission, bien entendu, des intégrateurs qui consiste (ce qui ne rend pas nécessairement ce travail simple ni peu coûteux) à déterminer et à implémenter les bons paramètres au niveau des primitives fournies par le CTI (tant du côté de la commutation que de celui de l'informatique de traitement).

Fonctionnement et principe d'interconnexion

La figure 2-17 présente les relations fonctionnelles entre les différentes briques ainsi que les relations (les flèches) nécessitant des développements dits d'intégration.

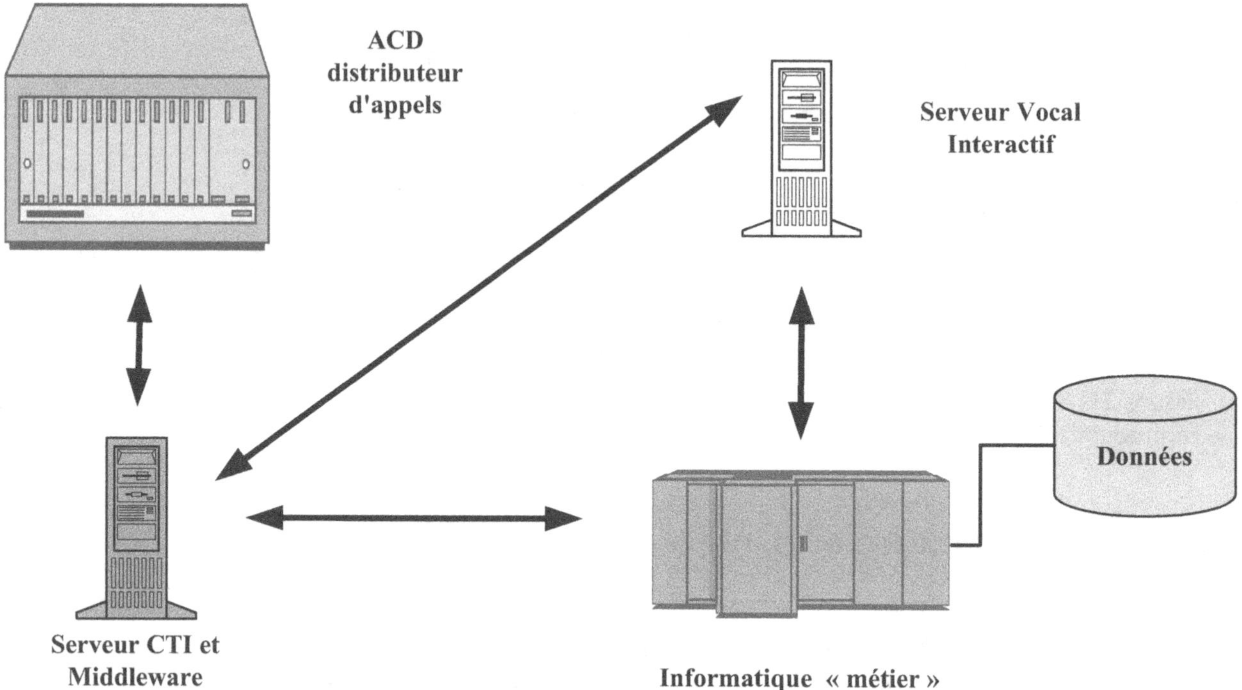

Figure 2-17
Schéma fonctionnel d'interconnexion incluant CTI et intégration

Éléments de base de développement et d'intégration

Conformément à l'introduction de ce paragraphe, l'apparition des diverses fonctions CTI se base sur un besoin grandissant d'unification des données et des protocoles dans les entreprises.

Le nœud de communication que représente le centre d'appels ne peut plus aujourd'hui être déconnecté des sources de données classiques telle que la base client par exemple.

La mise en place complète d'un centre d'appels implique désormais l'implémentation des fonctions CTI ainsi que leur intégration dans le système d'information (le développement et la mise en place des modules d'intégration pourront être réalisés soit par l'éditeur CTI soit par des sociétés spécialisées).

Outre que cette intégration représente un budget investissement non négligeable (de 50 à 100 % du montant des licences CTI), elle apparaît comme structurante. En effet, toute modification au niveau de l'informatique de traitement aura nécessairement des conséquences sur ces modules d'intégration.

Fonctions effectivement assurées par le CTI

On trouvera généralement cinq modules indépendants au sein d'un ensemble middleware CTI détaillés ci-après. À noter qu'il s'agit de primitives de base qui pourront, via l'intégration, varier à l'infini.

Premier module : « All in one »

C'est la fonction de base du CTI qui permet d'avoir toutes les données nécessaires au conseiller sur un bandeau situé en bas de l'écran du poste de travail. Ce bandeau comprend les informations liées au téléphone et celles nécessaires à l'informatique métier. Il permet notamment une fonction de *log on* commune et unique (le conseiller se déclare à son poste de travail)

Deuxième module : interconnexion base de données « simple »

Il permet de faire monter la fiche « client » ou plus généralement celle de l'appelant sur le poste de travail sonné.

Le serveur CTI et les fonctions associées sont destinataires des données d'identification du client ainsi que du numéro de position sur laquelle l'appel sera présenté ; il a pour fonction d'aiguiller la fiche concernée sur le terminal écran clavier associé.

La figure 2-18 nous fournit un exemple assez complet d'un tel fonctionnement faisant suite à une action d'identification et d'authentification réalisée par le SVI.

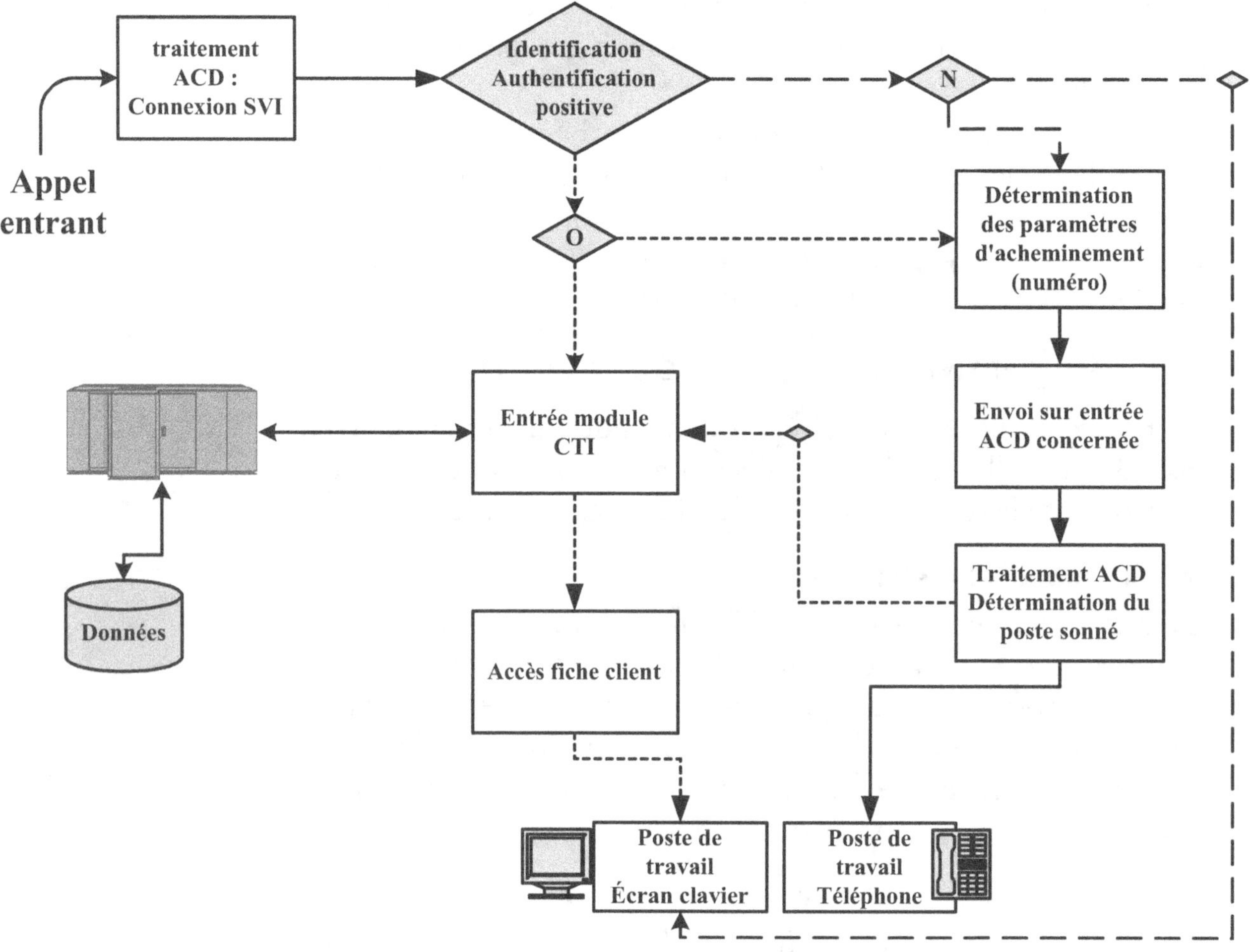

Figure 2-18
Exemple complet de fonctionnement CTI

Troisième module : routage « intelligent »

Ce module, ainsi qualifié de routage intelligent, développe une intelligence (non accessible au simple couple ACD–SVI) permettant d'aiguiller un appel en fonction de données client et contenues dans la base « métier ». Si l'aiguillage immédiat vers un service de recouvrement est un exemple (le client qui appelle ayant été identifié comme présentant un retard de paiement), il en existe bien d'autres comme celui de router les appels, en fonction du niveau de chiffre d'affaires du client ou de données le concernant plus personnellement comme son âge…

Quatrième module : statistiques

Il produira les données statistiques nécessaires à l'analyse de la performance mais cette fois avec des informations plus proches de l'activité proprement dite, comme des nombres d'accès aux bases informatiques de traitement ou des résultats concernant les diverses transactions effectuées.

C'est à ce niveau que pourront réellement être consolidées des données de provenance et de sémantique différentes mais toutes nécessaires à l'élaboration de chiffres et résultats qui présentent une vision, la plus exacte possible, de la qualité fournie au client (et ressentie par celui-ci).

Cinquième module : « predictive dialing »[1]

Ce module de predictive diailing a un objectif économique avéré : amener la productivité d'une équipe en émission d'appels vers celle qu'elle aurait en réception, à niveau de charge élevé.

Tableau 2-7
Exemple d'analyse et de calcul du nombre d'appels à émettre

Conseillers disponibles	Flux acceptable	Appels établis	Taux de rejet	Appels émis
Nc	Tr	A	Tr	Ae
10	7,5	7,5	40%	12,5

Le principe repose sur le nombre d'appels que peut traiter une équipe par unité de temps et sur la probabilité moyenne de réponse de l'interlocuteur appelé. Compte tenu de ces données, le système émet alors (automatiquement et en puisant des numéros placés dans la base de données) un nombre d'appels suffisant pour assurer en permanence une charge de travail acceptable aux conseillers présents.

Devenir

Il est important de préciser que si cette énumération est, à l'heure actuelle, quasi exhaustive, la créativité des éditeurs de logiciels face aux besoins toujours croissants d'intégration des systèmes d'information fait que les fonctions existantes vont nécessairement évoluer et que d'autres vont peu à peu apparaître.

Contraintes d'utilisation

Les éléments de *middleware* sont implémentés sur un serveur CTI de type informatique et qui, par conséquent, ne bénéficie pas du même niveau de sécurité (tolérance de panne) que l'ACD. Il est donc indispensable de prévoir des solutions de repli afin de conti-

[1] Il s'agit d'anticipation d'appels par paquets ; le terme anglais est labellisé et connu en tant que tel.

nuer à traiter les appels dans le cas d'indisponibilité de ces fonctions. Cette remarque est d'autant plus importante que le CTI serait amené à réaliser les fonctions de routage intelligent.

L'intégration, comme nous l'avons établi précédemment, est un élément très structurant. Une fois les procédures implantées, on doit considérer que toute modification de l'informatique de traitement (ou changement de version logicielle de l'ACD) peut avoir un impact sur le fonctionnement général.

Enfin, les logiciels CTI sont commercialisés sous forme de nombre de licences en fonction des utilisateurs simultanés (cela doit être suivi de très près dans le cadre d'un centre en croissance).

Le poste de travail

Le poste de travail est, par définition, le point de rencontre entre le système et le conseiller. C'est là que tout se passe, que le client entre en relation avec le conseiller. Le poste de travail est techniquement constitué d'un poste téléphonique et d'un terminal informatique de type « client ».

Note

Le terminal de type client est dans tous les cas un poste de travail informatique (PC + écran + clavier + souris) qui est pré-installé de manière normalisée et uniforme. Gardons à l'esprit que cet équipement ne sert pas exclusivement à la fonction CTI.

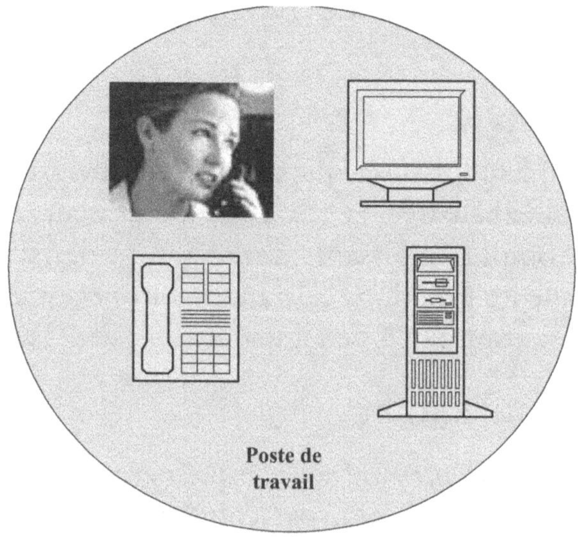

Figure 2-19
Le poste de travail

Le téléphone

C'est un téléphone « normal » classique bien qu'évolué, raccordé à l'ACD et généralement « numérique », c'est-à-dire propriétaire (il s'agit d'un terminal de la marque de l'ACD qui ne peut être raccordé que sur un système du même type, par opposition à un poste « normalisé Q23 » qui, lui, peut se raccorder sur tout système de commutation). Si l'utilisation de ce type de terminal n'est pas absolument obligatoire, elle est souvent rendue très utile par l'ergonomie et l'accès à certaines fonctions non disponibles sur les postes classiques. Le poste sert d'abord à répondre aux appels mais permet également d'afficher un certain nombre d'informations, telle que la durée de la conversation courante (donnée disponible également sur le bandeau de l'écran par l'intermédiaire des fonctions CTI). Il servira en outre au conseiller pour définir ou établir son état ou son action (en activité, non-activité, en pause…).

Le casque téléphonique

Les conseillers actifs sur une plate-forme d'appels ont à gérer un grand nombre de conversations téléphoniques tout en ayant obligation de conserver la liberté de leurs gestes (en particulier les mains pour effectuer des saisies sur le terminal informatique). Le casque est un accessoire d'ergonomie absolument indispensable.

Le poste informatique client

Connexion normale, habituelle et connue avec l'informatique métier ou de traitement, il permettra ici, en plus et grâce à l'intégration CTI, d'afficher des éléments concernant l'activité téléphonique comme le niveau d'écoulement des flux ou l'état de certains postes importants, à un instant donné.

Le terminal informatique est connecté au réseau interne de l'entreprise (utilisant généralement le protocole IP) qui lui donne accès à l'informatique interne, mais également au SVI et au serveur CTI raccordés sur le même réseau.

L'ergonomie générale

L'ergonomie générale du poste de travail est essentielle pour deux raisons. Tout d'abord, le métier de répondre au téléphone doit être considéré comme une tâche à la fois pénible et stressante, ce qui rend encore moins supportables les éventuels « petits désagréments » liés à des défauts d'ergonomie.

Ensuite, l'effet de masse peut être économiquement destructeur (les conseillers gèrent une multitude d'appels téléphoniques du même type) ; illustrons par un exemple où le défaut d'ergonomie « coûte » une seconde par transaction sur un centre d'appels moyen qui traite environ deux mille appels par jour, avec une moyenne de trois transactions par appel (là encore c'est assez moyen). Nous avons une perte de temps journalière de 6 000 secondes soit près de deux heures !

Chapitre 3

Réseaux télécoms et réseau Internet

Les réseaux vocaux publics et leurs services associés

Un centre d'appels est, par définition et de façon obligatoire pour la communication vocale, alimenté par un flux constitué d'appels téléphoniques émis par composition d'un numéro donné ; c'est en général ce numéro qui correspond à une « entrée » telle que nous l'avons vu au niveau de l'ACD.

Généralités

Cette première partie a pour objectif d'éclairer le lecteur sur des éléments généraux des réseaux téléphoniques tels que le plan de numérotage ou les diverses architectures.

Le plan de numérotage

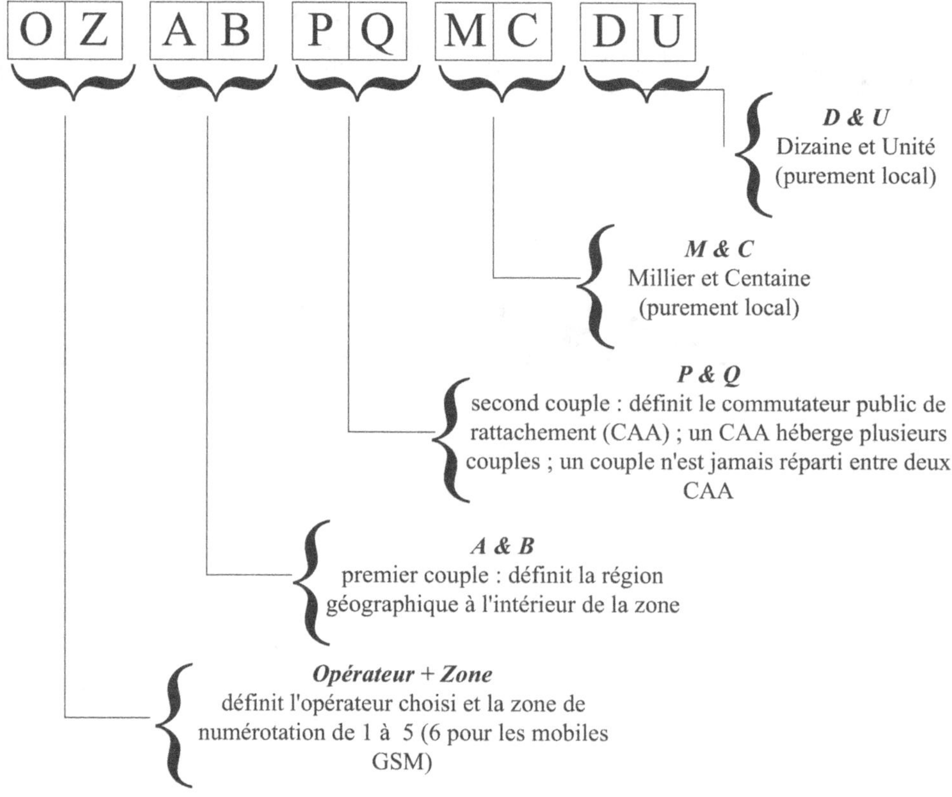

Figure 3-1
Structuration d'un numéro de téléphone

Précisons tout d'abord que le plan de numérotation français, à l'instar de pratiquement tous les pays développés du monde est dit fermé cohérent ; cela signifie à la fois que le nombre de chiffres composant un numéro d'appel est constant (*) et que la répartition des séquences est géographique par ordre décroissant de tranche. La figure 3-1 nous indique la structuration d'un numéro de téléphone français.

Note

Le plan de numérotage français comporte dix chiffres à l'exception des numéros dits « courts » donnant accès à des services particuliers ; c'est le cas du 112 (numéro d'appel d'urgence) ou des 1013 à 1016 de France Télécom réservés à des services clientèle.

Les différents « réseaux »

Il est donc possible d'alimenter un centre d'appels avec un numéro simple à 10 chiffres tel que nous le pratiquons quotidiennement ; nous appellerons ces numéros des numéros noirs par opposition aux numéros dits colorés (historiquement vert, azur ou indigo de France Télécom) qui sont très utilisés dans le monde des centres d'appels.

Aujourd'hui, les numéros dits « colorés », « accueil » ou « libre appel » (suivant les conseillers de télécommunications) sont tels que OZ (les deux premiers chiffres) sont toujours 08, les suivants déterminant le type de numéro dont il s'agit et son mode de fonctionnement ; en réalité OZ AB = 08 XX détermine les paramètres et propriétés spécifiques (en termes de mode de facturation notamment).

Propriétés particulières des numéros « colorés »

Ces offres de réseau ou de routage ont été créées pour répondre à un besoin initialement commercial des sociétés de vente par correspondance ; elles sont donc particulières et peuvent correspondre à des structures d'accueil complexes.

En outre, la construction de services nouveaux et de plus en plus complexes conduira nécessairement à déplacer certaines fonctions aujourd'hui dévolues aux ACD locaux vers des fonctions de réseau centrales.

Délocalisation géographique

Par définition, et par construction, un numéro tel que 08 XX ne peut être localisé par l'appelant qui ignore où se trouve le site destinataire car il n'a pas de correspondance dans le plan de numérotage national. Techniquement, il correspond dans le réseau à un numéro traduit qui peut se trouver partout sur le territoire.

Structures multisites et modes de sélection

Une autre caractéristique essentielle de ce type de réseau est qu'un même numéro 08 XX peut correspondre à plusieurs sites de traitement d'appels ; chacun disposant, naturellement, d'un numéro traduit différent. Les critères de distribution (automatiques) entre les différents sites concernés sont alors divers ; on recensera, pour un même et unique numéro composé, plusieurs critères actuellement utilisés.

La sélection par tranche horaire

Le réseau dispose d'une table de définition des numéros traduits à activer en fonction de l'heure ou du jour. Cela conduit à des fonctionnements soit de fermeture en dehors des heures déterminées pour l'ouverture soit de routage différenciés sur des sites différents.

La sélection par origine géographique

Le réseau distribuera les appels en fonction de la « zone arrière » concernée, c'est-à-dire la région d'où appelle le demandeur (dans le cadre du plan de numérotage, cette sélection ne permet généralement pas de descendre au-delà de OZ AB PQ, c'est-à-dire du sixième chiffre). On notera ici le cas particulier des mobiles GSM, où 06 définit l'appartenance à ces réseaux et où AB définit aujourd'hui l'opérateur.

La sélection composée par tranche horaire et région d'origine

C'est une simple combinaison des deux cas précédents. On peut parfaitement distinguer les appels province et ceux d'Île-de-France entre 8 heures et 20 heures et tout adresser à un site de traitement HNO (heures non ouvrables) commun entre 20 heures et 8 heures.

La sélection complexe par référence à une base de données

Comme l'indique la figure 3-2, il s'agit, pour le réseau intelligent, d'aller chercher, dans une base de données appartenant au client, les informations nécessaires au routage de l'appel. Le réseau détermine l'identifiant de l'appel entrant (son numéro demandeur) et, par interrogation de la base de référence, se verra restituer le numéro traduit concerné.

L'interopérabilité entre le réseau intelligent et ces bases de données client (ou leur réplication) repose sur une véritable architecture de CTI (cette fois en mode central) et propose toutes les fonctions offertes par ce CTI (jusque et y compris des interconnexions de type identification authentification utilisant un SVI).

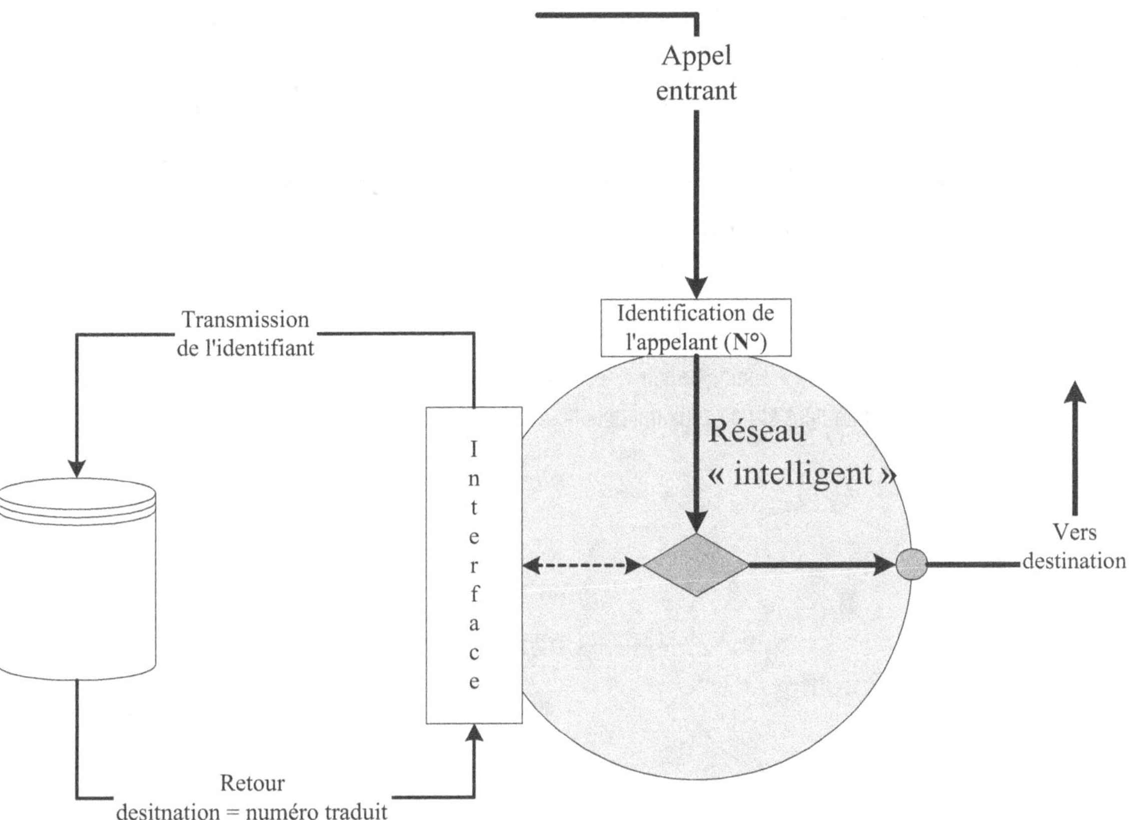

Figure 3-2
Sélection complexe par base de données de référence

La sélection par détermination de l'appelant

Les grands opérateurs de télécommunications proposent désormais des services Serveur Vocal Interactif de grande capacité. Un appelant ayant composé un numéro coloré « tombe » sur un tel dispositif et effectue un choix parmi ceux qui lui sont proposés ; la machine reroute alors leur demande soit via un nouveau numéro coloré soit via un numéro traduit « noir » classique.

Les architectures de distribution et la notion de limiteur

En plus de ces règles de sélection complexes, les réseaux intelligents sont en mesure de distribuer les appels sur un ou plusieurs sites suivant des règles de répartition volumétriques plus ou moins complexes.

Distribution sur un seul site avec ou sans débordement

Dans ce cas, nous avons un fonctionnement conforme à la figure 3-3. Les appels sont normalement aiguillés vers le site de traitement identifié. Leur nombre peut alors être limité à une valeur « L » appelée limiteur qui est définie par contrat entre le conseiller de télécommunications et son client. Lorsque cette valeur est atteinte, l'appel en surnombre est soit aiguillé vers un centre de débordement, lorsqu'il existe, soit rejeté par le réseau qui délivre alors un message du type : « toutes les lignes de votre correspondant sont occupées, veuillez renouveler votre appel ultérieurement »[1].

Note

La notion de limiteur (historique parce qu'ainsi nommée à l'origine du numéro vert) est à considérer comme « amont réseau ». Le système compte effectivement les appels qu'il laisse passer simultanément et non ceux qui aboutissent à être établis en conversation.

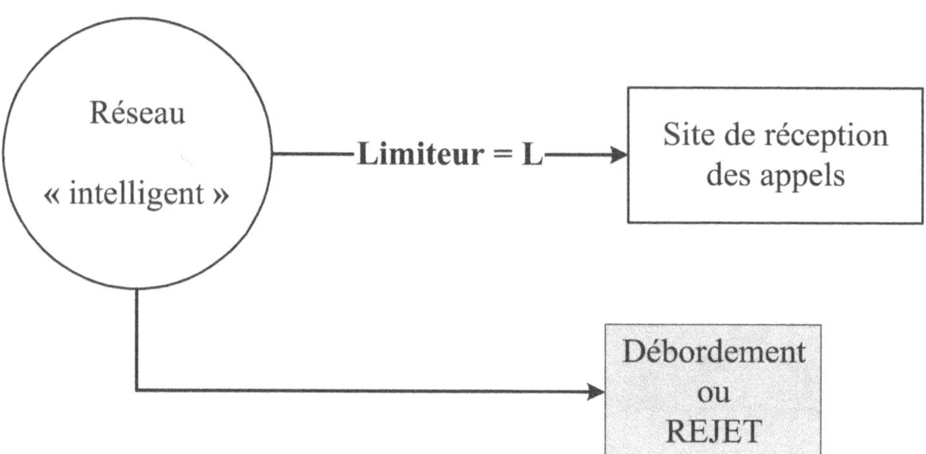

Figure 3-3
Fonction de distribution et limiteur en monosite

Distribution sur plusieurs sites

Répartition en poucentage

Dans le cas d'une répartition entre les différents sites, suivant des clés basées sur des pourcentages prédéfinis, nous avons un fonctionnement illustré par la figure 3-4. Les appels sont alors répartis en nombre, conformément aux pourcentages correspondant aux différentes directions. Le limiteur, lorsqu'il existe, est alors affecté à la totalité des sites « principaux » (hors débordement) vus comme un seul. Le débordement éventuel ou le rejet sont activés lorsque le total, simultanément possible des appels présentables sur les sites principaux, est atteint.

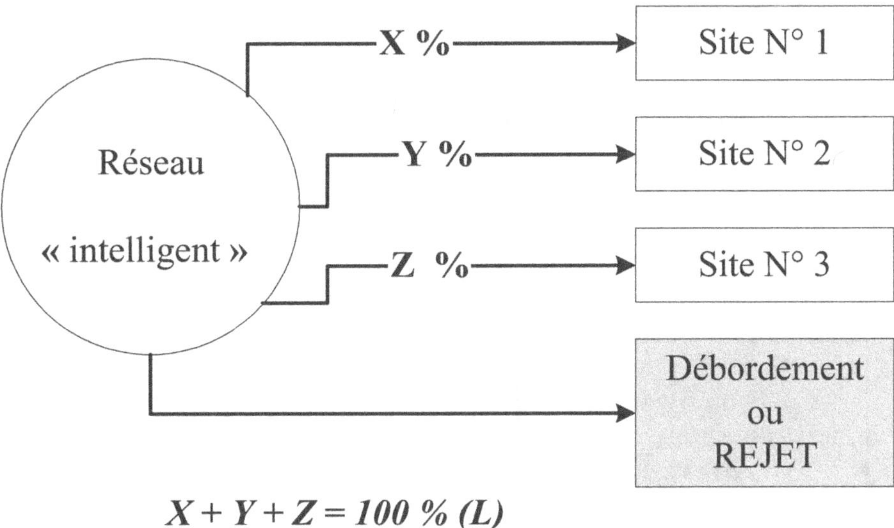

Figure 3-4
Fonction de distribution et limiteur en pourcentage

Répartition dynamique

La forme la plus sophistiquée de distribution est la répartition dynamique ou distribution dynamique qui repose sur des intercorrélations entre le réseau public et les ACD privés, via des protocoles appelés PG (*peripheral gateway*). Dans ce cas, le « système de distribution du réseau public » répartit dynamiquement les appels en fonction des ressources effectivement disponibles sur chacun des sites, en appliquant des règles prédéfinies en accord avec le gestionnaire du centre d'appels. Chaque site se voit affecté d'une condition permettant au réseau intelligent de déterminer s'il doit ou non y acheminer un appel. Ainsi, on considère que les appels sont acceptables si la durée probable d'attente ne dépasse pas *xx* secondes. Cette durée est alors déterminée par l'ACD et transmise au réseau. Cette dernière forme de répartition est appelée « centre d'appels virtuel » (CAV).

Dans le cas d'une telle distribution, la notion de limiteur n'existe plus réellement ; des règles de routages sont déterminées site par site (ou globalement) telles que si une condition n'est pas remplie, l'appel ne peut être distribué sur le site concerné. Lorsqu'un appel ne peut être distribué sur aucun des sites, il est aiguillé en débordement ou en rejet. La figure 3-5 présente un algorithme de distribution type CAV.

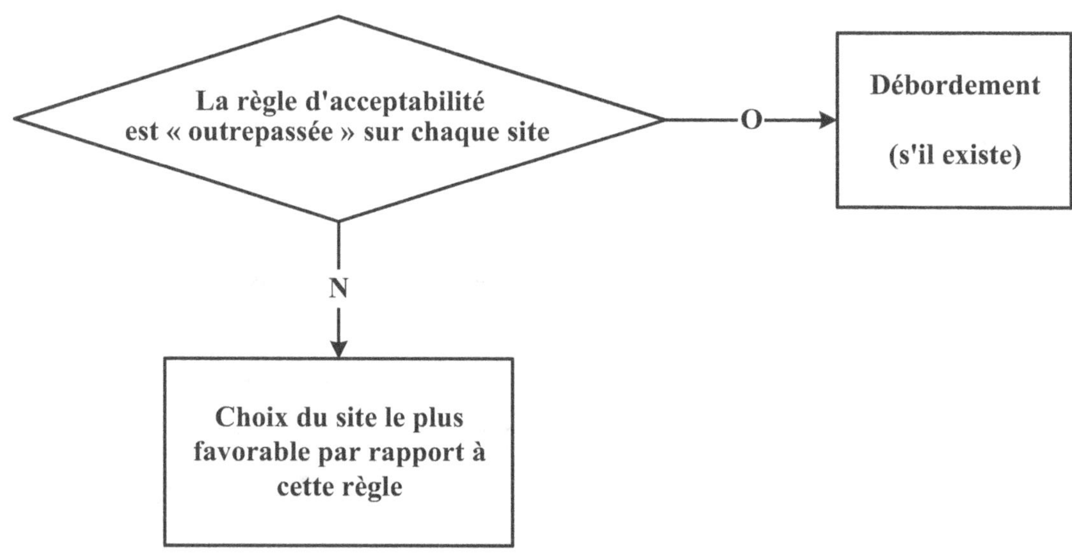

Figure 3-5
Algorithme de routage type CAV

Précisons que la distribution peut être complexe et résulter d'un panachage entre les différents types de routages étudiés.

Enfin, toutes ces fonctionnalités et divers modes de distribution sont proposés commercialement par les opérateurs de télécommunications ayant une offre « professionnelle » sur le marché.

Les statistiques et éléments de pilotage

Ces réseaux, à l'instar des ACD et des SVI, sont en mesure de fournir des éléments de collecte et de recensement statistiques relatif aux appels distribués sur chacun des sites ainsi que les appels passés en débordement ou en rejet (que ce soit pour cause de saturation ou de fermeture du service en heures non ouvrables par exemple).

Ces grandeurs restituées concernent aussi bien les nombres d'appels des différents types (offerts, présentés, traités…) que les durées, soit globales (durée totale pendant laquelle l'appel est vu dans le réseau) soit, dans le mode CAV, telles que connues dans les centres d'appels.

Les éléments de facturation

En plus des fonctionnalités de routage de distribution offertes par ces réseaux, dits intelligents, les opérateurs de télécommunications proposent des modes de facturation adaptés aux besoins de ces types de services :

- Coût entièrement pris en charge par le destinataire : c'est le traditionnel numéro vert très adapté aux centres de VPC à forte valeur ajoutée, dans lesquels le fournisseur de services peut (et cela est bien apprécié par sa clientèle) prendre à sa charge le coût de commande.

- Service où l'appelant paye l'équivalent d'une communication locale (quelle que soit sa localisation) et où le destinataire prend à sa charge la différence ; c'était le numéro dit azur très employé par les sites de SAV et les centres de VPC à plus faible valeur ajoutée.

- Service où l'appelant se voit facturer par le conseiller un coût de communication par unité de temps correspondant, pour partie, à la communication (ce qui reviendra *in fine* à l'opérateur) et pour autre partie à la rémunération du service rendu par le fournisseur ; c'est alors le conseiller qui servira d'intermédiaire. C'est le mode « kiosque »[1] très utilisé dans les centres prestataires de services pour des clients non nécessairement identifiés.

[1] Ce mode de facturation rémunération était très utilisé dans les communications Minitel qui en est, en réalité, l'origine.

Le réseau Internet

Comme le décrit la figure 3-6, le réseau Internet appelé encore Net ou « la toile » par référence à la traduction angliciste du terme net, est constitué d'arcs et de nœuds le plus interconnectés possible sans hiérarchisation particulière des nœuds (par exception dans un grand réseau dit *wide* on rencontrera éventuellement deux niveaux de nœuds définis par des règles de proximité).

Structure et fonctionnement

Un tel réseau a pour mission de transporter des données qui, par définition, peuvent être découpées en blocs élémentaires à leur point de départ et reconstruites par les bons algorithmes à l'arrivée afin de retrouver le message d'origine. Dans la figure 3-6 par exemple, un message va être découpé en trois blocs respectivement appelés b1, b2, b3. Ces trois blocs vont éventuellement suivre des chemins différents et parvenir au nœud de destination (interne au réseau) à des instants non chronologiquement conformes au découpage initial puisque chacun des nœuds traversés est doté de dispositifs d'attente mais pas de mise en priorité. L'algorithme présent dans le nœud de destination va resynchroniser et reconstruire le message.

Remarque

Un tel fonctionnement s'appelle le mode datagramme ; il ne contient ni prédétermination du chemin comme dans le cas des circuits virtuels ni contrainte temps réel, tel que dans les réseaux aptes au transport de la voix.

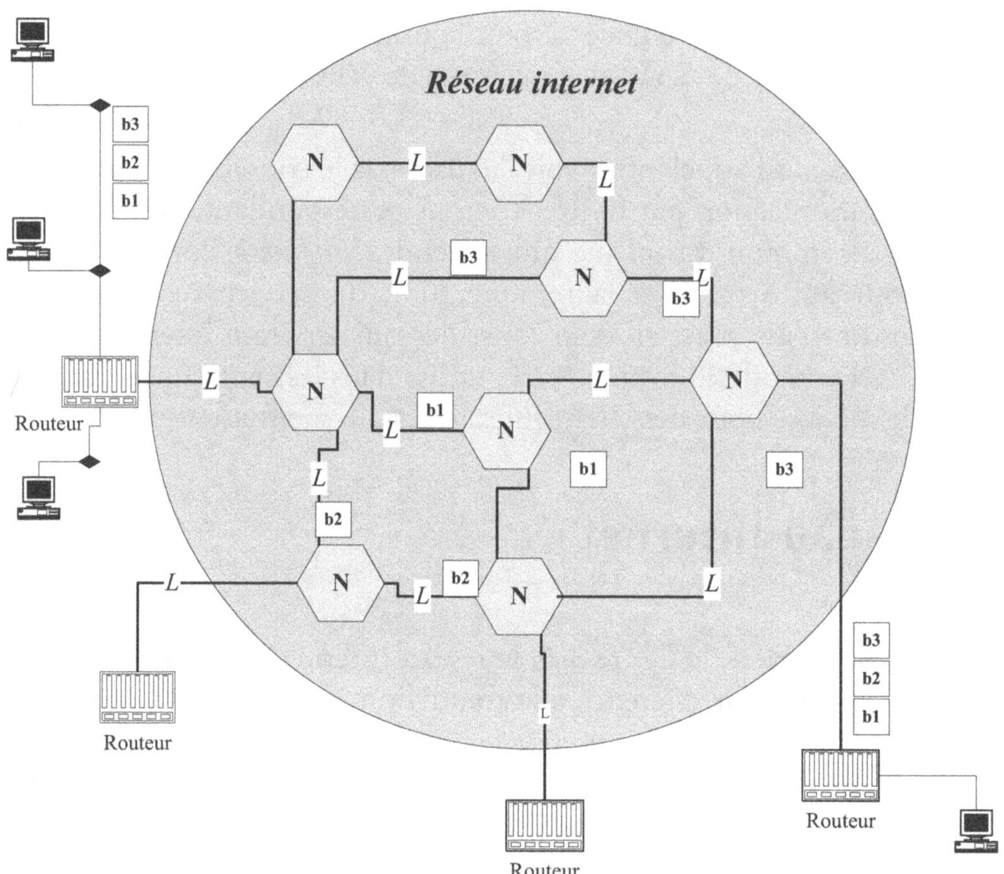

Figure 3-6
Le réseau Internet et le transport

Rappelons que le réseau Internet a été créé dans le début des années 1970 sous l'égide du département de la défense américain avec une contrainte forte et quasiment unique qui peut s'exprimer de la manière suivante : « le bloc envoyé trouvera toujours un chemin à travers le réseau ». Ce principe, nous le verrons, va obérer lourdement la demande de voix sur IP et les recherches de convergence en la matière.

Internet aujourd'hui

Les quatre points de convergence forte sont :

• L'existence des adresses IP accompagnant la construction d'un réseau Internet et définissant les extrémités ou destinataires.

- L'existence de liens hypertextes qui permettent de re-router ou de ré-aiguiller une destination, en fonction d'un élément de texte (voire d'image) apparaissant sur l'écran dans la situation *on line* (lorsque l'utilisateur est connecté).

- L'explosion de la pénétration (au sens marché) du terminal individuel.

- L'apparition et le développement de plus en plus large des objets multimédias dans l'environnement de ces terminaux individuels que sont les PC ou autres terminaisons tels que filière Macintosh (l'informatique personnelle, dans le monde professionnel comme dans le monde privé, est passée du simple mode texte à l'image fixe, puis au son, puis à l'image animée vidéo, puis au son « en direct »).

Ces points de convergence forte ont été à la base du développement du réseau Internet tel qu'on le connaît aujourd'hui constitué non seulement de liens réseaux et de nœuds qui forment la « toile » mais également de « sites destinataires » support d'informations culturelles ou commerciales.

Autour de cette structure se sont développés des langages de développement incluant des modes de communication ou d'écriture (HTML ou Java) qui ont permis de construire des sites aptes à délivrer l'information multimédia. Cela a permis l'explosion d'un véritable réseau de services où une formidable quantité d'informations s'avère disponible et à disposition de tous les clients du réseau.

De plus, compte tenu de l'engouement provoqué par ce réseau au plan mondial, les opérateurs de télécommunications ont mis en place des offres de transport adaptées en termes de prix et complètement indépendantes du volume transporté (les abonnements de type DSL, en particulier ADSL, qui font l'objet d'une facturation forfaitaire indépendante du volume ou du temps, mais uniquement basé sur la bande passante disponible). La conséquence en a été un développement encore plus rapide des usages et une utilisation collective encore plus intensive.

Aujourd'hui, l'internaute se connecte à un site via un nom de domaine qui « cache » en réalité une adresse Internet et se laisse guider soit dans le site soit, via les liens hypertextes, en se déplaçant de site en site (en surfant) pour explorer diverses informations visuelles ou sonores, fixes ou animées.

Très précisément, ce réseau et ce mode de communication ont connu un tel essor qu'il est actuellement impensable qu'une entreprise ou une administration, quelle qu'elle soit, ne possède pas son propre site ; c'est souvent la première recherche que l'on mène lorsqu'on entend parler, pour la première fois, d'un prestataire quelconque.

Ce mode de communication manquant d'interactivité et le besoin étant néanmoins réel, sur certains sites se sont développés des « chats » ou des « forums » sur lesquels les internautes communiquent en mode messagerie (écrite).

Une autre étape est, bien entendu, la communication orale utilisant le support IP ouvert (entre les deux internautes, via le réseau IP). Ce mode de conversation offre deux principaux avantages :

- la **confidentialité** (cet aspect qui peut être utile, même recherché dans certains cas, ne nous concerne pas pour le sujet traité) ;

- surtout et par-dessus tout la **gratuité** de cette conversation, puisqu'en support elle va utiliser des ressources réseau d'ores et déjà ouvertes et payées (à bas prix comme nous l'avons indiqué ci-dessus).

C'est la conjonction de ces deux particularités que sont la capacité de délivrer de l'information et l'hypothèse de quasi-gratuité des appels qui ont enclenché l'émergence puis l'amplification d'un courant de pensée dont les fruits sont aujourd'hui en cours de structuration et qui fait l'objet des développements que nous allons mener maintenant.

Un élément annexe : l'enregistreur de communications

Dans un certain nombre de centres d'appels, le besoin d'enregistrer les communications (entrantes et sortantes) se fait sentir pour des raisons de sécurité (c'est par exemple le cas des services qui transmettent des ordres de bourse) ou pour des raisons de formation des conseillers ou de contrôle *a posteriori*. De tels dispositifs enregistreurs existent actuellement et peuvent s'installer sur les commutateurs ACD. Néanmoins, leur utilisation n'est ni simple ni libre de tout environnement réglementaire et il est important de préciser les contraintes d'utilisation.

Tout enregistrement de conversation téléphonique est réglementé sous contrôle de la CNIL (sauf dérogation permanente accordée aux sapeurs-pompiers, à police secours et au centre 15) ce qui impose en particulier :

- que la CNIL soit informée officiellement ;
- que soient informés préalablement les deux communicants de la conversation (appelant et appelé) ; c'est pourquoi, cette exploitation impose qu'un message d'accueil avertisse les appelants ;
- que le stockage et l'archivage se fassent dans le respect des textes (discrétion, protection de la liberté des personnes…) ;
- que l'utilisation de ces enregistrements ne puisse être opposée à aucune des deux parties.

Enfin, il faut souligner que la preuve juridique d'un tel enregistrement (et donc son opposabilité devant un tribunal) nécessite que l'horodatage des enregistrements soit fait par un système indépendant (ni ACD, ni SVI, ni aucun dispositif local), inviolable et complètement externe au site.

Chapitre 4

Gestion des flux

Un centre d'appels a toujours pour objectif de rendre un service (commercial, SAV, help desk) à l'aide du téléphone. Compte tenu du grand nombre de correspondants potentiels et donc d'appels (émis ou reçus), ce flux est qualifié de trafic « de masse » par opposition à un flux dit administratif qui se définit par un trafic très faible et un seul poste en réponse.

La compréhension des phénomènes liés à ces flux de masse (en particulier pour le trafic arrivée) suppose que soient connues quelques règles à la fois très strictes et très précises.

Nous verrons, en particulier, comment ces flux réagissent à diverses sollicitations (comment ils naissent, comment ils évoluent, comment ils explosent) et ce qu'il convient de faire ou d'éviter dans certaines circonstances.

Si certaines définitions de ce chapitre peuvent paraître « simplistes » et entachées d'évidence, il faut garder en mémoire que fréquemment, ici ou là, ces définitions sont ignorées, avec des conséquences parfois très lourdes comme des erreurs dans la prévision des ressources humaines nécessaires à l'accomplissement du service.

L'appel téléphonique en centre d'appels

Généralités

Un appel téléphonique se détermine comme un événement (une suite d'événements) ayant un commencement et une fin. La simple conversation située entre le décrochage et le raccrochage d'un combiné (oui mais le raccrochage de quel côté ?) ne suffit pas, loin s'en faut, à définir l'appel qui commence bien avant le début de conversation et s'achève bien après la clôture de cette conversation.

En toute rigueur et si on se place du point de vue de la relation humaine (la seule qui présente un véritable intérêt), la notion d'appel commence lorsque le demandeur décroche son combiné pour composer le numéro et se termine lorsqu'il décide de le raccrocher.

Cette approche est volontairement par trop théorique cependant. Si on devait démarrer de l'instant où le demandeur décroche son téléphone pour numéroter et s'arrêter au moment où il le raccroche, on commettrait une double erreur.

Les phases ou durées significatives

En réalité, seules nous intéressent ici les diverses phases d'un appel téléphonique vu du centre d'appels (plus précisément, la phase de numérotage et d'acheminement partant du demandeur ne nous concerne pas).

Accueil	Attente	Sonnerie	Conversation	Post-traitement

Figure 4-1
Les phases successives d'un appel téléphonique dans un centre d'appels

La figure 4-1 nous indique l'apparition chronologique des phases qui peuvent ou non exister suivant le mode de traitement ou l'aboutissement de l'appel ; nous allons préciser ce que nous entendons pour chacune de ces phases.

Accueil

C'est la phase où le prestataire de services, le centre d'appels lui-même délivre un message de bienvenue et, surtout, de confirmation de bon aboutissement (sous forme automatique, via les matériels tels que l'ACD).

La Société... vous remercie de votre appel et vous invite à bien vouloir patienter...

Ce message sert avant tout à « éliminer » les appels importuns (erreurs de numéro). Il nécessite d'être synchronisé sur le début (l'appelant écoute le message à partir de son commencement, ce qui n'est pas nécessairement le cas d'un simple message dit de « patience ») ; le message doit donc être court puisque le demandeur peut se voir infliger un temps total approchant le double de sa durée. En effet, le message est délivré de manière permanente et l'arrivée d'un appel peut avoir lieu à tout instant de son déroulement ; le temps total est maximum si le message vient de démarrer au moment où l'appel se présente. Cette durée de « pré-accueil » est comblée, côté demandeur, par des « retours de sonnerie ».

La phase suivante est la phase « attente » si elle est nécessaire ou, à défaut, la phase sonnerie (s'il existe instantanément un opérateur libre).

Attente

Cette phase ne se rencontre que dans les centres d'appels (il n'y a pas d'attente dans les réseaux simples ou normaux de transport de la voix, pas plus que dans la téléphonie dite administrative) et nécessite un (ACD). Elle intervient lorsque tous les opérateurs ou conseillers sont occupés (en conversation téléphonique ou en post-traitement) lors de la présentation d'un nouvel appel qui ne sera pas éliminé par envoi en « dissuasion » pour cause de saturation de la file d'attente.

Cette attente est interrompue par le transfert de l'appel à un poste libre (passage en mode sonnerie) ou par le raccrochage du demandeur ; c'est alors un abandon.

Remarque

Raccrochage (autrement dit abandon) du demandeur qui perd patience ; dans ce cas la fin de période mesurée est le moment où l'information de raccrochage a été fournie au PABX local, c'est-à-dire un peu plus tard que l'événement lui-même (de 1 à 4 secondes correspondant au temps de propagation de l'information de commande appelée encore « signalisation »).

Elle peut théoriquement durer aussi longtemps que le demandeur n'abandonne pas (quand aucun poste ne se libère) mais, en réalité, un *time out* contrôle l'éventuelle présence d'appels fantômes (perdus par le système) afin de les éliminer.

Même si tous les appels n'en sont pas obligatoirement affectés (il peut y avoir d'emblée un opérateur libre), cette phase existe toujours en termes de potentialité dans un centre d'appels, sinon l'organisation et l'optimisation des ressources liées à cette forme de métier seraient absolument impossibles.

Sonnerie

C'est une phase connue de tous mais rarement évaluée de manière correcte concernant sa durée. Cette période débute lorsque l'appel entre en phase de sonnerie (et pas nécessairement lorsque le poste commence à sonner) et peut se terminer de deux manières qui sont l'acceptation de l'appel par un conseiller qui décroche son combiné ou l'abandon (raccrochage du demandeur).

Remarque

Décrochage du poste qui « prend » ou encore « accepte » l'appel (on entre alors en phase de conversation) ; ici, la fin de période prend effet dès lors que l'action de décrochage a été effectuée ; l'événement se déroule alors en local et se trouve pris en compte par le système immédiatement ou dans un délai négligeable (quelques fractions de seconde).

Cette phase existe toujours même si elle n'est pas perceptible du côté du demandeur pour des raisons de propagation de l'information.

Conversation

La phase la plus connue et pour cause, la conversation est l'objet même de l'appel ; elle se déroule entre la prise d'appel (décrochage) par un conseiller et le raccrochage de l'un des deux interlocuteurs (que ce soit en direct ou pour effectuer un transfert).

Là encore, si c'est le demandeur qui raccroche, il y a un délai de « propagation » de l'information de 1 à 3 secondes (durée non mesurable avec précision).

Post-traitement

À l'issue d'un appel *help desk*, par exemple, le conseiller se trouve à réaliser des tâches dites de « clôture » de l'appel (incident ou question ou événement suivant le contexte).

Ces tâches, qui ont souvent un rapport avec la base de données de suivi, nécessitent d'être réalisées immédiatement (faute de quoi, elles ne le seront jamais). En conséquence, les commutateurs de centres d'appels tels que les ACD ont prévu que le poste téléphonique de l'opérateur ne puisse être activé par l'ACD pendant cette période : il est considéré comme occupé.

Attention

Lorsqu'un conseiller peut être appelé directement de l'extérieur via son numéro SDA normal et sans utiliser la gestion ACD (fonctionnement normal du PABX), cet appel sonnera néanmoins provoquant ainsi une pollution dans les tâches ; c'est l'une des raisons pour lesquelles nous déconseillons formellement ce type d'organisation.

Cette phase s'appelle « post-traitement » ou « pas prêt » ou « wrap-up » ou encore « post-appel » suivant les constructeurs.

Une phase essentielle : la conversation

Comme nous venons de le dire, cette période représente l'objet même de l'appel, elle se situe, en première approximation, entre le décrochage du demandé et le raccrochage du premier des interlocuteurs qui le décide. Cette durée est essentielle pour la mesure des flux ou de la productivité, et nous insisterons sur les facteurs qui peuvent la modifier.

Le caractère bavard de l'appelant ou de l'appelé qui est cité ici, de façon presque anecdotique, mais qui doit être contrôlé par des méthodes de mesures précises et faire l'objet d'action de management, pour éviter un gaspillage de temps.

La complexité de la question posée qui, pour un même centre d'appels et donc une même activité, peut faire apparaître de très fortes dispersions de durées.

L'existence ou non d'une base de données (base documentaire, base commerciale, base d'incidents…) et les temps d'accès afférents puisque la plupart des transactions se situent dans la période de conversation, par essence même interactive.

On peut fournir un exemple « d'alourdissement des temps de réponse » de une seconde par transaction qui a pour conséquence une perte de presque trois heures trente minutes d'activité par jour (on se situe dans une hypothèse de 2 500 appels par jour et de 5 transactions par appel). Cette durée perdue représente alors un demi ETP (équivalent temps plein) en termes de charges soit un montant variant entre environ 9 000 euros et 23 000 euros par an suivant la valeur ajoutée (et, donc, le revenu des conseillers) ; il est remarquable que, contrairement aux apparences, ce temps est effectivement perdu comme en témoignent les études sur le déroulement de ces processus[1]. $2500 \times 5 \times (1/3\,600)$ donne 3 heures et vingt-huit minutes.

Une mauvaise qualité de service provoque de manière certaine une augmentation de la durée de conversation (l'interlocuteur qui appelle pour la troisième fois avant d'obtenir un conseiller commence toujours par exprimer son humeur sur le sujet) ; ce travers a les mêmes conséquences (en pire, car les durées sont plus élevées que dans le cas précédent).

Cette liste n'est pas exhaustive, cependant, nous attirons l'attention sur les conséquences que pourrait avoir un objectif unique de réduction de la durée de conversation. Nous y reviendrons dans le

[1] En réalité, on constate que c'est la conversation entretenue par le conseiller qui meuble les temps d'attente liés aux transactions.

chapitre 10 qui traitera plus précisément des indicateurs et, en particulier des effets pervers.

Les durées « techniques »

Comme l'indique la figure 4-2, entre certaines des phases dites utiles et que nous venons de définir, s'intercalent des durées dites techniques, liées aux fonctionnements des machines et des réseaux et dont il conviendra simplement de tenir compte dans les diverses décisions qui seront prises.

Étab.	Accueil	Transf.	Attente	Transf.	Sonnerie	Conversation	Post-traitement	Libér.

Figure 4-2
Vue complète avec durées techniques

Quoiqu'il en soit, il faut savoir que ni les utilisateurs ni les managers n'ont la moindre influence sur ces temps imputés au fonctionnement des réseaux ; il faut simplement être conscient de leur existence et des influences qu'ils peuvent avoir sur les calculs.

Durée d'établissement : Étab.

En toute rigueur, la durée d'établissement correspond à l'intervalle de temps qui s'écoule entre l'instant où le demandeur a terminé de composer son numéro et où l'appel est « connecté » au centre d'appels sur le début de la phase accueil.

C'est un intervalle de temps qui peut durer entre 1 et 5 secondes et, si la totalité de cette période ne nous concerne pas en tant que centre d'appels proprement dit car cela se déroule dans le réseau public, il est du moins un sous-ensemble qui correspond à la durée de prise en compte et de commutation par l'ACD ; on évitera de négliger ces temps et leur importance dans le fonctionnement général.

Note

Pour éviter des dysfonctionnements de cette origine, certains constructeurs d'ACD ont placé une temporisation systématique qui peut atteindre deux secondes pendant lesquelles les circuits d'entrée et les organes internes de la machine seraient occupés.

Durée de transfert : Transf.

Entre la phase accueil et la phase attente d'une part, entre la phase attente et la phase sonnerie d'autre part, l'appel est transféré de façon automatique par le commutateur ACD. Cependant, ces durées ne sont pas nulles et peuvent atteindre de 1 à 2 secondes pour le premier cas et de 2 à 4 secondes pour le second, ce qui peut devenir significatif. N'oublions pas que, si le centre traite plusieurs milliers d'appels, la multiplication finira par donner des résultats surprenants en termes de volumes.

Durée de libération : Libér.

À la fin de la phase dite de post-traitement si elle existe, mais également, et *a fortiori*, à la fin de la phase de conversation, la communication se termine par le raccrochage de l'un des deux correspondants ; à l'instar de ce que nous avons écrit pour l'établissement, la durée d'acheminement de l'information de signalisation (ici raccrochage) à travers un réseau n'est pas nulle, et une durée de 2 à 4 secondes va s'écouler entre l'instant où le premier des correspondants a raccroché et l'instant où l'information est disponible pour le second (dans le réseau).

Le flux (ou trafic) téléphonique : définitions et mesures

Bien que la compréhension de ces phénomènes nous apparaisse essentielle au pilotage des centres d'appels (en particulier pour ce qui est des prévisions), on ne rencontre que fort peu d'explications détaillées et claires sur le sujet dans toute la littérature. La raison en est fort simple : ces théories statistiques établies par un mathématicien danois du nom de **Erlang** (A.K. Erlang 1878-1929) deviennent valides dans la mesure où le « réseau » est suffisamment grand (validité statistique par définition non déterministe des résultats). Elles sont valides pour les réseaux de taille publique qui, même s'ils traitent des flux immenses, n'impactent qu'un nombre limité d'acteurs simultanés. L'apparition des centres d'appels amène les organisateurs à manipuler des flux de masse aptes à être approchés et traités de cette manière.

Note

En toute rigueur, la simultanéité de deux appels ne permet aucune analyse statistique ; il faut atteindre au minimum dix appels mais plus précisément trente pour que des résultats soient valides avec une marge d'incertitude raisonnable. Dans le même ordre d'idée, plus cette simultanéité est élevée et plus la précision du résultat est grande.

La question de traitement et d'analyse des flux se pose en fonction des trois critères de base que sont le support, la distribution des appels et l'intervalle de temps.

Le support

Un appel téléphonique nécessite, pour être acheminé ou traité, la présence d'un support physique nommé « ligne » au sens large et qui se trouve ne présenter que deux états possibles libre ou occupé. C'est un système à distribution discrète « la variation d'objet se fait par ± ».

On qualifiera de support ou d'appui (au sens d'Erlang), un système physique apte à traiter ou à acheminer, voire à commuter un appel téléphonique et un seul au même instant ou dans le même intervalle de temps (les temps d'acheminement, de commutation ou de traitement n'étant jamais nuls).

Par extension, on appellera « faisceau » une collection d'appuis de même nature qui relient les deux mêmes points de commutation et dans le même sens[1].

Pour ce qui est des calculs, un conseiller apparaît bien comme un appui, et un groupe de conseillers comme un faisceau.

La distribution des appels

La théorie élaborée par Erlang prévoit et démontre que la distribution des appels téléphoniques sur un support donné est conforme aux lois statistiques dites de Poisson.

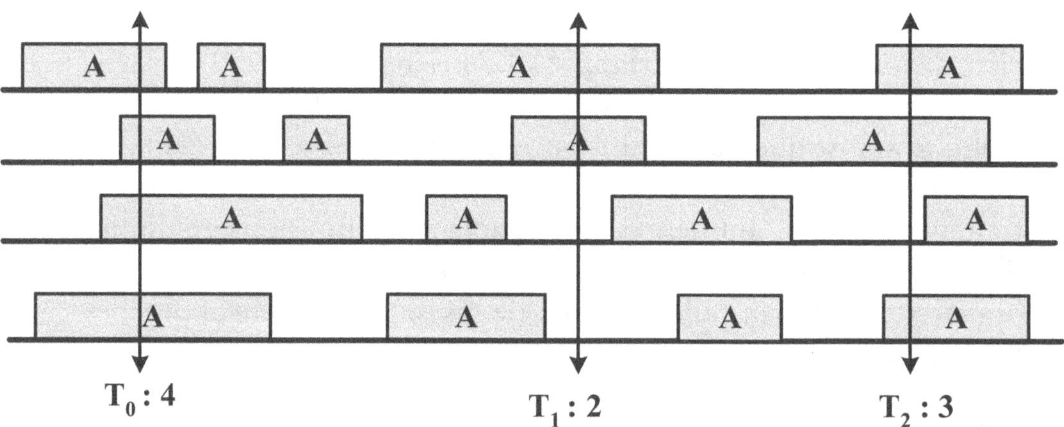

Figure 4-3
Distribution des appels sur un ensemble d'appuis

La figure 4-3 montre une distribution type d'appels dans le temps sur un support constitué de quatre appuis de même nature.

Par définition, le flux ou trafic mesuré sur ce support à un instant donné « flux instantané » est le résultat du simple décompte des

[1] Il s'agit bien entendu ici du sens de l'acheminement de l'appel (de l'appelant vers l'appelé) ; il est bien évident que le transport du signal est bidirectionnel.

appuis occupés ; aux instants T_0, T_1 et T_2 on recense respectivement 4, 2 et 3 circuits occupés (d'où 4,2 et 3 Erlangs).

Constatons un point essentiel : entre deux appels successifs sur un appui (*a fortiori* sur l'ensemble du support) il y a des zones de repos ou de non-occupation ; le support n'est donc pas saturé ; pourtant à l'instant T_0, tous les circuits sont occupés, il est donc impossible de traiter un nouvel appel (s'il s'en présentait un, il serait soit rejeté par le système soit placé en file d'attente, s'il en existe une). C'est là une notion absolument fondamentale dans l'analyse et les calculs de flux : la théorie statistique n'est pas déterministe mais probabiliste par nature.

On ne pourra jamais dire qu'un support constitué de N appuis est en mesure d'acheminer un trafic de P Erlangs mais seulement que ce support peut acheminer ce trafic avec un taux de pertes accepté défini (jamais nul disait Erlang).

L'intervalle de temps

Le flux ou trafic instantané tel que défini dans le paragraphe précédent ne présente pas d'autre intérêt que celui d'un constat instantané qui appartient déjà au passé.

Il ne répond qu'à la question triviale : « combien puis-je acheminer d'appels simultanés sur un support à un instant donné ? » (la réponse étant bien sûr le nombre d'appuis).

Or, la question fondamentale est celle du dimensionnement : « soit un flux téléphonique connu, quel nombre d'appuis dois-je prévoir pour ne pas excéder un taux de pertes de l'ordre de x pour 100 ? »[1]. On recherche donc bien un flux moyen sur une durée déterminée.

On pourra donc effectuer (figure 4-4) la moyenne des flux instantanés constatés à des instants chronologiquement équidistants de type T_i (de T_0 à T_n) pour obtenir le flux moyen sur le support tel que :

$$\textit{Flux moyen}\ \langle F \rangle = \frac{1}{n}\sum_{i=0}^{n} f(Ti)$$

Où $f(T_i)$ représente le flux instantané constaté à l'instant Ti et n le nombre total d'échantillons sur la période.

[1] Dans les réseaux publics, on considère qu'un taux de pertes en ligne qui dépasserait 5 pour 1 000 serait inacceptable).

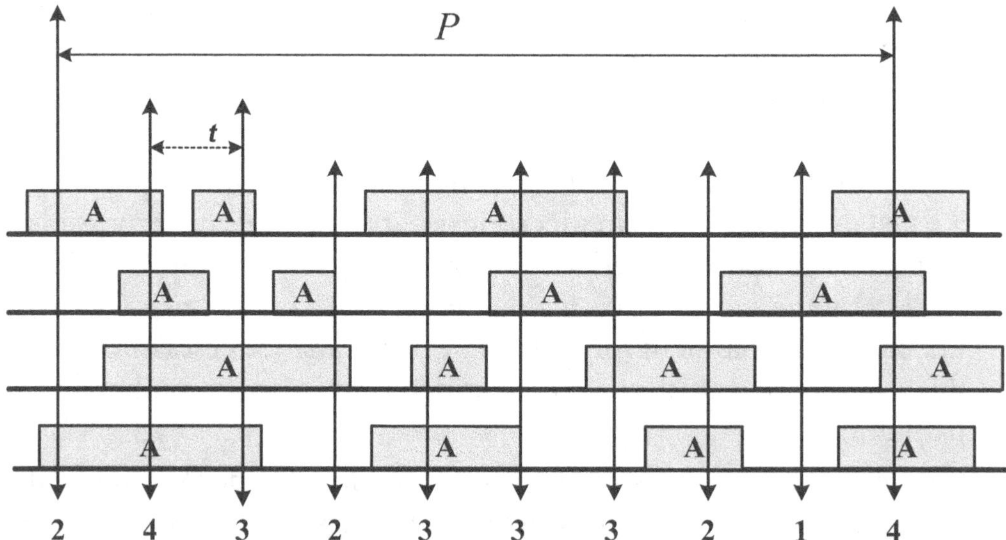

Figure 4-4
Détermination du flux moyen par « échantillonnage »

On en déduira finalement une grandeur caractéristique qui est le flux moyen par appui ainsi obtenu.

$$\langle Fa \rangle = \frac{\langle F \rangle}{N}$$

(Où N représente le nombre d'appuis.)

Ce mode de calcul est valide sous deux conditions concernant l'intervalle d'échantillonnage Δ_t et la durée d'observation ou période P.

- Δ_t : Pour que la valeur moyenne ainsi calculée ait un sens en regard du flux proprement dit, il est obligatoire (et intuitivement compréhensible) que Δ_t soit très petit devant la durée moyenne d'un appel téléphonique (un rapport de un sur cinq est alors un minimum).

- P : *a contrario*, pour que la grandeur mesurée ait un sens par rapport à l'évolution ou la dynamique des flux, P doit être très grand devant la durée moyenne de l'appel téléphonique (on constatera au minimum la même proportion mais, cette fois dans l'autre sens).

Cependant, la détermination de P est soumise à une autre contrainte que nous allons essayer d'approcher en première approximation et de manière empirique. On comprendra intuitivement que le flux moyen sur une période P telle que la journée ne présente aucun intérêt car le lissage ou l'écrêtage de la courbe sont trop importants.

On évaluera la durée d'observation P en fonction des vitesses de variation des flux rencontrés ; on constate que les durées P retenues dans la pratique varient entre 15 minutes pour des applications de types télévente où les appels sont de durée courte (environ 1 à 2 minutes) et 1 heure pour des applications de type *help desk* (assistance) où les appels sont de durée assez longue (de 10 à 20 minutes).

En conclusion, la période P la plus fréquemment rencontrée est de 30 minutes, ce qui reste un bon compromis pour les deux cas précédemment décrits.

Pour ce qui est de l'exemple concerné (figure 4-4), le flux moyen sur le support est de :

$$Flux\ moyen\ \langle F \rangle = \frac{1}{10}(2 + 4 + 3 + 2 + ... + 4) = \frac{27}{10} = 2.7\ Erlangs$$

et le flux moyen par appui est de : 2.7/4 = 0,675 Erlangs.

Approche ou simplification « ergodique »

Ce terme est issu de la théorie statistique des gaz qui présente la propriété que la moyenne des vitesses d'une particule sur une durée assez longue (plusieurs minutes) est égale à la moyenne des vitesses de l'ensemble des particules composant le gaz à un instant donné.

Transposons cette propriété à notre théorie des flux et constatons que le flux moyen sur une période est un rapport de durée tel que le montre la figure 4-5.

Soit $D_{i\text{-}j}$ la quote-part de durée d'occupation prise en compte dans la période de référence où l'indice i représente le numéro d'ordre de l'appui et l'indice j le numéro d'ordre de l'appel (seules les parties contenues dans la période donc grisées sont prises en compte).

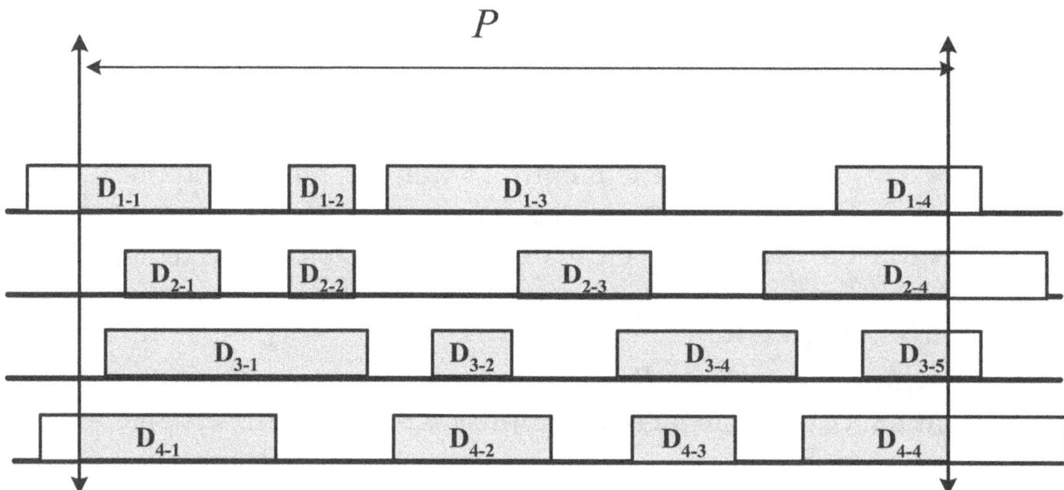

Figure 4-5
Le flux moyen vu comme un rapport de durées

Alors le flux moyen sur la période s'exprime de la manière suivante.

$$\textit{Flux moyen } \langle F \rangle \;=\; \frac{1}{P}\sum_{i=0}^{n}\sum_{j=0}^{m} D_{i-j}$$

Il s'agit simplement de la somme des durées d'occupation sur la durée totale de la période. L'expression du flux moyen par appui est identique au cas précédent, à savoir :

$$\langle Fa \rangle \;=\; \frac{\langle F \rangle}{N}$$

Si les deux méthodes représentées par la moyenne statistique, d'une part, et les rapports de durées, d'autre part, donnent le même résultat, la seconde est aujourd'hui la seule encore techniquement utilisée.

À l'aide du tableau 4-1, nous allons traiter un exemple.

Tableau 4-1
Exemple de calcul

Heure de début	Durée de l'appel (secondes)	Durée retenue (secondes)	Types
09:58:30	241	151	
09:58:38	312	230	
09:58:57	265	202	appels qui « commencent avant »
09:59:14	187	141	
10:00:15	153	153	
Sous total « durées »		**877**	
de 10 h à 10 h 30	3257	3 257	total appels entiers dans la période
10:27:10	141	141	
10:28:15	158	90	appels qui « finissent après »
10:29:45	284	15	
Sous total « durées »		**246**	
Total général « durées »		**4 380**	

Cherchant à établir le flux moyen sur la période de 10 h à 10 h 30 (donc une période globale de 1 800 secondes), nous recensons les appels qui ont tout ou partie de leur durée à l'intérieur de cette période, ce qui donne trois catégories :

- **Les appels qui « commencent avant »,** pour lesquels nous ne retiendrons que la durée comprise entre 10 h et leur clôture, représentent une durée totale de 877 secondes.

- **Les appels entiers dans la période** que nous ne détaillons pas (zone grisée), pour lesquels nous retenons la totalité des durées, représentent une durée cumulée de 3 257 secondes.

- **Les appels qui « finissent après »,** pour lesquels nous ne retiendrons que la durée comprise entre leur début et 10 h 30, représentent une durée totale de 246 secondes.

La sommation de ces trois catégories donne une durée cumulée totale de 4 380 secondes et, comme la durée de la période est de 1 800 secondes, nous obtenons un flux moyen sur cette demi-heure tel que :

$$\langle F \rangle = \frac{4380}{1800} = 2.43 \, Erlangs$$

Les différents modes de calcul et résultats

Les différents aspects que nous avons envisagés dans le paragraphe précédent permettent de mesurer les flux téléphoniques sur des supports connus.

D'autres approches permettront d'évaluer, de prévoir ou de prédire des flux à venir afin d'en tirer des aides à la décision ; ces analyses seront abordées avec précision dans le chapitre 10.

Le flux étant désormais mesuré, donc connu, il convient d'utiliser les résultats afin d'en déduire les besoins en ressources. Nous proposerons une évaluation du nombre d'appuis nécessaires (il est rappelé que cette notion d'appui peut également représenter des ressources humaines) en fonction d'un taux de pertes maximal accepté.

Deux approches sont alors possibles et souvent complémentaires car les deux cas existent dans les centres d'appels suivant le point où l'on se situe.

L'approche des flux **sans file d'attente** traitée par l'intermédiaire de la formule dite « **Erlang B** » et qui modélise la plupart des réseaux (en particulier les architectures publiques caractérisées par leurs grandes tailles) et qui vont permettre d'établir un premier niveau d'évaluation des besoins en ressources humaines mais surtout en ressources techniques (en amont des files d'attente).

Une variante un peu plus sophistiquée est la formule **Erlang B étendue** qui entend tenir compte du pourcentage de ré-émission immédiate des appels n'ayant pas obtenu satisfaction.

L'approche plus complexe des flux **avec file d'attente** qui sont traités par l'intermédiaire de la formule dite « **Erlang C** » et qui se rencontrent en permanence dans les centres d'appels dès lors qu'on cherche à dimensionner les ressources humaines.

Les deux approches représentent des analyses statistiques du type lois de Poisson.

Erlang B

Cette théorie permet de calculer les ressources nécessaires sur un système sans file d'attente avec un taux de pertes donné. Les résultats possibles sont le taux de pertes si le nombre d'appuis est fixé ou le nombre d'appuis si le taux de pertes est fixé (le flux étant par ailleurs connu tant en termes de répartition que de nombres ou de durées).

Cette théorie s'exprime de la manière suivante :

$$P(p) = \frac{\dfrac{A^N}{N!}}{\displaystyle\sum_{i=0}^{N} \dfrac{A^i}{i!}}$$

Où les termes ont la signification ci-après :

  P(p) représente le taux de pertes probable.

  A représente le flux ou trafic global sur le support.

  N représente le nombre d'appuis du support ou du faisceau.

On pourra se référer à la figure 4-6 pour avoir une évaluation des taux de pertes en fonction du trafic effectivement offert pour un nombre d'appuis égal à 30.

FLUX	Taux de pertes
16	0,06%
17	0,13%
18	0,26%
19	0,49%
20	0,85%
21	1,36%
22	2,05%
23	2,94%
24	4,01%
25	5,26%
26	6,66%
27	8,19%
28	9,81%
29	11,51%
30	13,25%

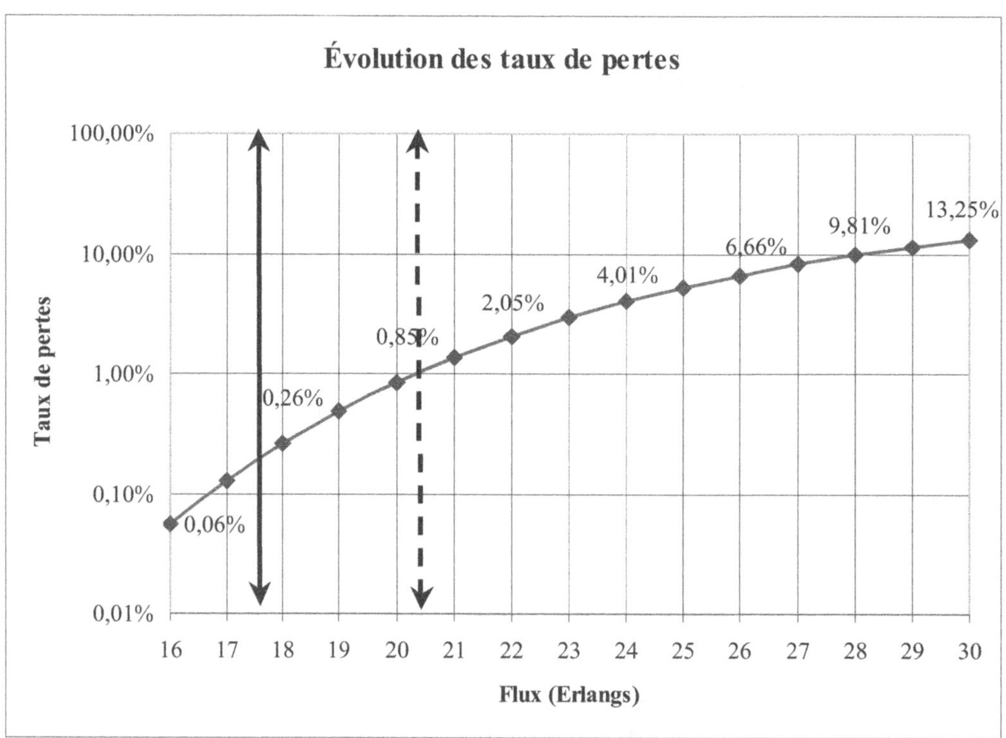

Figure 4-6
Évolution du taux de pertes

Constatons en particulier que pour ce support composé de 30 appuis (MIC télécoms « T2 » classique) un flux de 18 Erlangs correspond à un taux de pertes de 2,5 ‰ et un flux de 21 Erlangs correspond à un taux de pertes de 1,3 % (ce qui devient inacceptable).

MIC (modulation par impulsion et codage)

Groupe de trente circuits téléphoniques sur un multiplex numérique unique de 2 048 Kbits/s. Le MIC est l'équivalent de trente lignes téléphoniques parallèles. Le MIC T2 est la version normalisée RNIS de cette liaison.

En outre, la courbe accompagnant le tableau nous indique qu'à l'égalité entre le nombre d'appuis et le flux, le taux de pertes atteindrait 13,25 % (« atteindrait » car les règles d'évaluation statistiques dénient ces résultats qui deviennent faux à partir de 25 Erlangs : « on ne sait plus ce que l'on mesure »).

Ceci nous permet d'attirer l'attention sur le fait que le taux de pertes acceptables étant déterminé aux alentours de 5, cette valeur est atteinte (en l'absence de file d'attente) pour 19/30 de taux d'occupation réelle des appuis à savoir 63 %, ce qui semble (ce qui est) extrêmement faible et pour le moins inattendu des utilisateurs non avertis.

On constatera dans toute la suite de l'ouvrage que les processus d'attente tempèrent cet état mais pas autant que l'on pourrait le croire.

Erlang B étendue

Il s'agit d'un calcul de taux de pertes, se voulant un peu plus précis et tenant compte du taux de ré-émission immédiate des appels ayant été rejetés (seule alternative à la réussite dans le cas d'absence de file d'attente). L'objectif d'un tel calcul est de tenter de déterminer non pas le nombre d'appels mais le nombre d'appelants qui n'ont pas été servis. Cependant, ce mode de traitement est fort peu utilisé pour trois raisons :

- Si le calcul est statistiquement exact, il tient compte d'une reprise d'appel durant les quelques secondes qui suivent le premier échec.
- Il est quasiment impossible de prendre en compte des ré-émissions multiples qui sont pourtant un phénomène courant.
- Les taux de ré-émissions (par activité ou par métier) qui sont indispensables pour effectuer ce calcul ne sont pas actuellement connus.

Erlang C

Si la loi Erlang B permet de calculer le taux de pertes d'un support donné pour un trafic donné avec la simple contrainte de rejet de l'appel lorsque tous les appuis sont indisponibles, la loi Erlang C va permettre dans une première approche de calculer la probabilité d'attente d'un appel en fonction des mêmes paramètres.

Cela conduit à la résolution de la même question « combien faut-il d'appuis pour écouler ce même flux… » sachant qu'il existe une file d'attente (de capacité théoriquement infinie).

La formule de base s'exprime ainsi :

$$P(att) = \frac{\dfrac{A^N \times N}{N! \times (N-A)}}{\displaystyle\sum_{i=0}^{N-1} \dfrac{A^i}{i!} + \dfrac{A^N \times N}{N! \times (N-A)}}$$

Où nous retrouvons nos opérateurs classiques :

A : flux ou trafic sur la période concernée.

N : nombre d'appuis.

P(att) : probabilité de mise en attente d'un appel.

En réalité l'extension de la théorie vers Erlang C permet de résoudre des problématiques un peu plus sophistiqués et que nous ne pouvons aborder ici car elles nécessiteraient des développements complexes des théories statistiques (au sens purement mathématique du terme).

Précisons simplement que ces développements permettent de répondre à des questions de calcul de ressources ou de mise en place d'appuis dans le cadre de l'existence d'une file d'attente comme :

- Quelle est la probabilité de mise en file d'attente d'un appel connaissant les éléments de définition du flux entrant et les ressources (appuis ou personnels disponibles) ?

- Quelle est la durée probable « moyenne » d'attente connaissant les données de flux et de ressources ?

- Quelles ressources (nombres d'appuis) sont nécessaires si on accepte un taux de mise en attente donné (lequel correspondra fatalement à un taux de pertes corrélé) connaissant les caractéristiques du flux présenté ?

En conclusion, l'utilisation de ces théories ne répond pas par un simple nombre à une question posée mais plutôt par une fonction de deux grandeurs intercorrélées.

Le tableau 4-2 expose les différents résultats que l'on peut obtenir à l'aide de la théorie dite Erlang C ; les deux exemples éclaireront le lecteur sur la quote-part de ce qui peut être calculé ou déduit et les informations qui doivent être connues. Nous rappelons que le traitement et la manipulation de ces données (qui, en outre, vont impacter les résultats en termes de planification et d'engagement financier) doivent être réalisés avec précaution par des spécialistes rompus au traitement de données statistiques.

Tableau 4-2
Exemples de grandeurs et de résultats émanant de Erlang C

NOM	DÉFINITION	Exemple 1	Exemple 2
Appels	Nombre brut d'appels présentés dans une période	Connu	Connu
Durée moyenne	Durée moyenne d'appel par comptabilisation des durées effectivement concernées	Connu	Connu
Flux global (Erlang)	Flux en Erlang résultat du produit entre le nombre d'appels et la durée moyenne sur la durée totale de la période	Connu	Connu
Appuis (nombre)	Nombre d'appuis (conseillers) effectivement disponibles	Connu	**Calculé**
Attentes (simultanéités)	Nombre de positions simultanées dans la file d'attente (peut résulter d'un calcul si la file d'attente est paramétrée en fonction d'une durée probable)	Connu	**Calculé**
Probabilité d'attente	Probabilité pour qu'un appel présenté soit aiguillé dans la file d'attente	**Calculé**	Connu
Durée d'attente probable	Probabilté d'attente (en secondes) des appels devant subir une attente	**Calculé**	Connu
Rejets (nombre)	Nombre de rejets (appels passés en dissuasion ou débordement du fait de la saturation à la fois du nombre d'appuis et de la file d'attente	**Calculé**	**Calculé**

Bases fondamentales de validité d'analyse

Tous ces éléments de mesures et de calculs ne sont valides que dans le cadre de populations statistiques homogènes définies de telle sorte que la répartition des durées d'appels dans une population soit « normale » (représentée par une courbe de Gauss). Dans les autres cas, en particulier la plupart des cas réels pour ce qui est des centres d'appels, les règles de mesure et de calcul restent les mêmes, mais il est nécessaire de procéder en trois étapes :

- **Vérifier que l'on est en présence d'une population statistique homogène** : (ce qui est fort rare) et, dans le cas contraire, déterminer les diverses populations homogènes présentes dans la population composite rencontrée.

Terminologie

On appellera « population statistiques » un échantillon d'éléments statistiques dans le contexte de l'étude (exemple : ensemble des appels concernant le sujet *x* entre 10 h et 12 h) ; la sélection d'une population peut être plus ou moins restrictive.

Note

Dans son acceptation « centres d'appels » on considérera que la population statistique homogène est définie par un ensemble d'appels ayant la même destination et le même objet (dans ce cas, les courbes de répartition sont dites normales ou gaussiennes).

Il s'agit là d'un travail précis, nécessitant des compétences statistiques, et qui doit être mené avec une grande rigueur tant les résultats peuvent impacter la mise en adéquation des ressources. Cette dernière remarque est d'autant plus vraie que les flux sont élevés.

On constatera en se livrant à ces découpages que les résultats fournissent des indications très utiles au management ; en effet des populations homogènes différentes recouvrent une réalité en termes de service : la diversité des causes de contacts. Ceci peut, en particulier, conduire à repenser les organisations.

- **Réaliser les calculs population par population** : procéder aux calculs et aux diverses évaluations d'Erlang pour chaque ensemble homogène d'appels, comme si celui-ci était unique et se devait d'être traité par une simple équipe de conseillers.
- **Consolider ces résultats** : intégrer les résultats partiels obtenus dans un résultat unique. Il s'agit là encore de technique statistique précise et rigoureuse ; le résultat final ne sera ni une simple somme ni même une simple moyenne des résultats partiels obtenus.

Les types de flux et éléments de variation

Les flux téléphoniques présentent cette particularité forte de varier de manière singulière et caractéristique en fonction d'un métier ou d'une activité donnée.

Ainsi, on constatera que les durées d'appels sont très sensiblement différentes entre une activité de télévente et une activité de *help desk*.

Que ces variations soient horaires, journalières, hebdomadaires ou mensuelles, il convient de les connaître et de les analyser de manière systématique afin de pouvoir manager au plus près dans une journée et/ou se livrer à l'exercice périlleux de la prévision.

On rencontrera tous les types de variations au cours du temps et il appartiendra au management de les intégrer à la planification. Cependant, il nous semble opportun de déterminer, au cours de la journée, des typologies de variation connues.

Le flux faiblement dynamique

Comme l'indique le tableau de la figure 4-7, il s'agit d'un flux de type service ou commercial à variation classique, prévisible, et pour lequel les gradients de variation restent assez raisonnables afin de ne pas obérer des décisions de pilotage.

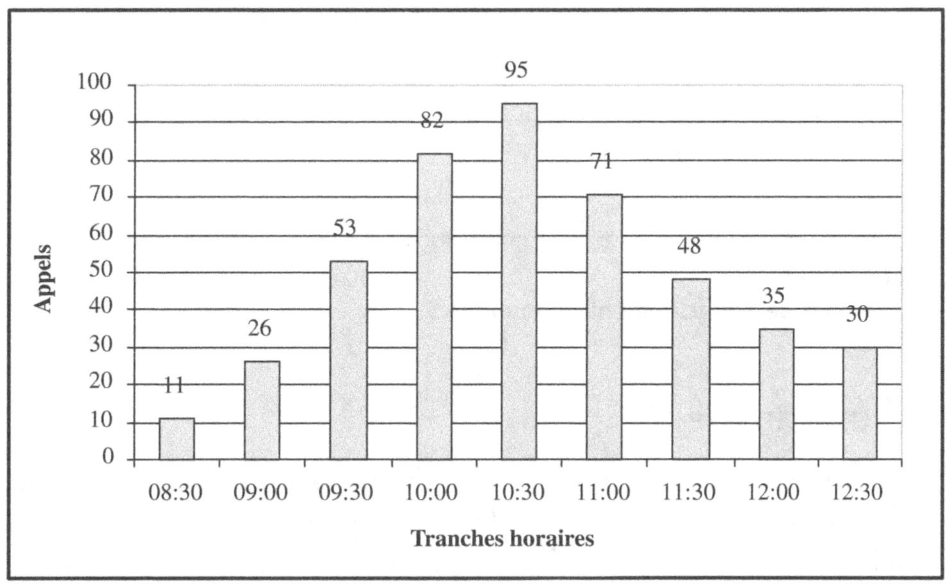

Figure 4-7
Exemple de flux faiblement dynamique

Face à un tel flux, s'il ne se trouve pas démenti par des irrégularités trop importantes sur des durées plus longues, le management et la planification restent assez simples ; disons qu'il s'agit du cas réputé le plus simple (voir chapitre 10).

Le flux fortement dynamique

On constate sur la figure 4-8 que les variations sont plus brutales ; le management et la planification s'en trouvent perturbés. Il s'agit souvent de services commerciaux présentant une campagne spécifique (fonctionnement que les dirigeants ont appris à anticiper) ou de services d'assistance *help desk* présentant une modification récente de fonctionnement (mise en place de logiciel informatique nouveau dans une entreprise) ; cette situation est encore « gérable » moyennant une réactivité forte et la capacité à trouver rapidement (quelques minutes) des ressources.

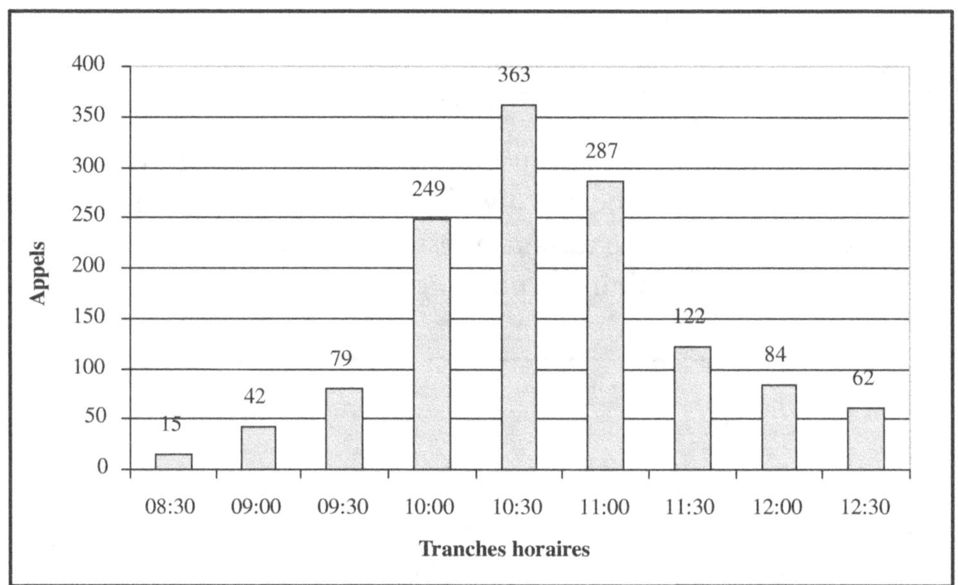

Figure 4-8
Exemple de flux fortement dynamique

Le flux critique

Comme l'indique la figure 4-9, la situation dite critique présente, de façon quasi instantanée, un front ascendant extrêmement brutal ; ici, nous passons de quelques appels présentés dans la demi-heure (45 à près de 1 000 appels dans la demi-heure suivante). Contrairement à la première impression, de telles situations existent ; elles sont dues, par exemple sur un *help desk*, à un incident informatique centrale majeur ou, dans le domaine commercial, à une erreur stratégique (action directe par voie de presse dont les résultats sont au-delà de toute anticipation).

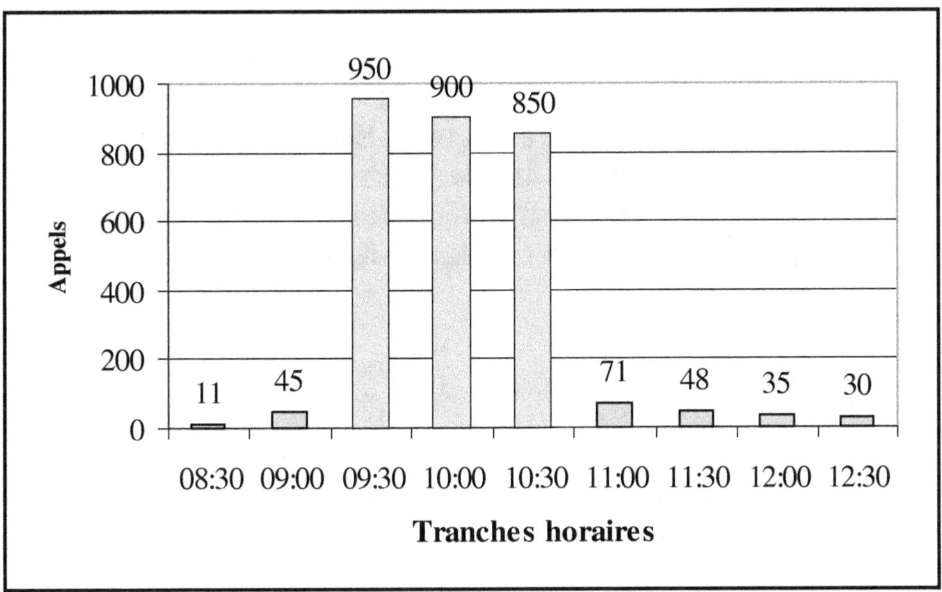

Figure 4-9
Exemple de flux critique

Ces situations, tellement brutales, ne sont pas gérables ; on fera au mieux ou, plus exactement, au moins pire, si c'est encore possible. Cette situation ne présente pas vraiment de solution.

La situation ou l'état de « crise trafic »

Par delà les éléments ou la charge qui définissent le trafic de type « flux critique », nous pouvons assister à une situation dite de « crise trafic ». Il s'agit d'un état encore amplifié de la situation critique qui est dû à la forme d'entonnoir ou de goulot d'étranglement du centre vis-à-vis de l'univers extérieur.

Le nombre de sources d'appels possibles est réputé infini par la théorie. Si ce terme est inexact, le nombre de téléphones étant par ailleurs dénombrables, il n'est pas moins vrai que ce nombre apparaît démesuré par rapport à la capacité de traitement du centre d'appels, voire du réseau public qui achemine les appels. On se trouve dans la situation dite de « crise trafic » lorsque le nombre d'appels simultanément présenté est extrême en regard de la capacité de traitement ou de transport (on parle ici d'un rapport de plusieurs puissances de 10). À ce moment, le centre ou le réseau support sont techniquement en danger car des processus préprogrammés (et développés à cet effet) peuvent leur imposer l'arrêt.

Remarque

Dans la pratique, cette situation survient lorsque, sur un grand média (radio, télévision) et à une heure de grande écoute, est délivrée une information susceptible de retenir l'attention d'un grand nombre de personnes accompagnée d'un numéro de téléphone à appeler. Nous sommes alors en présence d'un potentiel d'appelants de plusieurs millions qui vont tous réagir dans les dix à quinze minutes suivant l'annonce (imaginons que 10 % seulement de cette population passe à l'acte !). On notera que les réseaux à destination publique sont protégés réglementairement et techniquement contres ces aléas.

Note

Les grands médias nationaux (ou aujourd'hui régionaux) ne peuvent diffuser un numéro d'appel qu'avec l'accord de l'opérateur de télécommunications gestionnaire ; celui-ci va diminuer le flux concerné en limitant à chaque niveau du réseau (deux appels simultanés).

Flux et niveaux d'occupation

Dans la succession des différentes phases d'un appel téléphonique tel que nous les avons précisées au début de ce chapitre, le lecteur doit être informé des niveaux d'occupation ou, plus exactement, des organes, dispositifs ou conseillers qui sont occupés.

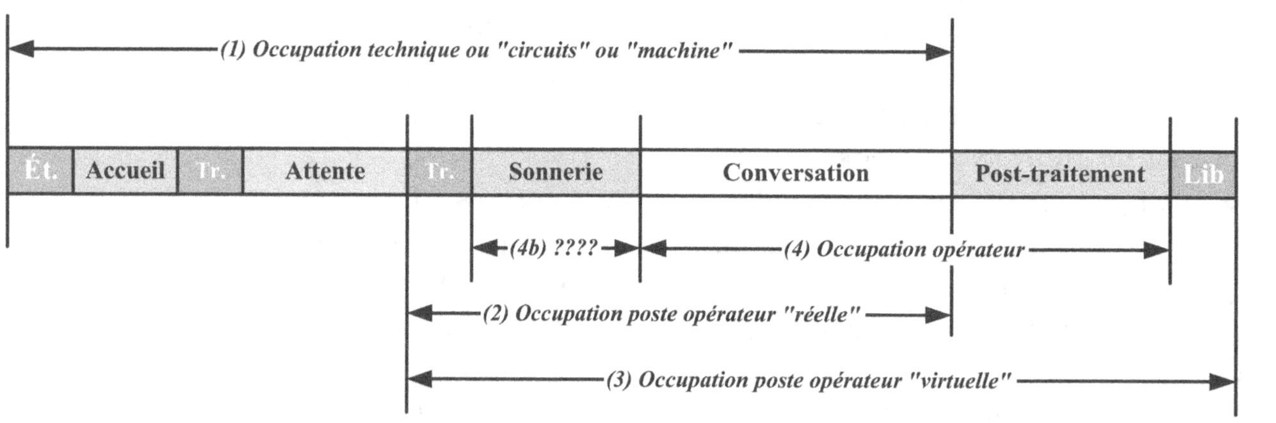

Figure 4-10
Flux et niveaux d'occupation

La figure 4-10 nous fournit une vision détaillée de ce fonctionnement. Constatons que les parties marquées Et., Tr. et Lib. correspondent respectivement aux durées techniques détaillées plus haut qui sont Établissement Transfert et Libération.

Nous allons enfin subdiviser le déroulement intégral de notre appel complet en quatre parties et une « interrogation » (ici nous admettrons, pour la validité de la démonstration, que toutes les phases existent).

Partie 1 : occupation technique « circuits » ou « machine »

Durant tout le déroulement de cette partie, l'ensemble des circuits d'entrée (MIC[1] réseau par exemple) et systèmes de commutation ou équipements internes sont occupés ; si la problématique est rarissime pour ce qui est des organes de commutation, il n'en va pas de même pour les liaisons avec le réseau public qu'il convient de surveiller, sinon en permanence, du moins à intervalles réguliers. En effet, nous rappelons que le sous-dimensionnement de ces liaisons conduit à perdre des appels sans en être aucunement informé au niveau du centre d'appels.

[1] MIC : modulation par impulsion et codage.

Partie 2 : occupation poste opérateur réelle

L'ensemble des parties définies par Tr. (transfert entre la phase d'attente et le passage en sonnerie) + sonnerie + conversation représentent la durée au cours de laquelle le poste (au sens téléphonique du terme) de l'opérateur ou conseiller est occupé réellement soit pour des raisons techniques (transfert et sonnerie), soit parce que le conseiller se trouve être en conversation.

Partie 3 : occupation poste opérateur virtuelle

Si l'on ajoute à la partie précédente la phase qui consiste à permettre à un conseiller de clôturer un appel dans la vision métier (post-traitement en général ou *wrap-up* ou pas prêt suivant les constructeurs) on obtient le concept « d'occupation poste opérateur virtuelle ». Cette grandeur va déterminer le plus précisément possible les ressources techniques nécessaires au niveau du poste de travail et de l'environnement de commutation qui l'entoure.

En toute rigueur et si l'on se réfère aux durées techniques, la période de libération Lib. appartient à cette partie ; nous verrons au chapitre 10 comment en tenir compte dans les coefficients utilisés pour la mise en place des ressources techniques en termes de postes de travail.

Partie 4a : occupation opérateur

L'opérateur est effectivement occupé, non seulement au téléphone, mais à sa mission générale pendant toute la durée cumulée de conversation à laquelle s'ajoute le post-traitement. Dans la réalité de fonctionnement d'un centre, c'est cette grandeur qui va définir les ressources humaines nécessaires, car le conseiller est professionnellement occupé pendant toute cette durée. Le poste téléphonique est, rendu artificiellement occupé afin que le conseiller termine le traitement qui ne peut être différé, et permettre au système de collecter les valeurs exactes de durées à destination des statistiques et mesures, lesquelles permettront le suivi et le pilotage.

Partie 4b : problème particulier de la sonnerie sur poste

La question, ici annexe en ce qui concerne les flux, mais toujours présente dans un centre d'appels dans le cadre général du management est de savoir si le conseiller est occupé réellement pendant la phase de sonnerie. Pour ce qui est du poste (occupation technique) la réponse est claire mais pour ce qui est de l'homme, peut-il terminer un travail en écoutant sonner ou pas ? Notre réponse est négative ; la sonnerie du poste doit impliquer un décrochage qui est une priorité absolue.

Cette question est difficile, polémique, conflictuelle et infère des problèmes importants dans l'encadrement des centres d'appels.

Une durée d'activité importante : le *back-office*

Dans la vie courante des centres d'appels et, en particulier dans les structures d'assistance telles que les *help desks*, un certain nombre de tâches doivent être réalisées par les équipes en place. Ces tâches ne sont ni de l'activité téléphonique ni même liées à une quelconque activité téléphonique, voire à une quelconque question (pas nécessairement incident) ayant généré un appel. Cette activité annexe, mais néanmoins indispensable, est généralement qualifiée de *back-office*. Son existence influe naturellement (et éventuellement lourdement) sur les ressources humaines nécessaires ; on s'efforcera de répartir cette activité dans la journée.

La figure 4-11 indique comment une tâche complexe peut être simplement divisée en sous-ensembles plus élémentaires (lesquels deviennent alors non interruptibles) qui vont être répartis entre les appels téléphoniques dans les périodes « creuses ».

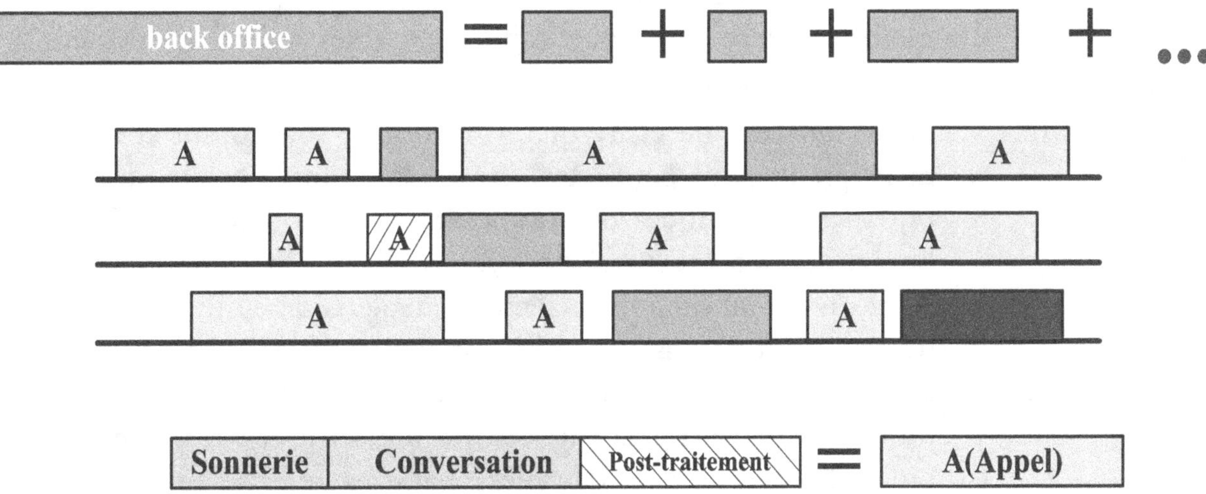

Figure 4-11
Le back-office et sa répartition dans l'activité téléphonique

Si nous avons abordé ici ce sujet sur lequel nous reviendrons abondamment dans les chapitres traitant du pilotage et du management, c'est qu'il s'agit d'une complexification lourde de la notion de flux ou plus exactement de la notion d'occupation reliée à une tâche précise que pourrait être une conversation téléphonique par exemple.

La manière d'aborder cette charge particulière s'avèrera relativement complexe dans le management d'un centre d'appels et, en particulier, dans la mise en place des ressources humaines adaptées. Cette activité, examinée en tant que flux, n'aura pas d'existence dans l'absolu mais ne pourra s'envisager que comme corollaire ou « palliatif » à la notion de flux régulier et statistique que nous avons décrite dans la fonction de téléphonie pure. Elle existera uniquement dans les périodes de faible activité d'assistance en ligne mais elle représente néanmoins un ensemble de tâches qui doivent absolument être effectuées. Nous verrons dans le cadre du chapitre sur le management quelles questions se posent quant au moment où peuvent être programmées ces activités dites « stockables ».

Détermination des ressources : modes de calcul

L'une des problématiques essentielles d'un superviseur[1] consiste à mettre en place les ressources indispensables au bon écoulement du flux téléphonique présenté et, ce, au bon moment.

Cette fonction nécessite qu'un historique soit connu et suffisamment précis pour permettre une anticipation. Ensuite, des calculs purement techniques détermineront les ressources techniques ou humaines théoriquement nécessaires. Enfin des limitations liées au droit du travail ou autres éléments majeurs de culture d'entreprise ne permettront pas de *staffer* (anglicisme extrêmement répandu dans le métier et qui évoque la planification exacte des ressources humaines) au plus près ; des compromis seront donc obligatoires et nous aborderons cela dans les chapitres réservés aux ressources humaines et au management.

La chaîne de prévision

La chaîne de prévision peut être envisagée comme le montre la figure 4-12 dont nous n'aborderons, dans ce chapitre, que les trois parties grisées : la prévision, le planning de la journée et la mise en place des ressources.

La détermination des flux à traiter : première méthode et exemple

Cette fonction consiste à prévoir le nombre d'appels et leur durée, en un mot le flux qui va être présenté au centre d'appels pour une journée, une semaine, un mois. En général les prévisions sont établies au mois et affinées à la semaine.

On utilise généralement l'historique en tenant compte d'éléments externes divers tels que le type de jour (lundi, mardi…) la position du jour calendaire (veille de week-end prolongé…), la période de l'année ou du mois, la météo prévisionnelle et diverses autres données de contexte plus ou moins sensibles suivant les métiers.

D'évidence, on tient compte également des événements de l'entreprise susceptibles d'influer plus ou moins lourdement sur la vie du centre d'appel, tels qu'une campagne promotionnelle spécifique ou le lancement de produits nouveaux pour ce qui est des structures à vocation commerciale ou encore la mise en place d'une nouvelle version logicielle pour ce qui est des *help desks*.

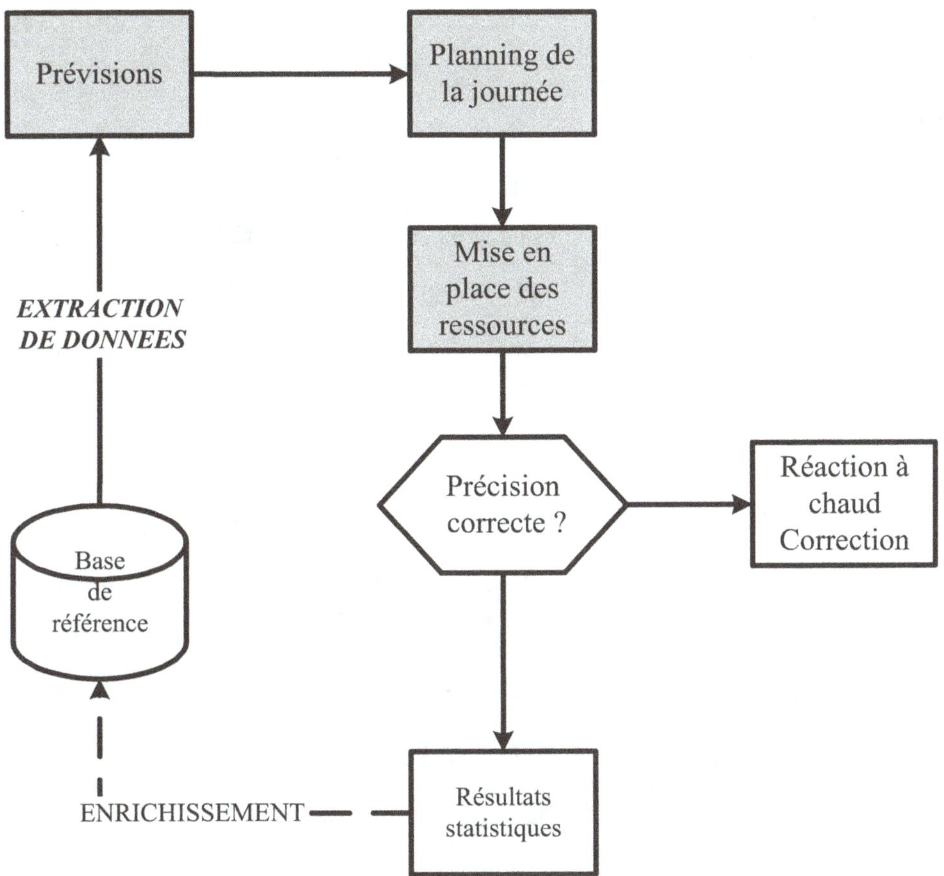

Figure 4-12
La chaîne de prévision

L'exercice consiste à prévoir au mieux les flux d'appels du lendemain. En toute rigueur, il s'agit d'un travail de statisticien ; cependant les structures de taille moyenne ou modeste (inférieure à cent postes simultanément actifs en ligne) ne reçoivent pas des nombres suffisants d'appels pour que les calculs statistiques donnent des résultats pertinents. Dans ces conditions, l'habitude, l'expérience ou le métier y pallient.

Néanmoins un certain nombre de ratios doivent absolument être connus :

- les nombres moyens d'appels par « client » ou par catégorie de clients potentiels ;

- les durées moyennes entre deux appels ;

- les catégorisations d'appels plus ou moins courts ou plus ou moins longs par population d'appelants.

Le résultat habituel de cette analyse s'exprime sous deux hypothèses, respectivement haute et basse, en termes de flux qui conduisent à évaluer la bonne tenue (en capacité) des appuis techniques, d'une part, et qui permettent de calculer le nombre de conseillers nécessaires, d'autre part.

Tableau 4-3
Approche des calculs de ressources

			08:30	09:00	09:30	10:00	10:30	11:00	11:30
Np	Nbre d'appels **présentés**	Hypothèse basse	18	40	66	121	127	90	85
		Hypothèse haute	21	48	76	145	151	106	97
Tac	Durée d'accueil		4	4	4	4	4	4	4
Tat	Durée d'attente	Moyenne basse	24	24	24	24	24	24	24
		Moyenne haute	36	36	36	36	36	36	36
Ts	Durée de sonnerie	Moyenne basse	2	2	2	2	2	2	2
		Moyenne haute	3	3	3	3	3	3	3
Tc	Durée de conversation	Moyenne basse	198	198	198	198	198	198	198
		Moyenne haute	217	217	217	217	217	217	217
Tpt	Durée de post-traitement	Moyenne basse	120	120	120	120	120	120	120
		Moyenne haute	150	150	150	150	150	150	150
Ft	Flux entrant « organes techniques »	Calcul	$Np * (Tac + Tat + Ts + Tc) / 1800$						
		Hypothèse basse	2,28	5,07	8,36	15,33	16,09	11,40	10,77
		Hypothèse haute	3,03	6,93	10,98	20,94	21,81	15,31	14,01
		Appuis	30	30	30	30	30	30	30
		Flux par appui	0,10	0,23	0,37	0,70	0,73	0,51	0,47
Fc	Flux « utile » à traiter par les conseillers	Calcul	$Np * (Ts + Tc + Tpt) / 1800$						
		Hypothèse bass	3,20	7,11	11,73	21,51	22,58	16,00	15,11
		Hypothèse haute	4,32	9,87	15,62	29,81	31,04	21,79	19,94
		Coefficient	0,75	0,75	0,75	0,75	0,75	0,75	0,75
		ETP	5,76	13,16	20,83	39,74	41,39	29,05	26,59

Remarque sur les grandeurs prises en compte

Le tableau 4-3 nous indique comment réaliser ces calculs, en première approximation, et comment déterminer les valeurs utiles.

- **Np** = le nombre d'appels présentés

  Il s'agit de calculer un besoin en ressources, on se place donc dans l'hypothèse où l'on traite la totalité des appels (ce qui est l'objectif premier).

- **Tac** = la durée du message d'accueil

  Lorsque celui-ci existe, il est de valeur constante puisque le client doit l'écouter dans sa totalité ; on ignorera ici, par abus, la durée de synchronisation de l'appel entrant sur le début de ce message et l'on prendra une valeur qui correspond à environ une fois et demi la durée de ce message (cette valeur a un sens si la répartition des présentations d'appels suit la loi Normale, ce qui est le cas) ;

  Cette phase concerne les ressources techniques.

  Cette phase ne concerne pas les conseillers.

- **Tat** = la durée d'attente

  Comme nous l'avons précisé plus haut, c'est la durée que passe l'appel en file d'attente avant d'être aiguillé vers un conseiller.

  Cette phase concerne les ressources techniques.

  Cette phase ne concerne pas les conseillers.

- **Ts** = durée de sonnerie

  Durée pendant laquelle le poste téléphonique du conseiller est sonné ; elle se termine soit par le décrochage du conseiller soit par un éventuel abandon du demandeur.

  Cette phase concerne les ressources techniques.

  Cette phase concerne les conseillers (poste terminal au moins).

- **Tc** = durée de conversation

  Implicitement évident.

  Cette phase concerne les ressources techniques.

  Cette phase concerne les conseillers.

- **Tpt** = durée de post-traitement

  Durée pendant laquelle le conseiller termine l'appel (saisie informatique par exemple) alors qu'il n'a plus son correspondant en ligne mais que le poste est rendu « non sonnable » par le dispositif.

  Cette phase ne concerne pas les ressources techniques.

  Cette phase concerne les conseillers.

- **Ft** = flux entrant et calcul des organes techniques (circuit)

  Il s'agit du flux (en Erlang) qui circule par tranche horaire retenue sur les organes techniques tels que les circuits qui relient le centre d'appels au réseau public ; la valeur de ce flux est obtenue par le calcul suivant :

$$Ft = Np \times \frac{(Tac + Tat + Ts + Tc)}{1800}$$

  où la somme des durées se trouve être réduite aux durées concernant l'accueil, l'attente, la sonnerie et la conversation (voir précédemment) et où 1 800 représente le nombre de secondes présentes dans la tranche horaire (ici une demi-heure) puisque le flux est toujours ramené à l'unité de temps.

  Une ligne de calcul a été insérée qui représente le flux par appui ou par circuit. Ce nombre résulte de la division du flux global par le nombre d'appuis et représente éventuellement un seuil d'alerte ; en effet, si ce résultat dépasse 0,7, alors on est certain que le taux de pertes amont dépasse 2,5 % (il faut éventuellement effectuer des mesures précises pour l'évaluer avec certitude).

- Fc = flux **utile** à traiter par les conseillers

  Il s'agit là encore d'un flux en Erlang mais cette fois, on considère ce qui doit être supporté par les conseillers (si le nombre d'appels est identique, les durées à prendre en compte ne sont pas les mêmes) ; la valeur est obtenue à l'aide du calcul suivant :

$$Fc = Np \times \frac{(Ts + Tc + Tpt)}{1800}$$

  où la somme des durées se trouve, cette fois, comprendre la sonnerie, la conversation, le post-traitement et la durée en secondes de la période de référence concernée (1 800).

Détermination des ressources humaines ou ETP

Définition

Dans les centres d'appels, les responsables ont l'habitude d'utiliser une unité de mesure de ressources humaines ou de capacité de production qu'ils ont qualifiée de ETP (équivalent temps plein).

Cette valeur est le résultat de la division entre la durée totale d'activité de production de l'ensemble des ressources effectuant la même tâche et la durée globale de la période de référence :

$$ETP = \frac{\sum_{\textit{Tous les conseillers}} \textit{Durée cumulée d'activité}}{1800}$$

Cette grandeur représente le nombre moyen de conseillers simultanément disponibles sur la période.

Exemple de calcul

Si on se réfère à l'exemple du tableau 4-3, la ligne multiple Fc (flux « utile » à traiter par les conseillers) comprend cinq lignes :

- la première rappelle la formule de calcul ;
- la deuxième et la troisième précisent les données de flux en hypothèses respectivement haute et basse ;
- la quatrième donne la valeur d'un coefficient fixé à 0,75 dans notre exemple ;
- la cinquième précise un nombre d'ETP.

En toute théorie, on pourrait penser que le flux ramené dans chacune des hypothèses à la durée de la période représente les ETP. Il n'en est rien car les règles de distribution statistiques des appels téléphoniques dans un système avec file d'attente (ce qui est ici le cas car nous nous plaçons au niveau des conseillers) sont régies par la loi dite Erlang C que nous avons envisagée dans ce chapitre comme permettant le calcul de ressources en ayant « fixé » une probabilité d'attente et une durée probable moyenne de cette attente.

Il est clair que nous nous trouvons en face de la cohabitation de deux phénomènes :

- la saturation ayant pour conséquence une perte d'appels par passage en dissuasion (cas où la totalité du dispositif est saturée) ;
- la perte de patience d'un pourcentage significatif d'appelants qui se solde par une perte d'appels par abandon.

Dans ces conditions, si l'on applique le flux déterminé (hypothèse haute ou basse) comme étant le besoin en ETP et si l'on « staffe » les ressources ainsi, on se trouve dans une zone de la règle d'Erlang où les pertes sont non seulement énormes, mais encore impossibles à calculer précisément.

En toute rigueur mathématique, il conviendrait de se donner un taux de pertes acceptable, que ce soit par saturation et par abandon, d'en déterminer une probabilité d'attente en fonction de sa propre population et d'en déduire les ressources nécessaires pour obtenir un résultat exact (mais néanmoins entaché des hypothèses que nous pouvons poser en termes de « patience moyenne » d'une population d'interlocuteurs). Cela nécessite des compétences statistiques et des calculs précis (non automatisables de manière simple). C'est, en général, inutile du fait de la précision imposée par le droit du travail et les différents usages (très généralement, on ne peut pas proposer un poste inférieur à quatre heures par jour et, par ailleurs, il est difficile de déterminer des activités en dessous de une heure).

Dans la pratique quotidienne des centres d'appels de taille moyenne ou modeste (structures inférieures à vingt conseillers simultanément en ligne), nous proposons d'appliquer au flux (en particulier l'hypothèse haute) un coefficient multiplicateur qui varie entre 1/0,75 et 1/0,85[1] ; le résultat en ETP est par conséquent obtenu par :

$$ETP = \frac{Flux}{x} \text{ où } 0,75 < x < 0,85$$

1 Ce coefficient dépend des durées moyennes d'appels, des flux constatés et de la « patience » des appelants.

Note

Nous sommes amenés à traiter des données réelles avec des contraintes incompressibles ; dans ces conditions, il est inutile de produire un niveau de précision beaucoup plus élevé que les contraintes ne le permettent. Nous utilisons donc des valeurs moyennes connues issues des règles d'Erlang et lues sur des abaques types ; cette précision nous est suffisante si nous appliquons par ailleurs le processus de convergence par approximations successives.

On admettra alors que dans les hypothèses où l'on se situe (durée d'appel), un coefficient de 0,7 correspond à un taux de pertes cumulé (dissuasions + abandons) variant de 2,5 % à 5 % alors que, fixé à 0,85, il correspond à un taux de pertes variant entre 10 % et 15 %.

Chapitre 5

Web call centers

Dans le cadre d'une activité nouvelle représentée par les centres d'appels, une technologie, apparaissant comme moderne, ne pouvait que provoquer des tentatives de convergence surtout si elle peut servir de support de télé-communications. La voix sur IP, en particulier a représenté un « espoir » important entretenu par des offres catalogues (mais souvent catalogues seulement) de la plupart des fournisseurs.

Définition

Le centre d'appels ou, dans sa formulation anglo-saxonne, le *call center* est une structure mettant directement les clients en relation par téléphone avec une structure de service. La méthode est donc simple : soit le client appelle et attend patiemment qu'un conseiller veuille bien le prendre en ligne et lui fournir une réponse, soit les conseillers appellent les clients ; dans les deux cas, la base du service est le dialogue téléphonique.

Avec l'apparition et l'explosion du réseau Internet, les entreprises ont commencé à utiliser ce dernier à des fins informatives et/ou publicitaires ; par conséquent les clients sont amenés à consulter des catalogues ou des sous-ensembles de catalogues ou des informations sur ce médium. L'approche commerciale, plus que tout autre, a alors donné l'idée de créer une **convergence** entre la **relation** téléphonique prise en charge par le centre d'appels et la **connexion** Internet.

Un *web call center* est donc un centre d'appels qui permet également une relation via Internet ; l'entreprise dont dépend ce centre disposant par

1 On parlera ici d'informatique « métier » par opposition à tout l'environnement informatique dédié au centre d'appels lui-même (voir CTI par exemple).

ailleurs d'un site Web étroitement dépendant de l'informatique « métier »[1]. On a même pu rêver que cette utilisation remplace complètement le service humain et qu'il ne soit plus besoin de conseillers mais cet espoir est vite revenu à des proportions plus normales.

Note

On pourrait même penser que la totalité de la relation se fait via Internet et que la plupart des questions ou besoins trouvent réponse directement sur le site, ce qui a pour conséquence de diminuer les coûts de personnel.

Pénétration du marché

Si entre fin 1999 et 2000, les offres de *web call centers* présentées par les divers fournisseurs ont pu foisonner, il semble que cet engouement soit aujourd'hui tari.

Le résultat obtenu est décevant au regard des espoirs initialement nourris. La presque totalité des *call centers* classiques ont intégré une fonction Internet que l'on pourrait qualifier d'élémentaire et qui se trouve être, soit la simple réponse à des questions adressées par e-mail, soit une fonction de *call back* où le client laisse les coordonnées ou il souhaite être rappelé. En revanche, l'intégration attendue[2] n'a pas aujourd'hui abouti comme on pouvait l'espérer.

2 La mise en commun du support pour transporter simultanément la voix et les données.

Quelles sont les causes de cette situation ? À vrai dire, nous pensons à la conjonction de plusieurs facteurs, tels que le taux de pénétration de l'ordinateur personnel comparativement au taux de pénétration du téléphone ; ce facteur est amplifié par le caractère de moins en moins patient de la clientèle, que ce soit dans une relation *business to customer* ou dans une relation *business to business*.

Note

Les chiffres 1999 donnent un équipement quasi complet des familles en téléphone contre 23 % seulement pour les ordinateurs personnels ; le taux de pénétration Internet étant encore plus faible.

Les fonctions particulières disponibles

Cette section a pour objet de dresser un catalogue, le plus exhaustif possible à la date de rédaction de cet ouvrage, des diverses fonctions offertes par Internet dans le carde d'un *call center* et, par extension, de ce que peut devenir un *web call center*.

Traitement des e-mails

Un centre d'appels disposant à la fois d'un site Internet et d'un serveur de messagerie associé peut développer une communication incitant les clients à utiliser ce média.

Le client peut alors adresser au *call center* un e-mail formaté ou non qui sera traité manuellement ou automatiquement.

Note

On utilise ici le terme de « mail » dans son sens le plus général qui décrit un message via Internet ; il peut également s'agir d'un document de type bordereau qui se trouve rempli par l'intermédiaire de la connexion au site.

Messages non formatés

Il s'agit des e-mails sous leur aspect connu, en mode texte, qui sont le plus souvent le support de simples questions des clients, qu'il s'agisse d'une structure commerciale ou d'assistance.

Si la réponse manuelle aux questions posées par ce biais est relativement simple et ne nécessite pas plus de compétence que le niveau retenu pour les conseillers, une forme d'automatisation apparaît qui utilise la reconnaissance de mots-clés. Cette méthode présente ses limites car elle se heurte au caractère nécessairement ambigu de la langue[1] qui est incompréhensible par la logique formelle de l'informatique.

[1] La langue vivante présente une ambiguïté de nature, que ce soit dans sa forme orale ou écrite.

Messages formatés

Pour ce qui concerne exclusivement des formulaires[2] transmis par le support général Internet (bon de commande informatisé par exemple ou diverses inscriptions), le traitement automatique est simple et de règle : ces messages entrent directement et au format attendu dans le système d'information de l'entreprise. En réalité, il s'agit plutôt ici d'utiliser le support que présente le réseau Internet pour permettre des accès directs à l'informatique métier de l'entreprise.

[2] Il s'agit le plus souvent d'accès à des bases de données.

Rappel automatique (*web call back*)

C'est la fonction qui permet à un utilisateur ou client connecté via Internet de demander à être rappelé par un conseiller ; il doit alors laisser ses coordonnées et, très généralement, un formulaire de saisie contrôlé va permettre de limiter le risque d'erreurs, lesquelles sont à la base de pertes de temps pénalisantes pour la performance du centre.

Cette fonction est fortement consommatrice de temps pour les conseillers car, à la durée normale de conversation et d'éventuel post-traitement vient s'ajouter la durée d'émission de l'appel en direction du client, même si le formulaire de saisie contrôlé permet de prélever et de stocker automatiquement le numéro d'appel téléphonique et de l'émettre, tout aussi automatiquement, à la demande.

Néanmoins, son utilisation peut permettre de fournir une activité « quasi stockable[1] » dans la mesure où le rappel du client pourra être programmé lorsque la pression du flux entrant baisse ; dans ces conditions, il faudra admettre qu'on ne puisse fournir au client un délai de rappel très précis.

Call me trough. Voix sur IP ou connexion parallèle

C'est la plus moderne et peut-être la plus prometteuse des fonctionnalités liées à l'utilisation d'Internet dans les *call centers* ; le besoin d'automatisation poussé au mieux de ce qui est possible rend la mise en œuvre de ces fonctions relativement délicate. L'évolution et la pénétration du marché par ces technologies avancent relativement lentement.

L'approche concerne un site Internet d'information ou de vente de produits et services qui permet aux internautes d'entrer en relation téléphonique avec un conseiller. Les deux communications seront alors synchronisées sur le poste de travail du conseiller.

Nous recensons aujourd'hui deux technologies différentes : la voix sur IP et la connexion parallèle.

La voix sur IP

Il s'agit de permettre au client de joindre un conseiller sur le support déjà établi (au moins virtuellement) dans le cadre de la connexion IP avec le site desservant le centre.

Fonctionnellement, le client qui se trouve à un endroit précis du site desservant le *call center* va demander, via une action « clic » sur un bouton prédéterminé, à être mis en relation téléphonique avec un conseiller ; le logiciel de navigation va établir un lien vocal sur la liaison « virtuelle »[2] déjà présente pour la navigation. À l'autre extrémité, les différents éléments du *call center* (en particulier l'ACD) vont « sonner » un conseiller afin qu'il traite l'appel.

Il s'agit ici réellement de transporter la voix téléphonique sur le réseau Internet *Wide*[1] comme nous l'indique la figure 5-1. Cette méthode présente assez peu de problèmes de synchronisation entre la liaison de données et la connexion vocale puisque les paramètres de définition (lieu du site où se trouve le client) sont résidents sur le site du *call center*.

1 Le réseau international, mondial, en un mot la « toile » ,est qualifié de Internet Wide (large).

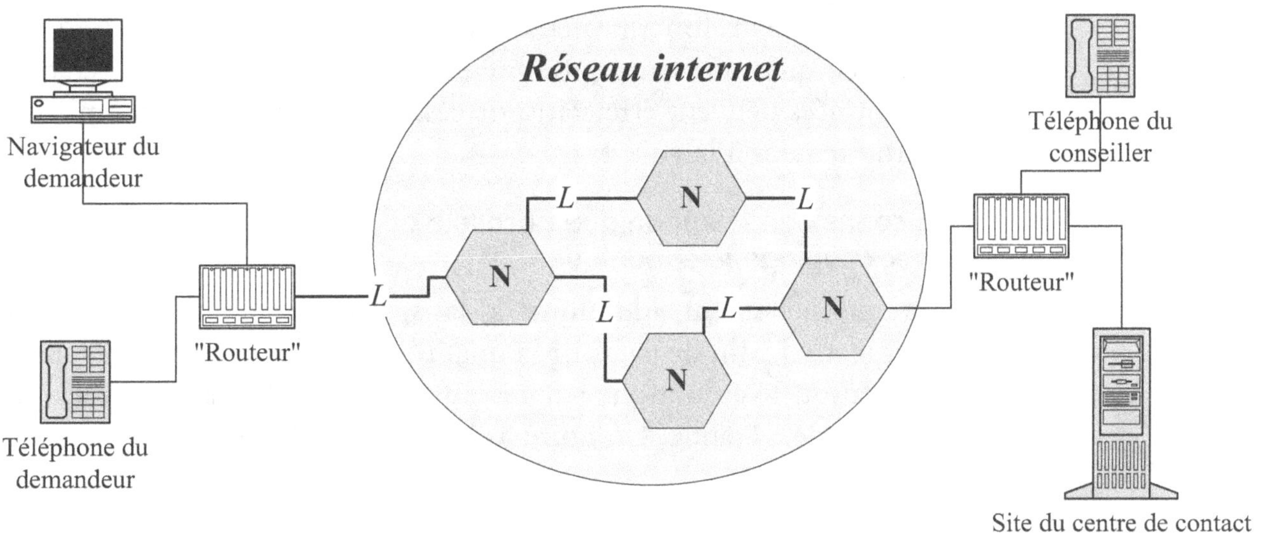

Figure 5-1
Connexion en mode voix sur IP

> **Note**
>
> On notera que le téléphone du demandeur, le navigateur et le router sont en réalité des fonctions virtuelles implantées dans le PC local.

Il convient de souligner que, dans l'état actuel du réseau IP, un niveau satisfaisant de qualité de la voix ainsi transportée **ne peut être garanti par aucun opérateur** ; en effet, Internet, par construction, ne présente ni de notion de circuit virtuel préétabli ni de mise en priorité de certains flux (Avec Internet, « le bloc de données doit toujours trouver un chemin »[2]) Ces deux fonctionnalités étant indispensables au transport de la voix sur un support de données.

2 C'est le principe même de construction du réseau Internet.

Économiquement, ce mode de fonctionnement affiche un objectif de gain vis-à-vis des opérateurs de télécommunications (pour les coûts induits par le transport de la voix). Apportons cependant quelques précisions quant à la baisse intrinsèque des coûts de transport : le phénomène est dans le sens de l'histoire et il suffit, pour s'en convaincre, d'étudier les évolutions de ce marché sur les dix ou quinze dernières années (augmentation très sensible des volumes à transmettre, diminution des coûts unitaires « au kilo-octet »).

En revanche, l'avenir n'est pas, à mon sens, Internet mais plutôt un sur-ensemble autorisant le transport des deux flux dans les conditions adaptées à chacun.

Le grand rêve de fusion entre voix et données, apparu au début des années 1980, se heurte, non pas à des problématiques techniques mais purement fonctionnelles : la voix humaine et les données informatiques ne sont pas de même nature, simplement parce que les données peuvent être transportées sans contrainte de temps réel contrairement à la voix.

La connexion téléphonique parallèle ou Internet avec couplage téléphonique

Fonctionnellement identique à la situation précédente, on va s'efforcer ici, afin de garantir la qualité de la liaison vocale, d'établir une liaison téléphonique sur réseau dédié parallèle à la connexion Internet déjà établie. La figure 5-2 nous en indique le principe.

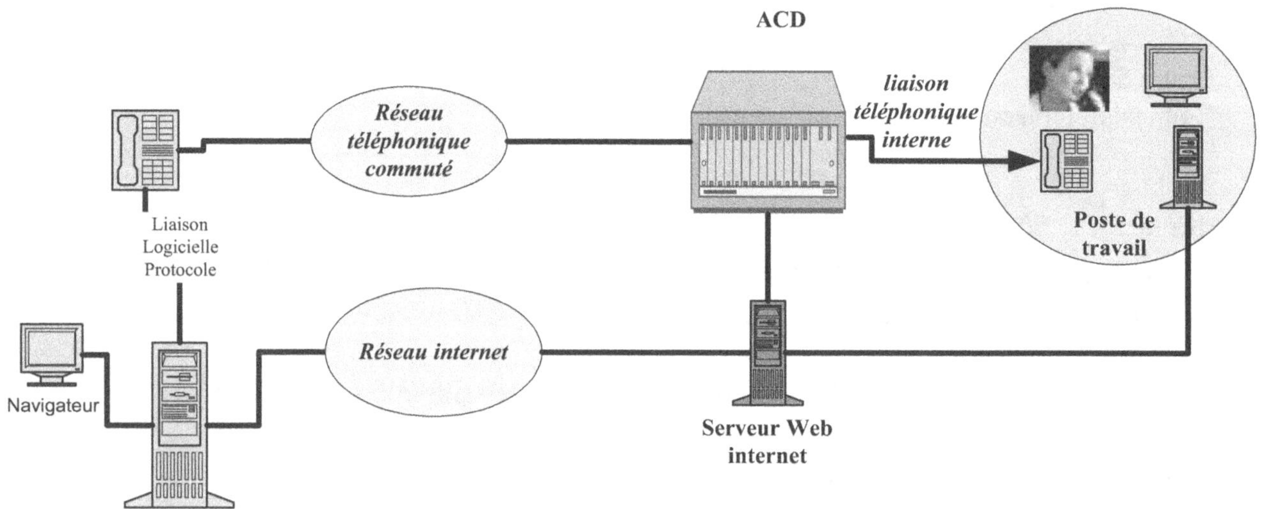

Figure 5-2
Utilisation de web call center avec connexion téléphonique parallèle

Techniquement, l'internaute navigue sur le site Web relié au centre d'appels et, lorsqu'il se trouve en position de poser une question ou de passer une commande, il active un « bouton » ou un lien hypertexte qui va lancer un appel par le réseau téléphonique à destination d'une équipe prédéfinie[1] du *call center*. Moyennant un niveau de priorité élevé, un conseiller va prendre l'appel et se trouvera instantanément au même endroit de navigation que le demandeur.

1 Le numéro d'appel réseau affecté à cette équipe est contenu dans l'objet d'activation de l'appel, lui-même situé sur la page Web concernée.

Ce système présente un avantage significatif : les mêmes conseillers peuvent traiter de la téléphonie simple, et ce mode de contact, sans ajout de matériel ou changement de configuration du poste de travail. Le CTI se charge de synchroniser les connexions.

La seule difficulté organisationnelle sera de différencier la population[1] des appels normaux de celle des appels couplés Internet afin de pouvoir se livrer à des analyses statistiques correctes et d'être en mesure d'assurer le *staffing* dans de bonnes conditions. En outre, l'utilisation du réseau téléphonique dédié garantit la qualité de la communication vocale (dans les normes internationales fixées par l'IUT et que tous les opérateurs de télécommunications sont tenus de respecter).

[1] Au sens statistique.

A contrario, si les passerelles et les intégrations CTI permettent ce fonctionnement, la technologie nécessaire n'est pas entièrement en place, loin s'en faut, de part et d'autre de la chaîne de communication. En particulier, les couplages et synchronisations du côté de l'internaute pour lequel deux solutions sont envisageables comme l'indique la figure 5-3.

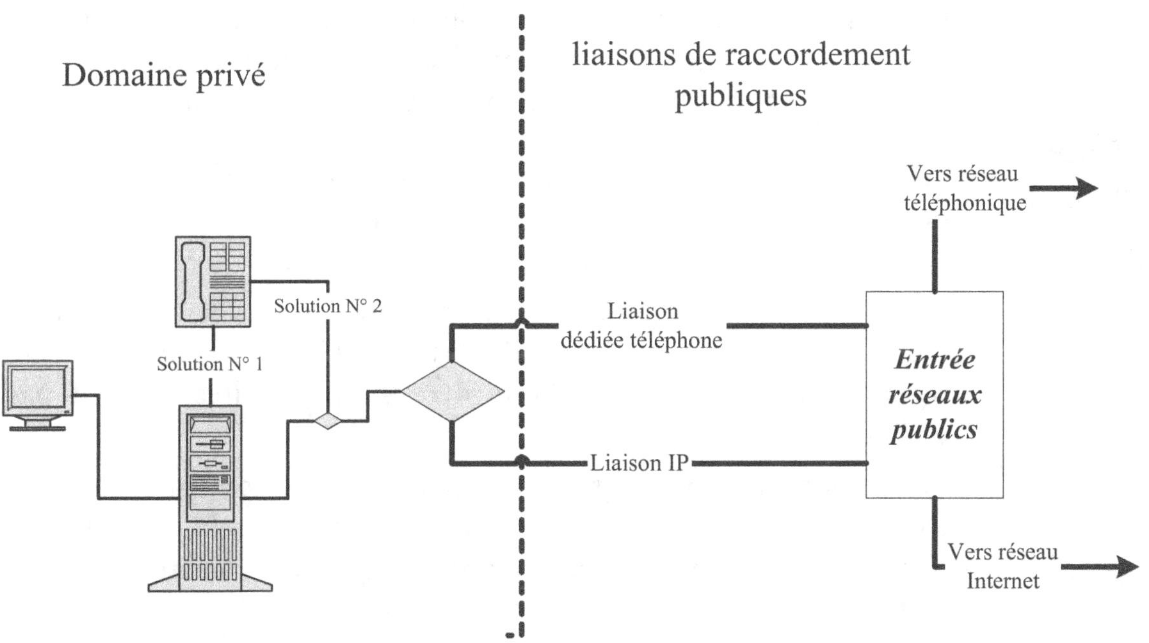

Figure 5-3
Couplage téléphonie – navigation Internet

La solution générique requiert un système de numérotation automatique avec signalisation riche permettant d'adresser au site destinataire les coordonnées de navigation instantanées de l'internaute.

Note

La signalisation est, par définition, le langage de commande des réseaux téléphoniques (émettre un numéro est de cette catégorie) ; dans ce contexte, la signalisation RNIS permet de véhiculer également de l'information de service sur une trame appelée mini-message.

Cette fonction nécessite la disponibilité, côté demandeur, de deux supports « télécoms » quasi séparés ; cela ne représente plus actuellement un frein car la technologie ADSL utilise (c'est son support physique) une ligne ordinaire, à vocation purement téléphonique et qui reste libre pendant la connexion Internet.

C'est ce qu'indique la figure 5-3 : l'utilisateur situé dans le « domaine privé » dispose d'un terminal informatique et d'une connexion ADSL. Il se connecte au site Internet via ADSL et, sur sa demande, va émettre un appel téléphonique sur la ligne restée libre. Deux modes de traitement du téléphone en extrémité sont alors possibles :

- La solution N° 1 qui propose le branchement direct du téléphone sur le terminal informatique alors équipé d'une carte idoine[1].

- La solution N° 2 dans laquelle le terminal informatique va émettre le numéro qu'il a trouvé sur le site pour le compte d'un poste téléphonique classique branché sur la même ligne.

Côté centre d'appels ou centre de contact, l'information des coordonnées de navigation de l'internaute est alors disponible et les fonctions CTI vont assurer la synchronisation[2].

Notons que cette solution, toute prometteuse qu'elle soit, est loin d'être techniquement prête. En effet, les éléments « site Web » de recollement temps réel des informations nécessaires ne sont pas encore tout à fait au point.

Tout d'abord, les outils et passerelles nécessaires doivent être installées côté internaute (connexion du téléphone sur le PC, connexion de la ligne téléphonique, logiciel apte à établir une liaison téléphonique…).

Ensuite, le site de réception, le *call center*, doit être correctement équipé : les fonctions CTI aptes à traiter ce type de activité doivent être intégrées (de même que le site Web devra avoir été conçu pour permettre ce fonctionnement).

En outre, le nombre d'internautes[3], leur pourcentage habile à utiliser ces fonctions avancées et la pénétration ADSL sont toujours des freins à ces développements mais leur importance négative est

1 Dans certains cas, aujourd'hui non rares, la carte elle-même va permettre de connecter un combiné téléphonique.

2 Les fonctions CTI de couplage vont positionner le navigateur du conseiller comme elles présenteraient une fiche client.

3 On compare, bien entendu, au nombre d'abonnés au téléphone.

d'autant moindre que les conseillers traiteront indistinctement du téléphone simple ou du contact « synchronisé » de ce type.

En conclusion, l'état de l'art accuse quelque retard en particulier pour ce qui est des éléments technologiques nécessaires à l'établissement de l'appel vocal et à sa synchronisation. Cela est dû pour partie aux espoirs engendrés par IP V6, nouvelle norme qui devait (entre autres choses) permettre l'utilisation de la voix sur IP avec un niveau de qualité garanti ; ce qui reposait sur l'intégration d'un processus de préacheminement et la mise en place de protocoles de gestion de priorité et de synchronisation de la voix.

Note

Si le réseau Internet prend en compte un préacheminement et des priorités, il déroge alors gravement au cahier des charges initial : « le bloc doit toujours se trouver un chemin à travers le réseau ».

Messagerie instantanée (chat)

L'une des directions « positives » dans laquelle ont pu se diriger les prestataires est le mode de communication appelé « chat » qui permet, sur le support Internet, de communiquer par l'intermédiaire de messages écrits et de manière interactive ; un conseiller peut alors être en ligne avec plusieurs interlocuteurs pour leur apporter le service prévu et fourni par le centre.

Note

La communication est dite interactive lorsque, sur un tel support, deux interlocuteurs peuvent converser de manière discrète (comme pour une communication téléphonique classique) ; il convient de ne pas confondre ce système avec le mode « forum » où chacun écrit des messages à destination simultanée de tous les internautes présents.

Par ce biais, on peut néanmoins établir un véritable dialogue (même si l'interactivité conversationnelle fait défaut) dans lequel le jeu des questions-réponses et la précision de plus en plus fine du questionnement peuvent s'exprimer. Le développement de cette technologie se trouve également limité par le taux de pénétration.

En outre, ce fonctionnement présente une difficulté quant à la mesure des durées de traitement d'un contact par un conseiller. En effet, si l'on est assuré qu'une conversation chat durera plus longtemps qu'une conversation téléphonique pour régler la même question, il faut également avoir conscience que le mode chat offre la possibilité à un conseiller de poursuivre plusieurs communications simultanément. Alors, si d'un côté on écrit moins vite que l'on ne parle, de l'autre la gestion simultanée de plusieurs contacts et le temps de la réflexion du client hors ligne apportent respectivement des visions positive et négative du temps passé. Des études sont en cours et un débat est ouvert pour déterminer lequel des deux modes sera, *in fine*, le plus productif.

Deux questions relatives à la durée moyenne de traitement d'un contact et au taux d'activité par période se posent. Il devient nécessaire d'effectuer des moyennes de durées de contacts mais également de tenir compte du nombre de contacts de chaque type que réalisent collectivement les conseillers par intervalle de temps.

Note

Il s'agit bien de mesurer l'activité et la performance d'une équipe ou d'une structure complète face à l'un ou l'autre des deux supports ; on intègre donc tous les contacts traités par tous les conseillers. La performance individuelle d'un conseiller est d'un autre domaine et nous l'aborderons dans le cadre du management.

Les figures 5-4 et 5-5 illustrent cette problématique.

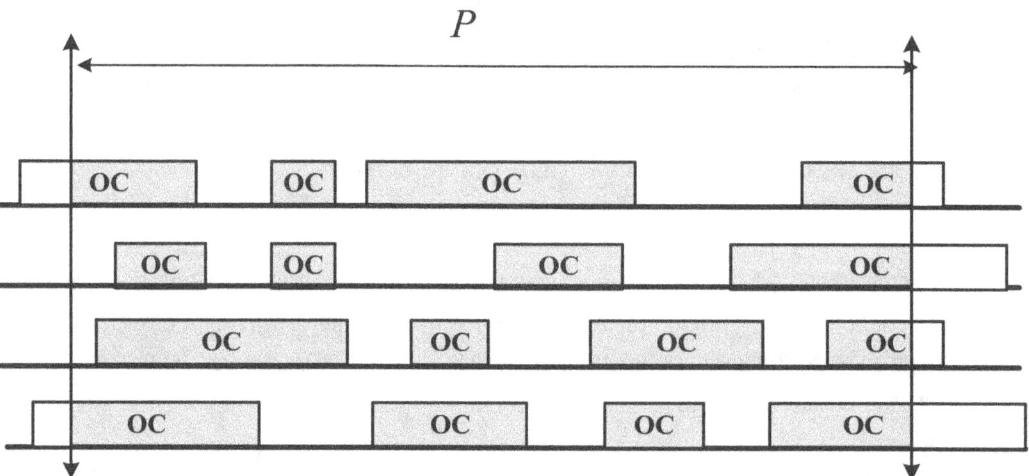

Figure 5-4
L'activité téléphonique d'une équipe

La figure 5-4 nous indique une répartition des appels purement téléphoniques sur une équipe de plusieurs (ici quatre) conseillers. La moyenne de durée d'un contact ou appel est implicite ; il s'agit de la moyenne des durées d'occupation – appel par appel – puisqu'un appel téléphonique est un élément simplement connexe (ce qui n'est pas le cas de la conversation interactive écrite).

Pour ce qui est de l'activité, on se réfère à deux grandeurs : d'une part, le nombre moyen d'appels traités dans la période et par conseiller et, d'autre part, l'activité moyenne par conseiller qui se calcule comme suit (c'est bien un flux aux dimensions d'Erlang).

$$\sum_{P\acute{e}riode} \frac{Dur\acute{e}es\ d'occupation\ (OC)}{Dur\acute{e}e\ totale\ de\ la\ p\acute{e}riode\ \times\ nombre\ de\ conseillers}$$

Ces deux grandeurs nous fournissent une approche de performance des équipes ramenée à l'unité de temps d'activité.

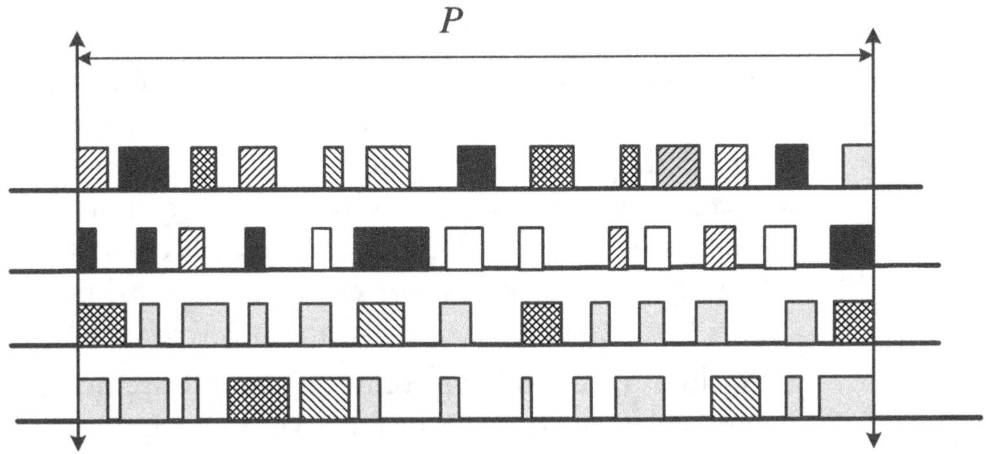

Figure 5-5
L'activité Internet chat d'une équipe

Sur la figure 5-5, on constate que chacun des conseillers présents est simultanément en contact avec trois ou quatre interlocuteurs différents. Les durées connues mesurables dans le cadre de cette activité sont schématisées par des grisés ou hachures spécifiques.

Bien sûr, il s'agit d'une partie seulement de la conversation réelle qui ne tient compte que du côté conseiller ; cette particularité peut s'avérer économiquement positive puisque ce dernier n'est pas occupé, tandis que l'un de ses correspondants écrit ou réfléchit.

Pour mesurer l'activité et la comparer avec le traitement des appels téléphoniques, nous devons collecter trois grandeurs.

- **Le nombre de contacts** aboutis pendant la période pour la totalité des conseillers ; cette valeur aura le même sens que pour la téléphonie pure mais elle s'avère plus délicate à obtenir. La communication n'étant pas connexe, il convient de mesurer avec des outils adaptés (sur le site Internet) quel est le nombre de contacts qui ont été traités.

- **La durée moyenne, côté conseiller, de traitement d'un appel.** Cette valeur s'obtiendra de la même manière que pour le nombre brut et ne tiendra compte que de l'activité côté centre (aux durées de propagation et de transfert près). Il s'avère que cette grandeur semble être inférieure au temps de traitement téléphonique, d'où une disponibilité pour le conseiller et, par conséquent, une augmentation de sa productivité. Cependant, avant de conclure, on prêtera attention aux « temps morts » liés à ce mode de communication qui peuvent générer un abandon du client (on assiste alors à un effet de perte impensable en téléphonie qui consisterait à raccrocher en cours d'appel).

- **L'activité moyenne par conseiller** qui va être également un rapport de durées (durée affectée à la communication et durée totale de la période) ; on prêtera une attention particulière à ne pas comparer ces ratios avec ceux qui sont connus dans le cadre d'un flux téléphonique. Elles ne recouvrent en effet pas le même phénomène et n'ont pas, par conséquent, le même sens (temps morts liés, pour le conseiller, à l'attente de réponse).

En conclusion, ce mode de communication offre deux avantages ; l'un probablement dû à la productivité mais qui nécessite d'être contrôlé au plus près ; l'autre réside dans la qualité intrinsèque du support écrit dans les relations où un début[1] de preuve est nécessaire (plate-forme boursière par exemple).

Envoi de documents

Dès lors qu'une liaison vocale est établie avec un conseiller, ce dernier se trouve en état de transférer au demandeur des documents préalablement formatés qui peuvent être des pages HTML (natif Internet) ou tout autre type de formats jusque, et y compris, des pages fax qui seront traitées par une passerelle de réception.

Sauf à adresser directement des pages Internet HTML ou à utiliser le protocole de transfert de fichier adapté, il ne s'agit pas ici de véritable fonctionnement concernant IP mais plutôt de transmission de données informatiques utilisant ce réseau.

On remarquera, que ces modes d'échanges ne réclament pas de synchronisation entre les deux connexions ; en particulier, il suffit de connaître l'adresse du destinataire pour lui faire parvenir un document sur le lien établi (IP) ou par simple e-mail qu'il recevra ultérieurement.

[1] Nous ne parlons pas ici de signature électronique mais de simple lutte contre des tentations à la mauvaise foi.

Visioconférence

On essayera ici de mettre en place une liaison « image » entre le demandeur internaute et le conseiller ; on peut considérer qu'il s'agit d'un niveau supérieur à celui de la voix mais, *a priori*, de même nature (en particulier pour ce qui est de la notion de temps réel).

La figure 5-6 nous expose les phases fonctionnelles d'établissement et l'évolution de la complexification.

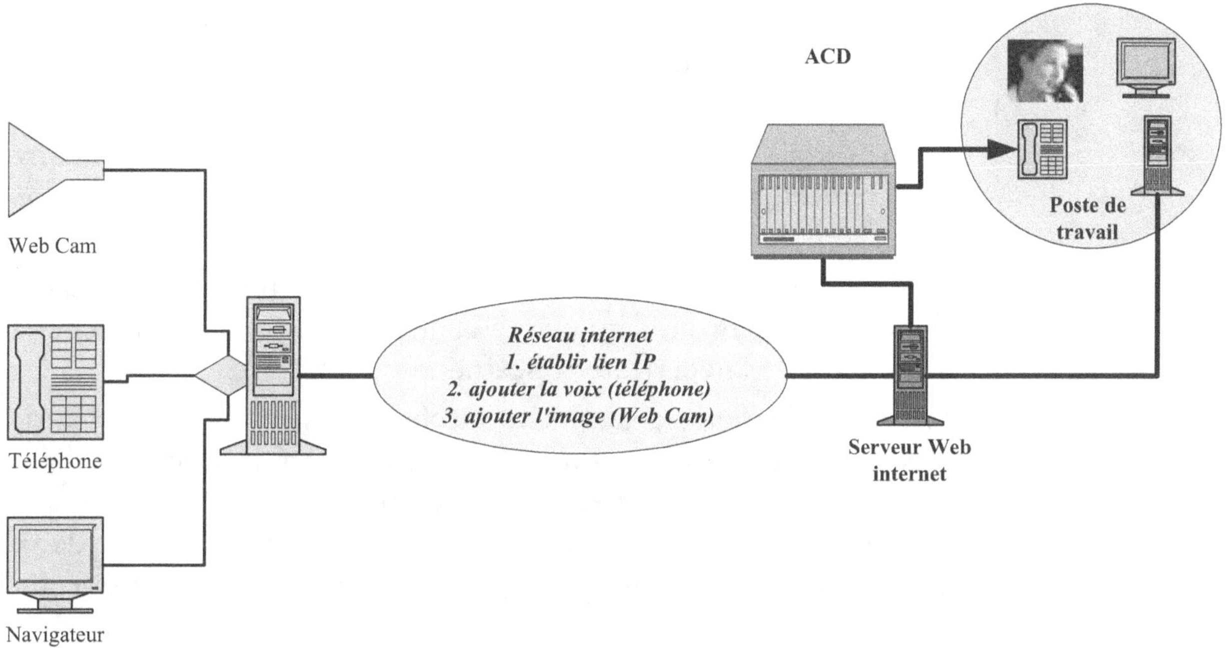

Figure 5-6
Principe de visioconférence

Si les espoirs sont vastes en ce domaine, la situation actuelle demeure une qualité d'image fortement médiocre ; même si les protocoles de compression/restitution sont de plus en plus performants (MPEG 3), le besoin en bande passante exprimé par le transport de l'image animée est incompatible avec les réseaux téléphoniques actuels.

L'apparition des réseaux de type DSL (de ADSL jusqu'à HDSL avec débit garanti) permettra d'obtenir une qualité acceptable, voire mieux. Mais les freins sont, là encore liés au taux de pénétration de ces réseaux chez les particuliers (lorsque le centre d'appels s'adresse à une clientèle de ce type) et à l'adaptation de la structure même du réseau Internet à ce transport.

Navigation collaborative

En théorie, nous ne sommes plus dans le cadre d'un *call center* au sens où une conversation orale est établie mais plus exactement dans le contexte d'une sorte de chat où un internaute qui arrive sur le site Web attaché au *call center* va se trouver guidé par un conseiller, lui-même, connecté à ce site.

Cette approche impose que soit organisé l'ensemble de la connexion et que certaines fonctions soient implantées comme de reconnaître une connexion entrante et de la « prendre en charge » en guidant de point en point son auteur.

Le site Web est alors organisé de manière à présenter à un internaute donné des objets qui s'animent à la demande et qui vont l'inciter à activer les liens hypertexte concernés.

Cette navigation collaborative est fortement consommatrice de ressources au niveau des conseillers et, dans cet ordre d'idées, l'abandon de l'internaute ne peut être déterminé que par l'intermédiaire d'un intervalle de temps sans réponse ou action de la part de ce dernier (ce qui présente par ailleurs un risque, l'internaute étant susceptible d'avoir été temporairement occupé par ailleurs).

Architectures du *Web call center*

En partant du *call center* tel qu'il a été globalement défini dans le chapitre 2 nous allons pouvoir construire une structure de *web call center* comme la plus élaborée possible à ce jour.

Comme l'indique la figure 5-7, le *call center* hors Web inclut les éléments de base que sont l'ACD, le SVI et les diverses primitives CTI.

Même si chacune des composante a sa propre utilité dédiée et que les primitives CTI ont, par définition, une fonction de traitement de données informatiques, le site à une mission de communication téléphonique vocale pure.

Aux antipodes de ce fonctionnement, il se trouvera un simple site Web démuni de conseillers qui peut revêtir des fonctions de mise à disposition d'information, de prise de commandes ; il ne s'agit pas à proprement parler d'un *call center* mais l'appellation de « centre de contact » peut être conservée (c'est bien de cela dont il s'agit : un site Web est considéré par son propriétaire comme un centre de contact).

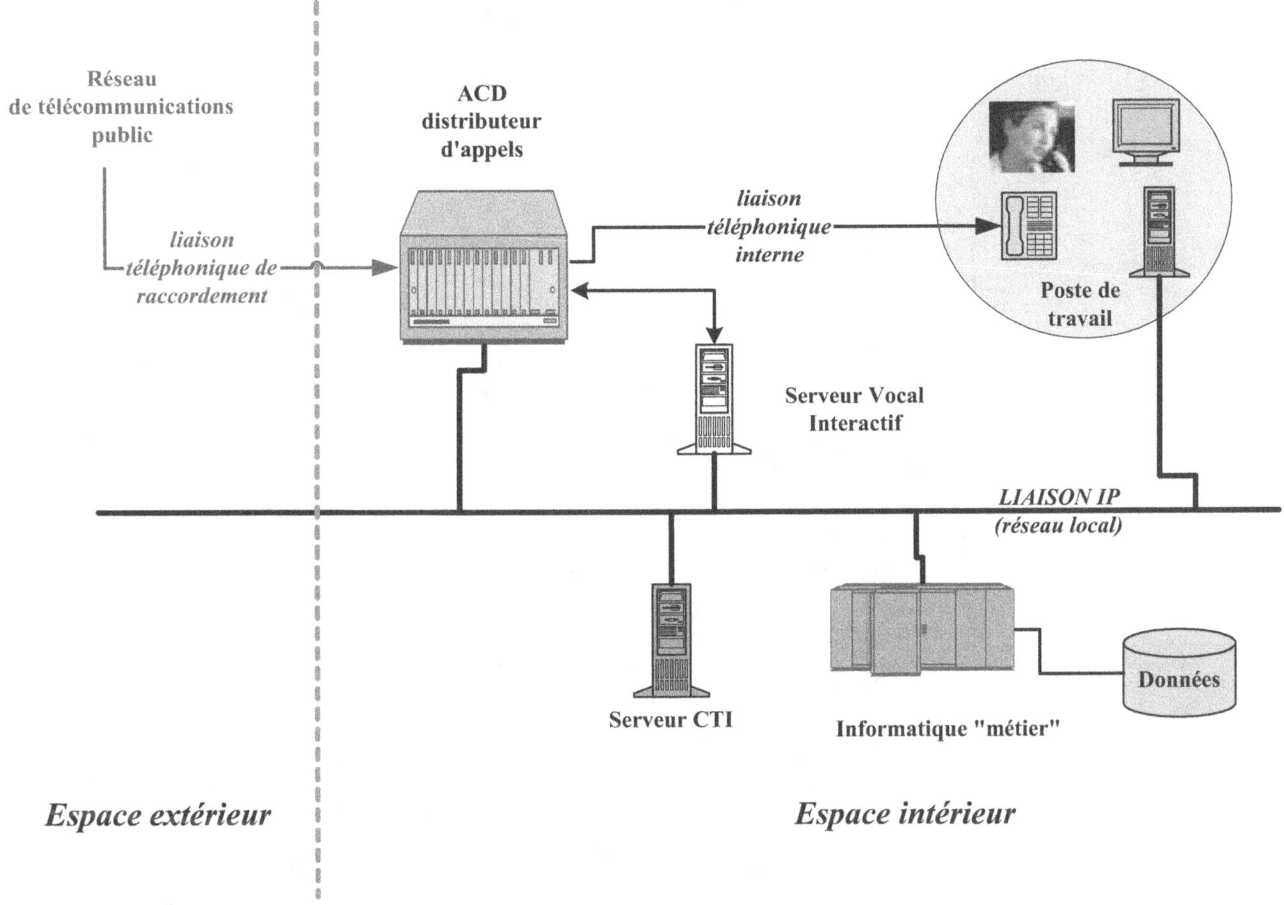

Figure 5-7
L'architecture du centre d'appels hors Web Internet

Dans une vision un peu plus « service », on peut prendre en compte la solution consistant à mettre à la disposition des clients un site Web sur lequel ils poseront des questions ou émettront des demandes de service ; on mettra en place des équipes de réponse par e-mail qui formeront une structure de production pour laquelle les flux sont gérés de manière tout à fait différente des flux téléphoniques (il s'agit ici de production bureautique pure).

La question sera traitée dans la suite de ce paragraphe concerne les divers modes de convergence des deux mondes (téléphonie et Internet). Nous nous efforcerons de montrer comment l'architecture représentée à la figure 5-7 peut évoluer de deux façons parallèles qui sont respectivement une solution à flux séparés et une solution intégrée.

La solution à flux séparés

Elle a pour objet de permettre, sur un *call center* existant et dédié voix, des fonctionnements purement Internet tels que les envois de documents ou le mode chat sans nécessairement de liaison vocale synchronisée.

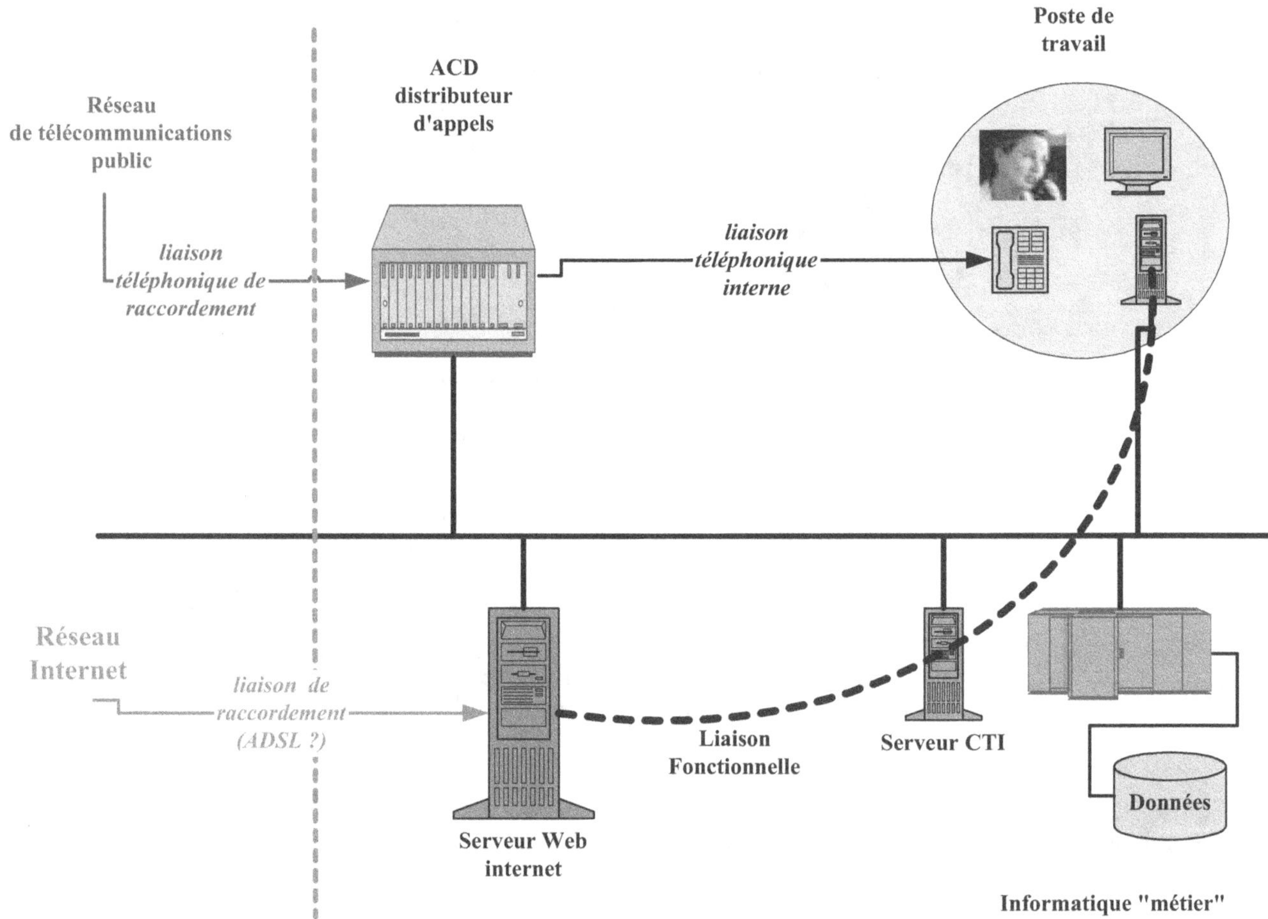

Figure 5-8
L'implantation du site Web et la liaison fonctionnelle

Comme l'indique la figure 5-8, on doit d'abord disposer sur le site du *call center* d'un site Web présentant les caractéristiques nécessaires à ce type de fonctionnement : un site Web développé dans les règles de l'art mais également équipé des fonctionnalités particulières et fortement dynamiques (en particulier pour ce qui est du domaine interactif comme la navigation « collaborative » ou le mode forum chat) que nous allons maintenant évoquer.

Note

Dans le cas où le site Web (en réalité le serveur d'hébergement) serait distant, il faudrait mettre en place entre les deux points une liaison à débit suffisant afin de garantir une bonne qualité de service.

Les fonctions nécessaires dans ce contexte concernent les diverses interactivités et synchronisations entre les deux mondes.

Note

Dans la suite, nous ne tiendrons pas compte de la fonction « envoi de documents » qui est basique par rapport aux deux autres (si celles-ci fonctionnent, alors celle-là également).

Notons en préambule, comme sur la figure 5-8, qu'une « liaison fonctionnelle » servira de support aux dites fonctions ; ce lien n'a rien de physique[1], les flux transitent sur le réseau IP interne du centre, mais il véhicule les protocoles dont nous aurons besoin.

[1] La figure 5-7 montre qu'en réalité, ce lien fonctionnel transite par le serveur de CTI qui permettra de gérer les protocoles.

Avis de connexion

Cet avis de connexion est la fonction primordiale de ce contexte ; elle a pour objet la mise en place des deux communications simultanées. Elle consiste à permettre au client de demander un contact téléphonique alors qu'il est en cours de navigation sur le site Web. Dans ces conditions, une information devra lui être fournie sur l'état de son appel (attente, sonnerie ou prise d'appel d'un conseiller).

Parallèlement, le conseiller sera orienté sur la page Web (ou sur l'objet) où se trouve le client. À partir de ce moment, la conversation téléphonique efficace débutera.

Assistance de navigation

Dans un contexte d'ergonomie maximale, on peut penser qu'après cette mise en place de communications simultanées, il serait utile que le conseiller puisse assister le client dans sa navigation sur le site. Le conseiller active un lien pour changer de page ou accéder à toute autre information et le client « voit » les actions se dérouler sous ses yeux (jusque, et y compris, le déplacement de la souris).

Cette situation, idéale en termes d'efficacité justifie la mise en place sur le poste du client d'une fonction de « prise de main à distance » qui ne peut être envisagée dans le cas de clientèle grand public[2].

[2] On se heurtera à deux types de réserves l'une d'ordre juridique (notion de propriété) et l'autre de confiance.

État de l'art et réalité du terrain

Il existe d'autres avancées du même type mais ces deux exemples importants suffisent à illustrer notre conclusion.

Toutes ces fonctions qui sont fort simples à exprimer demandant un niveau d'intégration aujourd'hui encore difficile à atteindre de par sa complexité et les différences de cultures qui existent entre les deux mondes.

En particulier, l'implantation large chez les clients de postes informatiques connectés avec leur téléphone et permettant ce type d'usage est incontournable (il n'est pas question bien entendu que le client compose un numéro d'appel).

Constatons que dans l'état actuel des choses, ces structures sont essentiellement réservées à de la prestation de service *B to B* (même interne) car on maîtrise alors parfaitement les postes de travail des « clients » et l'on peut y implanter ce qui est nécessaire.

La solution intégrée

Il s'agit d'une solution *full IP* dont la principale caractéristique réside dans le transport de la voix téléphonique sur le réseau IP.

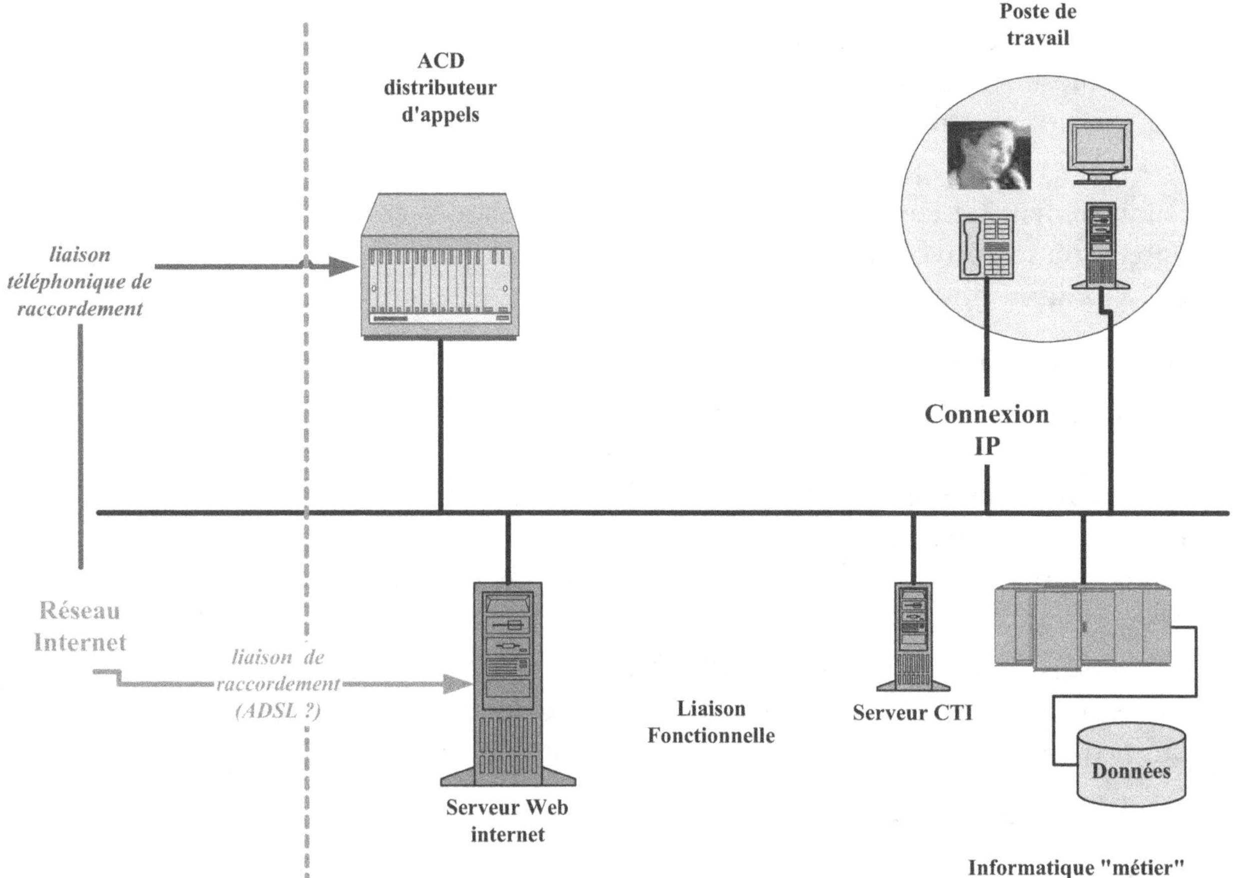

Figure 5-9
Vue intérieure de la solution intégrée

La figure 5-9 expose le principe de fonctionnement et nous montre que, dans ce cas, nous avons un poste téléphonique particulier (qui est un poste dit « voix sur IP ») raccordé directement au réseau IP de l'entreprise. Les entrées réseau vers le PABX ACD émanent également du réseau Internet et ce dernier va « commuter » sur l'adresse IP où est reconnu le poste du conseiller concerné.

Nous sommes donc en présence d'un transport IP de bout en bout ; cette situation est, sous certains angles, plus favorable et plus prometteuse que la précédente. Néanmoins certains aspects restent délicats et, *a priori*, sans solution visible à court terme.

L'aspect favorable. Il est question du poste de travail du client ; en effet, le passage en mode voix postérieur à l'établissement d'un contact Internet (pour lequel a été conservé l'adresse) ne nécessite que peu de moyens annexes. Il s'agit alors de la connexion Internet proprement dite (obligatoirement présente, sinon la fonction précédente n'aura pu avoir lieu) et d'un système simple (micro et enceinte sur carte son) permettant de capter et de restituer la voix. La plupart de ces éléments existent en standard sur les PC actuels.

L'aspect délicat. Il réside dans le maintien ou la garantie de la qualité de liaison vocale. En effet, comme nous l'avons déjà vu, le réseau Internet en particulier utilisant le protocole IP n'est pas originellement destiné au transport de la voix et demeure donc fort peu adaptés.

L'évolution technologique tend à se diriger vers deux voies ; d'une part, la reconfiguration du protocole IP lui permettant d'intégrer des chemins « prédéfinis » et des notions de priorité[1] ; d'autre part, l'apparition de protocole intégré de réseau permettant la cohabitation des deux mondes.

[1] Cette situation ne pose aucun problème à caractère technique mais a pour résultat de détruire certaines contraintes historiques de l'IP (« le message trouvera toujours un chemin » par exemple) ; le débat est actuellement arrêté par cette apparente incompatibilité.

Bénéfices recherchés : espoirs et réalités

Les évolutions ou tentatives d'évolutions, pour certaines restées au niveau de l'idée, de l'utilisation des réseaux Internet obéissent à des besoins économiques ou fonctionnels que nous allons développer.

Diminuer les coûts de « production des appels »

Comme il est précisé dans le chapitre 4 consacré aux flux, chaque appel, correspond en moyenne à une durée de traitement (conversation + post-traitement) où un conseiller est occupé. Ces durées cumulées représentent le besoin en ressources humaines du centre d'appels, au moins en premier niveau, et sont l'origine de la plus grande partie des coûts imputables au fonctionnement de la structure. En outre, compte tenu du caractère souvent capricieux de la distribution des appels, ces ressources sont les plus délicates à calculer « au mieux ».

L'idée était alors tentante de penser que tout ou partie, et dans ce cas grande partie, du flux allait pouvoir être traité via Internet dans une relation simple de connexion à un type serveur. La relation fonctionnelle devient, de l'avis du prestataire de services, fort simple :

- Le client (l'appelant plus généralement) se connecte au site fournisseur de services.

- Éventuellement, il se fait reconnaître par identification ou authentification.

- Il réalise ce pour quoi il aurait appelé, un acte d'achat par exemple.

- Il se déconnecte.

- La structure gère sa demande en différé et, pour grande partie, en automatique.

Cette vision idyllique du fonctionnement « Internet call center » a pourtant ses freins qui ont eu pour conséquence, jusqu'à aujourd'hui, un développement plutôt fortement timide.

En tout premier lieu, la relation ne présente pas le même caractère interactif que la conversation téléphonique. Et, si ce mode d'interaction peut être adapté à des centres dédiés au commerce dans le but de réaliser des actes d'achat, il devient délicat pour ce qui est de toutes les structures appelées à gérer du service proprement dit telles que les *hot lines*, *help desks* ou divers services clients. En effet, penser qu'une base de connaissance comme le relevé des incidents simples pourrait être mise à disposition de la clientèle serait une grave erreur pour trois raisons.

D'abord, les éléments décrits dans une telle base, sur le fond mais surtout sur la forme, sont accessibles à des personnes ayant acquis la compétence des conseillers de niveau 1.

Ensuite, les conseillers de chaque niveau, mais aussi du niveau 1, donc ceux que l'on tendrait à remplacer, sont également une source d'information pour cette base dite de connaissance ; nous perdrions donc une bonne partie de la dynamique d'enrichissement.

Enfin, rien ne prouve, loin de là, que cette méthode conduise à une réduction des coûts de production des conseillers : après que le client ait vainement cherché dans une base de référence où il peut se perdre, il va contacter le centre par téléphone (c'est une liberté que l'on ne peut en aucun cas éliminer) et la conversation avec le conseiller risque de débuter par un débat sur le contenu de la base et le fonctionnement, ce qui va fortement alourdir la durée de traitement.

Le « réflexe » Internet comme, *a fortiori*, la facilité de naviguer simplement ne sont pour l'instant pas acquis systématiquement au sein de la clientèle (en particulier la cible grand public). Par conséquent, les taux de connexion, par ce média lorsque les deux choix sont ouverts et à la discrétion du client, restent modestes. Les centres qui disposent des deux possibilités (néanmoins une majorité, même si la promotion est surtout axée côté téléphonie) et qui réalisent un suivi au plus près des contacts constatent une réémission vocale après connexion très élevée. Non seulement ceci ne doit pas être jugé en termes de valeur « bon ou mauvais » mais il s'agit d'une piste très intéressante à suivre car c'est probablement la voie qui va se développer pour l'utilisation conjointe des deux supports.

Un tel site Internet doit, si l'on veut qu'il fonctionne (que les clients se connectent et qu'ils effectuent l'acte pour lequel ils sont venus), être spécifiquement développé dans ce but. Cette problématique de forme de site (présentation, ergonomie, simplicité…) est encore en débat et en recherche quant à l'adéquation de l'interface utilisateur qui, comme chacun sait, est devenue la partie fondamentale de toute application informatique à destination d'utilisateurs multiples.

Enfin, pour ce qui est des centres dédiés à la fonction commerciale, l'acte d'achat passe bien entendu par une forme de paiement électronique utilisant, dans la plupart des cas, le numéro de carte bancaire. Cette méthode n'emporte pas, loin s'en faut, l'adhésion du public pour des raisons de sécurité. On préférera les systèmes de paiement sécurisé où l'abonné fournit un couple identification-authentification correspondant à un numéro de compte, dont seule la banque dispose ; ces systèmes sont seulement en cours d'apparition.

Diminuer les coûts de transport

De nombreux centres de contacts utilisent des numéros de réseau dits « colorés » qui correspondent aux différentes offres commerciales liées aux possibilités techniques actuelles des « réseaux intelligents » et que nous avons abordés dans le chapitre 2 consacré à ces offres de réseau. Certaines de ces offres sont telles que la totalité des frais de trafic n'est pas entièrement affectée à l'appelant mais que le destinataire (le centre en l'occurrence) peut en prendre une partie à sa charge. Cela peut représenter, pour des centres à flux élevé, des sommes considérables.

C'est dans ce contexte que s'est développée l'idée de transporter le flux sur le réseau Internet avec des offres telles que nous les avons abordées (ADSL côté client, facturé au forfait quels que soient les volumes transportés et les durées de connexion ; offre du type *B to B* tel que HDSL côté prestataire de services). Le coût de communication devenait alors gratuit tant du côté client (qui était alors plus incité à prendre contact) que du prestataire (ce qui augmentait la rentabilité d'un centre de profit ou diminuait la charge d'un centre de coût).

La solution était théoriquement très simple : le client se connectait à un site Internet fourni par le centre et se trouvait, via des passerelles permettant de transporter la voix sur IP, en relation vocale avec un conseiller. Cet espoir fut de courte durée tant les problèmes devinrent vite insurmontables.

En premier lieu, le manque d'habitude des utilisateurs d'Internet déjà largement établie dans ce chapitre.

Ensuite est apparu le véritable problème technique. Comme il a été décrit, le réseau Internet fonctionne en mode datagramme et ce sont les logiciels implantés sur le nœud destinataire (ou le poste terminal) qui assurent la synchronisation et la concaténation des blocs unitaires afin de reconstruire les messages d'origine. Or, si la voix peut être numérisée, découpée puis reconstruite à l'arrivée (tous les réseaux fonctionnent aujourd'hui de la sorte), cela impose, d'évidence, une synchronisation infaillible (la voix est strictement temps réel et interactive). Dans le cas d'Internet, la séparation éventuelle des supports affectés aux blocs successifs, provoque des retards et des délais entre les différents « morceaux » du texte parlé ; le résultat en est un « hachage » insupportable du son rendant le contenu absolument incompréhensible. Particulièrement sensible lorsque le réseau Internet est à forte charge (ce qui est complètement indépendant du centre et, par conséquent, imprévisible et incontrôlable). Cet effet, appelé humoristiquement par les professionnels « effet robotcop », est absolument inenvisageable dans le cadre d'une conversation professionnelle.

> **Note**
>
> Nous faisons ici allusion aux communications du domaine tertiaire (par exemple les appels à but commercial ou les discussions de type organisationnel) et pas aux conversations très ciblées du type de ce qui est utilisé dans la navigation.

Une tentative de convergence avait été entreprise avec pour objectif de modifier les règles définissant le réseau IP pour en donner une nouvelle version : IP V6. Cette évolution de normalisation présentait des objectifs fonctionnels simples comme la taille du mot d'adressage ou sa structure afin de pouvoir définir plus d'utilisateurs et de sites, dont acte. Elle prétendait également insérer une forme de mise en priorité agrémentée d'une synchronisation interne de certains blocs (en particuliers ceux qui appartiennent à un flux vocal). Si un tel fonctionnement est toujours possible, il nécessite que le chemin emprunté par les différents blocs composant un même message soit le même, ce qui va détruire le mode datagramme et la fonction essentielle de ce type de réseau, à savoir : « le bloc doit toujours trouver un chemin ».

En conclusion, cette partie de IP V6 n'a pas encore vu le jour et le débat reste ouvert ; gageons cependant qu'avec l'évolution globale des offres de réseau et la demande de qualité de transmission toujours grandissante, les centres évoluent vers des fonctionnements plus complexes mais également plus « agréables ».

Fournir un médium plus riche (image)

Une autre des grandes avancées fournies par le réseau Internet est son caractère nativement multimédia. La possibilité de montrer, voire de transférer des images ou des sons complexes est une fonction de très large utilisation ; c'est pourquoi nous verrons que les sites Internet des centres d'appels sont de plus en plus utilisés à des fins de démonstration ou mieux didactiques.

S'il est possible comme chacun le sait aujourd'hui de visualiser les objets qui sont en vente afin de faire un choix plus éclairé, il serait également envisageable, à l'aide de successions d'images plus ou moins animées (allant de la simple succession d'images fixes jusqu'au film MPEG3) de présenter à des clients de véritables démonstrations d'utilisation ou de fonctionnement de certains produits, ou de logiciels.

Quant aux sons complexes préenregistrés, ils peuvent également servir de base à ces types de démonstrations.

Pour ce qui est de tous ces besoins de gros volumes, si le sens de l'histoire conduira à les transporter tôt ou tard, la demande en bande passante acceptable est encore très forte (de l'ordre d'un rapport 10 qui sera atteint, d'une part, par l'augmentation de la bande physiquement disponible et, d'autre part, par le caractère de plus en plus efficace des algorithmes de compression).

Céder à la modernité

Un paragraphe très court pour définir l'effet de mode qui n'a pas été étranger à cette recherche de développement Internet dans les centres d'appels. De nombreux utilisateurs ont vu briller des espoirs qui ont été repris par l'approche « réduite aux promesses » des constructeurs et divers faiseurs.

On a ainsi vu se développer une pseudo offre de type *Web call center* ou voix sur IP qui ne reposait que sur des niveaux de recherches intermédiaires au sein des laboratoires.

Les implications sur les organisations

Les organisations seront, à l'évidence, fortement différentes suivant les architectures et les modes de fonctionnement mis en place ; nous proposons d'essayer de balayer les deux grandes catégories qui sont Internet seul et la solution couplée Web + voix.

Le cadre de l'Internet seul

Comme nous l'avons vu, la réponse aux questions posées sur Internet (ou la résolution de problème ou tout autre type de service) sont des activités *a priori* et par nature indépendantes de l'activité téléphonique ; pour ne citer qu'une raison, les niveaux d'urgence sont sans commune mesure. Dans ces conditions, il paraît naturel de mettre en place des équipes dédiées à ce type de fonction avec des contraintes de délais de réponses qui seront fixées par le pilotage ; on pensera même à faire alterner les mêmes ressources entre ces deux activités afin de maintenir des compétences, identiques quant au fond mais différentes quant à la forme, des deux côtés.

Note

Il est parfaitement évident que ces contraintes doivent être un compromis entre les désirs des clients et le coût de la structure qui sera d'autant plus élevé que les délais seront réduits.

Nous aurons donc une organisation, pour la solution la plus complexe, composée de conseillers dédiés à Internet, d'autres dédiés à la fonction de téléphonie et d'autres enfin seront bivalents. Le pilotage et les prévisions, en un mot la vie du centre de contact, permettront à la fois de déterminer les ressources et de les répartir en fonction des besoins.

En revanche, l'indépendance de ces deux fonctions n'implique pas, loin s'en faut et surtout s'il s'agit du même métier, une incompatibilité de « simultanéité » ; la question est alors de savoir si un conseiller peut à la fois traiter du temps réel comme les appels téléphoniques entrants et du temps moins réel telles que des réponses e-mail à des questions émanant des clients.

Il s'agit là d'une des possibilités d'activité stockable dont les résultats très positifs consistent à combler les périodes de sous-activité des conseillers. Certaines structures ont implanté le média Internet dans cette optique.

Note

On peut également penser que certains messages nécessiteront un appel départ ; l'organisation se complexifie à ce niveau par la simple émission d'appels dont traite le pilotage.

Le cadre de la solution couplée

Dans ce cadre plus complexe, la principale difficulté réside dans l'évaluation de la durée de conversation qui se trouve obérée par la navigation. Cette évaluation sera compliquée par la présence de plusieurs typologies d'appels depuis téléphone pur jusqu'à téléphone accompagné de plusieurs pages Internet. Cela a pour résultat de créer des populations statistiques d'appels différentes et de rendre les calculs (flux, coûts…) plus difficiles. Les chapitres traitant respectivement des flux (chapitre 4) et du pilotage (chapitre 10) abordent largement ces sujets.

Note

Si nous avons ici le cas le plus courant, dans certaines organisations complexes, il se peut que la présence de l'image simplifie le dialogue et donc diminue la durée de conversation.

Une conclusion prospective

Malgré l'engouement « tout Internet » des centres d'appels (qui est en train de s'essouffler), il faudra attendre encore quelque temps avant que ce support ne devienne sinon la seule voie d'accès à un centre d'appels du moins la principale.

D'une part, la qualité qui pouvait être espérée de ce mode de transport de la voix est décevante et les tentatives de normalisation au delà peinent à voir le jour ; d'autre part, la politique tarifaire des opérateurs de télécommunications a plus ou moins vidé les projets de leur substance.[1]

Note

Dans le cadre de la normalisation IP V6, on veillera à ne pas confondre la partie aujourd'hui acquise qui est le nombre d'adresses possibles avec la possibilité de rendre des messages prioritaires ou de pré-dessiner un chemin.

[1] La principale justification de la voix sur IP fut, à l'origine, économique ; si les gains n'existent plus, alors la technologie disparaît faute de besoins.

PARTIE II

Mise en place et exploitation

Chapitre 6

Conduite de projet

La mise en place d'un centre d'appels dans une entreprise, depuis la genèse du projet jusqu'à la situation d'état ou régime de croisière est une aventure qui est fortement dépendante du projet lui-même et qui a des conséquences pour quasiment toutes les grandes directions d'une entreprise. C'est pourquoi, nous avons choisi de placer ce chapitre à cet endroit afin que chacun soit reconnaisse le parcours qui est désormais derrière lui, soit ait une vue précise du chemin à parcourir pour parvenir à bon port.

Néanmoins, une partie de la méthode développée dans ce chapitre (notamment pour ce qui est de la forme) peut apparaître beaucoup plus générale que le simple environnement des centres d'appels. C'est relativement vrai ; cependant il n'y a pas aujourd'hui de projet qui bouscule autant les organisations en place que celui-là.

Nous allons donc développer une méthodologie extrêmement rigoureuse qui a pour objet d'attirer l'attention du lecteur sur un grand nombre de précautions à prendre afin de minimiser les risques.

Après avoir envisagé, sur le fond, toutes les questions qui peuvent se poser dans l'environnement d'un centre d'appels et toutes les architectures possibles, nous proposons une démarche précise d'étude et de déploiement d'une telle opération qui sera conduite en tant que « grand projet ».

La durée totale de l'opération (depuis la décision de conduire l'étude jusqu'au fonctionnement en régime normal) se chiffre en mois, sinon en années[1]. Cette durée inclut plusieurs mois d'étude et de déploiement. On pourrait penser qu'elle ne se déroule qu'une fois ; ce serait une erreur car toute modification de structure ou d'organisation du centre doit également être pensée en termes de conséquences et déployée dans un cadre de sécurité optimale (considérant que toute opération conduite sur une organisation en fonctionnement est par définition une opération à risque).

Note

Pour ce qui est d'un projet relativement simple de structure à vocation commerciale, on pourra compter douze mois ; pour ce qui est d'une plate-forme bancaire, par exemple, pour laquelle le « basculement » des agences va se faire par vagues successives, on arrivera à une durée globale de trois ans.

Schéma général de conduite du projet

Le schéma général de conduite du projet ne diffère pas radicalement de la conduite de tout autre grand projet. Certaines spécificités, cependant, méritent d'être plus soigneusement détaillées ; c'est en particulier le cas de la partie organisationnelle et de la partie purement technologique. La figure 6-1 nous indique que cette opération se déroule en quatre grandes étapes (numérotées de 1 à 4).

De la phase de pré-étude fonctionnelle à celle de déploiement, chacune de ces étapes trouve sa conclusion dans la production d'un document de synthèse qui sert de base à l'ouverture des études suivantes.

Les quatre grandes parties peuvent être nommées :

- Partie n° 1 dédiée à la phase d'analyse fonctionelle « métier ».
- Partie n° 2 dédiée à l'étude technique et organisationnelle.
- Partie n° 3 dédiée à la démarche d'acquisition et à la mise en place des matériels.
- Partie n° 4 dédiée au déploiement en réel.

Nous allons maintenant détailler les différents points de chacune de ces étapes.

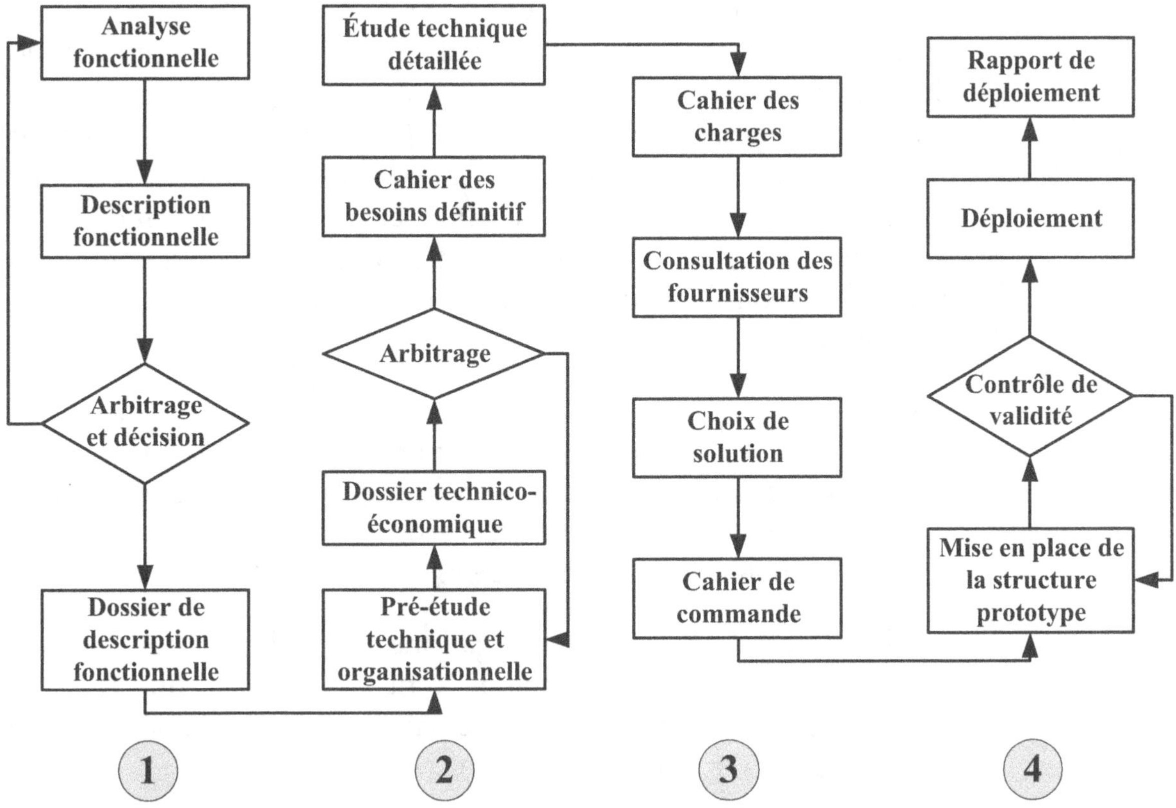

Figure 6-1
Étapes de la conduite d'un projet centre d'appels

Pré-étude et analyse fonctionnelle

Cette première partie est presque annexe dans le cadre du présent ouvrage mais il est intéressant de conserver la vision du projet de bout en bout. Les parties suivantes du même chapitre, plus opérationnelles et concrètes, qui concerneront les approches, respectivement technologique et organisationnelle, sont plus importantes pour nous.

Objectif

Postérieurement à la décision de mettre en place un *call center* au sein d'une entreprise, il est essentiel de se poser l'ensemble des questions que nous avons appelées « questions de fond métier ».

Au-delà de la sélection rapide et très macroscopique qui consiste à définir la vocation générale du centre d'appels (télévente ou *help desk* ou service client ou centre de renseignements), il est fondamental de définir précisément la totalité des fonctions gérées par la structure.

Pour un *call center* ayant vocation de télévente, on va se demander si tout le réseau de vente est remplacé par cette entité ; sinon quels sont les produits ou services qui vont être commercialisés par cette voie et quelle organisation existante (ou partie d'organisation) le plateau remplace-t-il ? En outre, on devra, très en amont, se soucier de savoir quel circuit sera utilisé par les clients pour les demandes de suivi de livraison (administration des ventes) ou le service après-vente (livraison défectueuse, défaut sous garantie, panne dans la vie du produit).

> **Note**
>
> Pour un centre d'appels de type plate-forme bancaire par exemple, on aura recensé tous les produits et services que les conseillers peuvent traiter directement (en typologie et montant) et l'on aura déterminé le niveau de responsabilité au-delà duquel ce même conseiller ne peut que fixer un rendez-vous avec un chargé de clientèle, dont il connaît par ailleurs l'agenda.

À l'issue de ces diverses interrogations, on établira une première esquisse d'organisation interne au centre et de relations (au sens processus) entre le centre et son environnement qu'il soit interne (entreprise) ou externe (clientèle).

Méthode générale

La méthode qui peut être employée pour cette première phase est, comme l'indique la figure 6-2, la succession d'une étape d'analyse, d'une étape de rédaction ou de description, d'une étape de validation et, enfin, d'une étape d'élaboration du dossier de description de projet proprement dit.

L'étape analyse

Elle a pour objet le recensement de l'ensemble des besoins et volontés exprimés autour du projet ; elle se déroule via les interviews ou auditions des personnes concernées.

Le volet « analyse du besoin métier » permet de recenser les besoins, les possibilités et leurs conséquences, telles que nous les avons énumérées dans le paragraphe précédent.

La partie « analyse des implications organisationnelles » permet de placer le besoin ou les différentes options dans le contexte général de l'entreprise et de déterminer, sinon de mesurer quantitativement, les conséquences des diverses options que la direction sera amenée à prendre. C'est, en particulier, à ce niveau, que pourront être évalués les gains de productivité et d'efficacité au niveau « métier ».

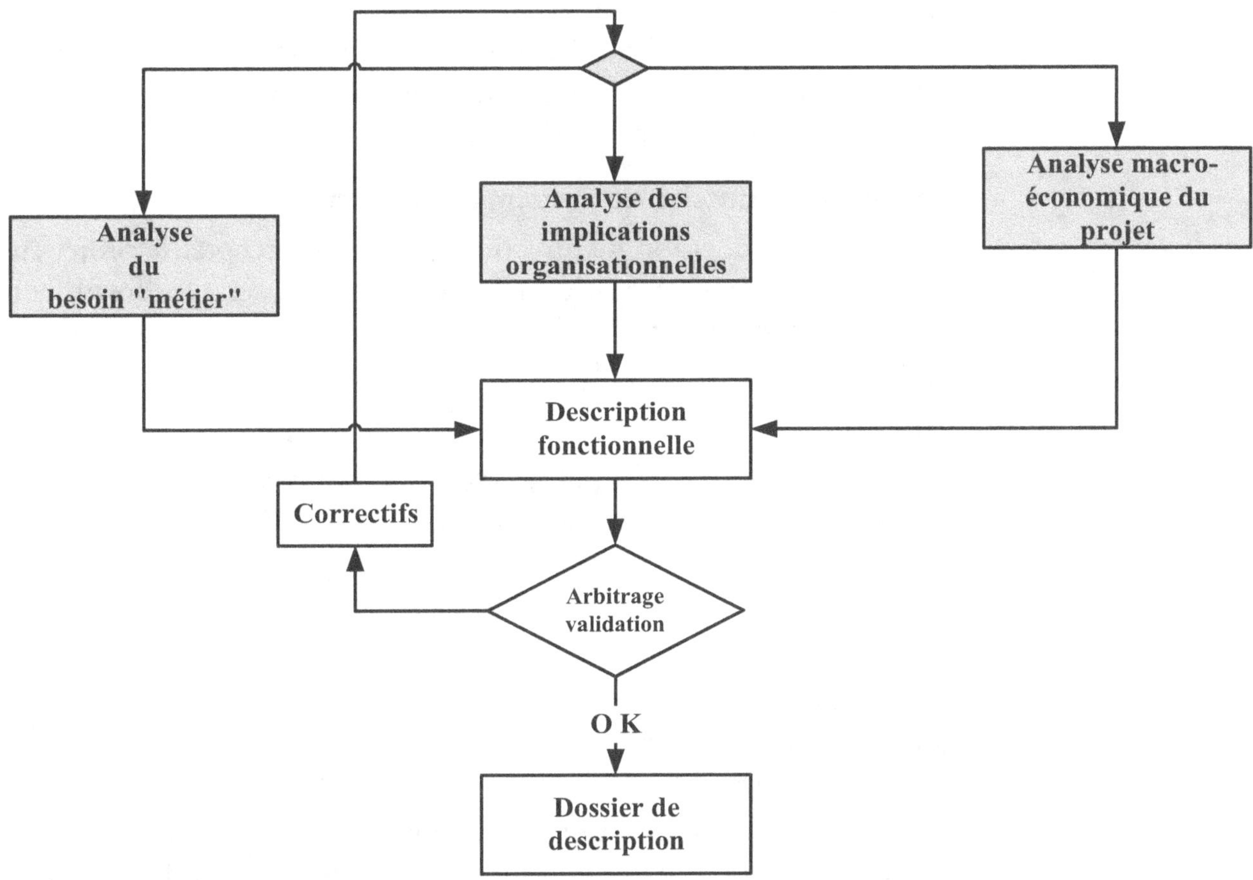

Figure 6-2
Détail de la phase analyse fonctionnelle

La part « d'analyse macro-économique » sert à déterminer, dans les grandes masses, les moyens financiers impactés, que ce soit en termes d'investissement ou de fonctionnement ; ces données seront comparées aux gains réalisés par ailleurs (dans le réseau commercial actuel par exemple ou dans la structure d'assistance informatique diffuse).

Note

Il faut être prudent car, pour ce qui est de la création d'un *help desk* par exemple, l'organisation mise en place va se substituer, pour partie, à des activités non mesurables comme l'aide que fournit le voisin de bureau ; il s'agit là de coûts cachés.

Ce dernier volet doit dresser un bilan financier annuel du projet et fixer des options de décisions économiques.

Rédaction du dossier fonctionnel et arbitrage

Cette première grande étape produit un « dossier de description fonctionnelle » qui permet à tous les acteurs du projet de se référer à un même niveau de l'étude et aux mêmes conclusions. Ce document servira de base de décision à la direction générale qui pourra décider *stricto sensu* ou demander des modifications d'options en vue d'une diminution d'enveloppe globale par exemple.

Rédaction du dossier de description définitif

À l'issue de la décision de direction générale d'accepter le projet en l'état, on rédigera un dossier de description qui sera un document définitif et servira de base à l'ensemble de la construction opérationnelle.

Note

Il s'agit d'un document à usage purement interne ; les divers documents qui seront remis à d'éventuels candidats fournisseurs seront élaborés dans des phases ultérieures et de manière différente.

Résultat

Le résultat est le dossier de description auquel on se référera dans toute la suite de l'opération ; tous les acteurs feront donc référence au même document.

On ne doit pas mésestimer la valeur organisationnelle d'un tel document ; il nous a été donné de rencontrer des cas de mauvaise compréhension de projet qui n'est réellement détectée qu'à la mise en service définitive ce qui a des conséquences généralement dramatiques sur le démarrage.

Étude organisationnelle et technique

Une fois posés les principes et règles qui vont déterminer la construction de la structure, le projet entre dans sa phase opérationnelle ; l'étude organisationnelle et technique va se dérouler également de manière tout à fait classique.

Cette partie est essentielle dans la réussite du projet global ; de plus, il est nécessaire de préciser que cette étape, en particulier pour son aspect technique, est très délicate et qu'il est utile de faire appel à des structures d'assistance et de conseil indépendantes (qui n'ont aucune offre opérationnelle dans ce métier que ce soit en termes de matériels, logiciels, services ou pire mise à disposition de structure).

Note

C'est, en particulier, à ce niveau que seront prises des options, par la suite irréversibles, sauf à réinvestir de fortes sommes (comparées à l'investissement initial) et à constater un démarrage sous forme d'échec, ce qui aura indubitablement des conséquences négatives sur l'image.

Objectif

Il s'agit de construire le dossier technique et organisationnel du projet puis de mettre en place un plan schéma directeur de déploiement.

Toutes les caractéristiques techniques seront prises en compte ainsi que les organisations des ressources humaines comme les plannings de recrutement et de formation ou des éléments logistiques tels que les locaux et leur aménagement ou encore l'ergonomie de travail (cloisons antibruit…).

Note

On parle ici des technologies lourdes incluant les éléments de télécommunications tels que PABX, ACD ou bien des interconnexions avec d'autres lourdes tels que les SVI ou les fonctions CTI.

Méthode générale

La figure 6-3 schématise le déroulement conduisant à la rédaction du cahier des besoins définitif (base des divers cahiers des charges) ; le projet étant par ailleurs déployé suivant un plan schéma directeur qui fait également partie de cette phase.

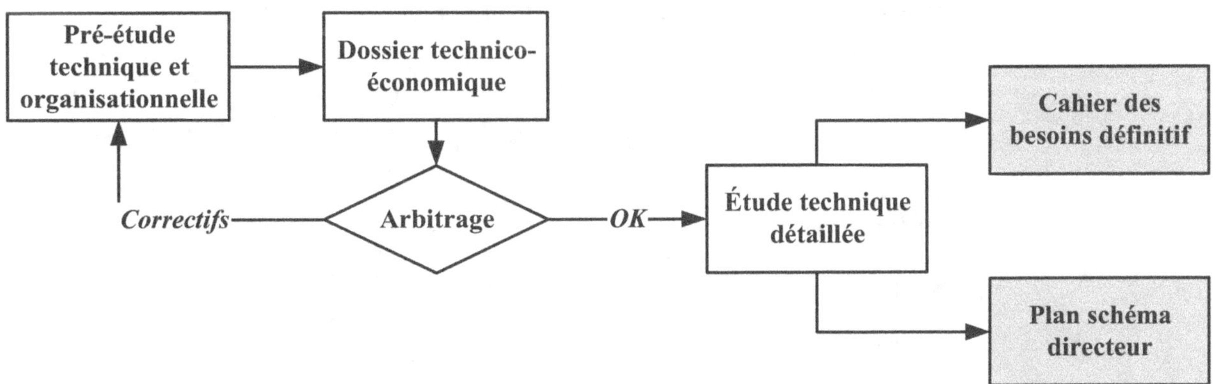

Figure 6-3
Phase d'étude organisationnelle et technique

La première tâche consiste à traduire en termes organisationnels et technologiques le projet tel qu'il est présenté dans le dossier de description (résultat de l'étape précédente). Cette traduction sera accompagnée d'un chiffrage à la fois en termes d'investissement ou d'amortissement et en coût de fonctionnement. Ces évaluations financières serviront de base de discussion afin d'orienter les décisions.

En effet, comme pour les autres grandes étapes, celle-ci comprend une phase d'arbitrage-validation qui permet, le cas échéant, de ramener le projet dans des limites acceptables au plan financier.

À l'issue de cet arbitrage, les divers aspects chiffrés seront déterminés dans le détail.

Nous conseillons d'élaborer dans ce cadre deux documents à usage interne et différents en termes d'objectifs : le cahier des besoins et le plan schéma directeur de déploiement.

Le cahier des besoins

L'objet de ce document est la description complète du projet tant sur le plan organisationnel que logistique ou technique, en des termes liés à la culture et au métier interne de l'entreprise[1] ; il inclut tous les aspects ayant un impact sur le projet.

Besoins organisationnels

Il s'agit de déterminer l'organisation du centre d'appels, de l'insérer dans l'organigramme général de l'entreprise.

Pour ce qui est des ressources humaines, on pourra dresser un tableau prévisionnel du type de celui du tableau 6-1[2].

1 Par opposition à la terminologie technique que l'on rencontrera dans les cahiers des charges.

2 Ce type de tableau de répartition doit être établi par compétence, même si, pour certaines fonctions, l'intersection n'est pas vide.

Tableau 6-1
Prévisions des ressources humaines du cahier des besoins

	Conseillers			Chefs d'équipe	Super-viseurs	Coût total annuel
	Niveau 1	Niveau 2	Niveau 3			
Phase 1 et démarrage						
Phase 2						
Phase 3						
…						

Ce tableau doit être accompagné d'un chapitre de définitions qui prévoit, pour chacun des niveaux, le type et la base de recrutement, la formation de forme et la formation de fond qui sont également dûment chiffrées.

On estimera, par exemple, qu'un conseiller dit « de niveau 1 » a été recruté à bac/bac+1, qu'il a reçu la formation de base au métier de forme et celle correspondant au métier de fond, et qu'il est considéré comme débutant ayant besoin de travailler en binôme.

C'est également là que seront déterminées les données dont vont découler les grandeurs structurantes techniques (flux, entrées nécessaires, nombres d'équipes et de conseillers…).

La production de ces données nécessite un exercice auquel il conviendra de se livrer : la mise en forme du schéma organisationnel du centre qui n'est autre, en première approche, que la traduction graphique des différents routages d'appels.

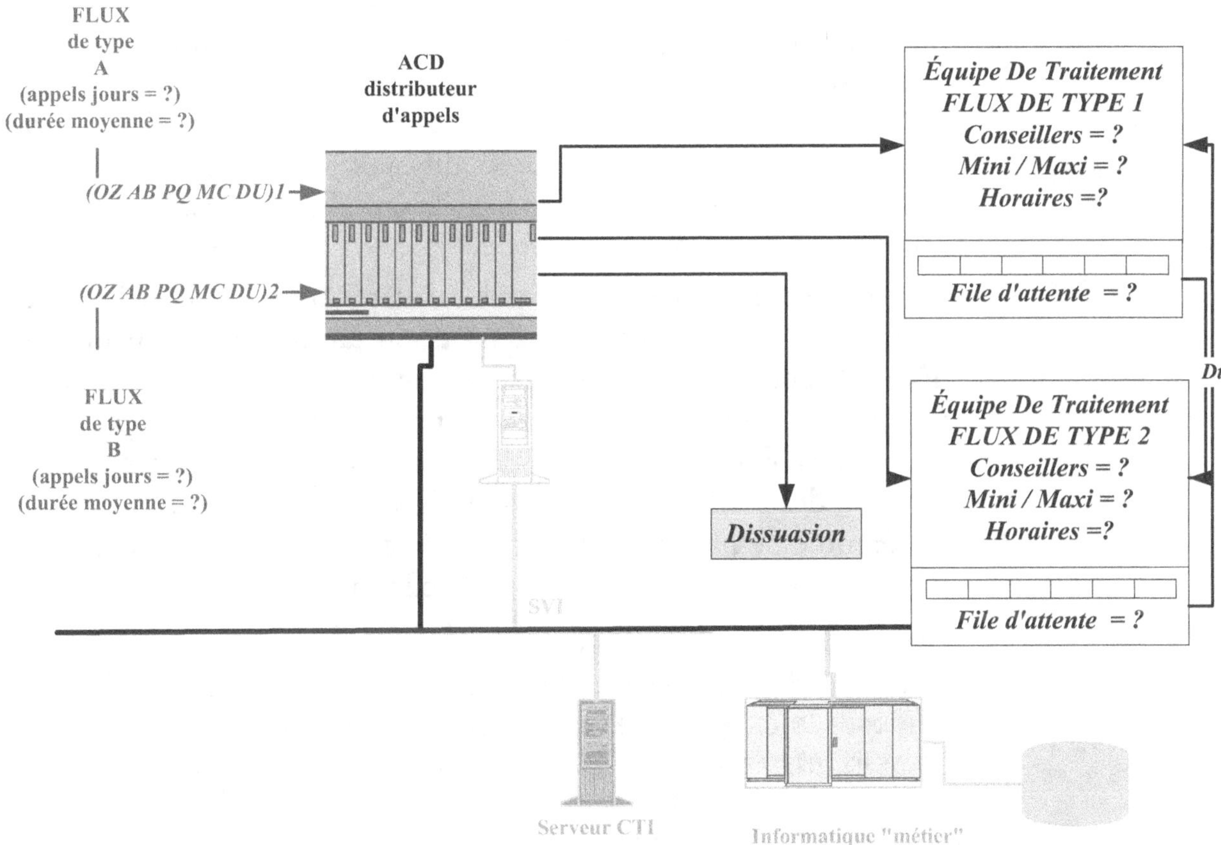

Figure 6-4
Exemple de schéma organisationnel

Besoins logistiques

On détermine, en fonction des métiers, une certaine surface (au sol) par conseiller et on précise l'évolution de ces besoins en fonction de l'étape de déploiement atteinte.

> **Note**
>
> La recherche d'immeuble adapté et la mise à niveau bâtiment ne sont pas de notre compétence et les entreprises sont toutes dotées de services qui ont cette charge ; nous décrirons simplement ici les pièges à éviter.

Nous fixons ainsi une surface nécessaire pour les conseillers, à laquelle il conviendra d'adjoindre les postes de travail des divers encadrants et de choisir des structures pour ces derniers (bureaux fermés ou « open space »).

Si cette approche est incontournable, elle est tout à fait insuffisante. Nous allons lister quelques points qu'il est indispensable d'intégrer dans la réflexion et qui sont souvent oubliés.

Les locaux techniques

Les locaux qui vont héberger le centre d'appels doivent être dotés de « salles techniques » ou cabines qui auront pour vocation d'héberger l'ACD et son alimentation secourue (normes internationales de télécommunications) ainsi que les diverses baies de distribution de câblage où seront stockés les matériels actifs tels que *hubs*, *switchs* et routeurs[1].

Ces sous-ensembles sont normalement sécurisés (fermés à clé) et hors d'eau mais également exempts de lampes à gaz (néons) et dûment ventilés afin de disperser la chaleur produite par les matériels en place. Dans certains cas, on prévoira même la climatisation de cette cabine ; on se référera alors aux normes de dissipation connues des PABX et divers matériels actifs (tranches de puissance par gamme de matériels en nombre de conseillers) et on fera effectuer le calcul par un spécialiste de la climatisation.

> **Note**
>
> Dans la plupart des cas, ces lampes ne produisent pas de dysfonctionnement ; cependant le pic d'amorçage, en cas de néon défectueux, peut créer une fréquence qui sera ensuite captée par les dispositifs actifs en place.

La connexion avec l'extérieur

On s'assurera que les divers matériels et infrastructures d'interconnexion avec l'extérieur (autres parties du bâtiment, reste de l'entreprise, accès aux opérateurs de télécommunications…) pourront prendre place dans les locaux, sans gêne pour les conseillers. On les installera généralement dans les locaux techniques.

Le câblage intérieur

Le câblage courant faible irriguant les postes de travail informatiques et les téléphones sera prévu en fonction des positions

[1] On pourra également trouver des serveurs ou des passerelles permettant l'accès à l'informatique interne de l'entreprise située ailleurs.

physiquement dessinées sur plan. Ces organisations nécessitant d'être souples, au moins dans les premiers mois (voire années), ce câblage ne sera pas installé de manière trop structurante[1] mais assurera néanmoins le service exigé.

En outre, il tiendra compte des alimentations électriques nécessaires.

L'alimentation secourue

Par définition et surtout par normalisation internationale, les matériels lourds de télécommunications tels que les PABX/ACD sont alimentés, sans aucun risque de coupure, par des systèmes de batteries et, dans les plus grandes installations, des groupes électrogènes.

Les clients devant toujours pouvoir joindre un conseiller, la cohérence exige que les autres matériels constituant le poste de travail comme le terminal informatique puissent toujours fournir le service. Ces matériels devront donc être raccordés à une alimentation secourue.

> **Note**
>
> Chez certains constructeurs, une partie du poste téléphonique n'est pas alimentée par l'autocommutateur (afficheur par exemple). Dans ce cas, ces terminaux doivent également être branchés sur courant secouru.

Les diverses pollutions

Le bruit et la trop forte lumière (surtout la lumière vive telle que la réverbération du soleil) mais surtout le bruit sont des ennemis de la productivité dans un centre d'appels.

En outre, lorsqu'il s'agit du bruit, une gêne infligée au client apparaît très rapidement ; nous conseillons donc de faire appel à des spécialistes de ce type d'installation qui, par l'intermédiaire de matériaux adaptés (revêtements de sol, couvertures murales, plafonds…) vont permettre d'assourdir considérablement les sons jusqu'à les rendre inaudibles depuis le poste du client (et même, c'est la situation idéale) depuis le poste de travail lui-même.

> **Note**
>
> Le courant électrique peut alors être un ennemi ; un défaut de ce type produit alors, vu (entendu !) du client un bruit de fond de type ventilateur qui lui est parfaitement désagréable et que le conseiller n'entend pas nécessairement.

Besoins techniques

Nous décrirons ici l'ensemble des « briques » technologiques de l'ensemble et en préciserons les caractéristiques quantitatives et

[1] Dans certains cas, on pourra installer des alimentations hautes (par rail) ou basses à l'aide de goulottes de sol amovibles.

qualitatives ; à noter qu'il s'agit essentiellement du PAX/ACD, du SVI et des fonctions ou systèmes de CTI..

PABX

On décrira la machine et les capacités internes de transport et de commutation des appels entrants ou sortants ; les précisions apportées sont du domaine des besoins et ne constituent pas encore un cahier des charges technologique précis. Le tableau 6-2 nous fournit un exemple de descriptif technique du PABX/ACD.

> **Remarque**
>
> Il ne s'agit que d'un exemple et le tableau n'est pas exhaustif ; l'objectif est de montrer quelle forme peut prendre ce document et les types d'informations contenues.

Tableau 6-2
Description synthétique des besoins PABX

À définir site par site				
FLUX DE BASE				
Flux N° 1	Description	Lignes entrantes	Flux moyen/ maximum	débordement
Flux N° 2	Description	Lignes entrantes	Flux moyen/ maximum	débordement
…	Description	Lignes entrantes	Flux moyen/ maximum	débordement
FLUX DE DEBORDEMENT				
Flux N° 1-1	Description	Lignes entrantes	Flux moyen/ maximum	principal
Flux N° 1-2	Description	Lignes entrantes	Flux moyen/ maximum	principal
…	Description	Lignes entrantes	Flux moyen/ maximum	principal
ÉQUIPES				
Équipe N° 1	Fonction		Positions de travail	principal
Équipe N° 2	Fonction		Positions de travail	principal
…	Fonction	…	Positions de travail	principal

CONNEXION RESEAUX PUBLICS	Lignes	Numéros	secours

CONNEXION RESEAUX PRIVES	Lignes	Numéros	secours

MESSAGES	Accueil	Patience	Dissuasion

CONNEXIONS SVI	Distribuées	Entrantes	Total lignes

INTERFACE CTI	Oui / Non	Protocole	Liaison

Architecture générale	
Nombre de sites	Nombre
Liaisons de réseau internes	Oui / Non
Capacité totale	Nombre de conseillers
Sites indépendants	Oui / Non
...	

Le Serveur Vocal Iteractif SVI

Un préambule consiste à répondre par oui ou par non à la question générale qui consiste à implanter ou non un SVI. Ensuite, nous décrirons les besoins qui en détermineront l'usage.

Là encore, on utilise le plus souvent des tableaux descriptifs permettant simplement une synthèse. Le tableau 6-3 présente un exemple de description synthétique des besoins SVI.

Les questions auxquelles il faut répondre sont liées essentiellement à la capacité et à l'interface de programmation.

Tableau 6-3
Description synthétique des besoins SVI

Chaîne de traitement N° 1		sélection ou information	lignes entrantes	lignes sortantes	niveaux d'arborescence
niveau d'arborescence 1			nombre de choix	durée de présence	sortie (Oui / Non)
niveau d'arborescence 2			nombre de choix	durée de présence	sortie (Oui / Non)
…			lignes entrantes	flux moyen/ maximum	débordement
Chaîne de traitement N° 2		sélection ou information	lignes entrantes	lignes sortantes	niveaux d'arborescence
niveau d'arborescence 1			nombre de choix	durée de présence	sortie (Oui / Non)
niveau d'arborescence 2			nombre de choix	durée de présence	sortie (Oui / Non)
…			lignes entrantes	flux moyen/ maximum	débordement
Fonction de standard automatique		oui/non	prise de message	reroutage de numéro	
Interface de développement		type	niveau de compétence	moniteur	

CTI

Les besoins CTI s'évaluent naturellement en fonction des différentes fonctionnalités offertes et devront se traiter au cas par cas (alinéa par alinéa).

Le module d'assistance à la téléphonie est presque systématiquement retenu grâce aux facilités ergonomiques qu'il apporte et à ses possibilités de « visualiser » un certain nombre d'états ou de faciliter certaines actions très répétitives.

Remarques

Il suffit pour s'en convaincre de comparer l'ergonomie de lecture du bandeau situé sur le terminal informatique avec la difficulté de lecture instantanée de l'afficheur qui se trouve sur le téléphone.

On peut, par exemple, souhaiter qu'un conseiller visualise en temps réel l'état des autres postes de son équipe en tant que actif libre, actif en communication, en communication départ, en pause, non actif…).

Le module d'accès aux bases de données, quant à lui, est moins systématiquement retenu (même si cela reste encore courant) et ne trouve de valeur que dans l'apport de simplicité et de gain de temps (affichage direct de fiche correspondant au client ou affichage des paramètres définissant le poste client dans un *help desk*). En outre, dans le domaine des besoins, cette fonctionnalité nécessitera que soient développées les interfaces dites d'intégration[1] permettant au module CTI de communiquer avec le reste de l'informatique de la société. On décrira également avec précision quelles données doivent être échangées ainsi que leurs formats de transport ou d'affichage.

Les deux modules de routage intelligent et de production de statistiques ne seront utilisés que dans des cas précis (nous pouvons reprendre le cas du routage automatique vers le service de recouvrement, lorsque le client n'est pas à jour dans ses paiements) ; ils nécessiteront également une intégration avec l'informatique « métier ».

Enfin, la fonction de *predictive dialing* est réservée aux appels sortants de masse.

En conclusion, chacune des fonctionnalités doit être évaluée en tant que nécessité, capacité[2] et besoin d'intégration (évalué pour le moins en heures de travail).

Le tableau 6-4 donne un exemple très simplifié d'un recueil synthétique de besoins CTI.

[1] Cette intégration doit être décrite et préchiffrée au niveau des besoins.

[2] Il s'agit ici de licences « logiciel » qui se chiffrent en nombres d'utilisateurs simultanés.

Tableau 6-4
Établissement simplifié des besoins CTI

Actions	Licences	Développement intra CTI	Intégration en interne	Intégration en sous-traitance
Assistance à la téléphonie				
Connexion base de données métier				
Routage intelligent				
Statistiques particulières				
Predictive dialing				

Le poste de travail

Les principaux systèmes centraux ayant été étudiés, nous définissons maintenant les exigences du poste de travail essentiel de par sa fonction d'interface homme machine qu'on considérera se composer de l'équipement suivant :

- un poste téléphonique ;
- un terminal écran clavier (ou plus exactement un PC en mode « client ») ;
- un casque téléphonique.

Chacune de ces composantes fera l'objet d'une description fonctionnelle, la plus précise possible.

Pour ce qui est du poste téléphonique, on pourra se référer à la description fonctionnelle du tableau 6-5.

Tableau 6-5
Description fonctionnelle du poste téléphonique

Paramétrages du poste téléphonique du conseiller			
Afficheur		Oui / Non	Nombre de signes
Informations présentes sur l'afficheur			
	Date et heure	Oui / Non	Nombre de signes
	État de la position	Oui / Non	Nombre de signes
	État du poste	Oui / Non	Nombre de signes
	Conseiller « ON »	Oui / Non	Nombre de signes
	Nombre d'appels en attente	Oui / Non	Nombre de signes
	Nombre de postes occupés	Oui / Non	Nombre de signes
	Durée de l'attente en cours la plus longue	Oui / Non	Nombre de signes
	Durée écoulée de conversation	Oui / Non	Nombre de signes
	Durée cumulée de conversation	Oui / Non	Nombre de signes
Sonnerie off		Oui / Non	
Alerte visuelle d'appel		Oui / Non	

Appel « help »	Oui / Non	
Transferts préprogrammés	Oui / Non	
Prise casque	Oui / Non	
Décrochage sans combiné	Oui / Non	

L'écran clavier, quant à lui, sera décrit sous deux aspects : d'une part l'ergonomie classique d'accès à une base de données qui ne fera pas l'objet d'une intégration particulière dans le cadre du *call center*[1] ; d'autre part le bandeau CTI d'assistance téléphonique (lorsqu'il existe) et pour lequel nous préconisons une description graphique précise (maquette). En outre, le système, en tant que tel, devra être décrit.

La description fonctionnelle des casques se limitera à des éléments fort simples tels que le mode de décrochage, la qualité avec ou sans fil, le réglage ou non du niveau sonore en émission, comme en réception.

Les besoins en réseau

Les besoins en réseau externe d'alimentation de la structure devront également. Si les besoins en interconnexion sont liés au nombre de circuits, les numéros (libres ou non) et les fonctions qui les accompagnent doivent faire l'objet d'une description consécutive aux choix effectués. Le tableau 6-6 nous décrit un exemple de besoins en réseau.

L'enregistreur de communications

Les modes de fonctionnement et les limites réglementaires seront précisés. En particulier, la capacité de stockage et la notion de preuve juridique doivent être décrites dans ce cahier des besoins.

Élaboration du plan schéma directeur

Chacun des points ayant été établi et validé en termes de besoin, un schéma de projet appelé « plan schéma directeur » sera construit.

Il s'agit simplement de reprendre chacun des points techniques (matériel, logiciel, service) du projet et d'en assurer, sur le papier, les liaisons et la chronologie[2].Le résultat est un plan daté, étape par étape, où l'on a pris soin de contrôler les prérequis à chaque niveau d'avancement.

[1] Le chargement dans les zones dites variables d'éléments acquis par CTI ne sont pas du domaine de l'ergonomie.
La description est faite au niveau des interfaces CTI.

[2] Il existe des outils logiciels permettant de réaliser ces opérations ; ce sont des outils connus de conduite de projet que nous ne citerons pas nominativement.

Tableau 6-6
Exemple de description de besoins « réseau »

Flux concerné		
Réseau intelligent		Oui / Non
	sélection de provenance	Oui / Non
	sélection horaire	Oui / Non
	appels simultanés	Nombre
	débordement	Oui / Non
	besoin de reroutage	Oui / Non
	accès aux statistiques	Oui / Non
	interconnexion base de données interne	Oui / Non
	présence de SVI réseau	Oui / Non

À l'issue de cette étape, l'entreprise se trouve propriétaire de documents acceptés par tous et dont la validité du projet ne peut plus être remise en cause. À compter de ce moment, les décisions d'investissements et les démarches d'achat peuvent être engagées avec un minimum de risques.

Démarche d'acquisition et installation initiale

C'est l'étape qui suit immédiatement l'étude proprement dite. Au commencement, nous avons le cahier des besoins dûment élaboré et rédigé comme nous venons de le voir. À la fin, toute la structure est en place et il ne reste plus qu'à déployer l'activité autour de cette mise en situation.

Méthodologie générale d'acquisition

La méthode, classique, est déployée comme l'indique l'organigramme de la figure 6-5. Elle se déroule en trois étapes : la rédaction de cahier des charges suivie de la consultation des candidats fournisseurs puis de la mise en place ou de la réalisation proprement dites.

Enfin, une étape de contrôle de validité des réalisations conforme au cahier de charges sera conduite avec le plus grand soin.

Rédaction des cahiers des charges

Les cahiers des charges sont la traduction en termes techniques et professionnels du cahier des besoins ; ils peuvent être adressés à des fournisseurs de matériels ou de logiciels ou à des fournisseurs de solutions. Ils peuvent également avoir un simple usage interne du type contrat de service adressé à une organisation de l'entreprise amenée à fournir des prestations.

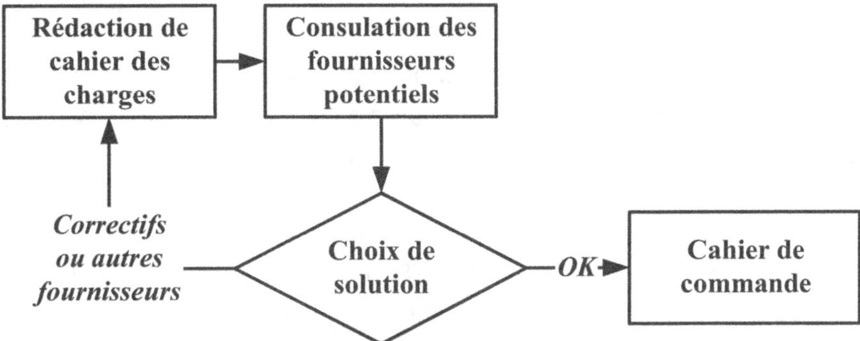

Figure 6-5
Organigramme de la méthodologie d'acquisition

On peut ainsi disposer d'un département bâtiments et lui confier l'ensemble de la partie locaux ; on va également demander au département informatique de fournir le câblage et, en tout état de cause, de prévoir le raccordement à l'existant. Les exemples de ce type sont nombreux mais il convient, même en interne, de formaliser l'ensemble du sous-projet.

Ces cahiers des charges, lorsqu'ils sont adressés à des fournisseurs externes, doivent être « opposables », c'est-à-dire pouvoir faire fonction de pièces de références devant des tribunaux appelés à traiter des éventuels litiges. Cette exigence requiert que la rédaction soit conduite par des professionnels qui, à la fois, sont au fait des nouveautés en termes de risques et savent également rédiger le texte sous la forme utilisable par le droit. De plus, dans la technique de rédaction, on n'oubliera pas d'insérer un cadrage des réponses obligeant les divers fournisseurs à concourir sous la même forme et avec les mêmes offres ; ceci garantit une certaine équité et simplifie l'étape de comparaison[1].

[1] Prudence cependant, pour qu'une telle rédaction n'avantage pas l'un ou l'autre, elle doit être réalisée par des experts du métier.

Note

> Il est évident que l'objectif premier d'un cahier des charges n'est pas de se retrouver à plaider, néanmoins il est indispensable que le client puisse réellement faire valoir ses droits en cas de « mauvaise interprétation » pour utiliser une litote.

Lorsqu'ils sont à usage interne, ils ont plus valeur de « contrat de service » mais ne mésestimons pas les risques de conflits entre départements. Nous pensons que ces documents ainsi que le contrôle de réalisation doivent passer par un arbitre incontournable, le plus souvent, la direction générale.

Enfin, ces documents doivent impérativement préciser les conditions dans lesquelles se fera le contrôle de conformité des installations.

En conclusion, ce sont des pièces de référence qui ne doivent laisser aucun doute à l'interprétation. Il s'agit d'un ensemble de documents adressés aux grands « corps de ce métier ».

Bâtiments et logistique

Document soit à usage interne (lorsque le service existe) ou externe qui traduit les exigences du cahier des besoins.

La question de savoir si les données de câblage sont à inclure dans ce texte ou dans un sous-ensemble plus technique reste ouverte et la solution dépend de l'organisation interne de chaque entreprise. Cependant, les infrastructures aptes à supporter ce câblage telles que les chemins de câbles ou diverses goulottes doivent être envisagées avec le bâtiment.

PABX/ACD

Nous rédigerons un cahier des charges classique pour ce type d'acquisition et ferons une description extrêmement précise des besoins techniques. Ce texte est rédigé dans le langage du métier et réclame des compétences précises sur le sujet.

On n'oubliera pas de préciser les liaisons avec des éléments périphériques (les SVI ou le CTI) et on dressera un bilan exact de ce qu'on attend du fournisseur, en termes d'intégration à ce niveau.

La prestation d'installation avec ses contraintes, ses délais et ses obligations attachées à un environnement particulier sera décrite avec soin.

Enfin, on tiendra compte des besoins nécessaires en formation technologique pour les exploitants, les superviseurs et les utilisateurs (les conseillers qui doivent être familiarisés avec les postes téléphoniques dont ils seront dotés).

SVI

Les conditions de rédaction du cahier des charges concernant le SVI sont identiques à celles de la section consacrée au PABX ; seuls les besoins en formation technique changent[1].

Dans certains cas, comme pour les fonctions d'identification–authentification, l'informatique métier peut être concernée et l'on est amené à décrire la liaison, les protocoles utilisés ainsi que la structure qui a la charge des développements complémentaires et, ce, dans quelles conditions éventuelles de synchronisation avec le fournisseur.

CTI

Le cahier de charges devra décrire la plate-forme « serveur CTI » en tant que *hardware* et système d'exploitation ; en outre, on devra décrire les logiciels dits de *middleware* qui permettront de mettre en œuvre les fonctions désirées et énoncées au niveau des besoins.

> **Note**
>
> Cette machine n'est pas nécessairement livrée par les éditeurs de *middle ware* CTI mais ils doivent en fournir la description précise afin que le client puisse acquérir un système équivalent.

Cette description sera également très précise ; elle tiendra compte de tous les logiciels fournis mais également des services et, comme pour le cas du SVI, des diverses interconnexions, supports protocoles et synchronisations qui permettront à la plate-forme CTI de s'intégrer avec le reste de l'ensemble.

Pour ce qui est du bandeau téléphonie (ou du système d'assistance à la téléphonie) on le décrira à l'aide d'un prototype dessiné sur écran en indiquant la source des données et qui en a la responsabilité. Non seulement le schéma est indispensable mais également les enchaînements suite aux événements (apparition d'un appel ou décrochage d'un poste ou tout autre ayant influence) ; les intervalles de rafraîchissement sont également essentielles.

> **Note**
>
> Ces données proviennent généralement du PABX mais elles peuvent également être fournies par des passerelles de réseau ; en tout état de cause, elles émanent du monde des télécommunications.

Pour ce qui est de l'interconnexion avec la base de données, les interlocuteurs sont, cette fois, les professionnels de l'informatique interne. On devra leur décrire les différents échanges entre les deux mondes (supports, protocoles et diverses synchronisations).

[1] Les conseillers ne sont, par exemple, pas concernés.

> **Attention**
>
> 1. Ne pas oublier à ce niveau la fonction d'intégration qui peut être soit réalisée en interne soit sous-traitée mais qui consiste à interfacer les modules middlewares avec l'informatique métier pour obtenir une solution « de bout en bout ».
>
> 2. La rédaction du cahier des charges CTI est la partie la plus difficile car elle concerne non seulement l'ensemble de la structure mais aussi de grandes fonctions de l'entreprise (informatique métier).

Poste de travail

Cette partie du dispositif ne fait normalement pas l'objet d'un cahier descriptif à part ; en effet, les postes téléphoniques sont décrits dans le cadre du PABX ACD (y compris les casques) et les terminaux relèvent de l'informatique interne.

Services de réseaux

Dans la mesure où les réseaux intelligents seront sollicités et que des niveaux de service élevés seront demandés, la rédaction d'un cahier des charges, à destination des opérateurs de télécommunications en la matière, s'avère nécessaire.

Ce document exposera les flux et les niveaux de services exigés par la structure et pourra imposer aux opérateurs des niveaux de sécurité importants en cas de crise trafic.

Formation des conseillers

Que ce soit pour la forme ou pour le fond, une description précise de la formation des conseillers, à plusieurs niveaux avec validation des acquis, sera exigée et décrite.

Ces documents seront adressés à une structure interne ou à des entreprises spécialisées dans ce type de service. Ils contiendront les descriptifs précis des modules de formation, les durées demandées ainsi que les phases et chronologies souhaitées. Par ailleurs, la méthode et les « investigations » permettant de tester chez chacun des conseillers, l'acquisition des connaissances exigées seront clairement indiquées.

Consultation de fournisseurs potentiels et choix de solution

Pour chacun des cahiers des charges, pour chacun des sujets, on aura, préalablement, sélectionné un certain nombre de fournisseurs potentiels (externes).

Nous considérons, dans ce métier, que trois fournisseurs sont largement suffisants ; dans la plupart des cas, on pourra se limiter à deux.

Note

Pour l'ACD par exemple, deux concurrents se partagent le marché : Alcatel très fortement majoritaire et Nortel Networks, plus petit en nombre de comptes, mais fortement présent dans les grandes structures ; derrière ce groupe de deux, Lucent apparaît déjà comme ayant une présence « confidentielle ». Quant aux autres candidats, ils sont pratiquement inexistants.

Après réception des réponses, on effectuera le dépouillement des offres et l'on pourra consulter à nouveau oralement les différents candidats pour éclaircir certains points de détail ; cette opération a lieu lors de l'organisation de réunions auxquelles participent les candidats (un par un bien sûr) ainsi que tous les acteurs concernés par le projet au sein de l'entreprise.

Le résultat est un document de comparaison qui établit si les réponses entrent dans le cadre du projet et sont conformes aux demandes formulées (faute de quoi, on demandera des ajustements) et qui dresse un comparatif en extrayant la « meilleure offre ».

Le choix est alors établi.

Rédaction des cahiers de commande

Toute la phase des consultations (avec, éventuellement, comme nous l'avons envisagé des réunions de cadrage ou de précisions avec les fournisseurs retenus) est propice à des modifications[1] au niveau du cahier des charges et, corrélativement, à des modifications d'offres et de prix au regard de la proposition initiale.

[1] Il s'agit, bien entendu, de modifications mineures.

L'acte d'achat doit donc être rédigé via un « cahier de commande » qui, se référant au cahier des charges, listera précisément l'ensemble de l'acquisition en termes de matériels, logiciels, services, délais…

C'est cette pièce qui servira de référence lors des contrôles de conformité.

Schéma opérationnel du projet

À ce stade du projet, on est en mesure de « dessiner » le véritable schéma opérationnel comprenant tous les détails de mise en place et les types exacts de matériels retenus.

Cette étape contribue à la fois à s'assurer que tous les éléments nécessaires sont bien prévus, correctement datés, et que l'ensemble est cohérent mais aussi à disposer d'une base qui permette de piloter l'ensemble de l'opération.

Méthodologie de mise en place

À l'issue de la démarche d'achat, la mise en place doit être engagée ; la figure 6-6 schématise la démarche permettant d'aboutir au résultat souhaité.

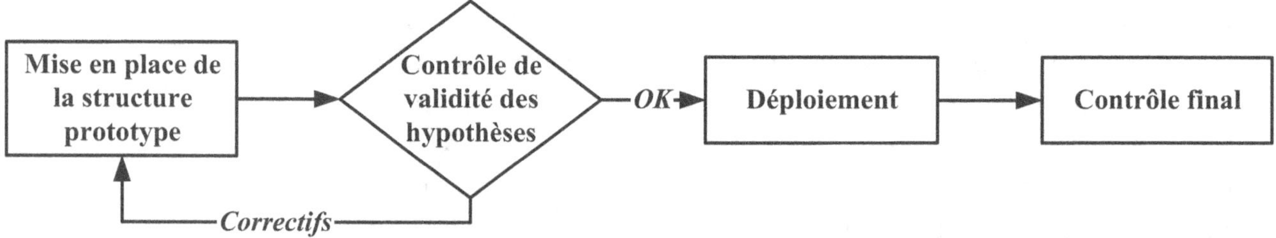

Figure 6-6
Démarche de mise en place

Les fournisseurs vont, à la suite de l'établissement du cahier de commande et sous le contrôle du chef de projet, assurer la mise en place de l'ensemble. Puis, sous-ensemble par sous-ensemble, les contrôles de stricte conformité avec la demande effective seront effectués.

Dans le cas où, pour partie, ces tests de conformité s'avéreraient négatifs, le fournisseur sera sommé de se mettre à niveau.

Dernière étape : le déploiement

Les différents éléments étant en place ou, plus exactement « le navire étant à quai », il ne reste plus qu'à le doter d'un équipage dûment formé (ce qui est fait dans le cadre des mises en place) et à réaliser les essais en mer.

Nous savons que, suivant les projets et leur taille, on peut soit tout déployer en une fois soit procéder par étapes ; la figure 6-7, même s'il est construit dans le cadre du déploiement par étapes, s'adapte parfaitement au cas qualifié de « en une fois » ; il suffit de ne conserver que les deux premières étapes et de supprimer la notion de prototype.

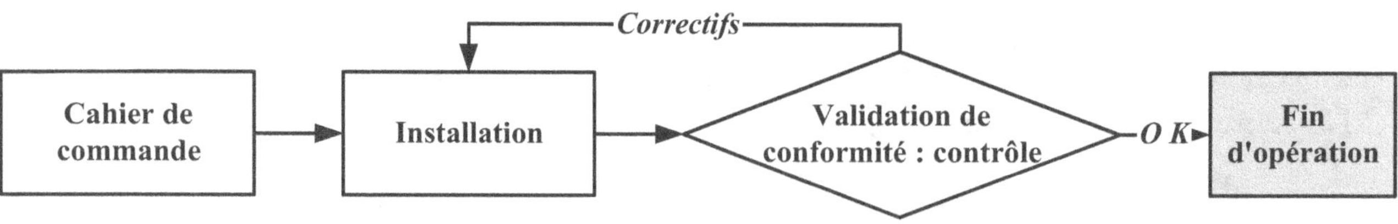

Figure 6-7
Étapes du déploiement et régime de croisière

Mise en place de la structure prototype et validité des hypothèses[1]

Nous avons émis, à l'origine du projet, un certain nombre d'hypothèses, notamment en termes de flux (nombre d'appels et durées) dont nous avons déduit un *staffing* précis sur une période relativement significative.

La mise en place de ces ressources humaines et l'ouverture de la partie du service concernée vont nous permettre de valider ces données au fil du déroulement de cette phase pilote. Si, à l'issue de cette étape, nous ne corroborons pas nos hypothèses, alors nous reverrons ce schéma et referons un test de contrôle afin de déterminer les hypothèses valides et qui peuvent être appliquées pour la suite du déploiement.

Attention

Il y a deux types de corrections : celles qui sont mineures et ne se verront réellement qu'à l'issue de l'analyse finale de l'opération et celles qui sont majeures et qui se remarqueront immédiatement ; d'évidence, dans ce second cas, on apportera aussitôt les correctifs macroscopiques nécessaires.

Ceci a pour conséquence d'avoir à disposition (dans les heures qui suivent) un certain nombre de conseillers formés, pour le cas où l'on aurait très lourdement sous-évalué le flux au niveau des hypothèses.

Déploiement

À la fin de la phase pilote, nous pouvons raisonnablement considérer que nos hypothèses sont valides et qu'elles peuvent servir de base au déploiement qui peut, lui-même, se dérouler en plusieurs étapes[1].

Il suffit alors de conduire ces étapes dans l'ordre prévu pour atteindre le régime d'état sur lequel nous effectuerons un dernier contrôle.

Enfin nous sommes arrivés à l'existence réelle et complète du service qui va nécessiter un pilotage au plus près.

[1] Lire « mise en place de la structure complète » dans le cas de petites opérations.

[1] Dans ce cas, nous conseillons de réaliser un contrôle–vérification après chaque étape.

Chapitre 7

Analyse préalable et critères de choix

Compte tenu des diverses solutions technologiques, des architectures possibles, et de la très grande diversité de besoins, la construction d'un centre d'appels (ou toute modification suffisamment profonde pour être structurante) doit faire l'objet d'une analyse préalable.

Note

L'ensemble de ce chapitre est construit autour de la solution la plus simple qui se réfère à un seul flux et, surtout, un seul site. Les structures complexes qui adressent plusieurs flux sur plusieurs sites, font l'objet d'études analogues mais beaucoup plus complexes, notamment au niveau des choix de réseaux et algorithmes de routage.

Cette analyse préalable débouchera obligatoirement sur un ensemble de besoins qui détermineront ensuite la mise en application opérationnelle qui conduit à une mise en place « réelle » et efficace.

Dans ce chapitre, nous nous efforcerons de tracer, de la manière la plus exhaustive possible, les différentes étapes et les différents questionnements de la démarche d'analyse telle qu'elle devrait être conduite.

Si cette démarche doit effectivement déboucher sur une organisation, alors qu'il nous soit permis de préciser qu'il ne peut s'agir que d'une solution pratiquement possible en fonction de tous les paramètres et contraintes de son environnement (en particulier nous devons mettre en place une structure « humainement pilotable ». Autrement dit, que les encadrants, superviseurs et divers décideurs de centres d'appels n'oublient pas, en optant pour une solution, qu'ils auront à la faire fonctionner au mieux.

Enfin, qu'il nous soit permis de ne pas fournir ici de recette miracle d'organisation qui « fonctionne » et d'organisation qui « ne fonctionne pas » tant elles dépendent des métiers et des stratégies des entreprises qui les mettent en place.

Dans l'ordre nous allons traiter les sujets suivants :

- Les questions de fond métier (pour qui, pour quoi, comment ?).
- Les question d'évaluation de la taille et du dimensionnement.
- Les choix de réseaux puis les choix internes de routage et de traitement.
- La question de l'implantation ou non de CTI.
- La détermination des besoins statistiques.
- La question essentielle de l'extermination.

Les questions de fond « métier »

Il s'agit là de la base même de toute analyse, un préambule que nous retrouverons dans la majorité des activités un tant soit peu complexes.

> **Note**
>
> Nous abordons ici ces sujets dans leur fond sémantique ; le chapitre suivant aura pour thème plus précisément la démarche conduisant à l'obtention des réponses proprement dites. En résumé, nous traitons là des questions et des réponses possibles et nous aborderons ultérieurement la manière d'obtenir ces réponses.

La première question s'exprime en deux temps : « un centre d'appels pour quoi faire ? » et « un centre d'appels pour qui ? ». La notion de budget tant en investissement qu'en fonctionnement va définir les limites du « possible ».

Un centre d'appels pour quoi faire ?

Déterminer la mission du centre d'appels en projet est loin d'être une lapalissade. Cette approche *a priori* par trop évidente, est une source importante d'embûches. En effet, le projet de construire une telle structure répond en première approximation à un besoin général exprimé ; ce niveau de définition est suffisant pour déterminer le métier et le niveau général de valeur ajoutée. Se contenter de cette approche et dire : « nous mettons en place une structure telle qu'elle aura une mission de télévente » est terriblement réducteur et laisse dans l'ombre une grande quantité de sujets.

Cette première expression est absolument indispensable et préalable à toute démarche ultérieure mais elle doit déboucher sur une analyse détaillée des différents processus attachés à la mission et à son contexte ; ces processus étant différents selon les métiers.

Note

Pour une structure à vocation commerciale, par exemple, se poseront les questions de savoir si l'on doit recevoir ou émettre des appels (ou les deux) ; si l'on doit traiter uniquement de la téléphonie ou d'autres médias. Dans un *help desk*, au contraire, se poseront les problématiques des niveaux d'intervention et de compétence...

Le résultat de ces analyses préalables sera la définition de l'ensemble des processus des fonctions « métier » qui seront traités par le centre d'appels, ainsi que les diverses relations avec le monde extérieur à la structure, mais interne à l'entreprise ; par exemple, nous pouvons citer l'appel à une compétence différente relevant du niveau de l'expertise ou une prise de rendez-vous (pour le compte du client) avec une autre personne de l'entreprise.

Un centre d'appels pour qui ?

Cette question est très largement corrélée à la précédente et renvoie à la notion de client interne, à la fois primaire et secondaire, défini au chapitre 9 ; c'est là encore un questionnement d'ordre organisationnel qui déterminera le rôle de la structure dans le cadre de l'entreprise.

Le client interne primaire aura-t-il la possibilité d'imposer ses vues et de prendre des décisions quant aux orientations du service centre d'appels et, par déduction, quelle sera sa position exacte ?

Note

Il s'agit de décisions d'organisation importantes et auxquelles nous n'avons pas la prétention d'apporter de réponse unique. Le centre d'appels est-il à l'intérieur de la structure dite « client interne primaire », auquel cas le chef de département en est le responsable ou bien, à l'instar d'autres départements comme l'informatique est-elle plutôt une structure de service « décorrélée » des éléments de production.

Pour ce qui est des clients internes secondaires, que l'on ne rencontre que dans des structures orientées internes tels que les *help desks*, la réponse à cette question passera par la rédaction de contrats de service détaillés établis entre le centre de soutien et les divers représentants des utilisateurs.

Approche budgétaire et environnement possible

Dans le cadre d'un projet de construction de centre d'appels, comme dans tous les projets d'entreprise, se pose la question de l'enveloppe budgétaire, afin de cadrer le domaine acceptable.

Cette analyse comprend très classiquement les deux aspects investissement et fonctionnement.

L'investissement regroupe l'ensemble des moyens matériels et logiciels qu'il convient de mettre en place pour rendre la structure opérante ; c'est un processus qu'on peut calquer sur toutes les démarches d'acquisition de solutions complexes.

> **Note**
>
> La complexité de l'architecture d'un centre d'appels fait que la démarche ne consiste pas à se doter de matériels divers et variés qui interfonctionneront moyennant des heures de travail, mais bien de réaliser l'acquisition de solutions complètes et intégrées ; *in fine* : une structure nativement en état de marche.

Bien entendu, le niveau d'investissement sera étroitement lié aux solutions retenues et, par conséquent, aux questions posées dans toute la suite de ce chapitre. Cependant, la détermination des solutions possibles sera contrainte par le budget qui orientera les choix[1].

La détermination des budgets de fonctionnement sera encore plus complexe tant elle est intercorrélée avec la vie même de l'entreprise ; la construction du centre d'appels répond à un besoin fonctionnel existant ou à venir. Dans le premier cas, on s'efforcera, par la mise en place du centre d'appels, de diminuer les coûts du service rendu et dans le second cas, on traitera de sa rentabilité par comparaison à un apport financièrement chiffré.

Les deux budgets ainsi déterminés auront une influence lourde sur les choix de la construction et des organisations retenues au niveau du centre d'appels.

Problématique des flux et du dimensionnement

Détermination des types d'appels

Cette première interrogation est très simple dans sa formulation même si dans la réalité elle débouche sur des organisations dont les effets pervers peuvent être destructeurs. Elle consiste simplement à

[1] Il s'agit en réalité d'une conduite de projet fort complexe et « en boucle » dans laquelle certains choix influeront sur le budget, et réciproquement.

savoir si le centre traitera des appels « entrants » ou des appels « sortants » ou les deux et, ce, dans quelles conditions de répartition ou de superpositions. Cette interrogation débouchera nécessairement sur des choix structurants d'organisation.

Note

La question de traiter des appels départ en phase faible de trafic arrivée se heurte à la problématique de la distribution statistique des appels entrants ; le manager remarque que trois conseillers sont libres et leur confie des prospections, ils émettent ensemble trois appels dont les durées sont comparables et peuvent persister plusieurs minutes. Puis un appel entrant se présente et rentre en file d'attente pour une durée non compatible avec un critère normal de patience.

Détermination quantitative des flux à traiter

Les flux à traiter nécessitent d'être connus dès la création du centre d'appels (phase préalable à sa réalisation) puis dans son fonctionnement quotidien (cet autre volet sera traité dans le chapitre 10).

Dans le contexte de la création ou de la mise en place, cette information est indispensable au dimensionnement correct du PABX ACD, des divers automates existant dans la structure et du nombre de liaisons ou lignes qui relient l'installation au réseau de l'opérateur de télécommunications. En outre, dans le contexte quotidien du centre, cette grandeur conditionne directement la mise en place des ressources humaines nécessaires à la bonne marche du service.

Il est donc vital que ces flux soient évalués même s'ils sont encadrés entre une hypothèse basse et une hypothèse haute, base de la construction technique ; nous admettrons pour la suite que ces valeurs nous sont connues et qu'un coefficient moyen de progression pour les mois à venir a pu être déterminé.

Note

Les paramètres de construction technologique du centre sont dits structurants et ne présentent aucune souplesse ; le délai de modification est très élevé (généralement de l'ordre de deux mois) par rapport aux grandeurs permettant le calcul des ressources humaines au jour le jour, voire par tranche horaire. Par conséquent, ces valeurs structurantes sont calculées pour l'hypothèse la plus élevée.

Enfin, comme il a déjà été précisé dans le chapitre 4 consacré aux flux, il est indispensable de savoir évaluer ou prévoir la caractéristique dynamique ou non de progression des flux dans une journée et de mettre en œuvre les moyens de réagir[1].

[1] Cette remarque s'applique uniquement aux ressources humaines.

Détermination des besoins techniques (grandeurs structurantes)

Considérons connu un flux[1] déterminé par les paramètres suivants (les valeurs numériques en italique entre parenthèses fournissent un exemple) :

- **N** : nombre maximum d'appels présentés sur une demi-heure (*150*).
- **Acc** : durée du message d'accueil (*4 secondes*).
- **Conv** : durée moyenne d'un appel (*245 secondes*).
- **Att** : durée moyenne d'attente des appels traités (*38 s*).
- **D** : durée de la période de référence (*30 min = 1 800 secondes*).

Dans ces conditions, le flux présenté en Erlang est donné par :

$$F(Erlang) = \frac{N x\left(\dfrac{Acc}{2} + Acc + Conv + Att\right)}{D}$$

Où *Acc*/2 correspond à la durée moyenne du délai de synchronisation sur le début du message d'accueil qui se déroule indéfiniment. Entre les appels qui arrivent juste à temps et ceux qui arrivent juste à temps + epsilon (epsilon étant la durée la plus petite qui se puisse envisager)[2], on trouve une moyenne raisonnable et constatée sur le terrain égale à la moitié de la durée du message d'accueil.

L'exemple numérique donne ainsi :

$$F(Erlang) = \frac{150 x\left(\dfrac{2}{4} + 4 + 245 + 38\right)}{1800} = 24{,}08 \; Erlangs$$

Les circuits (appuis) nécessaires sont alors donnés par

$$Nc = \frac{F(Erlang)}{C_{er}}$$

où C_{er} est le coefficient d'Erlang sans file d'attente (nous sommes évidemment en amont de cette distribution) que nous conseillons d'évaluer pour ce calcul précis à une valeur de 0,6.

Note

En réalité, il s'agit à la fois du nombre d'appuis et des organes de commutation internes de l'ACD ; cette dernière caractéristique n'est pas accessible à l'utilisateur mais déterminée par le constructeur auquel il convient de fournir au minimum un flux en Erlang.

Ce qui nous donne finalement :

$$Nc = 40,14$$

Le nombre d'appuis étant nécessairement un entier, on déterminera une base de 41 ; de plus, la technologie et la politique tarifaire font que la capacité maximum installée sera de 60 (2 Mic T2[1]) et le nombre de circuits effectivement ouverts ou actifs sera de 45.

Ainsi, la progression entre 45 et 60 appuis pourra se faire dans un délai de un à deux jours ; le dépassement de la capacité maximale de 60 demandera de un à deux mois.

[1] Voir la définition de cette terminologie dans le chapitre 2.

Détermination des ressources humaines à l'origine

L'une des grandes questions, et l'une des plus complexes, que se pose le chef de projet consiste à déterminer les besoins en ressources humaines à la création du service et ce de manière suffisamment précise pour que des corrections de convergences puissent être appliquées postérieurement à ce démarrage (on considère que l'on ne peut pas dépasser une précision de 30 % à 40 %).

Principes de base

La détermination des ressources humaines, que ce soit au démarrage ou dans la vie même du centre, est une fonction primordiale des managers de centres d'appels ; c'est pourquoi, bien que largement détaillée dans le chapitre consacré au pilotage, elle ne peut être absente du présent développement.

Quelle que soit l'hypothèse retenue en termes d'organisation (équipes, niveaux…) ; il suffira donc de mettre en place les groupes de conseillers de compétences déterminées, et le besoin théorique en ressources humaines va se calculer de façon unitaire (groupe par groupe) si les flux présentés dans un intervalle de temps donné peuvent être connus.

Admettons que nous soyons en mesure de prévoir avec une excellente précision les appels (en nombre et en dispersion) que la structure devra traiter à une date et pour une période données (une demi-heure par exemple) et que la précision de cette évaluation s'avère « infinie ».

Admettons également connaître, avec la même certitude, les durées qui constituent l'appel ou, plus exactement, la partie de cet appel qui est du ressort d'un conseiller (il s'agit là de la durée moyenne[1] d'appel à laquelle vient s'ajouter le post-appel).

Dans ces conditions, nous allons certainement pouvoir déterminer les ressources nécessaires dans la période de référence. Ce calcul repose sur une notion apparue assez tôt dans les centres d'appels et qui rend compte des ressources disponibles en termes de durée : la notion d'ETP.

ETP : équivalent temps plein – Définition et usages

Tableau 7-1
Exemple de calcul ETP

Date			
Début de période		**Fin de période**	
10 h		**10 h 30**	
Durée (minutes)			**30**
	log on	log off	durée en minutes (pour la période)
conseiller N° 1	9 h 50	10 h 45	30
conseiller N° 2	8 h	10 h 10	10
conseiller N° 3	10 h 15	12 h	15
conseiller N° 4	10 h 10	12 h	20
conseiller N° 5	9 h	11 h	30
conseiller N° 6	10 h 10	12 h	20
conseiller N° 7	10 h 20	12 h	10
conseiller N° 8	9 h	10 h 25	25
conseiller N° 9	10 h 05	11 h	25
conseiller N° 10	8 h	10 h 10	10
TOTAL TEMPS (minutes)			195
ETP			6,5

La notion d'équivalent temps plein représente très précisément le ratio, sur une période donnée, de la somme des heures de travail (en réalité présence « connectée ») ramené à la durée de base de la période. Cette grandeur a une dimension de flux et représente pratiquement le nombre moyen de conseillers présents pendant la période.

Le tableau 7-1 présente un exemple de mesure d'ETP ; nous observons sur une période de 30 minutes la présence simultanément « connectée » de dix conseillers qui produisent une présence cumulée de 195 minutes. Le nombre moyen de conseillers statistiquement présents et actifs sur la période est donné par $195/30 = 6{,}5$[1].

Le résultat n'est pas nécessairement un entier mais une unité d'œuvre très utilisée par les gestionnaires et qui représente en réalité des heures de travail effectif.

Le calcul

Le chapitre 11 consacré au staffing fournit des exemples de ce type de calcul qui est relativement simple dès lors que les données nécessaires et les unités sont connues.

Le résultat sera un nombre d'ETP qui permettra par la suite de déterminer le nombre de conseillers nécessaire obtenu par l'encadrement entier par excès (partie entière de +1) ou par défaut (partie entière de…) de ce nombre d'ETP.

Nous sommes alors en mesure d'évaluer « simplement ! » mais encore très théoriquement les ressources humaines nécessaires ; le calcul est en effet réalisé pour le cas le plus simple et en fonction de données que nous savons évaluer.

Toutefois, nous verrons au chapitre 11 que la précision du résultat est loin de ce que nous serions en mesure d'espérer dans une situation totalement déterministe.

Les niveaux de compétence

L'une des limites de la notion d'équipe unique est que la population des conseillers que nous allons mettre en place sur le plateau est hétérogène en termes de niveaux de formation.

Note

Faute de quoi, la quote-part ressources humaines liée à cette formation serait exorbitante puisque nous considérerions *a priori* que seuls peuvent être placés en ligne des conseillers ayant atteint un niveau de compétence optimal.

En effet, comme nous le verrons au chapitre 9, la montée en compétence d'un conseiller se déroule en trois phases : la formation initiale

[1] Attention à la valeur statistique de ce chiffre qui ne signifie en aucun cas que six conseillers sont simultanément et systématiquement présents.

et la « formation en binôme » (ou doublon) qui représentent la partie « formation proprement dite » et la mise en situation « en solo » sur poste de travail. Cette dernière est naturellement de la production mais la durée moyenne d'appel (somme de la durée de conversation et de la durée de post-traitement) est variable suivant le niveau de compétence acquis.

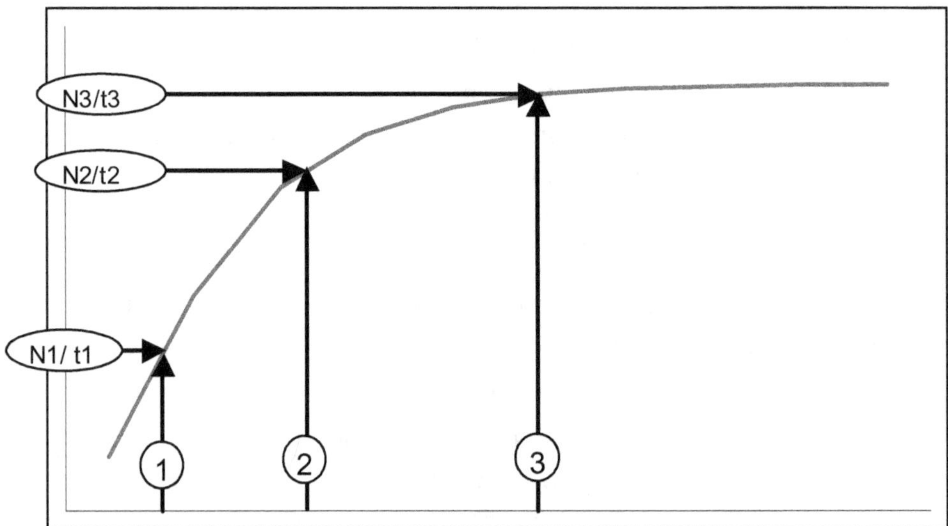

Figure 7-1
Montée en compétence de groupes homogènes de conseillers

La courbe de la figure 7-1 nous indique la « montée en compétence » d'un conseiller (ou, plus exactement, d'un groupe homogène de conseillers car, comme nous l'avons vu, cette mise en situation est rarement individuelle) en fonction du temps passé sur la plate-forme et, par conséquent, de la compétence acquise. Il s'agit d'une courbe classique d'apprentissage.

En effet, considérons que nous ayons trois niveaux de compétence : 1 « débutant », 2 « moyen », 3 « confirmé » qui correspondent chacun à un nombre d'appels traités par unité de temps $N1$, $N2$, $N3$. Ces nombres d'appels traités par unité de temps sont inversement proportionnels aux durées de traitement associées (respectivement $t1$, $t2$ et $t3$).

Ces trois niveaux, s'ils peuvent apparaître cohérents et représenter une vue raisonnable des pratiques courantes, n'en masquent pas moins l'impossibilité d'une approche réelle, individu par individu.

Il apparaît alors que la détermination des ressources humaines nécessaires reposant sur une durée globale moyenne de traitement d'appel devient, pour le moins, abusive et qu'elle doit être remplacée par un calcul plus complexe.

La notion d'activité « stockable »

Après avoir déterminé, le plus précisément possible, les besoins en ressources par tranches horaires, il apparaît que ces besoins ne sont pas constants dans une journée puisqu'ils sont directement liés aux flux qui sont le reflet du comportement des clients.

Il sera donc impossible de mettre en face du besoin le nombre exact de ressources nécessaires ; deux situations sont alors possibles.

Tout d'abord, le sous-staffing qui consiste à présenter sur certaines périodes un nombre de ressources sensiblement insuffisantes ; le résultat sera une dégradation de la qualité dont seuls les managers peuvent en évaluer les conséquences réelles.

Dans une autre vision des choses, on peut opter pour une situation de sur-staffing (trop de ressources à certains moments) qui ne dégrade généralement pas la qualité[1] mais qui présente un coût de structure très élevé.

1 Si la pression est trop faible durablement, les managers ont constaté que les performances de service se dégradent ; il s'agit de l'effet d'ennui.

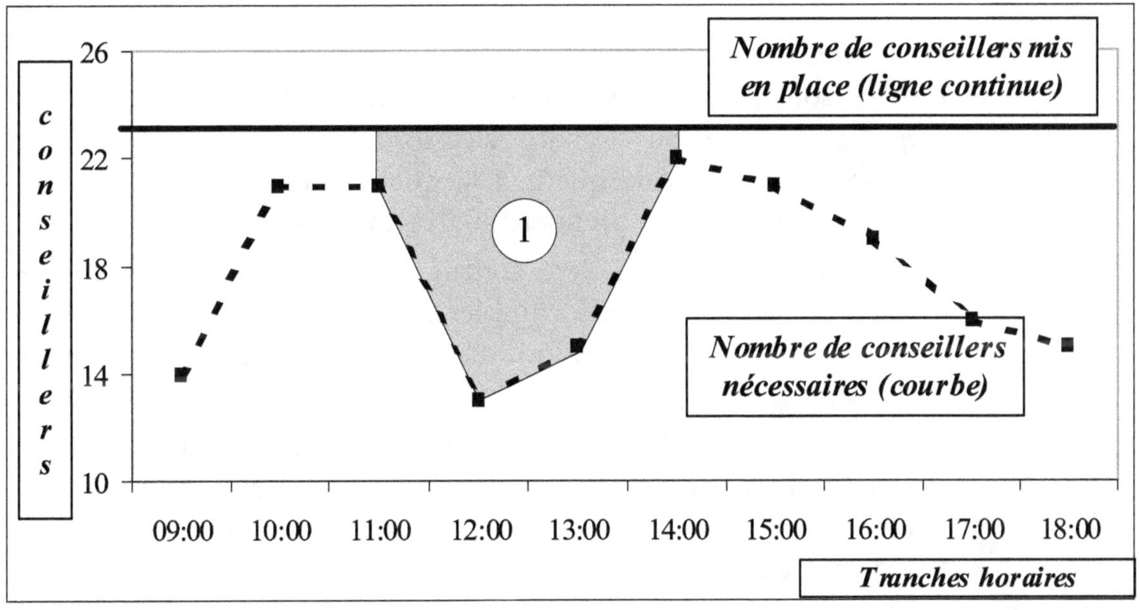

Figure 7-2
Exemple d'une situation de « sur staffing »

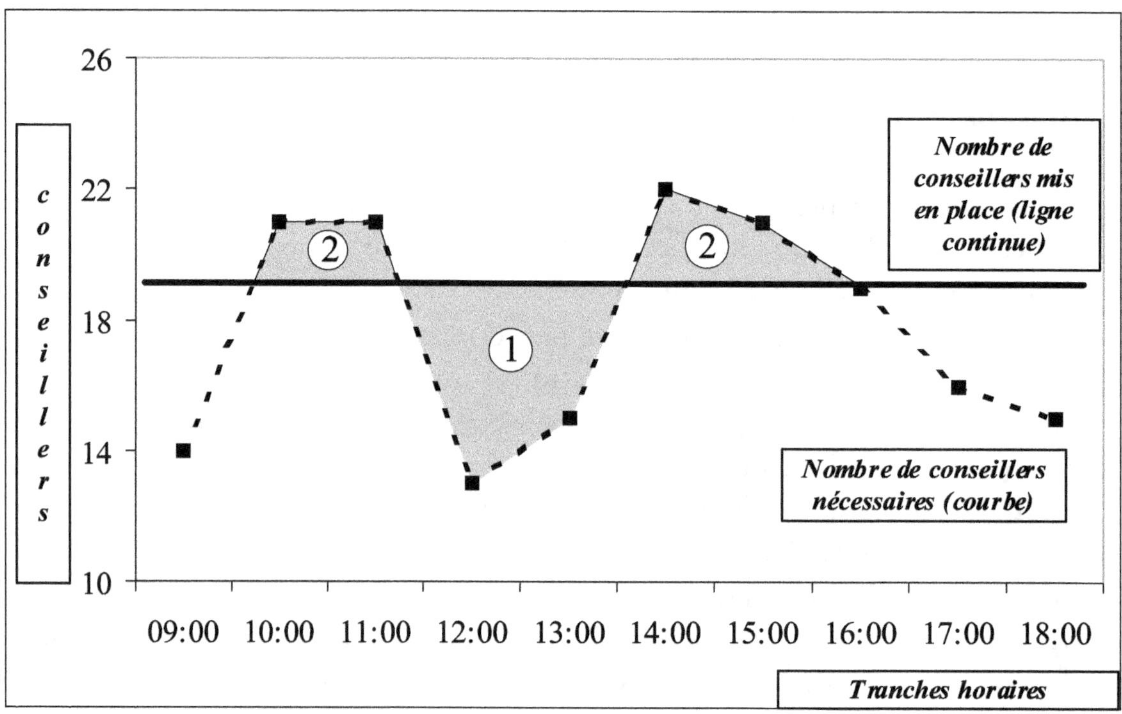

Figure 7-3
Exemple de recherche de compromis

Les figures 7-2 et 7-3 présentent deux approches de staffing avec une zone de sous-activité des conseillers. Dans les deux cas, la zone (1) correspond à une sous-activité téléphonique des conseillers et si la situation semble idéale quant à la qualité de service fournie, on constate qu'elle est, en première analyse, très chère.

Un compromis pourra être fourni par la recherche d'activités stockables ; on cherchera à combler cette inoccupation temporaire par des activités non téléphoniques dont certaines sont intuitivement connues :

- Traitement de problèmes en *back-office* (voir le chapitre traitant des flux) : il s'agit de la distribution aux bons moments des actions nécessaires à la marche du service mais non attachées directement à un appel téléphonique.

- Traitement de travaux étroitement liés à l'activité mais n'utilisant pas le téléphone ; par exemple la saisie des commandes courrier dans le la VPC ou les actions de suivi et de contrôle dans le domaine du *help desk*.

- Appels téléphoniques sortants ; il est effectivement possible, aux heures de faible flux entrant, d'émettre des appels vers l'extérieur (prospection…) mais on prêtera attention à conserver une marge de manœuvre suffisante pour absorber une légère pointe de trafic entrant, faute de quoi, on infligerait aux clients appelants des délais d'attente fort longs et l'on provoquerait une baisse de la qualité perçue.

Si l'activité disponible dont on dispose dans le métier suffit à combler de façon satisfaisante la zone de non-activité (1), la situation est idéale. Sinon, et c'est le cas le plus fréquent, on recherchera un compromis (figure 7-3) où l'on rencontre cette fois deux types de différences qui sont la sous-activité (1) et la saturation de l'équipe (2) ; on recherchera alors une solution qui se décline ainsi : « si je décide de mettre en place mes conseillers, en fonction de l'activité stockable disponible (et de la distribution des flux entrants, ce qui est la base même de l'analyse), alors :

- Quel est le flux d'appels perdus dans les périodes de saturation ?

- Quelles en sont les conséquences financières ?

- Est-ce acceptable ?

Enfin, on affinera par une analyse économique des pertes (coûts internes directs) et gains (chiffre d'affaires généré par la clientèle, par exemple) afin de décider la mise en place ou non de ressources humaines complémentaires.

Mise en place de l'organisation ressources humaines

Sur le plan de l'organisation des ressources humaines, le « manager décideur » va devoir trancher sur une organisation à un niveau (fonctionnel et hiérarchique confondu) ou une organisation à deux niveaux incluant un superviseur et un ou des chefs d'équipes (voir chapitre 9).

Pour un flux unique et une équipe monocompétence, le facteur déterminant va être le nombre de conseillers simultanément connectés. On considérera qu'un chef d'équipe a pour périmètre de management un groupe de dix à vingt conseillers suivant le métier.

Au-delà, il conviendra de définir et d'établir un certain nombre de règles générales de management telles que l'utilisation des fonctions de log on/log off, de pause, de « pas prêt » ou autres ainsi que le fait de savoir si un conseiller peut se loger sur tout poste de travail ou, au contraire, toujours au même endroit (cette décision n'est pas neutre quant au choix d'implémenter ou non des couches CTI).

Note

Pour que le conseiller puisse se « loger » sur tout poste de travail, il faut avoir mis en place la notion de signature individuelle. Lors de la procédure de *log in*, on doit alors s'identifier et s'authentifier à l'aide de codes personnels. En outre, ce fonctionnement a pour conséquence de séparer les données relatives aux postes de travail des données individuelles de performance, par exemple.

Enfin, un sujet alimente les débats : le décrochage automatique du poste qui sera traité dans ce chapitre.

Détermination générale du niveau de service

Dans les questions posées à la mise en place d'un centre d'appels tout comme dans sa vie propre et ses diverses évolutions, le problème de la détermination du niveau de service est essentiel car il va déterminer les moyens à mettre en œuvre pour y parvenir. Depuis la recherche des plages horaires jusqu'au niveau de qualité client, toutes les décisions auront une influence déterminante sur les charges internes.

Les horaires d'ouverture

Posons, par hypothèse, qu'une structure centre d'appels comprend trois niveaux de prestations de services, en termes de plages horaires, définis comme service ouvert (HO ou heures ouvrables) ; service restreint (HNO ou heures non ouvrables (HNO)) et service fermé.

> **Note**
>
> Ces trois situations sont un simple exemple, même si elles décrivent une très grande majorité des organisations. En effet, si un centre d'appel peut, *a priori*, présenter un seul état (dans ce cas ouvert, il s'agit du service permanent), deux états (ouvert et fermé) ou les trois de ces états possibles, il se peut également que les états intermédiaires soient de plusieurs ordres et correspondent à des plages différentes, et que l'état fermé soit néanmoins doté d'un serveur vocal permettant un service de type *self-care*.

Entre le service ouvert (HO) qui correspond au fonctionnement normal heures ouvrables donc au niveau de service maximum, et le service fermé qui représente les plages horaires où aucun conseiller ne peut être joint, le service restreint désigne toutes les situations intermédiaires.

Dans l'organisation d'un centre d'appels, la détermination des horaires d'ouverture coïncide avec les différents niveaux de service à la fois dans la journée, dans la semaine et dans l'année. Les questions posées sont alors classiques et identiques à celles de toute autre activité : les horaires des jours réputés ouvrables, des dimanches et jours fériés, des samedis et, enfin, des jours spéciaux.

L'objectif est d'établir un tableau comparable à celui de la figure 7-4 (dit tableau de service général) déterminant les différentes plages selon les types de journées.

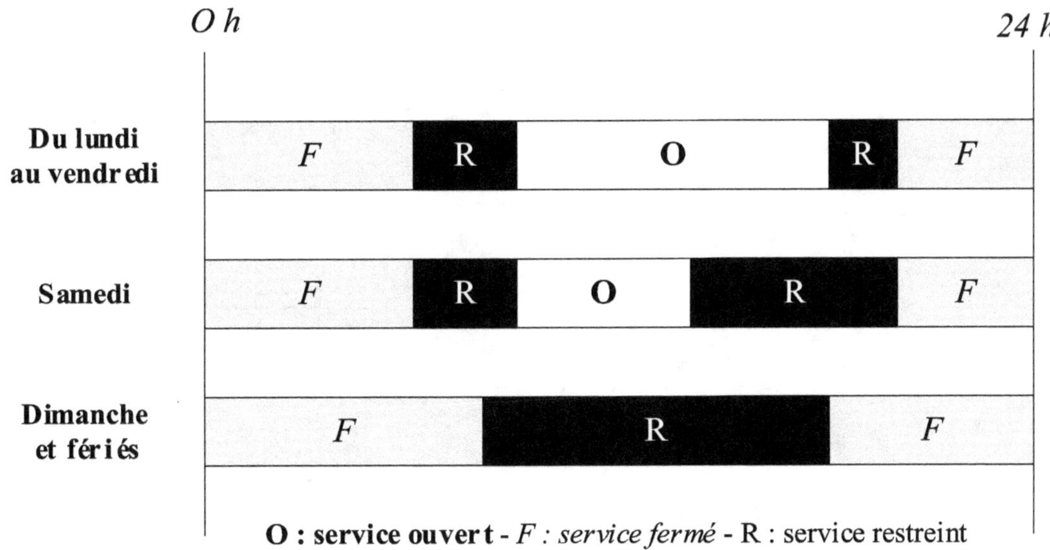

Figure 7-4
Tableau de service du centre

Contraintes et schéma d'organisation

Cette distinction nécessaire des diverses plages horaires étant établie, force est de constater qu'on se trouve dans un métier où la densité d'activité (en particulier pour le flux entrant) est imposée par les clients et variable (dans la journée, dans la semaine, dans le mois, en fonction de saisonnalités…). Elle ne dépend pas d'une quelconque organisation interne mais uniquement de la clientèle.

> **Note**
>
> Dans les centres d'appels traitant du flux entrant, toutes les expériences ayant pour objet de modifier les habitudes horaires des clients ont échoué à chaque fois qu'elles ne proposaient pas une véritable contrepartie commerciale ou au moins positive en termes de service pour le client.

La fixation des horaires d'ouverture est déterminante pour les ressources humaines. Par ailleurs, le problème est complexifié par la variation de quantité de travail par unité de temps[1]. On se trouve alors face à une équation à quatre dimensions dont la solution optimale est loin d'être évidente.

[1] Variation naturelle des flux présentés.

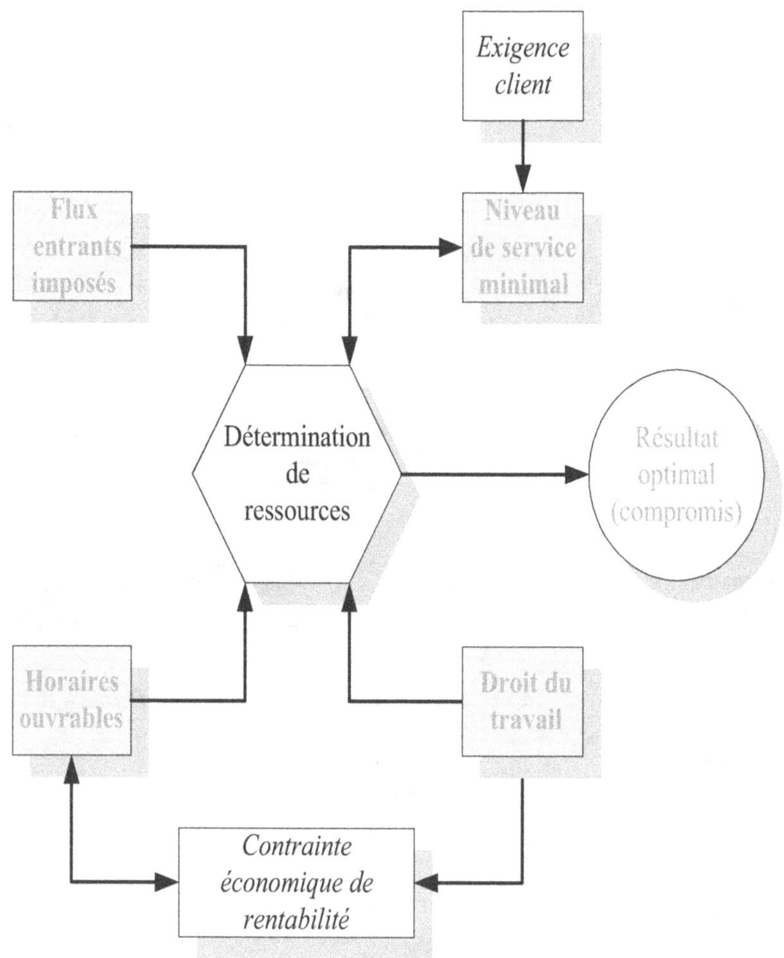

Figure 7-5
Les quatre contraintes de l'équation

La figure 7-5 indique les quatre contraintes du contexte de l'organisation (cases en grisé). Deux d'entre elles sont imposées (cases en gras) et ne tolèrent aucune interaction ou modification : le droit du travail et les flux entrants imposés.

Les deux autres peuvent varier l'une en fonction de l'autre ou en fonction de contraintes dues à la planification.

Tout d'abord, le choix des horaires ouvrables va influer sur l'ensemble de production (ressources nécessaires). En outre, la détermination de ces ressources pourra conduire à réduire les plages pour éviter un besoin complémentaire qui placerait la structure hors rentabilité.

Ensuite, le niveau de service minimal sera le résultat d'un compromis entre le coût et la qualité ; le coût du point de qualité est exponentiel et, par conséquent, d'autant plus élevé que l'on s'approche de cent pour cent (valeur idéale théorique).

Ce compromis sera donc dû à la résolution d'une équation subtile à deux dimensions dégageant un optimum défini par une valeur dans le champ des ressources et une valeur dans le champ de la qualité.

Déterminer les types de fonctionnement et divers états

Une dernière question, un peu annexe dans cet ordre d'idée mais qui influera considérablement sur les organisations et la manière de les « tracer », sera de définir les différents états utilisés pour un poste et pour un conseiller.

Outre le *log on* de début de session pour un conseiller donné sur un poste de travail donné et le *log off* de fin de session, il existe des états particuliers, où le poste n'est pas « sonnable » mais où le conseiller est cependant défini comme en activité (« pause », étant partie intégrante et réglementée des états dits d'activité). Ces états sont : pause, post-appel, pas libre…, voire diverses autres appellations suivant les constructeurs.

L'utilisation de ces divers états (activables ou désactivables par une simple touche située sur le téléphone lui-même) doit être définie et codifiée afin que l'usage en soit parfaitement homogène. Ces définitions et usages influent très sensiblement sur les résultats des mesures et sur les statistiques produites par les machines (donc sur l'image réelle de l'activité).

De *log on* à *log off* ou l'état actif

Lors de son arrivée, le conseiller active son terminal téléphonique (et poste informatique associé) par une procédure dite de *log on* déclarant ainsi qu'il est présent et nominativement reconnu sur un poste de travail par ailleurs identifié dans le cadre de cette procédure.

Au moment de son départ, ce même conseiller effectue l'opération inverse de *log off* qui présente deux conséquences : l'une étant de déclarer le conseiller absent ; la seconde rendant le poste de travail libre pour un autre conseiller.

L'intervalle de temps entre ces deux actions définit la durée d'activité, au sens droit du travail (état actif) du conseiller ; le poste de travail est, par défaut, actif et le téléphone est sonnable.

Les pauses

Pendant cette période d'activité, le conseiller à droit à des pauses dont les durées et le séquencement s'inscrivent dans un contexte réglementaire ; lorsqu'il prend sa pause, le conseiller se déclare inactif et non sonnable jusqu'à l'opération inverse.

On notera, par ailleurs, que le conseiller peut se déclarer en pause afin d'effectuer des tâches non compatibles avec la réponse au téléphone (envoi de fax, traitement différé de problème…) ; il arrive que les installations prévoient à cet effet un concept de pause spécifique.

Les pauses longues de type déjeuner se traitent normalement par une suite *log off - log on* (il s'agit bien d'une non-présence au sens réglementaire).

Ne pas déranger

Pendant les périodes où le poste est actif, il se peut que le conseiller doive terminer une action liée à l'appel précédent ; dans ces conditions le poste se trouve dans un état non sonnable qui est qualifié de *wrap-up*, pas prêt, post-traitement suivant les constructeurs de matériels et les organisations.

La question du décrochage automatique

Dans certaines structures, des choix économiques drastiques conduisent à « la chasse au temps » et les constructeurs d'ACD ont ainsi créé la notion de décrochage automatique afin de gagner, pour l'appelant, la durée de sonnerie. Dans la pratique, le poste téléphonique du conseiller ne sonne pas mais, via un simple bip ou clignotement d'un voyant sur le poste (ou écran terminal en mode CTI), il se trouve immédiatement en communication avec le client.

Notre expérience nous permet d'affirmer qu'il s'agit d'une solution désastreuse.

L'un des risques est que le client entende une fin de phrase prononcée par le conseiller à destination d'un de ses collègues (incompréhensible) et qu'il s'ensuive une explication plus longue que le décrochage manuel, même pénalisé d'une attente de deux ou trois sonneries. Un autre risque est de décrocher de cette manière un poste où il n'y a pas de conseiller parce qu'il a omis de désactiver sa présence (on met donc le client en relation téléphonique avec « personne » ; il nous semble donc préférable, pour le respect du client, d'opter pour le décrochage manuel, quitte à devoir transférer l'attente vers la file d'attente après un nombre de sonneries prédéfini[1].

Enfin, ce choix est souvent ressenti comme méprisant par les conseillers qui concluent : « la direction pense que nous n'avons pas

[1] Lorsque le conseiller ne répond pas à son poste qui sonne.

assez de discernement pour savoir nous-mêmes à quel moment décrocher le combiné.

Prise en compte des situations de crise

Comme nous l'avons envisagé dans le chapitre consacré aux flux (en particulier flux critique ou situation de crise), certaines situations peuvent conduire à des augmentations démesurées, voire explosives du flux entrant. Ces situations sont dues à des événements extérieurs au centre tout en concernant l'activité proprement dite ; on trouvera un recensement assez classique dans le chapitre 4 et, plus particulièrement, au paragraphe concernant les flux critiques (domaine commercial, *help desk*, domaine boursier…).

Pour chacun des cas, on assiste non seulement à un flux de trafic exceptionnel mais plus précisément encore sans commune mesure avec ce que l'on peur rencontrer habituellement (même dans les périodes de flux élevé). Cet état de crise a la particularité de présenter une situation ingérable tant du point de vue des ressources humaines que du point de vue des installations structurantes.

Cela ne présenterait pas de difficulté majeure s'il s'agissait d'une situation homogène (tous les candidats appellent pour la même raison), on attendrait alors que les choses se calment et les seules conséquences négatives seraient une forme de frustration ou de stress selon qu'on se trouve dans le domaine commercial ou du *help desk*.

Hélas le flux n'est pas homogène en termes de causes. Pendant que la masse critique se présente pour les raisons qui lui sont propres, coexiste le flux normal d'appels de clients cherchant simplement à passer une commande (commercial) ou d'utilisateurs informatiques confrontés à une situation classique d'assistance. Dès lors, la question est : « comment limiter au maximum les pertes de ces appels réguliers tout en éliminant, après information, les appelants issus de la situation exceptionnelle ? ».

La seule réponse acceptable qu'ait trouvé la profession aujourd'hui consiste à créer un message d'accueil très bref (trois à quatre secondes au maximum) et cependant précis. Ce message informe les appelants issus de la situation exceptionnelle et les invite à libérer la communication (par exemple, sur un *help desk*, préciser que le problème est connu et pris en compte). Le flux total baisse alors rapidement du fait d'une diminution de la durée d'appels et on libère ainsi de la capacité d'écoulement ou de traitement pour le flux habituel.

> **Note**
>
> On peut créer ou remplacer le message d'accueil existant par un autre, dit de circonstance, facile à enregistrer techniquement (en général à partir de l'un des postes téléphoniques de l'installation) et que le superviseur peut facilement aiguiller à l'aide d'une commande de base à sa disposition (cette action est prévue dans le script de routage). Cette situation, toujours possible, a pour conséquence qu'on ne peut pas faire l'économie du dispositif de message d'accueil même si ce dernier n'est utilisé que dans les cas d'urgence.

Toutefois, il s'agit d'un « pis aller » qui va diminuer le flux exceptionnel mais ne pourra en aucun cas le supprimer. L'objectif est de réduire à son minimum le flux régulier perdu ; on ne parviendra pas à une situation habituelle de qualité de service.

Une question stratégique : les choix de réseaux

Une autre question est le choix des services réseaux nécessaires et adaptés aux besoins spécifiques exprimés dans le cadre du projet global.

Si on peut admettre que le développement technologique et commercial des offres de réseaux dits « intelligents » a répondu, à l'origine, aux besoins précis du traitement des appels de masse, il convient de ne pas oublier d'éventuels phénomènes de coûts induits qui peuvent rester à la charge du centre.

Nous insisterons sur le caractère essentiel de ce choix ou plus exactement sur les dégâts que peut, à terme, occasionner un choix erroné. En effet, la modification du numéro de téléphone d'un centre d'appels tourné vers l'extérieur (en particulier les structures à vocation commerciale) a pour conséquence une diminution brutale du nombre d'appels entrants. Ce phénomène est principalement dû à l'ignorance qu'ont les clients de ce nouveau numéro.

> **Note**
>
> Si l'on en croit les spécialistes actuels de marketing et de communication au sein des entreprises, la prise en compte par une clientèle acquise d'une telle modification suite à courrier ou autre information de type publicitaire est voisine de zéro.

La figure 7-6 montre l'évolution des appels (en nombre) de la clientèle suite à un changement de numéro ; on remarquera qu'il peut s'agir, dans un certain nombre de cas, de clients définitivement perdus.

Note

La solution « à tous les maux » qui consiste à charger l'opérateur de télécommunications de mettre un répondeur fournissant le nouveau numéro n'a pas l'efficacité attendue ; les clients ont une approche négative du changement.

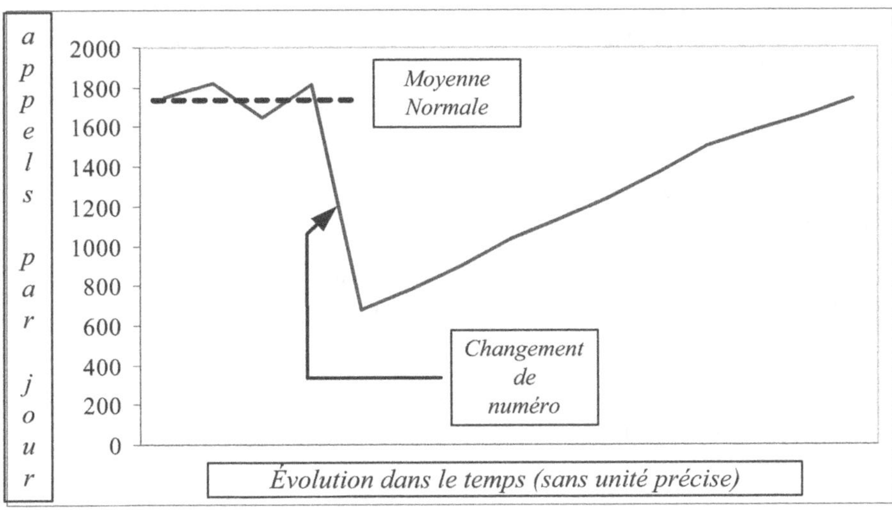

Figure 7-6
Évolutions après changement de numéro

Pour évaluer ces éléments, on se référera au tableau 7-2 qui recense les principaux critères de choix de réseaux ; une extension de ce concept sera fournie dans le cadre des structures complexes multisites.

Choix des algorithmes de « routage » des appels

Même dans les cas les plus simples, il reste à déterminer les règles de routage des appels ; on doit simplement répondre à des questions simples : « Que faire d'un appel ? », « Comment gérer une file d'attente ? », « Comment gérer la saturation ? » ; ces règles sont transmises au système par l'écriture des *scriptings*.

Seules les réponses précises à toutes ces questions détermineront l'organisation générale du traitement du flux.

Note

La modification de ces règles de routage ou des *scriptings* ne se réalise jamais simplement où sans conséquence, ne serait-ce que les comparaisons possibles entre l'avant et l'après ; c'est dire l'importance de choisir d'emblée une bonne solution et le soin qui doit être apporté à cette réflexion.

Tableau 7-2
Critères de choix de réseaux

Fonctions et spécificités	Numéro noir	Numéro coloré
Situation géographique du centre de réponse	connu, identifié par la clientèle	inconnu (08 n'a pas d'existence géographique
Déménagement sans modification du numéro connu par le client	Oui si les deux sites appartiennent à la même zone de commutation locale	toujours possible
Numéro du site indépendant du numéro connu par le client	Non	Oui
Possibilité de dénumérotage du site sans affecter le client	Oui si les deux sites appartiennent à la même zone de commutation locale	Oui
Limitation en amont du nombre d'appels simultanés	Non	Oui
(**) Possibilité de sélectionner les appels (accepter, rejeter ou affecter des sites différents) en fonction de leur région d'origine	Non	Oui
(**) Possibilité de sélectionner les appels (id.) en fonction de jours ou d'heures	Non	Oui
(**) Possibilité de distribuer les appels sur plusieurs sites en fonction de critères complexes (pourcentage, vision dynamique de l'état du destinataire…)	Non	Oui
(**) Possibilité de constructions complexes (multiples)	Non	Oui
Production de données statistiques	Non	Oui
Facturation de l'appel	Entièrement à la charge du demandeur	Variable suivant le service souscrit Entièrement à la charge du centre Répartition entre le demandeur et le centre Entièrement à la charge du demandeur avec gain pour le centre (kiosque)

Nous avons déterminé dans une section précédente (traitant des horaires d'ouverture du service) qu'il se dégageait trois niveaux de service donnant lieu à des managements différents. Nous nous limiterons ici à la situation dite « service ouvert » incluant le cas réellement ouvert et le mode dégradé pour lesquels des conseillers sont présents ; le mode « service fermé » pour lequel aucun conseiller n'est présent est traité en préambule.

Règle de principe

Tout d'abord, une règle de principe trop souvent ignorée : l'organisation mise en place (*scriptings* inclus) sera mesurée par les statistiques et divers *reportings* que le système nous permettra de produire (et que nous aurons décidé d'extraire). Dans ces conditions, le respect de la règle suivante présente une garantie de cohérence :

« Souvenons-nous, lorsque nous décidons d'une organisation, d'un mode de routage ou de traitement des appels, que nous aurons à en mesurer les performances le plus objectivement possible. Par conséquent, nous aurons à la lire à travers les *reportings* ou tableaux de bord que nous aurons parallèlement élaborés. Il convient donc de penser les deux approches[1] simultanément et de se livrer à des simulations de calcul avant toute mise en œuvre ».

[1] Les algorithmes de routage doivent être envisagés parallèlement avec les reportings nécessaires.

Implanter ou non le message d'accueil

Comme nous l'avons vu dans le chapitre 2, il est possible de démarrer la prise en compte du centre par un message d'accueil synthétique (indication au correspondant qu'il ne s'est pas trompé de numéro), de durée très courte (il est obligatoirement synchronisé sur son début et ne peut être interrompu) et d'une politesse neutre[2].

On se devra de déterminer si la présence de ce message d'accueil est indispensable, simplement utile, superflue ou non souhaitée.

[2] On ne confondra pas ce message avec le message dit « de patience » que reçoit le correspondant en file d'attente et dont nous aborderons plus loin les éléments de choix.

Gestion du mode « fermé » ou service fermé

Aucun conseiller n'est présent ; il s'agit d'horaires de nuit ou de jours fériés pour lesquels, compte tenu du métier et du service à rendre, il n'a pas été jugé bon de mettre le centre d'appels en disponibilité.

On est dans un cas fort simple pour lequel plusieurs options demeurent néanmoins possibles pour délivrer simplement un message d'information ou permettre un usage de certaines fonctions de type self-care ; le cas où l'appel sonnerait dans le vide n'est pas envisageable car l'appelant doit toujours se voir délivrer, au minimum, une information sur l'état du site et donc sur le devenir probable de son appel.

Terminologie

« Self-care » est un niveau de service fortement réduit et entièrement automatique permettant à l'appelant de réaliser un certain nombre d'opérations de base qualifiées soit de simples soit d'urgentes ; ce service est toujours rendu par un SVI et des applications telles qu'opposition sur carte bancaire ou « rechargement » par procédure sécurisée d'un compte (mobile GSM par exemple) sont de ce type.

Solution « centrale » ou utilisation des réseaux intelligents

Cette solution consiste à mettre le limiteur du réseau intelligent (nombre d'appels simultanés) à zéro pendant les périodes concernées et de charger l'opérateur de télécommunications d'informer les appelants via un répondeur sur l'état « fermé » du service ainsi que sur les horaires normaux d'ouverture (on donne généralement à ce niveau uniquement les plages d'ouverture du service complet). Cette solution impose que le centre soit accessible par des numéros du réseau intelligent (voir la section « Une question stratégique les choix de réseaux). La comptabilisation des appels en mode fermé qui est un indicateur important pour décider d'éventuelles modifications d'horaires est fournie par l'opérateur de télécommunications.

Solution locale simple : un répondeur enregistreur ou non

Le service étant fermé, la nécessaire information de la clientèle est réalisée au niveau du centre d'appels ; on remplace le message d'accueil affecté au service ouvert (ou on le crée s'il n'existait pas) par un texte délivrant les informations vocales telles que définies dans le paragraphe précédent. Cette solution ne dépend pas des choix de réseau et les nombres d'appels en mode fermé sont directement disponibles au niveau du centre (ACD).

Note

Il reste cependant que dans le cas de choix de réseau à facturation partagée (tout ou partie à la charge du centre), les appels ainsi traités sont, pour la quote-part concernée, facturés au centre.

Il reste à savoir si cette fonction de répondeur doit, en plus, permettre au client de déposer un message ; si oui l'annonce du répondeur contient bien sûr les mêmes éléments que pour la solution précédente auxquels s'ajoute la liste des informations que le correspondant doit laisser (nom, téléphone, heure possible de rappel…). Une organisation sans faille doit impérativement être prévue pour le rappeler (notons la difficulté statistique que représente la probabilité de joindre un correspondant que l'on rappelle).

Solution locale self-care : SVI

Dans cette section, on tentera d'**aller plus loin que la solution précédente** par l'utilisation, en mode fermé, d'un serveur vocal interactif qui puisse délivrer le message d'information nécessaire mais qui permette également au client de traiter un certain nombre de fonctions pouvant être automatisées de façon simple et très accessible (*self-care*). Généralement, ce SVI également installé en mode ouvert, permet de plus, dans ce cas, de rentrer en communication avec un conseiller.

Les comptages d'appels en mode fermé sont fournis par l'ACD et par le SVI, lequel est en mesure de détailler les types d'opérations qui auront été effectuées. La question qui consiste à savoir si le client peut ou non déposer un message est ouverte comme pour le cas précédent. Parmi les situations rencontrées sur le terrain ; citons par exemple :

- Les plates-formes bancaires dont le SVI peut par exemple délivrer la position d'un compte.
- Les opérateurs de télécommunications mobiles dont un SVI permet de « suspendre » instantanément une ligne (sécurité en cas de perte ou de vol du mobile).
- Les services de maintenance *B to B* où le SVI (en cas de contrat complet 7 jours sur 7 et 24 heures sur 24) va contacter un technicien qui prendra contact dans les meilleurs délais.

Les modes dits « ouverts » (service plein ou restreint)

Il s'agit des deux modes selon lesquels un client peut renter en contact téléphonique direct avec un conseiller : le mode service plein ou mode normal et le mode service restreint. Deux questions se posent alors : comment sont acheminés les appels sur les conseillers appartenant au groupe de réponse et, en particulier, quel est l'usage de la file d'attente ? Comment gérer la surcharge ?

L'algorithme, en première approche simple, est conforme à la figure 7-7.

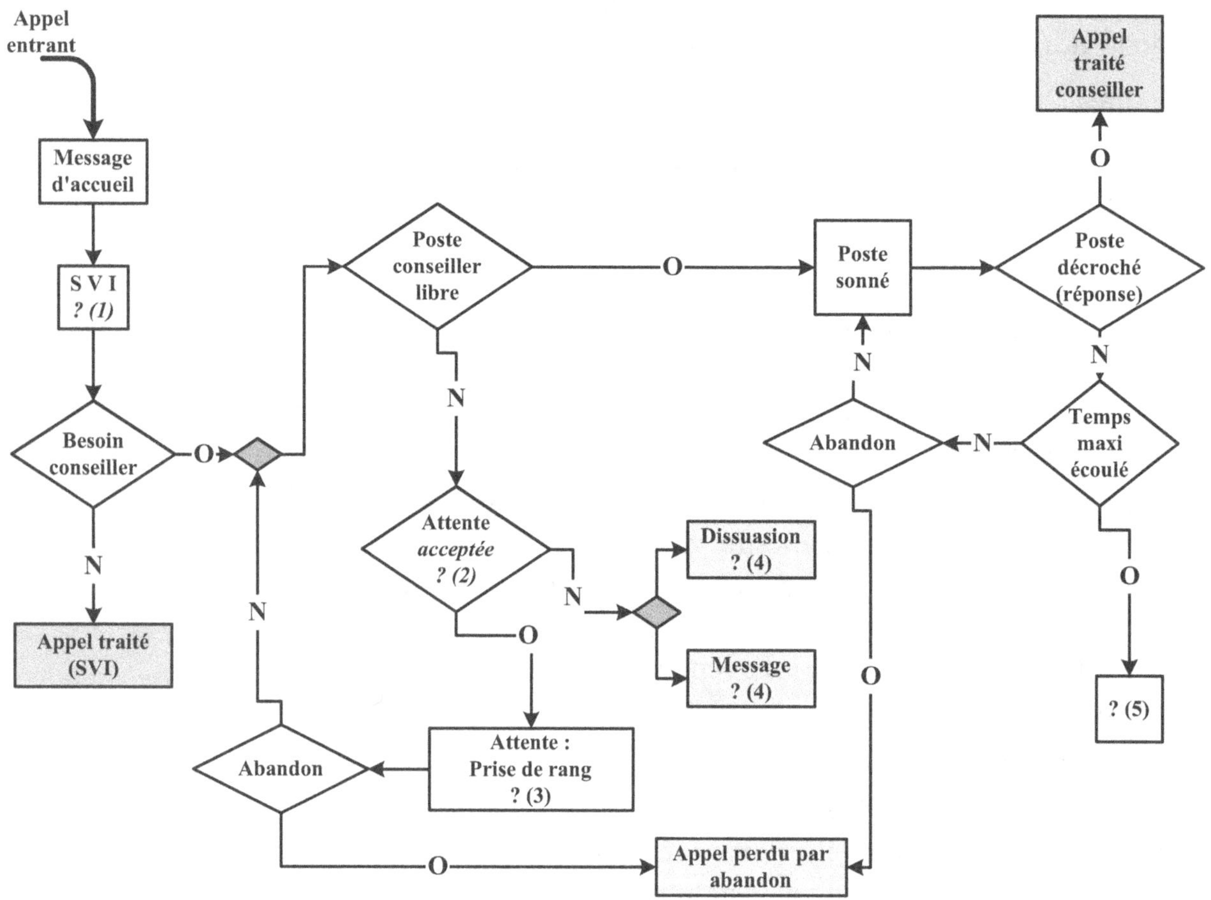

Figure 7-7
Algorithme de routage des appels

Certaines cases apparaissent avec un point d'interrogation suivi d'un numéro entre parenthèses, il s'agit des questions d'organisation que le responsable doit se poser avant de mettre en place une organisation (que ce soit ou non à la création du centre) ; nous allons aborder ces questions point par point.

Mise en place et utilisation de SVI (1)

La structure doit-elle utiliser un SVI en amont afin, éventuellement, de décharger les conseillers de flux que la machine peut traiter (position de comptes, résiliation urgente…) ? Si oui, on devra prêter attention à obtenir des données à partir des deux sources et de bien différencier les appels traités par le SVI.

En effet, comme l'indique la figure 7-8, les appels se répartissent alors en trois catégories : les appels traités par le SVI ; les appels perdus par abandon sur le SVI ; les appels aiguillés vers l'équipe de réponse qui vont d'abord, normalement, rentrer dans une file d'attente (autre source d'abandons).

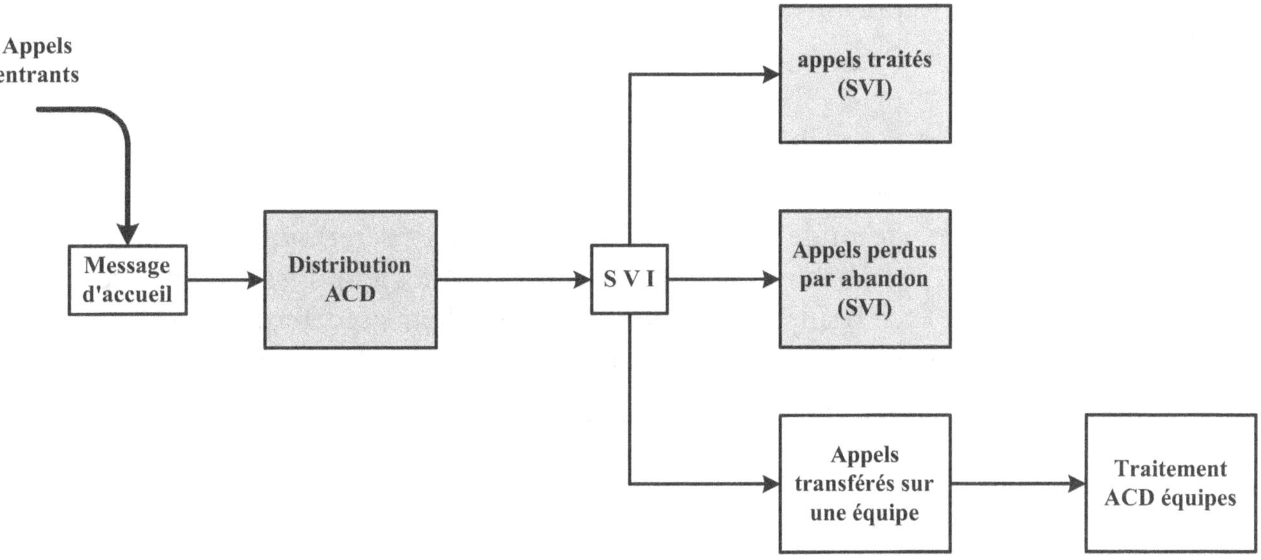

Figure 7-8
Détail de répartition des appels avec présence de SVI

Attente acceptée (2)

Comme l'indique l'algorithme de la figure 7-7, la structure est dotée d'une file d'attente, autrement, les ressources humaines seraient trop élevées et donc trop onéreuses (ou le taux de pertes serait inacceptable). Comment et pourquoi entrer (ou ne pas entrer) dans cette file d'attente ?

Note

On pourra se reporter au chapitre 2 qui traite des données technologiques et, en particulier, au paragraphe intitulé « Les files d'attente ou dispositifs d'attente » ; on rappellera simplement que la dimension d'une file d'attente n'est pas infinie et qu'une (des) règle(s) permet ou non à un appel d'y accéder.

Tableau 7-3
Fonctionnement des files d'attente

	Passage en attente	
	Fonction du nombre de postes actifs ou connectés	**Fonction d'une durée probable d'attente**
Nombre d'appels en attente au maximum	connu	inconnu
Durée probable d'attente	non évalué	évalué
Taux d'abandon en fonction de l'attente	valide	non valide

[1] On applique généralement un coefficient (k < 1) et on détermine que la file d'attente est constituée d'un nombre de positions égal à N (conseillers présents) X k.

Rappelons les deux solutions actuellement envisageables.

- Première solution : le nombre maximal d'appels qui peuvent être placés simultanément en file d'attente est fonction du nombre de conseillers connectés[1] ; c'est la solution d'apparence la plus simple.

- Seconde solution : le système ACD détermine la durée d'attente probable d'un appel entrant si toutes les positions sont occupées ; ce résultat est comparé à une valeur prédéterminée et l'appel est rejeté dans le cas où ledit résultat est plus grand.

Le tableau 7-3 nous renseigne sur les caractéristiques principales de chacune des deux solutions ; la dernière ligne est très significative.

Note

La nécessité de connaître la capacité de « patience » d'une clientèle à des fins de dimensionner au mieux les ressources est de plus en plus présent. Une évaluation statistique de ce phénomène repose sur l'observation de la file d'attente et sur une analyse des durées d'attente avant abandon, segment par segment. Nous rappelons que ces mesures n'ont de sens que si les événements sont statistiquement indépendants et que l'utilisation, en amont, d'une fonction basée sur la durée probable d'attente rend tout résultat de ce type non seulement inexploitable mais tout simplement faux.

Attente et prise de rang (3)

L'entrée dans la file d'attente doit-elle se faire dans un ordre chronologique simple de type « first in/first out » ou doit-elle intégrer une notion de priorité (exemple : pour la remise en attente d'un appel ayant déjà sonné un poste qui n'a pas répondu) ?

Nous restons favorables à la solution chronologique. Nous considérons que toute augmentation de priorité d'attente se fera au détriment d'un autre client et que l'interprétation des statistiques des durées moyennes d'attente peut devenir fort délicate.

Autre interrogation : faut-il fournir au client la durée probable d'attente ? Notre réponse est « oui, si cette donnée est fiable » ce qui est rarement le cas, compte tenu du caractère anticipatif selon lequel on se base sur une durée d'ores et déjà écoulée pour effectuer ce calcul. Néanmoins, dans les structures à flux très élevé, cette utilisation est envisageable.

Enfin, cette fonctionnalité est souvent utilisée en lieu et place d'une dissuasion ; la durée annoncée étant très élevée, l'information amène le client à raccrocher.

Une dernière question se pose : comment un appel peut-il quitter la file d'attente ? Hormis les deux solutions génériques que sont la prise de l'appel par un conseiller (ou plus exactement le passage d'un poste en sonnerie) et le raccrochage du demandeur par abandon, il est souvent accepté de « sortir » l'appel vers la dissuasion après une certaine durée d'attente.

Cette solution nous semble être perçue négativement par le client et nous nous permettrons d'énoncer un principe humoristique « pourquoi brûler le pied de votre client avant de l'amputer » ; autrement dit, si un appel doit aboutir en dissuasion, autant lui infliger immédiatement cette terminaison et ne pas le faire transiter par une phase d'attente préalable.

Note

La situation la moins confortable pour un client est d'entrer en file d'attente ; de se voir délivrer un message indiquant : « nous évaluons votre temps d'attente à… » ; d'écouter patiemment le fond sonore accompagnant la phase d'attente ; puis de se voir « éliminé (dissuadé) au bout d'un intervalle de temps inférieur à la durée annoncée avec ce dernier message « tous les conseillers sont occupés, veuillez rappeler ultérieurement » suivi de la tonalité de raccrochage signalant que le dispositif a coupé la communication.

Dissuasion – Message (4)

Que fait-on réellement d'un appel lorsque la structure est entièrement saturée, à savoir que tous les conseillers sont occupés et que la file d'attente n'est pas accessible ?

Soit on délivre un message de « fin de non recevoir » neutre et poli (en raison d'un grand nombre d'appels…, veuillez avoir l'amabilité de rappeler ultérieurement) puis on libère la ligne par raccrochage au niveau de l'ACD, ce qui contraint le client à renouveler effectivement l'appel.

Soit on dirige l'appel vers une messagerie vocale permettant au client de déposer son message dans les conditions suggérées ; cette possibilité a déjà été envisagée et évaluée dans le cadre de l'organisation du service en mode fermé où elle peut se justifier.

La probabilité que le poste du correspondant soit libre (et celui-ci disponible) lorsqu'un conseiller a enfin la latitude de le rappeler est très faible. La conséquence est souvent désastreuse et ce choix est toujours plus pénalisant, en temps d'activité, que la simple réponse au client lorsqu'il renouvellera son appel. Cette situation a donc pour finalité de pénaliser d'autres appels (éventuellement du même candidat !).

Temps maximum écoulé : gestion de cas « délicat » (5)

Lorsqu'un poste est passé en sonnerie, que le correspondant n'obtient cependant pas de réponse (soit parce que le conseiller tarde effectivement à décrocher, soit parce qu'il s'est absenté en omettant de « désactiver » son terminal téléphonique), il n'est pas envisageable de laisser sonner ledit poste indéfiniment ; il y a donc un délai prédéterminé, d'environ trois sonneries, au-delà duquel il convient de reprendre l'appel et de le traiter.

Les solutions possibles sont au nombre de quatre, toutes plus ou moins mauvaises, ce qui démontre pleinement qu'elles ne représentent qu'un pis-aller de sécurité. D'une manière générale, la situation doit être traitée en amont (un poste qui reste en sonnerie est, de façon incontournable, une anomalie qui doit être solutionnée par le management).

1. **Laisser sonner le poste et attendre que le conseiller décroche ou que le correspondant se lasse** : il s'agit là d'une forme de « politique de l'autruche » qui a pour conséquence de mécontenter le client qui risque de perdre patience, surtout s'il est déjà passé par la file d'attente.

2. **Compter sur un conseiller libre qui pourrait intercepter cet appel** : si le client sort de file d'attente, il n'y a, par définition, aucun poste de conseiller actif et libre ; il reste la solution des conseillers dont le poste serait non actif parce qu'ils sont occupés par ailleurs. Cette solution est pour le moins hasardeuse !

3. **Sonner directement un autre poste** : même remarque que dans le cas précédent, statistiquement il n'y a pas de poste actif et libre (donc sonnable par le système) ; cette solution, la pire de toutes, ne doit pas être envisagée.

4. **Reprendre l'appel dans la file d'attente** : soit on le repositionne en fin de file ou on lui affecte une priorité élevée afin de ne pas lui infliger une seconde longue attente (ce qui se fait toujours au détriment d'un autre appel). On lui fait subir un nouveau cycle d'attente.

Le client qui se trouve en sonnerie a déjà subi, dans le pire des cas et dans l'ordre : des retours de sonnerie (synchronisation avec le message d'accueil) puis un message de patience (file d'attente) puis des retours de sonnerie (correspondant au passage en sonnerie du poste du conseiller). Dès lors qu'on lui repasse le message d'accueil, il suppose (à juste titre) qu'il est revenu au début et se trouve donc dans un cycle infini : il raccroche !

Un choix conséquent : l'implantation de CTI

Dans les centres d'appels plus qu'ailleurs, la convergence ou l'interconnexion réelle entre le monde des télécommunications et le monde de l'informatique est une réalité ; cette situation de fait est le résultat de véritables besoins d'optimisation des moyens de productivité. Les éléments permettant cette liaison forment la chaîne CTI.

Approche générale

L'interconnexion du centre d'appels avec ce qu'il est coutume d'appeler « l'informatique métier » est-elle utile, nécessaire, voire indispensable ?

Si oui, la question corollaire « doit-on mettre en place une plate-forme et des couches CTI ? » doit être traitée et la réponse apportée ne sera ni simple ni immédiate.

Il faut préciser que l'implantation d'une plate-forme CTI, solution relativement onéreuse, doit avoir pour contrepartie un service ou une fonction que la téléphonie seule ne peut pas rendre et qui, faute de mise en place technique, sera résolue par un conseiller, utilisera du temps de traitement, et, par conséquent, des ressources humaines. C'est donc une analyse d'opportunité débouchant sur une analyse économique qui permettra de décider si l'on implante ou non des fonctions CTI.

> **Note**
>
> Rappelons ici le caractère destructeur de l'effet de multiplication ; en effet, si une telle fonction demande un temps moyen de 20 secondes par appel et que nous traitons 1 000 appels par jour, alors le temps « perdu » est donné par (le coefficient d'Erlang étant fixé à 0,8 soit l'une des valeurs les moins défavorables dans ce contexte) :
>
> $$\frac{20 \times 1000}{0,8} = 25000 \text{ secondes}$$
>
> Soit près de 7 heures d'activité par jour ou encore un emploi à temps plein.

Par ailleurs, les diverses fonctions qui peuvent techniquement être remplies par une solution CTI sont détaillées dans le chapitre 2.

Rappelons ici les grandes fonctions traitées par les plates-formes CTI :

- Prédictive dialing.
- Routage intelligent.
- Assistance aux fonctions de téléphonie.
- Interconnexion aux bases de données métier.
- Production de statistiques non disponibles sur l'ACD.

Identification

L'une des questions générales posées par le CTI est l'identification de l'appelant. Deux solutions sont pratiquées : l'identification par numéro sur un serveur vocal et/ou la reconnaissance du numéro d'appelant.

La reconnaissance du numéro d'appelant ne fonctionne que dans des cas très précis où le service est lié à ce numéro[1]. En effet, dans les autres cas, le client n'est jamais obligé d'appeler depuis le numéro inscrit dans la base de données et, de plus, il peut avoir changé de numéro.

Predictive dialing

Cette fonction, qui a été détaillée au niveau de la technologie est fonctionnellement une assistance à l'émission d'appels. Elle n'aura donc de sens que si la fonction « appels sortants » est retenue au niveau du centre.

Au-delà, son utilisation n'est pas systématiquement souhaitée car on s'aperçoit que ce système est surtout adapté à l'émission d'appels de masse et très généralement à l'accès téléphonique à des interlocuteurs qui ne sont pas des clients, cela à cause du risque de « dérangement » provoqué par la succession suivante :

1. le téléphone sonne chez vous ;

2. vous décrochez ;

3. un message vous invite à patienter avant qu'un conseiller puisse vous prendre !

La mise en place et l'utilisation d'un tel dispositif doivent donc être examinées soigneusement d'autant plus qu'il existe également un risque de pollution important en regard du traitement des appels « arrivée » par saturation de l'équipe.

> **Note**
>
> La saturation de l'équipe étant l'objet même des dispositifs dialing, on les utilisera avec d'infinies précautions et jamais sur une équipe chargée de traiter simultanément des appels entrants.

[1] Opérateurs de téléphonie mobile par exemple.

Routage intelligent

D'évidence, les dispositifs de CTI sont en mesure d'échanger avec le distributeur ACD des « ordres » et des « réponses » via des protocoles prédéterminés. Il est donc tout à fait possible de faire exécuter certaines fonctions de routage par le CTI en fonction des besoins particuliers du métier.

Deux situations sont à retenir, suivant que l'on confiera au CTI des actions de routage, que les ACD sont ou non capables de réaliser.

- **Pour les actions dont un ACD est capable** : la solution CTI aura non seulement des risques de mélange mais pourra conduire à brouiller l'interprétation des résultats.

Note

Lorsque deux éléments techniques finissent par réaliser la même fonction, le traçage des appels , en particulier dans les cas complexes, et les causes réelles de certains résultats deviennent fortement brouillés ; c'est pourquoi nous formulons souvent un principe simpliste, mais néanmoins gage d'erreurs, qui est « let the switch switch and let the computer compute ».

- **Pour les actions que le distributeur n'est pas en mesure de réaliser** : il en va tout autrement et la solution « routage CTI » peut être retenue avec succès. Il s'agit là de décisions de routage juste en aval des entrées définies par les numéros de téléphone et en amont des entrées qui définissent les types de traitement.

Un exemple très répandu illustre ce mode de fonctionnement. Soit un centre d'appels « service client » qui sait reconnaître les appelants via CTI par un mode quelconque d'identification. On peut souhaiter que l'appelant qui n'est pas à jour de ses règlements soit automatiquement mis en relation avec un service de recouvrement (plus ennuyeux, avec un service contentieux) ; ce fonctionnement nécessite l'accès à la base commerciale qui positionne le compte client : c'est du ressort du CTI.

Assistance aux fonctions de téléphonie

Les deux facteurs déterminants sont, d'une part, le nombre ou la complexité des connexions et, d'autre part, la souplesse de l'organisation.

Si le nombre et la complexité des connexions doivent être analysés, la souplesse de l'organisation peut revêtir deux aspects :

- la possibilité pour chaque conseiller de se connecter à tout instant et sur tout poste de travail déclaré (le système global ayant alors mission de l'identifier) ;
- la capacité à se connecter au sein de plusieurs équipes.

Interconnexion aux bases de données métier

La connexion à la base de données interne de l'entreprise (base de données client par exemple) sera toujours utile dans le cas où chaque appel nécessite que l'interlocuteur soit identifié en termes de client ou de contrat pour les structures à vocation commerciale, et en termes de poste de travail pour les structures de type *help desk*. La solution qui permet de gagner du temps pour les conseillers consiste à présenter la fiche client sur le terminal informatique du conseiller au moment où sonne l'appel.

> **Note**
>
> Ou plus exactement une fiche détaillée nécessaire à la prestation de service. Dans le cas des *help desks*, il peut s'agir de la fiche descriptive du poste de travail *hardware* et *software* accompagnée des coordonnées de l'utilisateur et de son niveau de compétence.

Cette fonction nécessite que le demandeur soit automatiquement identifié avec un maximum de fiabilité, faute de quoi « le remède pourrait s'avérer être pire que le mal » et le temps gaspillé à rechercher la bonne information dans la base de données deviendrait alors supérieur à la situation du tout manuel. Or, nous constatons que non seulement le niveau de fiabilité des numéros de téléphone dans un fichier commercial le rend inutilisable aux fins de reconnaissance automatique mais, qu'en outre, les correspondants appellent de plusieurs sources (fixe domicile, fixe bureau, mobile personnel...). Cette situation rend le problème insoluble, si tant est qu'il puisse exister une solution légale.

> **Note**
>
> Le stockage et l'archivage informatiques, dits de masse, de certaines informations personnelles telles que les numéros de téléphone sont réglementés par les lois CNIL de 1988.

Même dans l'un des cas, d'apparence le plus simple, à savoir lorsque les opérateurs de téléphonie mobile fournissent à leurs clients des numéros courts (trois chiffres) permettant de les joindre simplement à partir du mobile, il s'avère qu'une proportion non négligeable d'appels provient d'un fixe ou d'un autre mobile, voire d'un mobile non identifié (concurrence).

Pire, alors que ces services proposent des SVI permettant au client de donner le numéro de mobile concerné par le contact, on dénombre encore des appels « vierges de toute reconnaissance » qu'il faut traiter manuellement. Dans ce cas, le problème de la réinsertion du numéro utile va se poser (numéro du demandeur) dans la chaîne dite « paquet d'appel » ; cette fonction pourra être réalisée par un module CTI très spécifique.

C'est pourquoi, la solution la plus adoptée actuellement, en dehors des structures de *help desk*[1], consiste à fournir au client un numéro identifiant ou un mot de passe authentifiant ; la reconnaissance de l'interlocuteur est alors effectuée en amont par un SVI qui communique ensuite les informations aux couches CTI.

Production de statistiques spécifiques CTI liées à l'identification

Nous sommes ici dans la même problématique que le routage « intelligent » et en corrélation avec celui-ci, nous tirons des conclusions identiques : si une fonction a été confiée aux logiciels CTI alors il appartiendra à ces derniers de rendre les résultats ; dans le cas contraire, laissons à l'ACD la charge de cette mission.

Reporting et statistiques

Quels ensembles de *reportings* et statistiques faudra-t-il produire pour chacun des niveaux concernés (du directeur général au responsable d'équipe) ?

L'analyse fine et détaillée de ce sujet ne fait pas l'objet d'études et de décisions préalables (objet de ce chapitre), elle sera détaillée dans les chapitres 10 et 11 respectivement consacrés au pilotage et au *staffing*. Toutefois, les outils fournis par les constructeurs sont-ils suffisants ou faut-il s'adresser à des prestataires aptes à réaliser des plates-formes qui peuvent devenir de véritables systèmes d'information « pilotage » ?

La réponse n'est pas neutre en termes de budgets d'investissement mais peut réduire très sensiblement les budgets de fonctionnement, partant du principe qu'un pilotage au plus près représente une assurance vie à l'encontre du gaspillage de temps.

> **Note**
>
> Il est absolument indispensable de préciser que, dans un centre d'appels, les charges de ressources humaines représentent, suivant les valeurs ajoutées induites, de 80 % à 90 % du budget annuel (y compris les amortissements réintégrés) ; c'est pourquoi le temps est une variable « chère ».

[1] Dans ce cas de structure interne, on a toujours la possibilité d'exiger de l'interlocuteur qu'il appelle depuis un appareil téléphonique inclus dans le poste de travail.

Un choix stratégique : l'externalisation

Pour de nombreux projets, la question se pose de savoir si pour tout ou partie, le centre d'appels doit rester en interne à l'entreprise ou être confié à une structure externe dont c'est alors le métier. Cette décision d'externalisation sera lourde de sens et de conséquences car intimement liée à la stratégie même de l'entreprise.

Dans tous les cas, il s'agit d'une relation client/fournisseur au niveau du service et très complexe. Un contrat devra donc être souscrit avec le sous-traitant ; il sera rédigé avec une grande rigueur et sera très détaillé, notamment sur les objectifs à atteindre et la manière de les mesurer[1].

> **1** En particulier, les modèles des divers reportings et tableaux de bord nous semblent devoir être imposés par le client.

Le corollaire se situe ensuite au niveau des termes du contrat : les conseillers fournis par le sous-traitant sont-ils absolument dédiés dans les périodes où ils occupent cette situation ? Sinon quels autres flux sont-ils amenés à gérer avec quels impératifs de qualité ? Certains indicateurs, prévus au contrat, devront permettre au client de vérifier, à un instant donné, le nombre de conseillers simultanément connectés.

Que doit-on externaliser ?

Entre la totalité et une partie qui peut être liée au volume des flux ou à la mission[2], on peut envisager toutes les situations attachées chacune à des problématiques différentes, la décision est alors d'autant plus délicate.

> **2** On peut éventuellement envisager qu'un *help desk* ne sous-traite que le niveau 1 d'assistance.

Sous-traiter la totalité sur site externe

Cette décision exige que le sous-traitant ait accès à l'ensemble des données qui lui permettent d'accomplir la mission confiée ; en dehors des éventuels problèmes d'ordre technologique comme les architectures de réseau, cette décision nécessite des précautions quant au niveau de confidentialité nécessaire.

> **Note**
>
> Nous ne prenons aucune position de valeur ici sur le bien fondé ou non de l'externalisation mais nous présentons les différents écueils propres à chaque situation.

Pour les décisions de répartition, c'est la solution la plus simple mais elle n'affranchit pas de pouvoir déterminer les flux à venir ; le pilotage et les prévisions restent du domaine du client.

Enfin, qu'en est-il de la propriété des divers matériels et logiciels et de leur mode d'approvisionnement (client ou sous-traitant).

Note

Dans les très grandes structures faisant appel à plusieurs sous-traitants, c'est généralement le client qui fournit le matériel.

Sous-traiter la totalité sur plate forme interne

Cette situation est simple et consiste à sous-traiter uniquement le personnel du centre d'appels, ce qui n'exclut pas que le pilotage demeure au niveau du client. La question quant à savoir si les superviseurs restent partie intégrante du personnel de l'entreprise reste posée. Cela n'exclut pas non plus la rédaction d'un contrat de service très précis.

Sous-traiter une partie en externe

Cette option peut s'envisager de deux manières : soit sous-traiter la partie haute (débordement) soit sous-traiter la partie basse (une quantité de travail constante et prédéfinie) ; les deux options conduisant à des questions différentes.

Sous-traiter la partie basse

En résumé, le sous-traitant sait exactement quelle charge de travail lui sera attribuée[1]. La difficulté de planification reste du domaine du client et continue à être gérée par sa structure interne. On se trouve dans la même problématique de validité des prévisions que si tout est traité en interne avec une situation plus critique : la quote-part des variations, attendues ou pas, sur ce qui est demeuré en interne est beaucoup plus élevée que si on avait gardé la totalité ; cette situation complique le staffing. Par conséquent elle sera réservée à des structures de taille élevée (au-delà de quatre-vingt postes de travail).

En revanche, pour une structure commerciale, les experts des « marges » affirment que les appels à forte marge doivent rester au sein de l'entreprise.

[1] Il convient pour le contrat de ne pas oublier le cas où le flux présenté s'avérerait inférieur aux prévisions.

Sous-traiter la partie haute

La principale difficulté réside dans le fait que le sous-traitant exercera une forte pression pour que les prévisions soient les plus exactes possibles, faute de quoi, il appliquera des prix dissuasifs sur la partie la plus haute (et donc la plus conditionnelle) des flux.

Donc, si la situation peut sembler idéale, la problématique interne va, sensiblement, demeurer la même.

Sous-traiter par fonction

Nous avons abordé rapidement ce cas au début de ce chapitre ; cette option est fortement retenue au niveau des *help desks* et consiste, dans la plupart des cas, à sous-traiter le niveau 1 d'assistance, voire une partie plus fonctionnelle comme la quote-part bureautique.

Le choix d'externaliser tout ou partie d'un *help desk* a pour conséquence de devoir remettre au sous-traitant les clés de l'architecture informatique (d'où l'importance du contrat) et une entrée sur le réseau interne. L'expérience montre que le résultat de ce choix consiste à confier au prestataire jusqu'à la gestion des *releases* logicielles.

Analyse et conclusion

Nous conclurons en prenant pour exemple une structure a but commercial, comme un site de vente par correspondance, qui se propose de passer tout ou partie du flux entrant en sous-traitance.

L'objectif économique de cette structure est de maximiser son profit ; pour obtenir ce résultat on essayera de traiter un maximum d'appels et l'on établira, avec ces données, une base de rentabilité des conseillers (en nombre d'appels).

L'objectif économique de la structure *call center* du sous-traitant est un peu différente. Elle consiste à rentabiliser intrinsèquement au maximum les conseillers présents sur sa plate-forme ; le seuil de rentabilité préconisé est alors que les conseillers gèrent du flux à saturation, ce qui n'est (jamais) en cohérence avec l'objectif du client.

Cette obligatoire divergence de vues plaide encore pour la rédaction d'un contrat précis[1].

1 La manière de contourner cet écueil vu du client consiste à proposer des paliers de rémunération en fonction de partie de flux traité (en pourcentage).

Chapitre 8

Modèles d'organisation

Les diverses solutions technologiques et les variétés de profils, de compétences ou de niveaux de formation des personnels concernés, qu'il s'agisse des conseillers ou de l'encadrement, multiplient les organisations envisageables pour un centre d'appels, en particulier celui qui traite de « l'appel entrant ».

Ce chapitre aborde les principales catégories réellement possibles ; pour ce faire, nous allons utiliser une méthode de complexifications successives.

En préambule, précisons encore un concept à la fois fondamental et incontournable mais qui relève cependant du simple bon sens et que nous exprimerons ainsi : « toute organisation si complexe soit-elle peut être mise en place à la seule condition qu'elle soit **lisible** ». Autrement dit, que les managers, superviseurs et divers décideurs de centres d'appels n'oublient pas, en optant pour une solution, qu'ils auront à en extraire des données statistiques et à les lire pour interpréter les performances de l'organisation et, éventuellement, prendre les décisions qui s'imposent.

L'organisation dite simple ou de base

Nous avons chois de développer ce chapitre en commençant par l'organisation la plus simple et en la rendant de plus en plus complexe avec divers ajouts d'architecture; ce paragraphe présente en détails cette structure simple ou de base.

Présentation

Elle repose sur des règles très simples d'environnement et d'organisation : un seul flux d'appels et une seule équipe permettant de le gérer.

Cette structure, historiquement la seule envisageable à l'origine des centres d'appels, se rencontre moins aujourd'hui du fait de la complexification des problèmes au sein des entreprises où l'on voit qu'une organisation, à l'origine monofonction (télévente par exemple), se voit confier le traitement d'autres charges telles que le service après-vente ou l'administration des ventes.

Note

C'est alors le type d'organisation et non la fonction qui emporte la décision. Mes activités rattachées ultérieurement s'intègrent naturellement dans la structure centre d'appels.

Toutefois, cette organisation d'apparence simple ne doit être ni dénigrée ni méprisée car elle est absolument indispensable à la compréhension de solutions plus complexes.

En effet, les problématiques d'évaluation et d'anticipation des flux, de dimensionnement à la fois technique et humain, de décisions quant à la surcharge ou plus généralement de staffing y existent de la même manière que dans de « plus grosses machines ». Même si ces questions apparaissent ici d'approche moins complexe, elles restent néanmoins très générales quant à l'analyse que doit conduire le manager et aux concluions qu'il peut en tirer. En résumé, la compréhension sur le fond de cette solution est la base indispensable, la fondation de la capacité à envisager ou à construire des solutions plus sophistiquées.

La figure 8-1 nous montre quelle est cette organisation « réduite ».

La notion de flux unique est déterminée par la qualité la plus uniforme possible, en termes de demandes des appelants. Citons un site de vente par correspondance où tous les appels ont pour objet une commande (ou une demande de renseignements que les conseillers vont trouver dans le même catalogue qui sert au traitement des commandes).

Par sa nature même, cette clientèle ne nécessite qu'un seul type de compétence en termes de métier ou de fonction ; on peut même affirmer qu'un seul niveau de compétence est requis dans la mesure où cette situation serait possible, mais nous y reviendrons ultérieurement dans ce chapitre.

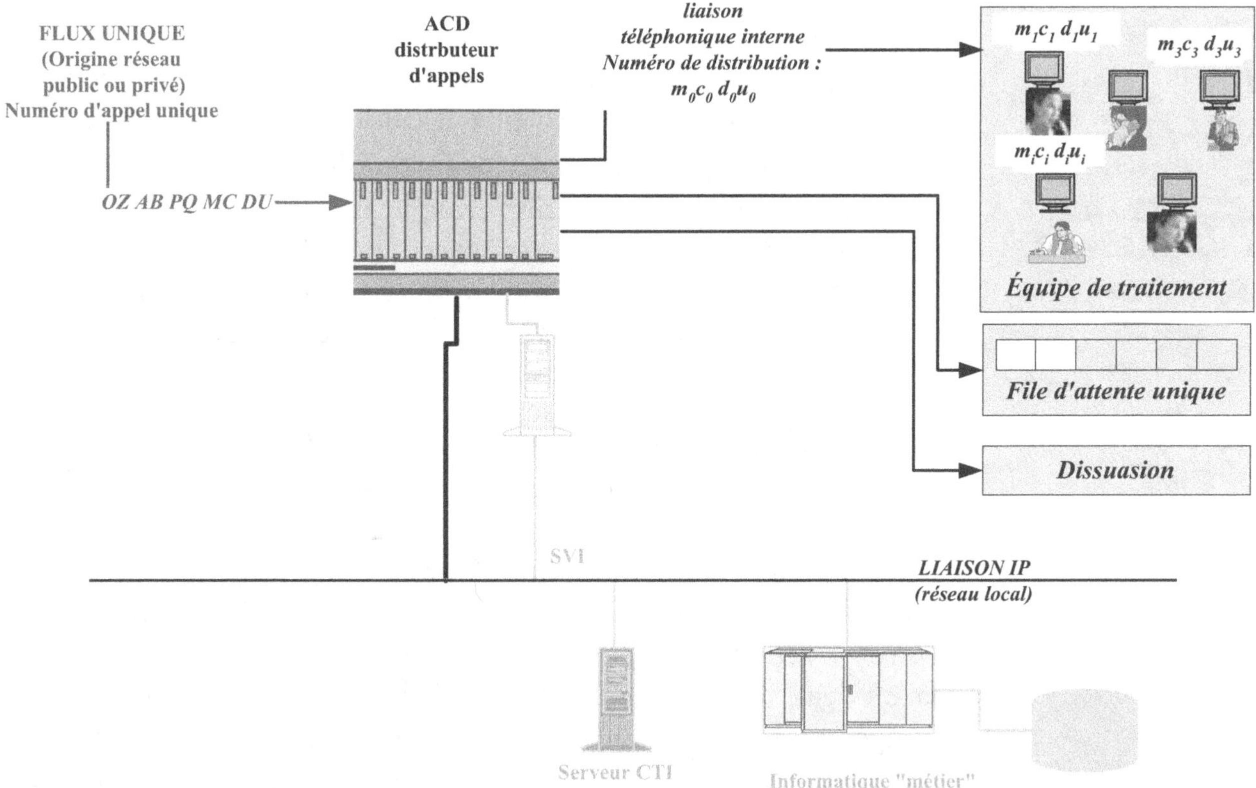

Figure 8-1
Schéma de principe de la solution de base

Questions préalables et analyse de besoin

L'analyse préalable à conduire est en tous points conforme à la description générale que nous avons faite au chapitre 7 et que nous allons, à présent, appliquer.

Questions métier

Ces questions (pour quoi ?, pour qui ? et comment ?) ouvrent le débat et doivent être traitées dans les cas simples comme dans les complexes. Elles sont préalables à la décision même de créer une structure d'appels ; c'est pourquoi le sujet apparaît ici un peu annexe.

Problématique des flux et du dimensionnement

L'organisation simple est la base de tous ces questionnements ; les calculs abordés au chapitre 7 resteront les mêmes dans des organisations plus complexes mais nous verrons alors comment ils peuvent être conduits dans des problématiques multiples.

Par ailleurs, l'organisation « un flux/une équipe » servira toujours de base à toutes les analyses de complexification (les déterminations générales des besoins quantitatifs, pour des structures plus complexes, seront conduites flux par flux et consolidées ultérieurement).

La notion de lissage et d'activité stockable est très présente ; elle doit être traitée en corrélation avec le niveau de service exigé et l'objectif minimal retenu (pourcentage d'appels traités) ; on n'omettra pas que cette analyse a pour objectif de « rentabiliser » le temps des conseillers, mais que l'activité stockable demeure la tâche secondaire.

Détermination générale du niveau de service

La détermination des horaires d'ouverture, du niveau moyen de staffing, des objectifs fixés relatifs au service de base (pourcentage d'appels traités) dépendra du métier, des contraintes imposées par les clients et des impératifs économiques. Corrélativement à l'analyse détaillée du chapitre précédent, le chef de projet se trouvera face à deux situations possibles : la première étant qu'il dispose d'un budget et de moyens illimités (en regard de la situation, tout au moins) ce qui est fort rare pour ne pas dire inexistant ; la seconde étant que, compte tenu des moyens qui peuvent lui être alloués, il va devoir se livrer à des choix d'organisation qui auront des conséquences sur le niveau de service rendu au client.

La pertinence des choix préalables déterminera fortement la qualité fournie par la structure.

> **Note**
>
> Nous préconisons, par mesure de sécurité et chaque fois que cela est possible, de permettre des évolutions de ces choix dans l'organisation retenue ; cette situation, correctement gérée permet de se replier en cas de situation *a priori* inattendue..

En particulier, la manière de traiter (au moins pire, rappelons-le) les situations de crise doit absolument avoir été anticipée.

La problématique générale des niveaux de formation

Le chapitre 6 précisait que la formation des conseillers se déroulait en deux parties auxquelles s'ajoute l'acquisition de compétence sur poste de travail (l'expérience) : le recrutement, la période de formation, la mise en situation au niveau requis de compétence. Au contraire, les usages des centres d'appels consistent à mettre en place une formation de base en dehors de toute production, suivie d'une formation en binôme où le conseiller est accompagné par un collègue très confirmé et, enfin, une mise en situation réelle et en « solo » où le conseiller va développer sa propre expérience et sa propre compétence.

Nous pressentons également que la durée moyenne de conversation est considérablement dépendante du niveau de formation et que nous avons au minimum deux populations sur le plateau (pour une seule et même compétence) ; cette situation complexifie le problème de calcul des ressources humaines.

La méthode permettant de déterminer, par lecture des résultats, combien de populations statistiques de conseillers sont présentes, repose sur le traçage d'une courbe représentant la dispersion des durées d'appels ; ici comme pour ce qui est des causes d'appels, une population homogène de conseillers a pour conséquence une répartition gaussienne ou normale des durées d'appels.

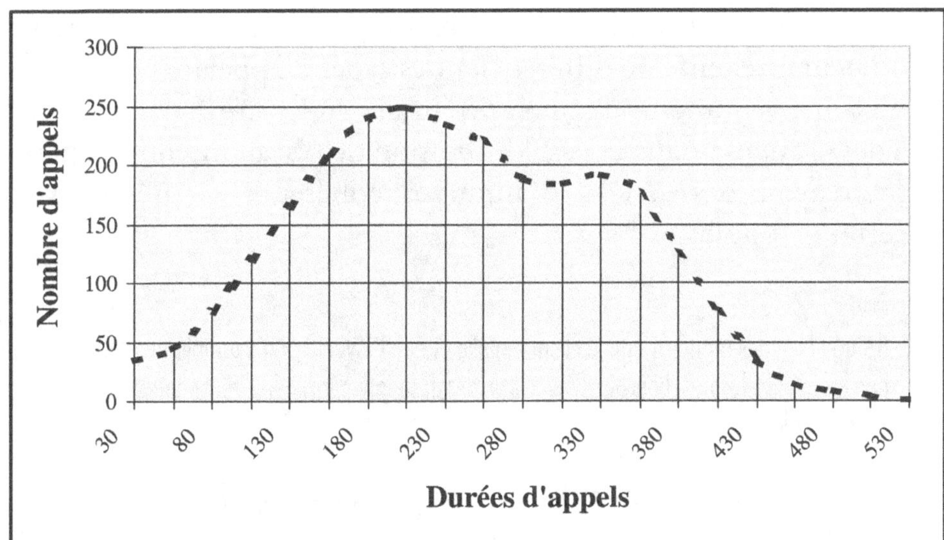

Figure 8-2
Répartitions de compétences vues à partir des dispersions de durées d'appels

La figure 8-2 présente une courbe de répartition de ces durées d'appels qui apparaît comme une superposition de deux courbes dites normales ; la « seule » difficulté pour la réduire à deux cas simples sera de déterminer l'intersection : quels sont les « pourcentages » d'appels qui appartiennent aux deux populations ?[1].

Enfin, il conviendra de classer les différents conseillers dans chacune des populations en fonction de leur niveau de compétence et, donc, de formation.

[1] La répartition dite « au simple prorata » fournit une approche très raisonnable du résultat en regard de la précision recherchée.

Une question à caractère stratégique : le choix de réseaux

Dans notre cas, ce choix dépendra de la possibilité éventuelle de déménagement que le décideur veut préserver, de la notion de service rendu au client (accepte-t-il de payer le coût des communications et, par extension, est-il sensible à la prise en charge d'une partie au moins de l'appel par le centre). En outre, on tiendra compte des besoins de gestion des tranches horaires (service ouvert ou fermé par exemple) qui pourront être pris en compte par les réseaux intelligents.

Note

Nous insistons sur la capacité de patience des clients liée au coût de communication ; dans les situations que nous avons expertisées nous n'avons jamais entendu « l'appel est cher » mais souvent « on doit attendre et en plus nous payons cher ».

Enfin, bien qu'il s'agisse d'un flux unique au niveau du traitement, on peut être tenté de différencier des types d'appelants en leur fournissant des numéros d'appel spécifiques en fonction d'appartenance à des groupes ; dans ce cas, l'utilisation de réseau intelligent permettra d'avoir des séries de numéros cohérents et présentera une certaine souplesse.

Note

Il s'agit bien des numéros que le client appelle et non l'inverse ; un exemple très courant est fourni par les plates-formes bancaires où cette organisation permet de reconnaître à quelle agence appartient le client.

Choix des algorithmes de « routage » des appels

La situation est très simple : il n'y a pas de notion de débordement, seulement la présence ou non d'un message d'accueil, la présence d'une file d'attente et la problématique des appels en surnombre (conseillers occupés et file d'attente pleine).

Cas particulier d'implantation de SVI

L'utilisation d'un SVI, dans notre hypothèse simple, le place obligatoirement en amont du groupe de réponse ; il peut soit fournir des réponses et libérer du temps pour les conseillers soit servir d'aiguillage.

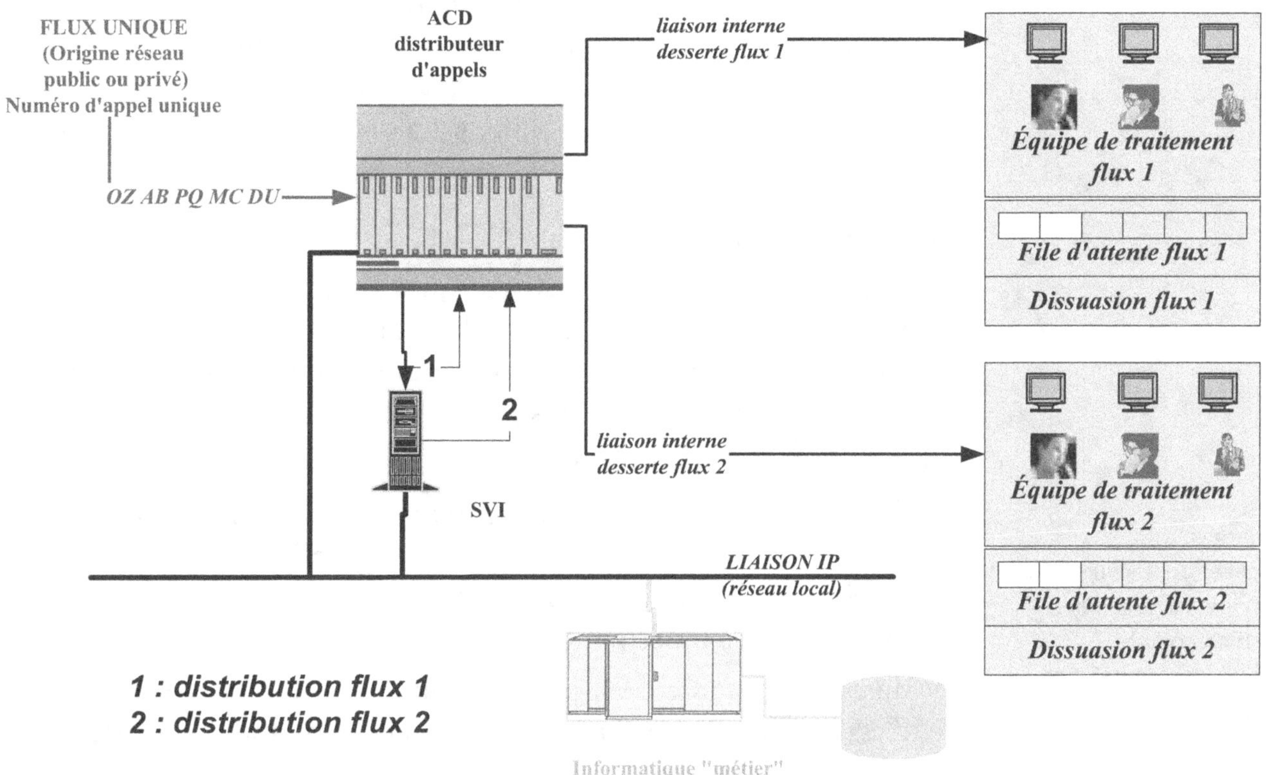

Figure 8-3
Distribution en amont par un SVI

Sur la figure 8-3, le SVI sert de séparateur de flux en permettant à l'appelant de choisir vers quel service il souhaite s'orienter. Ce choix est effectué au moyen des touches fréquences vocales du poste téléphonique[1], le client est a lors aiguillé sur une équipe simple au travers de l'ACD, et nous sommes ramenés au cas précédent (un flux, un groupe) mais avec la présence en parallèle, et sur la même architecture, de plusieurs chaînes complètes de ce type.

Le choix d'implanter des modules CTI

Nous savons à présent que le choix d'implanter les modules CTI dépend des fonctions qui peuvent être remplies par ces modules et de l'organisation mise en place ; l'analyse dans notre cas simple se borne à la relation de type identification et gain de temps.

En résumé, un module CTI sera implanté dans le cadre monoflux, dans deux cas : d'une part, les besoins d'assistance à la téléphonie (sur l'écran) sont pris en compte, d'autre part, l'accès direct et automatique du conseiller aux paramètres du client (montée de fiche), est possible et présente un gain de temps significatif.

[1] Dans la pratique, cette situation nécessite, qu'en l'absence de réponse du client, celui-ci soit pris en charge par un conseiller.

En outre, le choix CTI permettra ultérieurement de mettre en place des organisations plus complexes à plusieurs niveaux (accès direct et imposé au service « recouvrement » par exemple si le client n'est pas à jour de ses paiements. Ce choix est alors évalué en termes d'anticipation.

Reporting et statistiques

Les besoins en reporting et statistiques sont, en premier lieu, fort simples ; mais on se gardera de les voir comme « simplistes » et dénués d'intérêt. En effet, certains problèmes de compréhension de situation peuvent se poser dès ce niveau.

Les résultats indispensables sont représentés :

- du côté des flux, par les comptages d'appels (appels présentés, appels traités, abandons, dissuasions, qualité de service) et les durées significatives (durée d'attente, durée de conversation, durée de post-traitement…) ;
- du côté des conseillers, par des comptages comparés et des suivis d'activité par heure connectée ou des performances individuelles[1].

En outre – et c'est une source de complexité – on devra mettre en place des mesures (ou plus exactement des présentations) spécifiques permettant de contrôler les progressions des niveaux de formation des sous-ensembles ; cela est réalisé par l'analyse des durées moyennes individuelles de conversation et de post-traitement.

Enfin, si construire un tableau de bord journalier de la manière la plus synthétique possible, sur une seule page avec des indicateurs de qualité, s'avère relativement facile, il restera néanmoins à étalonner les résultats à l'aide des moyens classiques[2].

Le message d'accueil

Le choix du message d'accueil est surtout lié à la probabilité de faux appels et à une éventuelle réserve de gestion de crise.

> **Note**
>
> Il est tout à fait envisageable de créer un message d'accueil qui ne sera connecté qu'en situation de crise (absence totale de message d'accueil en fonctionnement dit normal).

Important

Cette organisation de base doit être vue comme un cas d'école ; elle n'existe plus sur le terrain car les structures d'appels ont dû traiter plusieurs typologies de problèmes de par leur existence même (commercial et service après-vente).

[1] Ces durées, en particulier de conversation et de post-traitement, tiennent bien compte des niveaux de compétence et de formation.

[2] Enquêtes de satisfaction et appels « mystères » permettent de se placer du côté des appelants.

Mise en place d'un débordement

La première question complémentaire qui vient à se poser face à une structure simple (telle que décrit précédemment) est la gestion des appels tombés en dissuasion. Tout naturellement, il vient à l'esprit de chercher à les aiguiller vers un autre site (autre fonction de la même entreprise ou prestataire externe) : il s'agit alors d'un débordement.

Présentation

La situation que nous venons de présenter est, le plus souvent, agrémentée d'une notion de débordement ; nous allons définir ici ce concept dans le cadre d'une équipe de débordement installée sur le même site[1].

Nous sommes en présence d'une équipe centrale de traitement qui va se trouver « assistée », en cas de besoin, par une autre équipe elle-même « activée » en cas de surcharge du groupe principal. Le dimensionnement du groupe principal se réalise alors dans le cadre de l'ensemble des deux équipes. La difficulté consiste à placer la barre qui détermine le niveau d'activité téléphonique de l'équipe de débordement (activité qui n'est généralement pas l'activité principale de cette équipe).

L'algorithme de la figure 8-4 nous indique clairement que le débordement apparaît en lieu et place d'une dissuasion pour le site « cédant ». L'appel déborde lorsque tous les conseillers actifs sont occupés au téléphone et que la file d'attente est « pleine »[2] ; c'est une situation sans possibilité de retour. Cette condition est incontournable pour éviter les situations dites cycliques (où un appel pourrait faire des allers et retours entre les deux groupes).

> **Note**
>
> La décision prise par le système d'aiguiller un appel en file d'attente (ou en dissuasion) est réalisée d'emblée sans aucune forme d'attente par test de saturation totale.

[1] Dans le cas d'un débordement qui pourrait se situer sur un site différent, la problématique de construction et les conditions de débordement seront identiques.

[2] En réalité, et plus précisément, l'ACD a répondu négativement à la condition permettant de transférer un appel en file d'attente (durée probable d'attente par exemple).

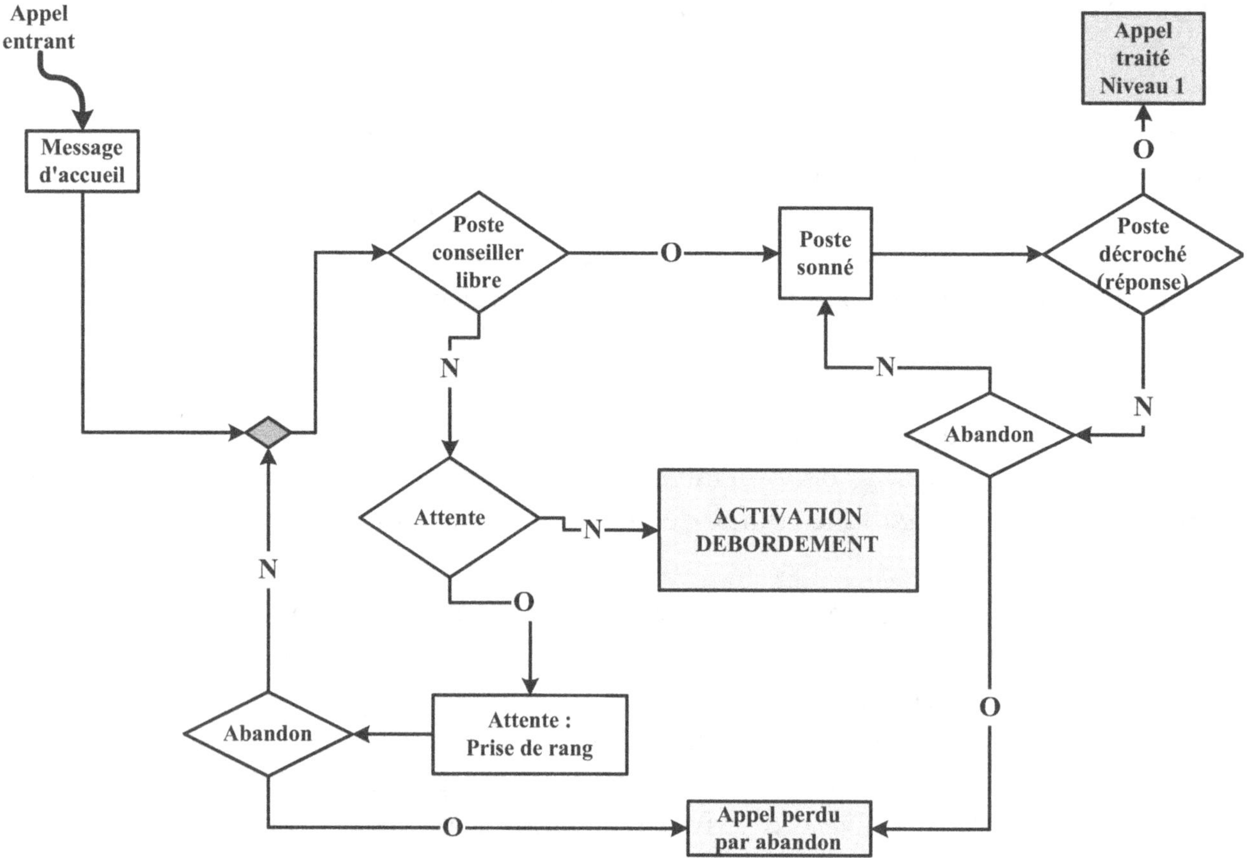

Figure 8-4
Positionnement du débordement

Questions préalables et analyse de besoin

Nous allons traiter ici des questions de fond, de la problématique générale du niveau de service, de la question des flux, des niveaux de formation et des besoins en reporting.

Question de fond

Elle se résume à une vision strictement économique de la situation. Nous sommes ici en présence de deux groupes de conseillers dont la mission sera de rendre le même service au même type de client (une seule équipe ou, plus précisément, une seule compétence et un seul flux).

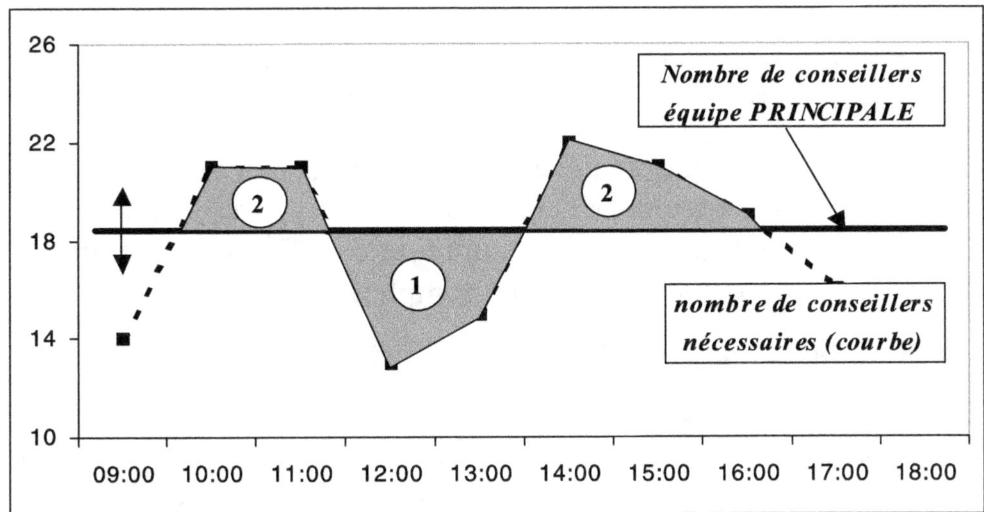

Figure 8-5
Zones de débordement

Sur quelle base, la décision de former deux équipes à deux niveaux de traitement différents, va-t-elle être prise ?

Il s'agit de construire un système dans lequel une équipe a pour mission unique l'activité téléphonique et de se doter d'un groupe permettant de prendre en charge le complément.

La figure 8-5 nous révèle que les conseillers de l'équipe principale traitent exclusivement le téléphone (hormis pour la zone 1 où le flux présenté ne suffit pas à alimenter tous les conseillers présents[1]). Le niveau de référence correspondant au staffing de l'équipe principale peut être haussé ou abaissé. Si nous le haussons, la charge dévolue au débordement sera plus faible mais, la zone 1 devient plus importante et impose de trouver un complément d'activité stockable[2]. Au contraire, si nous le diminuons, le niveau d'activité et les problématiques des deux équipes se rapprochent et, à la limite, on finit par ne plus trouver de distinction (excepté l'ordre de priorité de traitement). En conclusion, la décision de mettre en place une équipe de débordement est liée aux arguments ci-après :

- Possibilité (et choix) d'avoir deux groupes ayant des métiers de base différents (le téléphone ou la profession elle-même) ; il faut que le genre de travail le permette et le justifie.
- Possibilité d'organiser ces deux équipes en fonction de contraintes différentes.
- Niveaux de formation identiques.
- Mise en place de dispositifs de reporting permettant de déterminer les performances de chaque groupe.

[1] On retrouve ici la notion d'activité stockable qui permet de pallier des baisses d'activité.

[2] Dans le cas où cette référence est amenée à son maximum, l'équipe de débordement disparaît.

Note

Attention à l'effet pervers selon lequel les conseillers de l'équipe principale prennent l'habitude de tenir compte de l'existence du débordement et laissent, à leurs collègues, un surcroît de travail.

Enfin, il est fréquent qu'une équipe de débordement soit plus sollicitée à certaines périodes de la journée, non pas parce que le flux est plus élevé mais parce que le nombre de conseillers de l'équipe de base est plus faible (déjeuner par exemple).

Analyse du niveau de service

Un niveau de service commun (à l'ensemble des deux équipes) doit être défini conforme à l'exigence de la profession ; la décision de débordement doit non seulement être prise dans ce cadre mais la permanence de ce niveau doit être systématiquement mesurée.

Problématique des flux

Nous sommes en présence d'un flux unique qui sera pris en compte par les deux équipes ainsi définies ; si l'activation du débordement est instantanée, c'est-à-dire si les conseillers de débordement traitent instantanément l'appel lorsqu'il est présenté sur leur poste, alors le besoin de ressources humaines en fonction des flux se limite au cas le plus simple (comme s'il existait une seule équipe).

Dans ces conditions, le seul arbitrage nécessaire sera de savoir (figure 8-3) à quel niveau on place la barre correspondant au nombre de conseillers présents dans l'équipe principale.

Note

La corrélation entre le niveau de formation et cette analyse de flux peut conduire à complexifier sensiblement les calculs. Si nous admettons que la formation des conseillers de débordement est plus réduite (en termes d'expérience en particulier) que celle des conseillers de premier rang, nous en déduisons que les durées de traitement d'un appel en débordement sont plus élevées.

Les niveaux de formation

Des niveaux de formation différents entre les conseillers des deux équipes auront pour conséquence des durées de traitement différentes et une complexification des calculs de besoins en ressources ; l'uniformisation des niveaux de compétence est *a priori* indispensable et ce résultat passe par un échange permanent entre les deux groupes.

Note

La seule solution pour obtenir ce résultat consiste à interchanger les conseillers des deux groupes jour après jour ou semaine après semaine en considérant que leurs activités sont compatibles.

Les besoins en *reporting*

La présence de deux sous-structures complique notoirement les choses. En effet, les performances collectives de chacune des unités sont forcément différentes ce qui rend les consolidations plus délicates. En complément des mesures et des indicateurs qui ont été retenus pour le pilotage du cas « simple », une mise en place d'éléments de comparaison de ces deux groupes dans l'objectif d'en tirer les conclusions à chaque fois que cela est nécessaire devient incontournable.

Note

Les résultats se jugent autant en termes de différentiel qu'en valeur absolue ; la progression d'une marque de qualité quelconque mais valide présente une information très précieuse.

Ajout d'une entrée « Flux »

L'ajout d'un flux ou d'une entrée (définie le plus souvent par un nouveau numéro de téléphone pour les appels entrants) représente une autre source de complexification. Nous allons voir ici les différentes implications de cette modification.

Présentation

Cette organisation consiste à concevoir deux ou plusieurs entrées tout en conservant une seule équipe de traitement et, donc, une seule chaîne de routage (au moins en termes d'aboutissement) dont l'algorithme restera identique à celui présenté dans le cas le plus simple.

L'existence de plusieurs flux peut être obtenue de trois manières différentes :

- la mise à disposition de plusieurs numéros de téléphones à des populations de clients différentes ;
- la sélection, via le réseau intelligent, de plusieurs catégories d'appelants ;
- la sélection par un SVI local de plusieurs catégories de besoins.

L'utilisation correcte de cette organisation nécessite que le système puisse traduire le numéro demandé en une information lisible pour le conseiller, laquelle sera présentée soit sur son terminal (mode CTI imposé) soit sur l'afficheur de son poste téléphonique.

Note

Les plates-formes bancaires sont de cette nature puisque généralement le client se voit donner un numéro d'appel (qu'il pense être son numéro d'agence) en fonction de son agence de rattachement. Avec la mise en place de la fonction de « traduction », le conseiller pourra répondre spontanément « banque XXX, agence de YYY, vous souhaite la bienvenue ».

Mise à disposition de numéros différents

Le « client interne primaire » (voir chapitre 9 traitant des ressources humaines) considère qu'il existe plusieurs catégories de clients susceptibles d'appeler le centre et va affecter à chacune d'elles un numéro d'appel spécifique ; cette méthode a pour résultat d'identifier la population de référence de ce client lors de la présentation de l'appel sur le système[1].

1 Par reconnaissance du numéro « demandé », le système détermine à quelle catégorie appartient cet appelant.

Sélection via le réseau intelligent

Tous les appelants contactent le même numéro, et ce sont les fonctions dites « intelligentes » du réseau qui vont répartir les appels sur plusieurs flux (ou sur plusieurs sites) par l'affectation de numéros traduits différents.

Cette sélection peut avoir lieu de deux manières au niveau du réseau : par la reconnaissance du numéro d'appel du client ou par la mise à disposition d'une fonction SVI de sélection d'appels demandant généralement au client de s'identifier.

Dans les deux cas, le processus nécessite des fonctions de CTI au niveau central (réseau), soit d'accès à une base de données soit de routage multiple, soit les deux.

Sélection via un SVI local

C'est le client qui détermine à quel type de service il souhaite être connecté (ou à quelle population il appartient) et le SVI répartit les appels sur plusieurs flux correspondant chacun à un service différent.

Il s'agit alors d'une répartition interne des flux qui ne présente aucune différence de fonctionnement aval avec les cas précédents. En effet, nous nous trouvons bien en présence de deux flux différenciés.

Questions préalables et analyse de besoin

Nous sommes dans le cas où les clients sont présentés sur plusieurs flux, lesquels sont pris en charge par une équipe unique.

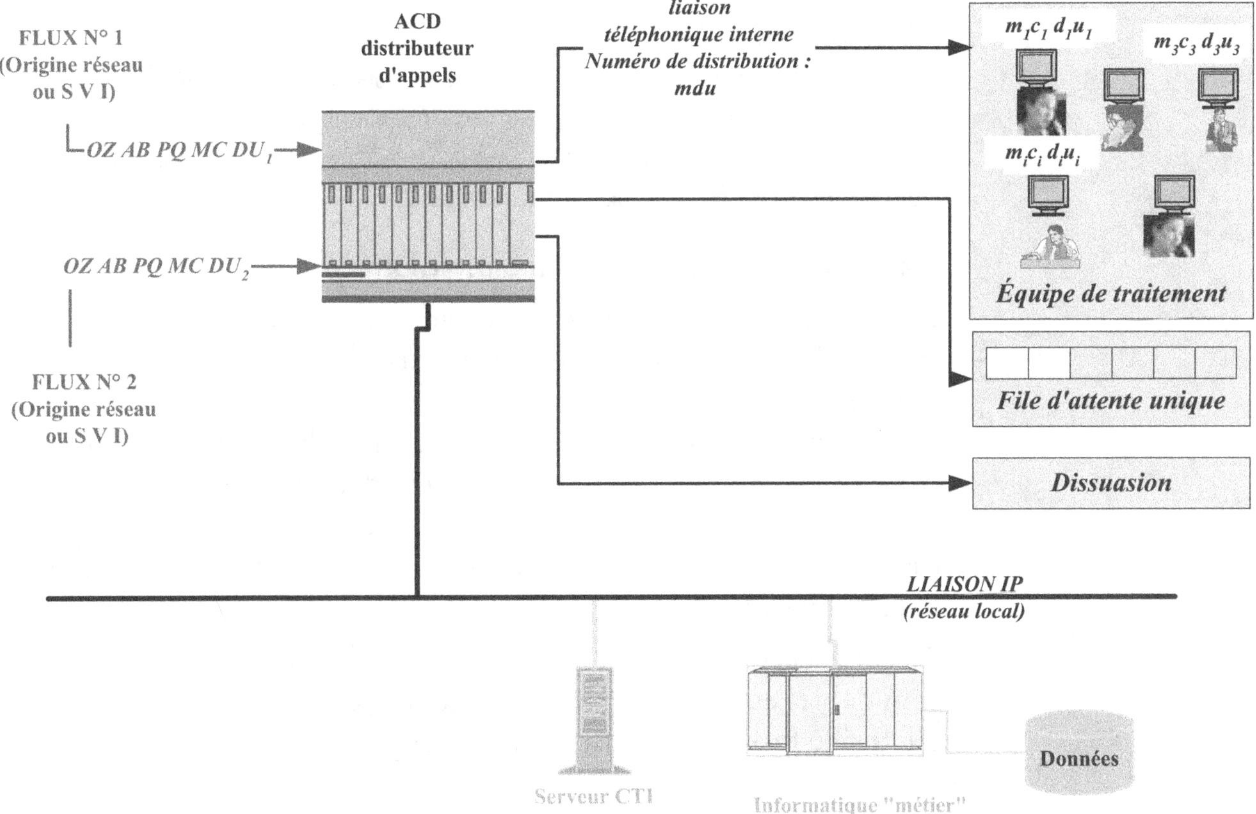

Figure 8-6
Distribution de plusieurs flux sur une équipe unique

Le besoin est évalué par le « client interne primaire » qui seul détermine les groupes de clients externes ; notons que cela ne sera mis en œuvre que dans le cadre de la reconnaissance du numéro appelé par le conseiller.

Questions métier

Quelle est la justification au niveau métier ou entreprise de ce besoin de gérer plusieurs flux ?

Soit on est en mesure de séparer des populations d'appelants pour des raisons diverses et variées (clients de produits différents, appel commercial ou ADV ou SAV…) mais présentant un sens effectivement important et pratique pour l'entreprise, soit une telle architecture n'a pas d'autre objet que de complexifier.

La réflexion en amont, qui doit déterminer quelles typologies de flux et pour quelles raisons, doit donc être conduite avec précision et sur le fond.

Note

Nous verrons tout au long de ces paragraphes concernant les diverses architectures possibles qu'apparaissent à nous un certain nombre de pièges qui présentent uniquement des complexifications de structures ou d'organisation, sans rien n'apporter de concret (quand il ne s'agit pas simplement de nuire à l'efficacité). Notre philosophie en la matière est qu'il faut toujours rechercher, à performance égale, la solution la plus simple.

Problématique des flux et du dimensionnement

Le traitement des flux et le dimensionnement, à la fois structurant (essentiellement composé des éléments techniques) et dynamique (concerne presque uniquement les ressources humaines) est strictement identique à ce que l'on rencontre dans le cas le plus simple et, par conséquent, les calculs qui ont été détaillés dans le chapitre 7 restent valides. Un flux est traité par une équipe sauf que, dans ce cas, le flux présenté est une « somme » de deux sources (ou plus, mais deux suffisent pour étayer la démonstration).

Attention cependant, les flux ne sont pas des grandeurs simplement sommables en termes de besoins nécessaires et de taux de pertes. En effet, si le flux 1 et le flux 2 sont classiquement donnés par :

$$\text{Flux}_1 = \frac{\text{Conv}_1 + \text{Post}_1}{D}$$

$$\text{Flux}_2 = \frac{\text{Conv}_2 + \text{Post}_2}{D}$$

où Conv_1 et Post_1 sont respectivement les durées de conversation et de post–traitement, alors que D est la durée de la période.

Alors :

$$\text{Flux}_{\text{Total}} = \frac{\text{Conv}_1 + \text{Post}_1 + \text{Conv}_2 + \text{Post}_2}{D} = \text{Flux}_1 + \text{Flux}_2$$

ce qui ne pose pas de problème.

A contrario, les probabilités et taux de pertes applicables à chacun de ces deux flux sont sensiblement différents dès lors que les durées moyennes de présence sont différentes aussi. Par conséquent, nous conseillons de traiter le calcul comme si deux équipes étaient présentes (chacune dotée d'un nombre de conseillers calculé en fonction des paramètres du flux concerné).

Dans ces conditions, nous risquons juste une erreur par excès qui peut se résoudre soit en traitant des problèmes d'activité stockable (tout en considérant que l'objectif de qualité peut alors être plus élevé), soit en effectuant le calcul global et en comparant les résultats.

Note

Si le calcul « en toute rigueur » donnait 25 et le calcul global 23, on pourrait, par exemple, essayer de démarrer à 24 tout en se gardant la possibilité de réagir rapidement.

Détermination générale du niveau de service

La détermination du niveau de service ne dépend pas du nombre de flux concernés hormis le cas où l'on souhaiterait fournir une qualité supérieure à l'une des populations représentées par les flux envisagés.

La seule manière de gérer cette exigence serait alors d'affecter un niveau de priorité plus élevé aux clients appartenant à l'un des groupes au moment où l'appel passe en file d'attente[1] ; nous pensons que cette solution est ingérable et qu'il devient très vite impossible de déterminer des durées moyennes d'attente probables en fonction des groupes[2]. La conséquence en est un pilotage des flux en aveugle où la structure réagit en fonction du poids instantané de chacun des sous-ensembles. Tout peut alors arriver, y compris que l'une des catégories d'appelants n'ait plus accès pendant une durée plus ou moins longue à des conseillers (taux de pertes voisin de 1 !).

En conclusion, cette solution d'équipe unique ne doit pas être retenue si des différences de niveaux de services s'avèrent nécessaires entre les types d'appels présentés.

Une question à caractère stratégique : le choix de réseaux

Effectivement, le choix de réseau recouvre ici un caractère particulièrement important dans la mesure où la sélection entre les différents flux peut lui être dévolue.

Si nous voulons distribuer les appels en partant du numéro de téléphone de l'appelant (donc sa zone géographique d'appartenance) ou en utilisant un SVI en central, alors le choix de réseau « intelligent » est imposé ; en complément, tout choix de réseau de type numéro noir ne laisse alors que deux options : les numéros différents donnés à l'appelant et la sélection en mode SVI local.

En résumé, plus nous offrirons de confort, par l'intermédiaire d'une automatisation maximale à l'appelant, et plus nous aurons recours à des fonctionnalités qui sont disponibles en réseau central.

[1] La notion de file d'attente est liée à la notion d'équipe et non de flux ; une seule équipe implique une seule file d'attente.

[2] On ne peut que constater *a posteriori* sans aucun paramètre d'ajustage autre que le niveau de priorité (ce qui se limite à plus bas, égal ou plus haut).

Choix des algorithmes de « routage » des appels

La seule implication dans les algorithmes de routage des appels réside dans la possibilité ou non de définir des priorités différentes suivant les flux concernés. Dans ce chapitre, nous avons donné notre avis sur ce fonctionnement que nous considérons comme non gérable dans des conditions normales de service et de qualité.

Implantation de SVI local

Si le SVI local peut être avantageusement remplacé par un système central (voir choix de réseau), il présente d'autres utilités comme fournir des informations différenciées et adaptées pour chacun des flux présentés. La problématique SVI se situe donc à deux niveaux.

Note

En outre, l'absence de sélection telle que nous avons envisagée dans le cas où le SVI « renvoie » les appels sur l'une des entrées du distributeur, n'exclut pas l'existence d'une arborescence interne permettant de délivrer de l'information différenciée.

Le choix d'implanter des modules CTI

En première approche, c'est un problème identique à ce que l'on peut trouver dans le cas simple (l'assistance à la téléphonie et la présentation d'informations client sur un écran). Mais, en plus, on pourra rencontrer – peut-être– des besoins spécifiques de traitement des appels en fonction de la catégorie de flux concernée.

Plus précisément, on peut penser que certains appels relèvent plus de la fonction commerciale, alors que d'autres sont plus spécifiquement dédiés à un SAV ; sachant que, par hypothèse, la même équipe est chargée de traiter les deux types d'appels, on souhaitera présenter une fiche client différente en fonction du type d'appel.

Reporting et statistiques

La différenciation des deux flux sera nécessaire ainsi qu'une analyse de consolidation des données ; ces ajouts compléteront les résultats de manière satisfaisante.

Note

Par hypothèse, nous avons deux flux et une seule équipe, nous sommes donc bien contraints de présenter une vision d'entrée (flux par flux) et une vision du traitement qui est globale.

En revanche, la détermination des paramètres qui qualifient effectivement chacun de ces flux sera indispensable au dimensionnement humain de la structure.

Enfin des différenciations de traitement (durées par exemple) de ces flux au niveau de l'équipe devront être recherchées et analysées.

Attention

Certains résultats ne peuvent faire l'objet ni de sommes ni de moyennes entre eux. C'est en particulier le cas des durées où la moyenne des durées (elles-mêmes moyennes) d'appels des deux flux est différente de la durée moyenne globale de la totalité des appels.

Organisation à plusieurs groupes de réponse

Selon notre logique de progression dans la complexité, la mise en place de plusieurs équipes ou groupes de réponse aptes à gérer plusieurs flux s'inscrit naturellement immédiatement après la différenciation des flux.

Présentation

Dans le cas exclusif où se présentent plusieurs[1] flux d'entrée[2], ceux-ci peuvent s'adresser à des compétences sensiblement différentes pour lesquelles les formations sont particulières.

On pourra citer deux exemples :

- une structure à vocation commerciale (VPC) qui présente sur le même plateau des conseillers plus aptes à traiter des prises de commandes, d'autres des réclamations et d'autres encore de l'administration des ventes ;
- sur un help desk des appels dédiés système et des appels dédiés bureautique.

L'alternative consiste à savoir si on doit créer un seul groupe de réception incluant les divers types de compétences avec une gestion de règles de priorités (ce que les ACD actuels savent parfaitement gérer) ou si on doit créer le même nombre de groupes de réception que de compétences (et donc de flux) présentés.

Attention aux organisations démesurées

Pour ce type de fonctionnement, trois sortes de compétences sont acceptables ; au-delà, la gestion des ressources humaines et le pilotage de l'ensemble deviennent hasardeux.

Nous allons voir que chaque choix conduit à des résultats différents et nous donnerons les précisions nécessaires à chaque niveau de l'analyse.

[1] L'existence d'un seul flux d'entrée excluerait, de fait, l'hypothèse correspondant à plusieurs groupes.

[2] On raisonne ici au niveau ACD ; la sélection a pu être réalisée par un SVI local.

Dans la suite de ce paragraphe consacré aux compétences multiples, nous nous placerons dans la situation où nous avons trois compétences appelées respectivement A, B et C.

Plusieurs équipes

Les trois équipes A, B et C correspondent à trois compétences distinctes ; on se trouve ramené à la même situation simple, trois fois répétée (les équipes, les flux et les compétences sont strictement disjoints).

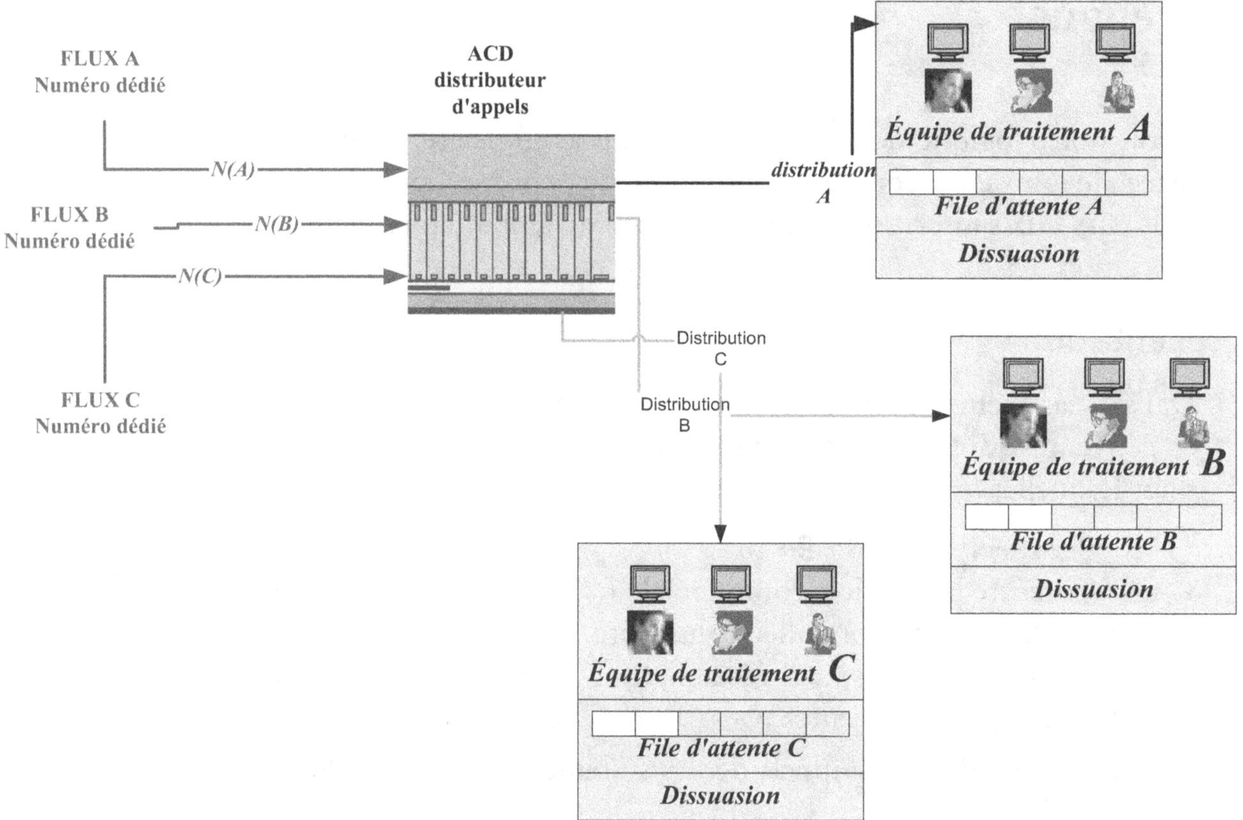

Figure 8-7
Plusieurs flux correspondant à plusieurs compétences

1 En particulier il y a une file d'attente par équipe, et donc, par construction, par flux.
2 Le risque principal est qualifié de « cycle fermé » : A déborde vers B, B déborde vers C, C déborde vers A.

Les algorithmes sont ainsi calqués sur le cas simple[1] ; cependant la question générale des entraides et des débordements va se poser de manière naturelle et les réponses pourront être multiples bien que, seules certaines fournissent des résultats acceptables[2].

Nous aborderons en détail dans les paragraphes suivants (questions préalables et analyse de besoin) les différents choix et les implications qu'ils sous-tendent.

Plusieurs compétences et une équipe unique

Dans ce cas, les trois compétences sont représentées au sein de l'équipe unique par des conseillers de formations différentes.

Cette architecture se différencie de la précédente par une possibilité d'entraide[1] au niveau agent (sous certaines conditions) et par l'existence d'une file d'attente unique agrémentée d'une dissuasion sans espoir de secours interne. On notera que sur le terrain, cette architecture n'a de sens que si au moins une partie des agents dispose de deux compétences (sinon les trois).

[1] Il s'agit d'entraide et non à proprement parler de débordement puisque l'équipe et le routage sont uniques.

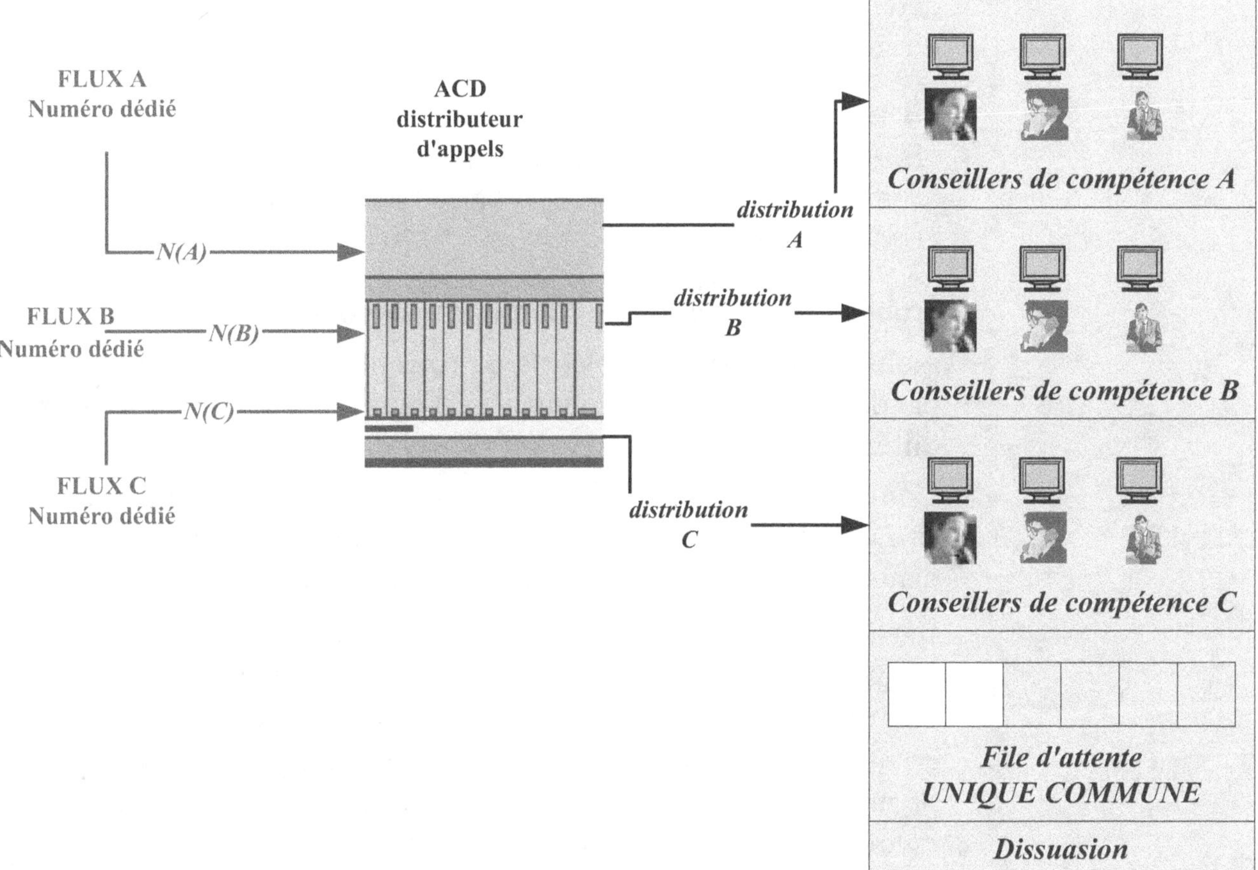

Figure 8-8
Plusieurs flux distribués sur une équipe unique et multicompétence

Questions préalables et analyse de besoin

Nous sommes ici en présence d'une organisation assez « floue » en termes de segmentation mais qui a cependant pour objectif de rendre un service identique à la solution des trois équipes séparées.

Questions métier

La question qui détermine l'existence d'une telle architecture qu'elle soit sur plusieurs équipes ou sur une seule est très naturellement : « la structure voit-elle plusieurs flux ? » (ou, plus exactement, plusieurs flux existent-ils naturellement, à savoir des clients appellent-ils pour des raisons différentes ?).

Ensuite, il convient de savoir si les besoins en ressources humaines liés à ces causes d'appels sont proches ou éloignés et, plus précisément si les compétences « métier » des différents conseillers sont compatibles entre elles. La réponse à cette seconde interrogation déterminera vers quel sous-ensemble il sera plus judicieux de se diriger.

Note

En réalité, plus les métiers seront proches et plus la solution d'une équipe unique sera efficace. Dans le cas le plus extrême, on trouvera trois équipes différenciées avec des groupes de débordement également disjoints.

Problématique des flux et du dimensionnement

Nous devons, par exemple, traiter trois flux, *a priori* disjoints, gérés par des équipes (réelles ou virtuelles) plus exactement des ressources différentes.

Commençons par appliquer les règles que nous connaissons à chacune de ces équipes ; nous en déduirons des couples indépendants de paramètres « ressources-taux de pertes » par flux.

L'étape suivante consiste à construire un tableau (un graphe) qui présente les besoins flux par flux, jugés en termes de débordement.

Puis on comparera, tranche horaire par tranche horaire, les entraides éventuelles entre les différents groupes de compétences (équipes en première analyse). Les courbes des figures 8-9a et 8-9b donnent des exemples de ce que l'on peut rencontrer.

Note

Précisons que la situation de la figure 8-9b est fort rare sur le terrain et que les situations qui se présentent réellement sont plus complexes mais apportent souvent cette possibilité d'économie de moyens liée à l'entraide ou au débordement entre équipes.

Cette démarche d'optimisation, pour être conduite à son terme et dans de bonnes conditions de réussite, impose l'utilisation de méthode du domaine de la recherche opérationnelle et qui nécessite des compétences appropriées.

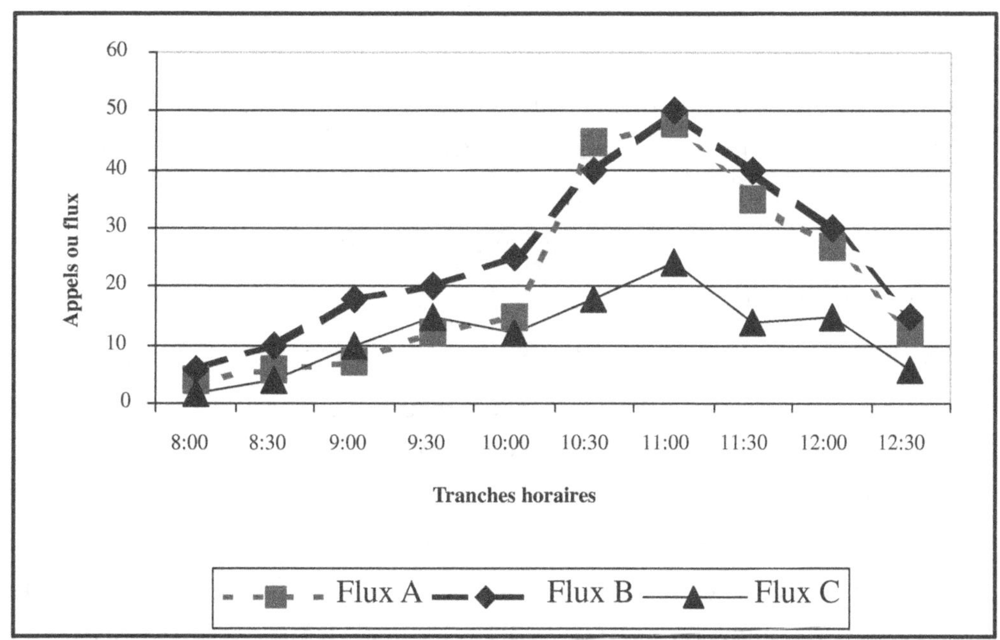

Figure 8-9a

Trois flux avec entraide réputée impossible

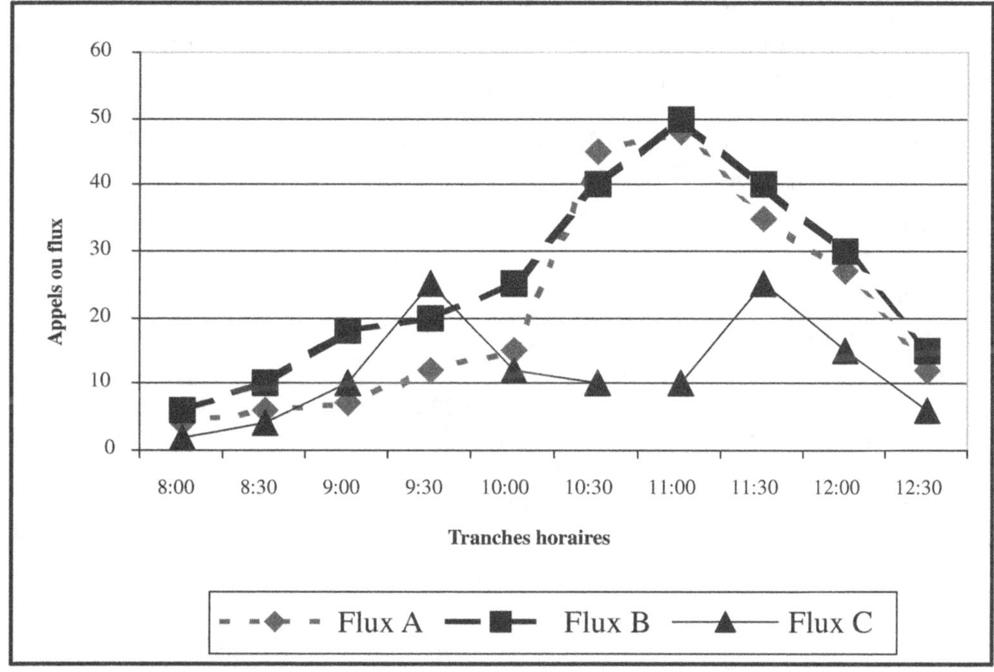

Figure 8-9b

Répartition de trois flux avec entraide possible (flux C)

Détermination générale du niveau de service

La détermination et le choix de niveau de service ne trouvent pas de développement spécifique dans le cadre multiflux, tel qu'envisagé ici ; sauf, éventuellement, à déterminer des niveaux de services différents pour des flux différents.

On prêtera néanmoins attention à ne pas construire des situations cycliques sans possibilité de sortie.

La problématique générale de niveaux de formation

Que ce soit dans le cadre d'une seule équipe ou de plusieurs, la nécessité d'entraide ou de débordement (condition sans laquelle nous sommes amenés à la solution simple), impose que la question de la formation multiple des conseillers soit traitée.

Par hypothèse, et quelle que soit l'organisation retenue, nous admettrons que chaque conseiller dispose, d'une compétence que nous qualifierons de principale et qui se détermine par le flux en amont[1]. Néanmoins, nous souhaitons utiliser soit des groupes soit des équipes de conseillers en entraide des groupes ou équipes « principaux », il est donc nécessaire d'assurer à tous les conseillers concernés une formation au moins double sinon triple[2] en tenant compte de répartition de niveaux en fonction de type.

Dans un cas d'équipe unique (et en admettant que les métiers soient proches), on produira des tableaux de compétences conformes au tableau 8-1.

Tableau 8-1
Répartition des compétences

Nom	Compétence A			Compétence B			Compétence C		
	N1	N2	N3	N1	N2	N3	N1	N2	N3
A									
B									
C									
D									
...									

[1] Nous parlerons ainsi de conseiller de catégorie de compétence A, B et C.

[2] Au-delà, la situation devient ingérable au niveau humain.

Ce tableau des compétences sera tenu à jour en fonction des formations reçues et de l'expérience acquise[1] (laquelle sera jugée par le responsable d'équipe) ; il servira à dresser les tableaux de service et à construire les groupes ou équipes à partir de conditions qui auront été posées *a priori* telles que :

- Les conseillers placés dans un groupe de base ont atteint le niveau N1(confirmé) pour la compétence concernée.

- Les conseillers vers lesquels déborde une compétence (groupe de base saturé) ont atteint le niveau N2 (moyen acceptable) dans le métier concerné.

- Les conseillers qui sont au niveau N3 (débutant) pour une compétence ne sont sollicités que si le groupe de base et le groupe d'entraide sont saturés et que la durée probable d'attente est, par exemple, très élevée.

Le tableau de service ainsi établi comprendra dans ces conditions un certain nombres de sous-ensembles (groupes de conseillers) qui se définiront comme on le voit sur le tableau 8-2 et seront dispatchés par tranche horaire (H...)

Tableau 8-2
Répartition des ETP par sous-groupe

Nom	ETP					
	H1	H2	H3	...	...	Hn
A seul						
A puis B						
A puis C						
B seul						
B puis A						
B puis C						
C seul						
C puis A						
C puis B						

Pour ce qui est du cas où les équipes sont différentes, les organisations de formation sont également différentes et doivent tenir compte, au sein d'une équipe, de la présence d'un niveau principal

---

[1] On verra, en particulier, que les tableaux de reporting individuels permettront de juger de ces niveaux.

de compétence (pour la compétence de base) et d'un niveau secondaire (pour le débordement).

La figure 8-10 représente la distribution.

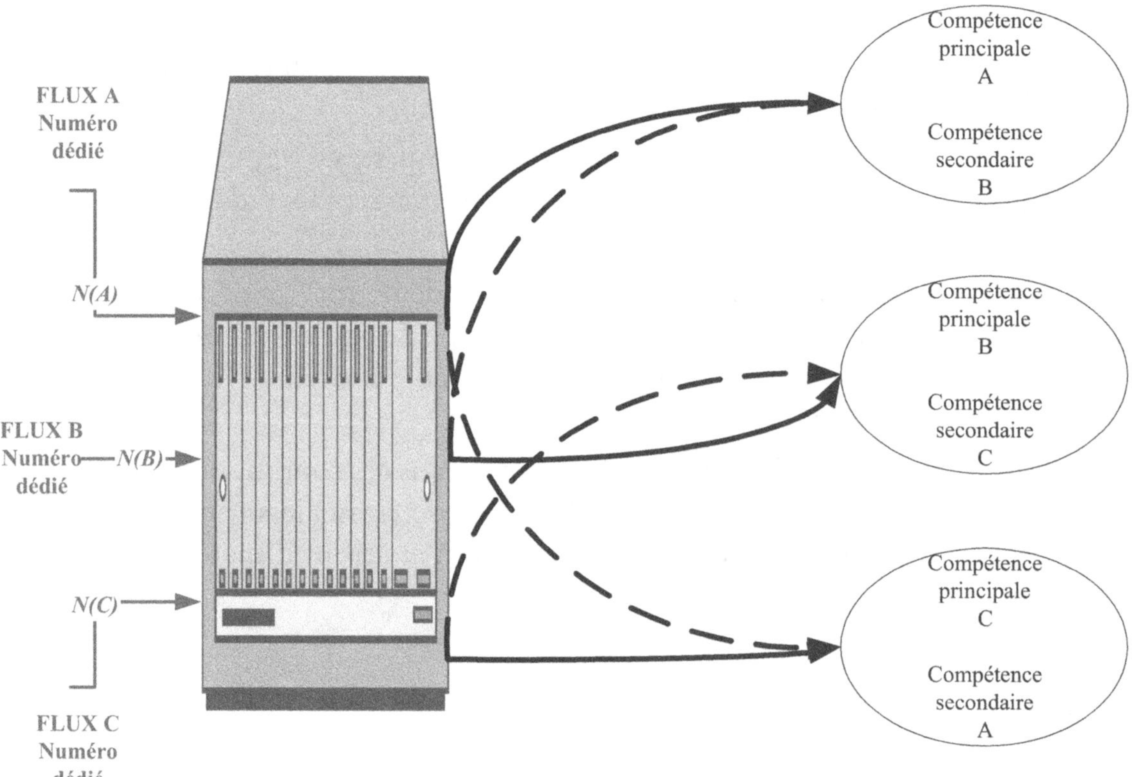

Figure 8-10
Distribution sur plusieurs équipes

La distribution des appels est plus simple à réaliser que dans le cas d'une équipe unique (choix direct + débordement exclusivement) mais elle n'engendre pas la même économie de moyens humains.

Note

Rappelons que les règles statistiques d'Erlang démontrent que l'on traite plus de flux avec un groupe constitué de N appuis qu'avec deux sous-groupes de N/2 appuis (en réalité, ce sont les taux de pertes qui sont plus élevés dans le second cas).

Une question stratégique : le choix de réseaux

Cette question reste fondamentalement dans le cadre de l'existence de plusieurs flux.

Par exemple, la fonction de distribution sur des équipes principales et de débordement qui, comme l'indique la figure 8-10 est réalisée par le distributeur d'appels (ACD), peut être prise en charge, en central, par le réseau intelligent, via les protocoles d'échange entre ce réseau et l'ACD. Dans ce cas, nous avons non pas trois mais six entrées (double sélection) qui présentent des flux de nature soit directe soit de débordement et qui sont chacun routés sur une équipe par un numéro traduit dédié.

Note

Nous rappelons que ces protocoles normalisés appelés Peripheral Gateways permettent aux processeurs du réseau intelligent de connaître les disponibilités des équipes et groupes des flux dont il a la charge.

Choix des algorithmes de « routage » des appels

Les algorithmes de routage sont plus complexes que dans les cas précédents ; nous allons les détailler.

La différence essentielle entre les deux architectures[1] repose sur la définition et la gestion de la file d'attente (une file d'attente est liée à une équipe et non à un flux) ; en effet, dans le cas de plusieurs équipes nous avons une file d'attente par équipe (et par conséquent par flux) alors que dans l'autre situation la file d'attente est unique[2].

Surs la figure 8-11, chaque pavé de prise en charge inclut la totalité d'un algorithme de traitement simple (attente, sonnerie, traitement, abandons, dissuasions éventuels) sauf dans le cas de plusieurs équipes disjointes où la dissuasion apparaît, en premier rang, comme l'activation de l'équipe de débordement.

[1] Nous parlons ici de l'architecture à une équipe et de l'architecture à trois équipes.

[2] À la différence près qu'en cas de débordement nous nous retrouvons avec deux flux mélangés dans une même équipe et, donc, sur une même file d'attente.

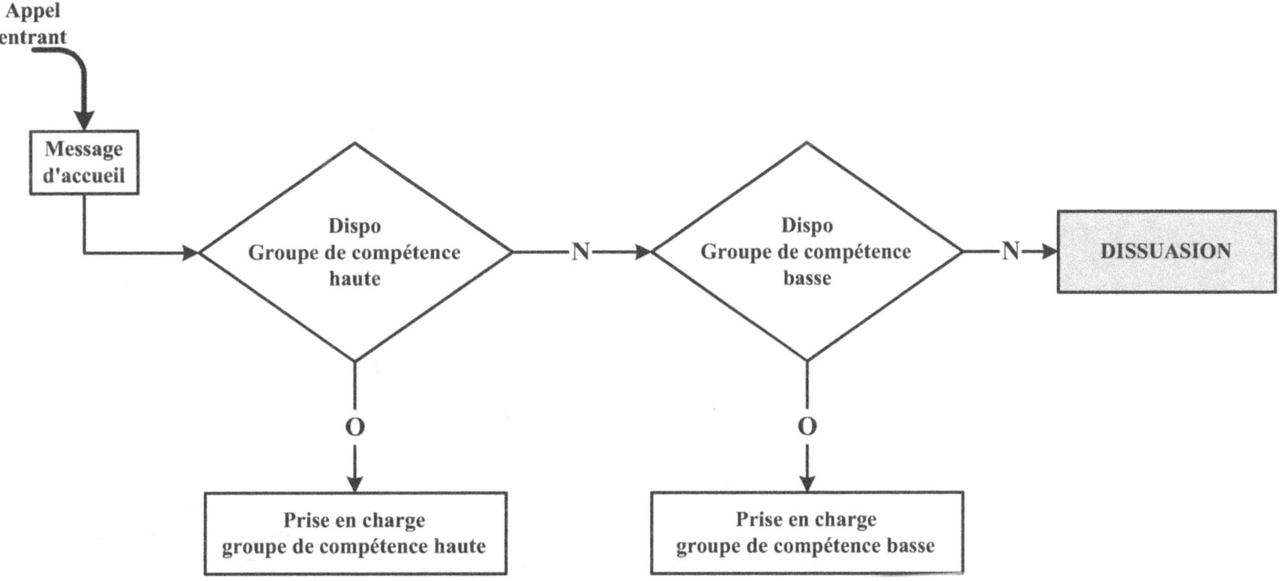

Figure 8-11
Schéma type de distribution multicompétence

Implantation de SVI

Hors les fonctionnalités de service où le SVI est en mesure de délivrer de l'information sélective, ce dispositif peut aussi avoir pour mission de séparer les flux après intervention de l'appelant (« pour obtenir le service x composez le … »).

Il n'est pas exclu que le SVI soit amené à réaliser plusieurs types de fonctions comme la séparation préalable des flux puis, pour un ou plusieurs flux donnés, fournir une information sélective.

Dans ces conditions, les relations entre ce SVI et l'ACD sont multiples et il est important de bien vérifier l'adéquation des liaisons dans le dimensionnement des diverses composantes.

Attention

Par définition de tous les systèmes de type informatique de traitement, le SVI est d'autant plus lent par processus unitaire qu'il approche de la saturation ; cette contrainte peut endommager grandement les règles d'écoulement des flux.

La figure 8-12 présente une chaîne complexe d'utilisation d'un même SVI.

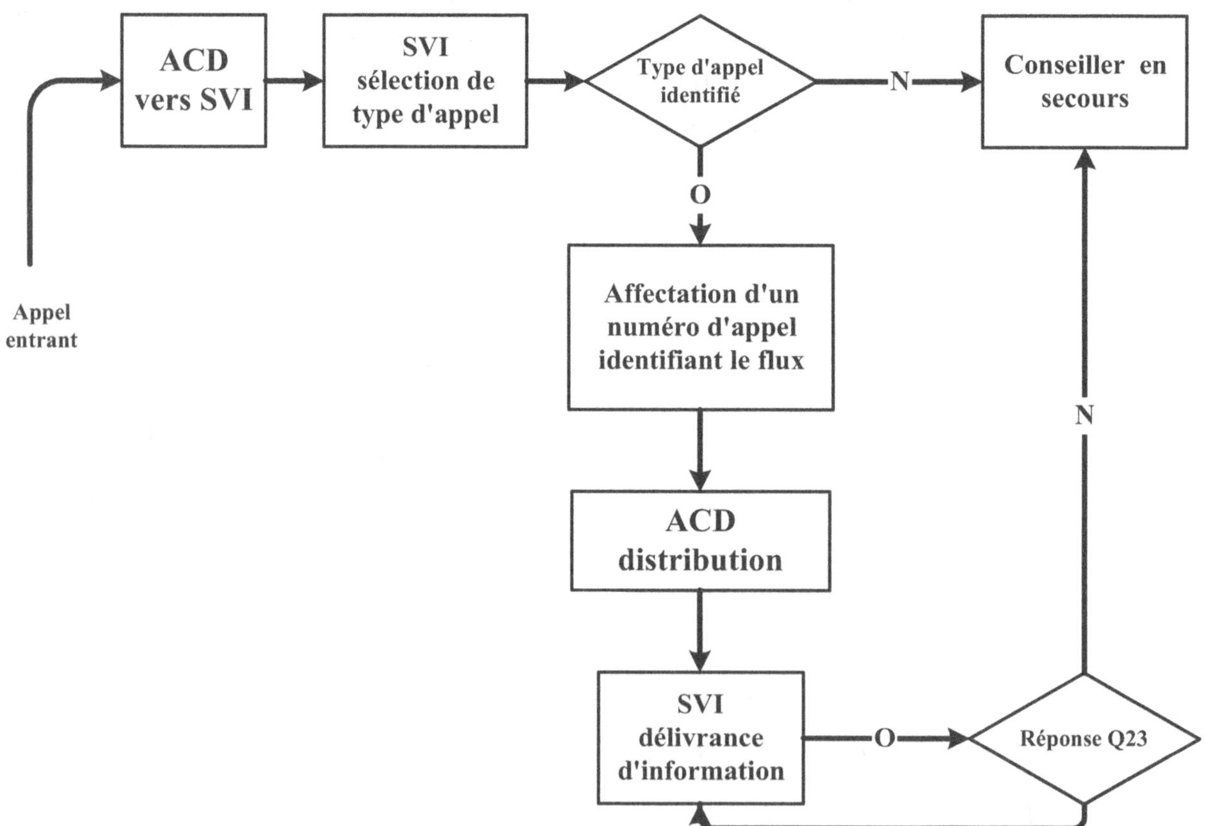

Figure 8-12

Enchaînements entre un ACD et un SVI à deux niveaux d'intervention

Le choix d'implanter des modules CTI

Un principe de base demeure : la présence d'un module CTI d'assistance à la téléphonie est d'autant plus importante que l'architecture est complexe.

Ici, nous pourrons présenter sur l'écran, à la place de la définition du flux, une icône très remarquable indiquant au conseiller le type d'appel qui lui est présenté. De plus, l'affichage sélectif d'un écran de consultation ou de saisie, personnalisé client et dédié au type d'appel, est une source appréciable d'ergonomie.

La séparation des flux peut également être gérée par des modules CTI ; deux modes de fonctionnement peuvent être retenus : la sélection à partir du numéro de téléphone de l'appelant et la fonction conjointement gérée avec le SVI qui est appelée « identification – authentification ».

Enfin, nous sommes typiquement, à partir de ce niveau de sophistication, dans une situation où la question de routage « complexe » qui serait à la charge du CTI peut se poser ; notre réponse est la même que dans l'analyse générale : il est toujours souhaitable de réserver ce mode de fonctionnement à des situations où seuls les modules CTI peuvent fournir une solution acceptable[1].

Reporting et statistiques

Nous sommes en présence de plusieurs flux traités par plusieurs équipes avec des contraintes de débordement ; l'analyse des *reportings* devient donc sensiblement plus compliquée.

L'élaboration d'états statistiques rendant compte des flux (au niveau des entrées) et des performances soit individuelles soit de groupe (au niveau des équipes) reste incontournable et la présentation, flux par flux et équipe par équipe, reste du domaine des extractions correspondant aux architectures simples. En revanche, la consolidation vers un tableau de bord unique va s'avérer épineuse et, souvent, très fortement dépendante du métier.

On s'efforcera de présenter un tableau synthétique à deux entrées (flux et équipes) qui se décline vers des éléments détaillés groupe par groupe ; ne nous leurrons pas, cette analyse est périlleuse car le problème posé (rendre compte d'une réalité en termes d'indice de satisfaction de la clientèle, d'une part, et de viabilité économique de la solution, d'autre part) est d'une synthèse délicate dès lors que les typologies d'appels (et les attentes de la clientèle) sont différentes.

Nous conseillons de déterminer, au premier niveau, un ou deux indicateurs qui rendent compte d'un état de santé général du centre

[1] La sélection et le routage particulier vers un service de recouvrement de clients qui ne sont pas à jour de leurs paiements reste un exemple type.

et qui permettent de s'assurer que la structure répond aux deux conditions de service et de coût. Dans ces conditions, les divers managers concernés ne se posent de question que lorsque ces indicateurs sortent de l'épure acceptable ; c'est alors au superviseur de fournir les détails et l'expertise de la situation.

Note

Pour cela, on définit, pour le service comme pour les coûts, les deux bornes acceptables (haute et basse) et l'on calcule ces indicateurs de manière que la correspondance soit évidente en première approche. Ces méthodes seront abordées en détail dans le chapitre sur le pilotage.

Un tableau de bord, en première approche, sera une vision chronologique comparée de ces indicateurs.

Le message d'accueil

Le message d'accueil sera unique dans le cas où la sélection des différents flux est réalisée en local, et il sera multiple si les entrées externes sont séparées.

Il est également possible de mettre en place un message d'accueil « en aval » d'un SVI, après sélection, mais cette approche peut s'avérer délicate tant la modification de l'entrée correspondante peut être simplement due à une erreur de manipulation ; l'utilisation de cette architecture doit donc s'accompagner de précautions au niveau des programmations de ce SVI.

La conséquence d'une erreur qui conduit un client à écouter un message qui ne lui est pas destiné et à penser qu'il a commis une erreur est désastreuse car elle l'amène à raccrocher et à rappeler (et bien sûr à se retrouver en présence du même message) ; seule l'analyse en temps réel du nombre de clients ayant raccroché sur le message d'attente permettra de se rendre compte rapidement de l'erreur.

L'organisation multisite

C'est la structure ou l'organisation la plus sophistiquée, et, donc, la plus compliquée qu'on puisse rencontrer dans les centres d'appels ; généralement réservée à de grandes organisation elle permet de traiter les appels sur des sites différents en utilisant les règles de distribution fournies par le réseau intelligent. À la limite haute de cette organisation on trouvera la notion de centre d'appels virtuel.

Présentation

C'est la situation la plus complexe parmi les architectures possibles ; elle est souvent réservée à de très grandes structures mais on trouve également des groupes de petites unités permettant, par exemple, de se partager les tranches horaires d'ouverture ou, simplement, de déterminer un site de débordement.

Les situations existantes varient à l'infini ; en voici quelques-unes pour information :

- Deux sites dont chacun est dédié à un flux donné ; c'est la situation simple qui ne se compliquera que lorsque l'un d'eux assurera le débordement de l'autre (et réciproquement).

Note

Cette situation, si elle n'est pas gérée en amont par le réseau intelligent et donc sans risque d'aller et retour, devra être traitée avec la précaution que l'on adresse un appel en débordement à l'autre site si, et seulement si, ce dernier dispose d'un poste libre apte à le traiter. C'est la seule solution pour éviter les appels cycliques (qui passent indéfiniment d'un site à l'autre) ; les solutions « riches » de réseau privé d'ACD sont parfaitement en mesure de gérer cette fonction.

- Deux sites dont l'un est le « secours » ou débordement de l'autre ; c'est une situation identique à celle où le débordement est géré, sur un seul site, par une autre équipe.
- Plusieurs sites qui permettent de gérer des flux différents non par nature mais par provenance (sélection de région d'origine ou de tranche horaire par exemple). Cette situation permet également de gérer des débordement mais les règles à définir doivent être absolument précises et éviter les situations cycliques de plusieurs niveaux qui sont plus difficiles à détecter (A – B – C – D – A ??).
- Plusieurs sites chargés chacun de traiter plusieurs flux différents avec des règles de débordement des uns sur les autres (un site est principal pour un flux, et il est de débordement pour un autre). C'est la situation la plus sophistiquée qui doit être décrite avec précision par les dirigeants et qui implique un grand nombre d'interlocuteurs.

Questions préalables et analyse de besoin

En dehors des questions spécifiques à ce type d'organisation et que nous allons détailler ci après, la première interrogation, incontournable, est de savoir si une telle architecture se justifie et, au-delà, si elle est possible.

Questions métier

Les questions de savoir si une telle architecture se justifie dépend du métier, des spécificités et de la taille de l'entreprise concernée. Précisons cependant qu'en Europe, et particulièrement en France, la taille réputée[1] gérable en nombre de conseillers simultanément présents (ou postes actifs) sur une plate-forme n'excède pas cent-vingt ; au-delà, la création de plusieurs sites est inévitable.

Cette remarque n'admet pas de réciproque : ce n'est pas uniquement la taille des structures qui justifie les organisations multisites ; en particulier, on rencontre souvent ces situations dans un contexte historique (on a placé les structures d'accueil téléphonique à des endroits où séjournait du personnel apte à être simplement formé pour assurer la fonction de conseiller).

Problématique des flux et du dimensionnement

Cette question devient ici très complexe. Elle est du niveau de ce que l'on a rencontré dans les cas multi-équipes et multiflux sur site unique avec, en plus, l'absence de sécurité liée à l'effet de nombre (une erreur sur un flux peut être compensée par la quote-part, éventuellement plus faible, de ce flux au regard du total ; parallèlement, l'existence du nombre idoine de conseillers pour traiter la totalité, même si les formations sont éventuellement sensiblement différentes, apporte un élément de sécurité).

En résumé la problématique des flux et du dimensionnement dans ce type d'architecture se situe à deux niveaux.

Un premier niveau, apprécié site par site, et que l'on peut qualifier de « simple » car il s'apparente souvent à une vision monoflux.

Le second niveau qui « encadre » celui ci représente la distribution des appels sur les différents sites en fonctions des critères prédéterminés ;ce niveau « haut » est alors confié au réseau intelligent dont l'utilisation est, ici, imposée.

> **Note**
>
> Ce terme peut paraître abusif au niveau technologique car d'autres solutions sont effectivement possibles mais une organisation sérieuse, fiable, rationnelle et évolutive passera nécessairement par l'utilisation du réseau intelligent.

Détermination générale du niveau de service

Le niveau de service est, encore une fois, lié au métier ; le choix d'une telle architecture devra tenir compte de cet impératif et il est indispensable de se doter des outils pour le mesurer et le contrôler

[1] Au sens management plus particulièrement.

en temps réel. Des résultats devront être produits, site par site et flux par flux.

On notera que l'on peut éventuellement retenir que des niveaux de service fixés soient différents suivant les sites (dans le cas où les appels entrants émanent de segments de clientèle différents par exemple).

La problématique générale de niveaux de formation

Cette question est liée aux diverses compétences et n'a pas d'autres implications dans ce cas que de savoir où doivent se trouver les compétences et où doivent avoir lieu les formations.

Une question stratégique : le choix de réseaux

Quelle que soit la raison pour laquelle a été retenue l'architecture multisite, sa distribution s'appuie sur une sélection en amont des flux d'appels ; par conséquent, sauf à mettre en place un réseau privatif fort onéreux et une plate-forme centrale qui distribuerait les appels, l'utilisation des réseaux dits « intelligents » avec tous les modes de sélections qu'il proposent actuellement est imposée.

Note

En particulier, la connexion à la base de données permettant de sélectionner des flux en fonction de critères « métier » et la distribution au mieux gérée par l'intermédiaire des *peripheral gateways*.

Choix des algorithmes de « routage » des appels

Là encore, comme dans le cas de la problématique des flux et des choix de réseau, la question va se situer à deux niveaux de complexité et de structuration :

- En premier lieu, la sélection des sites sera effectuée par le « réseau intelligent » ou « numéros colorés » et les débordements éventuels (ou plus simplement les répartitions dynamiques) seront gérés en fonction des informations temps réel fournies par les PG (peripheral gateways).

- En second lieu, au niveau des sites eux-mêmes, on retrouvera les questionnements et problèmes que nous avons étudiés dans les paragraphes précédents.

Cas particulier d'implantation de SVI central

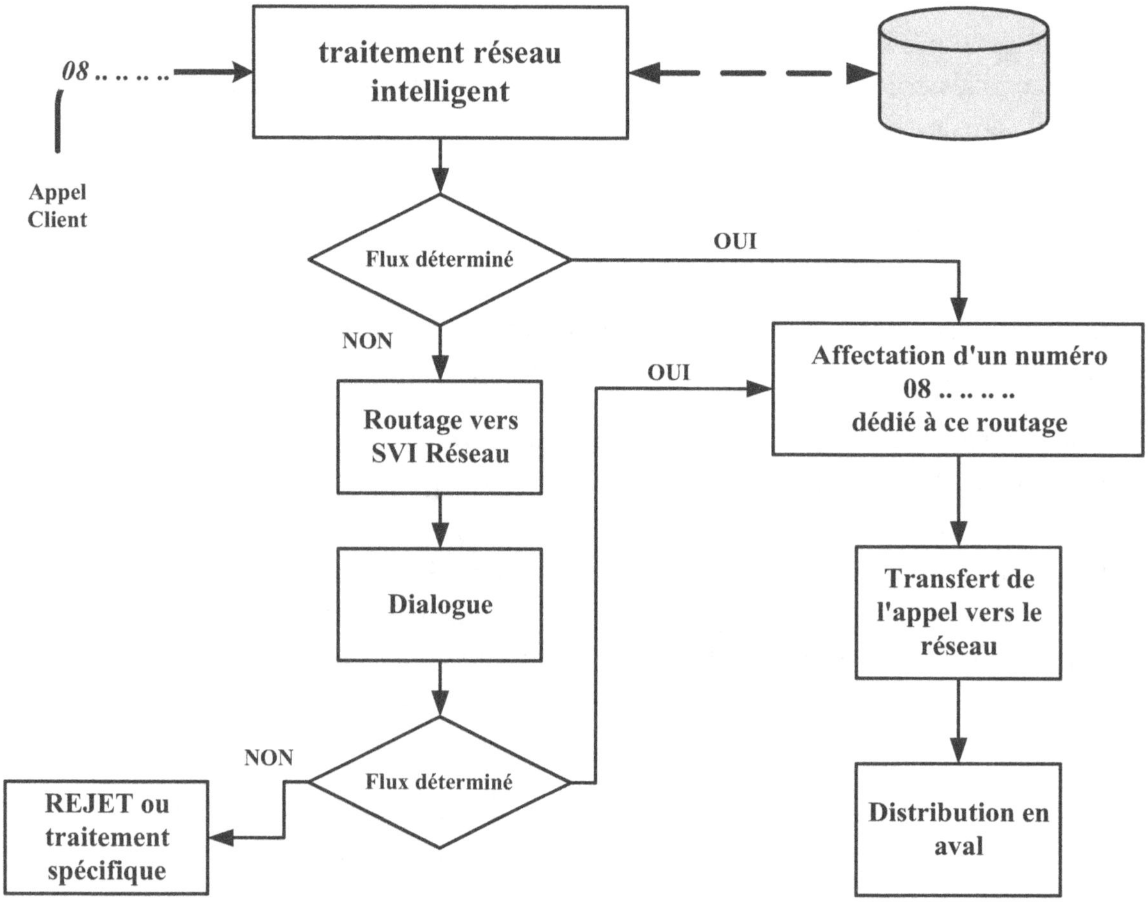

Figure 8-13
Routage complexe au niveau « réseau intelligent »

La particularité réside dans la situation du SVI qui sera souvent implanté au niveau du réseau intelligent et sera fourni par l'opérateur qui exploite ce réseau.

Une organisation complexe de distribution « haute » (niveau réseau) peut alors s'apparenter au schéma de la figure 8-13.

Le choix d'implanter des modules CTI

En toute rigueur, l'interconnexion entre le réseau intelligent et la base de données métier est une fonction de type CTI « centrale » gérée par l'opérateur de télécommunications qui fournit le service « clés en main » (il impose simplement un format de données accessibles depuis ses commutateurs et autres routeurs).

Pour ce qui est des fonctions de CTI implantées sur les sites, les problèmes posés ne sont pas différents de ceux rencontrés dans les organisations monosites complexes, si l'on excepte deux éléments :

l'uniformisation des procédures et la consolidation des données sur chacun des sites d'une part ou le danger encore plus éminent que représente l'usage des fonctions de distribution du niveau CTI, d'autre part.

Note

Nous ne sommes pas formellement opposés à l'utilisation de cette fonction CTI de routage dit « intelligent » mais nous rappelons que les organisations construites doivent être lisibles. Nous attirons l'attention du lecteur sur la difficulté que peut représenter la succession de complexités ; pour cette raison, de très grandes structures que nous ne citerons pas ici sont revenues à des solutions d'architecture simple.

Reporting et statistiques

Situation très difficile à gérer mais qui doit absolument trouver une solution d'apparence et de lecture simple. En effet, le pilotage de la structure reste plus que jamais, compte tenu des règles économiques, incontournable ; il est donc important de traiter des *reportings* et tableaux de bord de niveau local (site par site) et de construire des consolidations au plan général (exercice d'autant plus difficile qu'il y a interconnexion des sites et des flux).

En outre, il est tout à fait concevable que les différents flux pris individuellement imposent, par nature, une consolidation ; c'est en particulier le cas des sélections par région ou par tranche horaire.

Dans ces conditions, les statistiques liées plus particulièrement aux performances individuelles ou collectives restent la plupart du temps locales, sauf à comparer les productivités des sites (si tant est que cela soit possible dans la mesure où les causes des appels peuvent être différentes) et à déterminer une base et une évolution de la productivité globale de l'ensemble de la structure.

A contrario, les statistiques qui rendent compte des flux et de la distribution des appels doivent toujours être consolidées, ne serait-ce que pour déterminer le bon fonctionnement de la distribution au niveau réseau et la bonne tenue des PG[1].

[1] Peripheral gateways.

Le message d'accueil

Sous ces conditions d'organisation très complexes, on peut être amené à mettre en place des messages d'accueil au niveau local ou au niveau réseau ; on sera attentif à l'effet d'agacement de la clientèle, en particulier lorsqu'elle a subi un « interrogatoire SVI[2] ».

[2] La chaîne « message d'accueil réseau » puis « conversation SVI » et enfin « message d'accueil local » est mal ressentie.

Appels « sortants »

Enfin, certaines structures sont appelées à traiter des appels sortants et un certain nombre de questions sont spécifiques à ce fonctionnement que ce mode soit isolé ou qu'il cohabite avec la réception d'appels.

Présentation

Un centre peut être appelé à traiter des appels sortants en direction des clients ; ce peut être de l'activité de qualification de fichier ou de la prospection commerciale ou encore des enquêtes de satisfaction.

Compte tenu de la facilité représentée par « le moment de l'appel est au choix du conseiller », et des diverses approches communes avec le traitement des appels « entrants », nous avons décidé de placer ce paragraphe à ce niveau et de la traiter en termes de similitude et différence avec la problématique de flux entrant.

> **Note**
>
> En particulier, le recrutement, la formation, l'encadrement des conseillers sont identiques même si la contrainte de flux entrant est plus forte et si l'on s'affranchit absolument de toute situation de « crise de trafic ».

En particulier nous allons aborder les avantages et difficultés que représente une organisation qui traite des deux types d'appels.

Questions préalables et analyse de besoin

Ce paragraphe va traiter des justifications qui conduisent à choisir d'émettre des appels et les critères qui permettront de choisir un mode opératoire.

Questions métier

Une question se pose : l'émission d'appels est-elle utile (ou indispensable) dans le métier concerné ? Une autre est de savoir quel est le niveau de relation plus ou moins étroite entre les causes d'appels sortants et les causes d'appels entrants[1].

Problématique des flux et du dimensionnement

Dans le cas où le flux sortant est seul en cause (ou bien si des équipes dédiées sont chargées de cette fonction), l'analyse de ces flux se résume presque exclusivement au nombre d'appels par heure que peut émettre un conseiller.

---

[1] On peut penser que certains conseillers émettent des appels de relance de paiements, ce qui est très proche du métier commercial (actes de commande).

Dans le cas où les deux flux sont confiés à une seule et même équipe, il convient de considérer tout d'abord que le flux entrant est strictement prioritaire et, ensuite, que les appels sortants vont, pour l'essentiel, être émis dans les périodes de faible flux entrant. Dans ces conditions, l'émission d'appels est proche de la notion d'activité stockable mais il faut garder à l'esprit que la condition « doit pouvoir être interrompue à tout moment », définissant cette activité stockable, n'est pas remplie.

On devra donc être prudent et ne pas utiliser toute la quantité disponible des ressources pour émettre des appels mais garder en réserve une quote-part liée aux règles de distribution d'Erlang (la seule condition permettant de s'assurer qu'un appel entrant pourra être traité et ne va pas être placé dans une file d'attente où il pourrait rester plusieurs minutes).

Note

Cette règle est d'autant plus importante à respecter que l'on utilise le logiciel de *predictive dialing*. Dans cette hypothèse, on fera en sorte de rendre les conseillers non accessibles en arrivée (*log off*) ; on aura donc virtuellement créé une équipe annexe.

Pour les métiers dans lesquels un appel entrant génère statistiquement (une fois sur n où n est inférieur à 10) un appel sortant (recollement d'informations complémentaires, rappel du client), cette particularité devra être mesurée, évaluée et intégrée dans la durée moyenne de l'appel entrant[1].

[1] Pour ce qui est de l'évaluation de la productivité et du dimensionnement des ressources humaines en particulier.

Détermination générale du niveau de service

Ce ne serait pas une problématique particulière concernant le flux départ si l'on «émet les appels à la main » ; l'utilisation de *predictive dialing* qui présente les risques qu'un client appelé soit placé en file d'attente est, par contre, à étudier de près.

La problématique générale de niveaux de formation

Cet alinéa ne présente aucun caractère particulier en regard de l'émission d'appels.

Choix des algorithmes de « routage » des appels

Dans le cadre de l'utilisation « d'appels anticipés en masse » (*predictive dialing*), la question de routage des appels et de débordement, en cas de surcharge d'une équipe, peut se poser (en particulier s'il s'agit d'éviter l'effet pervers du client qui se retrouve placé en attente alors qu'on l'a appelé).

Le choix d'implanter des modules CTI

Les deux modules concernés sont le module d'émission d'appels anticipés en masse (*predicitve dialing*) qui a pour résultat de maintenir les groupes traitant d'appels sortant dans le même environnement de pression que dans le cas de flux entrant, et les différents modules d'assistance à la téléphonie.

Reporting et statistiques

Pour ce qui est du flux départ, des *reportings* spécifiques doivent être établis et comparés (consolidés) avec les états décrivant les flux entrants afin d'obtenir, au moins pour ce qui est des performances, une vue globale de l'activité des équipes ; c'est, en particulier, ces éléments statistiques, dans la mesure où ils seront bien construits, qui permettront de valider que la quote-part d'appels sortants est optimale en regard de l'activité totale.

Pour ce faire, on devra comparer le niveau d'émission d'appels avec les taux de pertes en arrivée et on constatera qu'il existe un point où les tendances s'inversent et où la somme des productivités « compensées » diminue.

Dans le cas envisagé au niveau flux (appel entrant qui génère un ou plusieurs appels sortants), une règle de corrélation devra être trouvée.

Chapitre 9

Management et ressources humaines

Le centre d'appels doit être considéré comme une chaîne de production industrielle, c'est-à-dire la standardisation, menée au maximum des possibilités, de certaines fonctions (ici tertiaires).

La productivité et l'efficacité d'une telle structure reposent donc sur les choix et la répartition des ressources humaines.

Organisation et positionnement des divers acteurs

Rappelons que le centre d'appels est, au sein de l'entreprise, un outil dont la mission est de fournir un service. Cela implique une organisation de ressources humaines adaptée au niveau de management du poste concerné et où la complexité du service rendu détermine la valeur ajoutée induite.

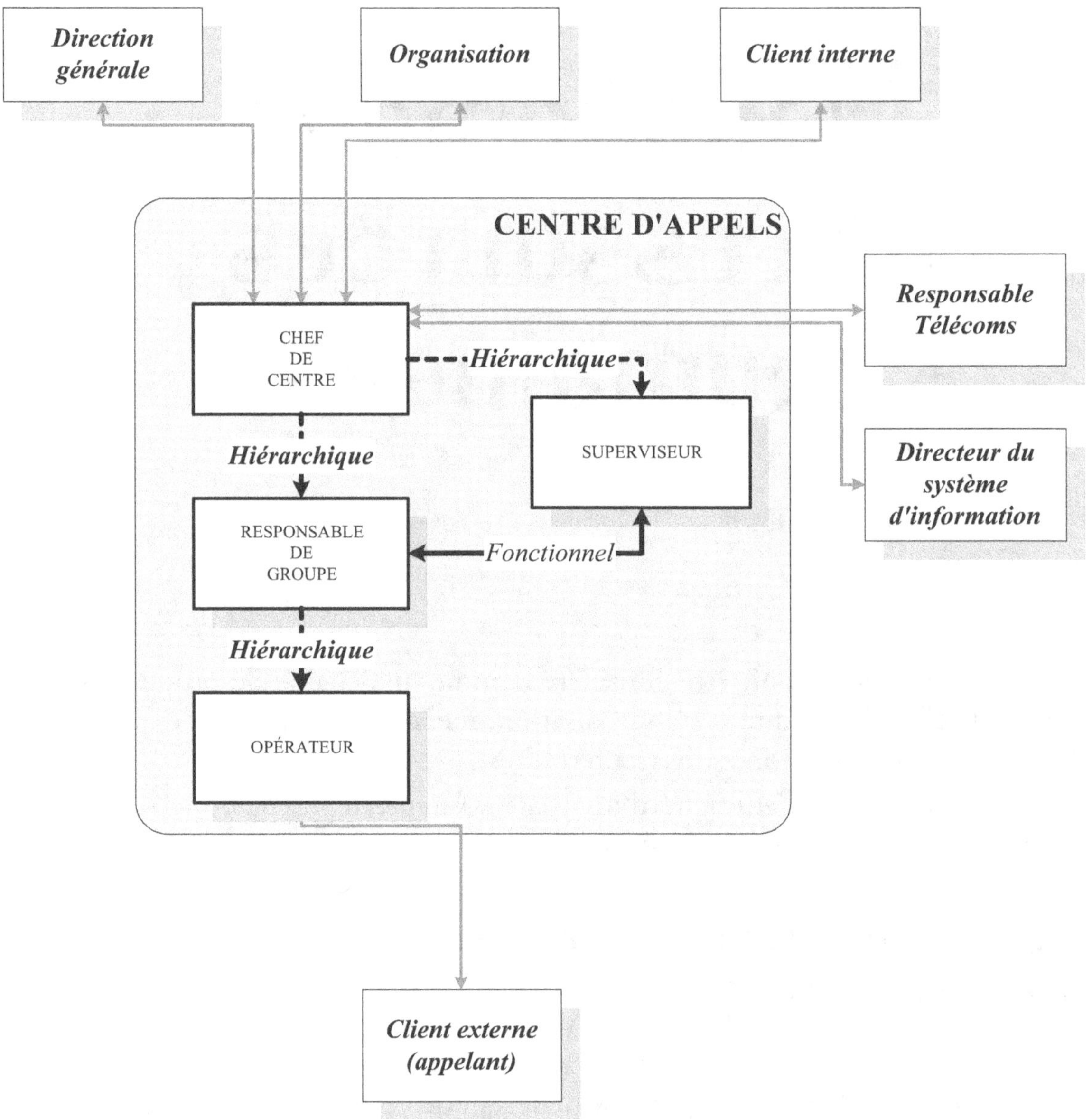

Figure 9-1
Centre d'appels, vue interne, contexte et environnement

Dans une entreprise, la mise en place d'un centre d'appels représente un acte important qui n'est pas dénué de conséquences sur son organisation générale ; ce constat peut être fait tant au sein de l'établissement au sens strict que de la société dans son ensemble.

Cette nouvelle structure va devoir s'inscrire dans l'organisation telle qu'elle existe lors de sa mise en place et nous assisterons, non seulement à l'émergence du service concerné et à sa montée en compétence, mais également à des modifications substantielles de l'environnement interne général.

La figure 9-1 nous a montré le centre d'appels inscrit dans le contexte le plus large possible de l'entreprise. La zone grisée ou pleine indique la structure et l'architecture interne du centre ; les relations externes avec le contexte sont indiquées par rapport à celle-ci.

Nous traiterons donc successivement le contexte (en termes de relations externes proprement dites) puis nous détaillerons la structure relations humaines interne. Enfin, nous conclurons en apportant un éclairage sur les relations qui existent entre les différents métiers.

L'environnement humain fonctionnel externe au centre

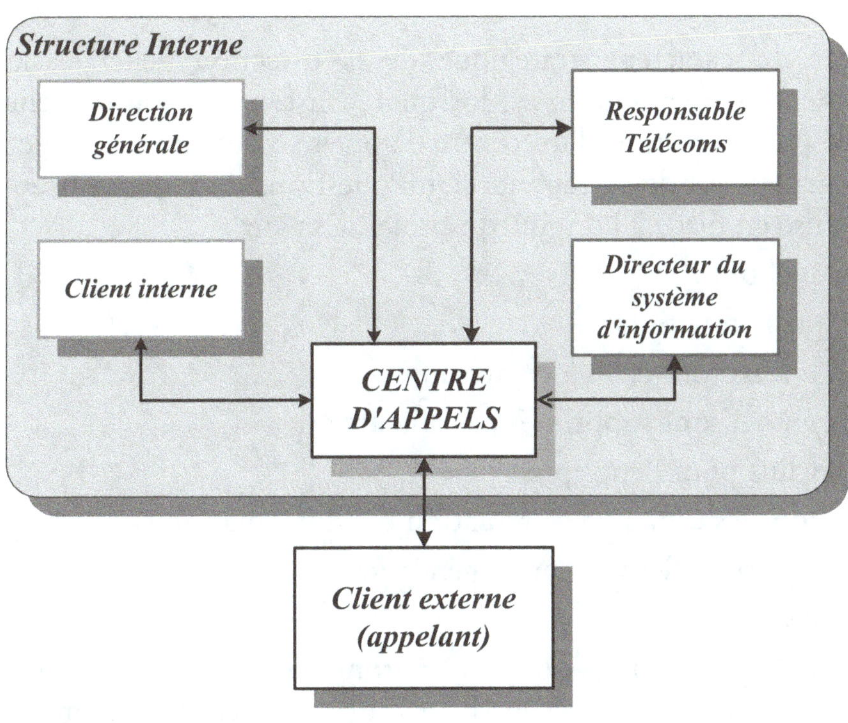

Figure 9-2
Centre d'appels et son environnement contextuel

Un certain nombre d'acteurs (ou plus exactement de fonctions) interviennent dans la vie du centre d'appel et dans son développement ou ses évolutions (voir figure 9-2).

Dans ce cadre interviennent, outre le client externe qui est l'objet même de l'existence du centre, des fonctions fortement hiérarchiques comme la direction générale ou l'organisation, et des fonctions d'assistance, telles que le responsable télécoms ou le directeur du système d'information. Enfin, nous trouvons un acteur particulièrement important : le « client interne ».

La direction générale

La mise en place d'un centre d'appels est une opération lourde qui a un impact capital sur l'organisation et le fonctionnement de l'entreprise ainsi que sur les finances. En effet, la plupart des créations de centres d'appels sont le résultat de l'analyse technico-économique d'un besoin fonctionnel (la décision correspond alors au meilleur rapport « qualité/prix »).

Par conséquent, ni les décisions de création, ni le planning de déroulement, ni la vie même du centre d'appels n'échappent à la direction générale qui devra par ailleurs être destinataire d'un niveau adapté de *reporting*[1].

L'organisation

À l'instar du caractère stratégique de la direction générale, le département « organisation », lorsqu'il existe, est lourdement concerné par la création d'un centre d'appels[2]. C'est en particulier cette structure qui devra répondre aux questions de fonds concernant la mise en place à l'origine du projet, à savoir :

- Dans quel but ?
- Pour quelle fonction ?
- Quels *process* sont créés à ce niveau ?
- Quels *process* sont supprimés par ailleurs ?
- Quels gains pour l'entreprise ?
- Quels sont les canaux de circulation de l'information ?
- Quel impact sur les ressources générales ?
- Quel *reporting* ?

Les diverses réponses à ces questions auront un impact majeur non seulement sur le centre mais aussi sur tout son environnement. Là encore, et nous y reviendrons dans le chapitre dédié à ce sujet (chapitre 10), un *reporting* spécifique, adapté à la situation, sera nécessaire.

Le responsable télécoms

Comme nous l'avons indiqué dans la première partie, consacrée à la technologie, la construction et l'exploitation d'un centre d'appels s'inscrivent dans un environnement de télécommunications complexe.

Les choix de réseaux (en particulier celui des réseaux dits intelligents ou déstructurés) ou les décisions à prendre en matière de télé-

1 Cette particularité s'avère d'autant plus vraie que le centre est au cœur du métier de l'entreprise comme chez les prestataires de vente par correspondance.

2 Nous faisons ici référence à un projet en devenir ; n'oublions pas que la présence elle-même du centre d'appels « bouscule » les organisations.

communications internes (ici les autocommutateurs et divers distributeurs d'appels) sont du ressort du responsable des télécommunications de l'entreprise. Il aura non seulement à réaliser les études conduisant aux choix, à établir ces choix mais également à prendre en charge l'exploitation, le pilotage et le suivi des divers éléments le concernant.

Il ne faut pas sombrer dans l'effet pervers où ce responsable télécoms se substituerait à la structure utilisatrice, seule apte à déterminer les véritables besoins. On aurait alors affaire à la notion de « tour d'ivoire » bien connue des utilisateurs de l'informatique des grandes sociétés voici quelque dix ou quinze ans où les informaticiens évaluaient toute demande de l'utilisateur par une question préalable « en quoi cela peut-il leur être utile ? » ce qui conduisait à juger le besoin au lieu d'y répondre. Un exemple très intéressant est fourni par les contrats de maintenance de l'autocommutateur, lesquels sont de son ressort mais dont les modalités, en termes de besoin, doivent être évaluées en fonction des impératifs de l'utilisateur (en l'occurrence le centre).

Un mode opératoire efficace en la matière est décrit dans la figure 9-3.

Enfin, le responsable télécoms est garant de la bonne marche technique de l'ensemble dont il a la charge. C'est l'utilisateur qui détermine les niveaux d'importance et de priorité des différents dysfonctionnements (que ce soit fonction de leur nature ou la période horaire dans laquelle ils se présentent).

Le directeur des systèmes d'information

Comme pour la téléphonie, la partie consacrée à la technologie aborde largement le domaine du CTI (couplage téléphonie-informatique) et des bases de données internes. Par conséquent, le rôle et l'implication du DSI sont fondamentaux.

Le rôle du DSI est de maintenir en bon état de marche les outils[1] informatiques en place ainsi que d'assurer la cohérence et l'intégrité des données (il s'agit bien là de sa fonction de base, indépendamment de l'existence ou non d'un centre d'appels) ; si les terminaux équipant le poste de travail ainsi que les outils locaux à disposition sont du ressort du responsable du centre d'appels (en collaboration avec l'informatique), les autorisations et diverses sécurités (qu'elles soient au niveau des bases de données ou du réseau) sont à la charge et de la responsabilité du DSI.

[1] Ce terme désigne l'ensemble des matériels, logiciels de base, applicatifs, logiciels de réseau… Tout outil est pris dans son sens le plus large.

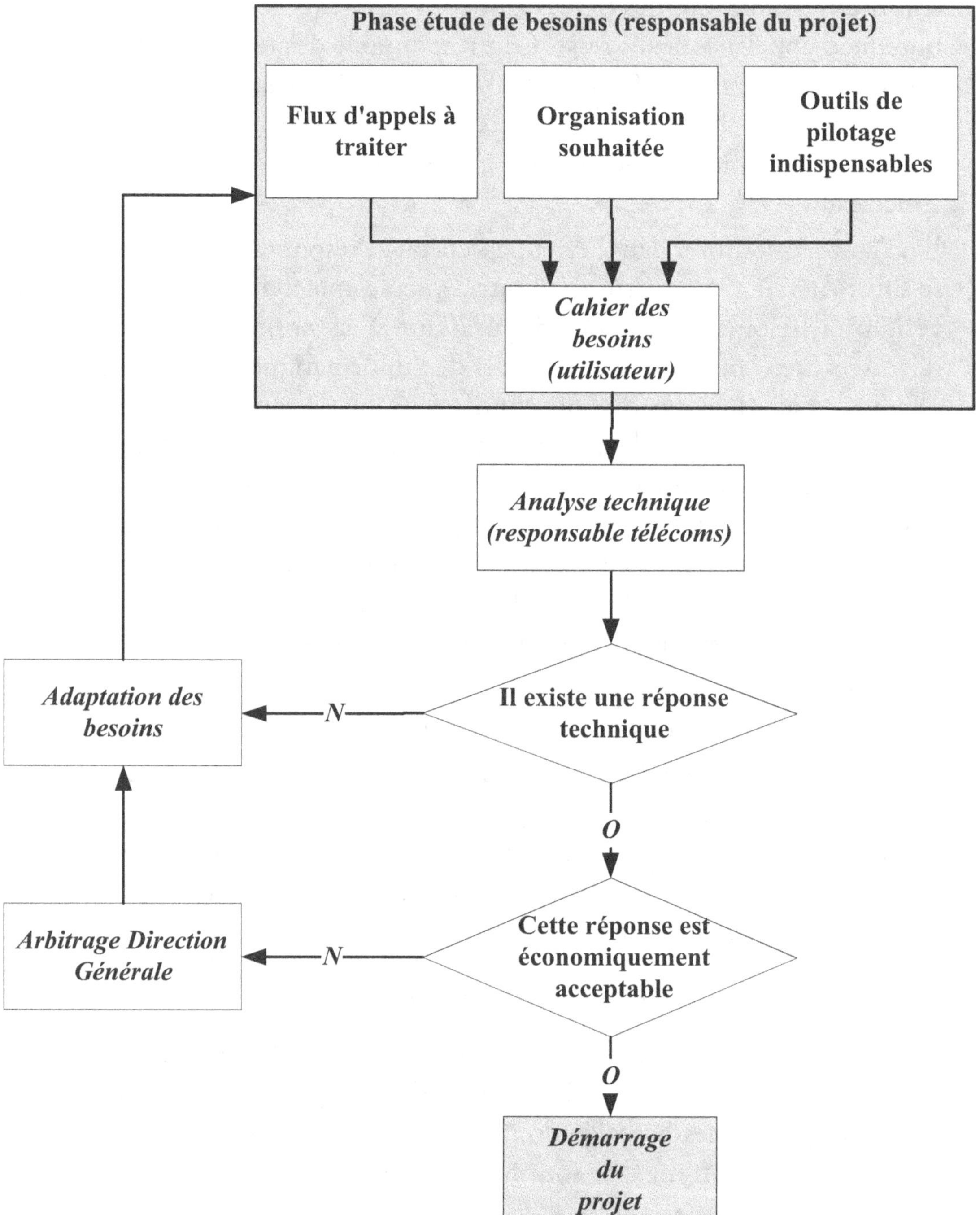

Figure 9-3
Mode opératoire de développement de centre d'appels « efficace »
et cohérent

Note

Cette situation se complique encore grandement dans le cadre des structures de type help desk pour lesquelles le DSI est également, par nature, le responsable du centre d'appels (ou encore le client interne, notion que nous verrons plus loin).

Nous sommes donc en présence d'une relation tripartite : responsable de centre d'appels, responsable télécoms et DSI où chacun doit trouver sa place et jouer son rôle afin que l'ensemble fonctionne au mieux ; si la situation actuelle est relativement floue avec des particularités d'organisation dues aux entreprises concernées, il est cependant des règles de base généralement admises.

- L'informatique de traitement (matériels, logiciels, données) est à la charge du DSI et l'infrastructure télécoms est à la charge du responsable télécoms.

- Le bon fonctionnement du centre d'appels est de la responsabilité du cadre qui en a la charge mais dépend des éléments technologiques.

- Les besoins autant technologiques que dans le domaine des ressources humaines sont du ressort du responsable du centre.

- L'ergonomie du poste de travail implique une technologie au service des utilisateurs.

- La relation entre le monde (tendance à maintenir pour le sens) de l'informatique et le monde des télécommunications (CTI) qui est un élément absolument majeur de cette ergonomie (jusque et y compris les gains de temps qui sont sources d'économies de personnel) se situe par définition à la frontière des deux contextes et passe par un élément qualifié de *middleware* apte à échanger de l'information de part et d'autre.

- Ce *middleware*, constitué d'une plate-forme serveur et de logiciels adaptés, est normalement du ressort du DSI (il s'agit bien d'informatique), son exploitation efficace est le résultat d'un statu quo négocié et fonctionne d'autant mieux que la situation n'est pas devenue conflictuelle en termes de pouvoir.

Les exploitants

Si nous consacrons une section unique aux exploitants des deux mondes, respectivement informatique et télécoms, c'est qu'ils gèrent des processus particuliers et utiles aux deux univers, bien que portant sur des fonctions et des métiers différents ; ce sont eux qui assurent la bonne marche de l'ensemble.

Ce sont, en effet, les exploitants qui sont « au contact » direct des utilisateurs des divers niveaux et ce sont eux encore qui recueillent les *desiderata* et autres doléances de chacun pour en tenir compte dans les évolutions à court et moyen terme de la structure.

Ce sous-ensemble de l'organisation doit être jugé capital car il est traditionnellement source d'incompréhensions et peut créer une atmosphère véritablement conflictuelle dont la cause profonde est une différence de compréhension sémantique issue de terminologies qui peuvent cependant s'avérer littéralement proches. Cette situation est facilement illustrée par un exemple courant dans nos contextes : la notion de « temps réel » qui divise informaticiens et télécommunicants.

En effet lorsqu'un informaticien parle de « temps réel », il le définit en termes de traitement immédiat par opposition aux demandes de traitement différé (*batch*) dans les applications de type bases de données. *A contrario*, pour un télécommunicant, la notion de temps réel recouvre (en particulier dans le domaine de la commutation) des notions de délais très courts et prédéterminés de l'ordre de fractions de secondes (millisecondes en général). Les termes sont les mêmes mais la différence est essentielle dans le positionnement d'un problème ou la description d'un processus.

En résumé, les utilisateurs vont formuler des demandes dans un langage qui leur est propre et qui rend compte quotidiennement de leur métier : le service client. Parallèlement, les exploitants télécoms et informatiques vont essayer de traduire ces demandes en termes de propositions technologiques, lesquelles sont alors incompréhensibles par les utilisateurs. Il peut en résulter une situation conflictuelle dommageable à la bonne marche du centre. C'est là une conjoncture fort souvent rencontrée dans les centres d'appels, structures pour lesquelles la base technologique *high-tech* (informatique et télécoms) est essentielle et fort complexe.

La résolution de ces situations passe par une formation croisée des diverses populations et par la mise en place d'un niveau d'arbitrage dont la compétence et l'objectivité ne présentent pas le moindre doute.

Le client interne

Cette notion de client interne utilise ici une terminologie qui nous est propre et qui a pour objectif majeur, par l'utilisation du mot client, de montrer instantanément le caractère essentiel du concept.

Le client interne « primaire »

Il s'agit, comme nous l'avons souligné, d'une entité tout à fait particulière et prépondérante dans le domaine des centres d'appels.

Nous définirons « le client interne » comme le service ou le département ou l'établissement de l'entreprise pour lequel la structure centre d'appels a été créée.

C'est en particulier la direction commerciale dans une société de vente par correspondance. Le centre d'appels d'un tel établissement est entièrement au service de la fonction commerciale ; son objectif est la vente (voire l'administration des ventes ou le service après-vente par extension) et, dans les cas de dysfonctionnement ou de mauvaise adéquation (perte importante d'appels par exemple) c'est bien la direction commerciale qui en supporte les conséquences.

La pression en termes de demande de résultats et de qualité fournie qu'exerce le client interne sur le centre est atypique puisque c'est lui qui va devoir assumer les résultats ; cette exigence se traduit par une demande forte de *reportings* très spécifiques et dont l'objet est de montrer instantanément les conséquences « métier » de la situation du centre.

Pour conclure ce paragraphe, revenons à la situation des structures de *help desk* où l'ambiguïté réside dans la double fonction du DSI, pour partie DSI en tant que tel et pour partie client interne ; cette situation peut provoquer une double pression sur le monde des télécommunications et, là encore, des organisations types se cherchent et reposeront très certainement sur une approche fusionnelle d'une partie de chacun des deux métiers.

Citons un point essentiel, un principe souvent oublié : « il appartient au client interne d'informer la structure centre d'appels sur les diverses modifications et nouveautés qui peuvent le concerner.

Le client interne « secondaire »

Ce terme de secondaire ne présente aucun caractère péjoratif, il s'agit essentiellement dans le domaine du *help desk* (et par extension de tous les centres d'appels ayant vocation de servir une clientèle interne) des clients eux-mêmes, c'est-à-dire les utilisateurs des outils pour lesquels la structure est implantée.

Il est essentiel, de noter que ces clients internes disposent d'un pouvoir collectif considérable ; ils peuvent présenter des réactions brutales et presque impossibles à anticiper[1].

Nous insisterons encore sur l'existence permanente et non identifiable d'une concurrence interne : la notion de « l'ami Jean ». « L'ami Jean » est, par exemple, une personne du bureau d'à côté qui « connaît bien l'informatique » ; si un *help desk* ne rend pas le service attendu, les utilisateurs se tournent naturellement vers « l'ami Jean »

[1] En réalité, le responsable du centre qui analyse de très près ces indicateurs sent venir une telle situation.

qui adore rendre service mais qui, à l'insu de tous et en toute bonne foi, va traiter le problème « à sa manière » avec pour conséquence, au demeurant, qu'il ne remplit plus la mission qui lui est confiée.

Ce personnage n'est pas connu de la structure mais il est probable qu'il y en a un dans chaque service.

Le résultat de cette situation est double : un désordre organisationnel dans l'entreprise et la suppression, à plus ou moins long terme, du *help desk*.

Conclusion sur ce contexte

L'apparition des centres d'appels a révélé des dysfonctionnements d'organisation interne des entreprises : certains services étant trop proches ou trop éloignés de la demande fonctionnelle. Par ailleurs, la remise à son niveau (de simple outil) de la technologie qui avait fini par se situer à un niveau tyrannique de décision est en train de se réaliser.

Ce développement des structures de centres d'appels, qu'on peut interpréter comme une tentative de traiter du service de façon standardisée, bouscule donc bien les organisations et les prérogatives de chacun des acteurs.

Les métiers internes

Nous préciserons ici les fonctions internes d'un centre d'appels telles que classiquement admises et illustrées par la figure 9-4. Certains termes ouvrent débat (entre superviseur et responsable d'équipe par exemple) ; nous avons donc nos propres définitions fréquemment admises. L'important est de savoir que, professionnellement, chacune de ces fonctions existe et répond à une exigence que nous détaillons dans les définitions.

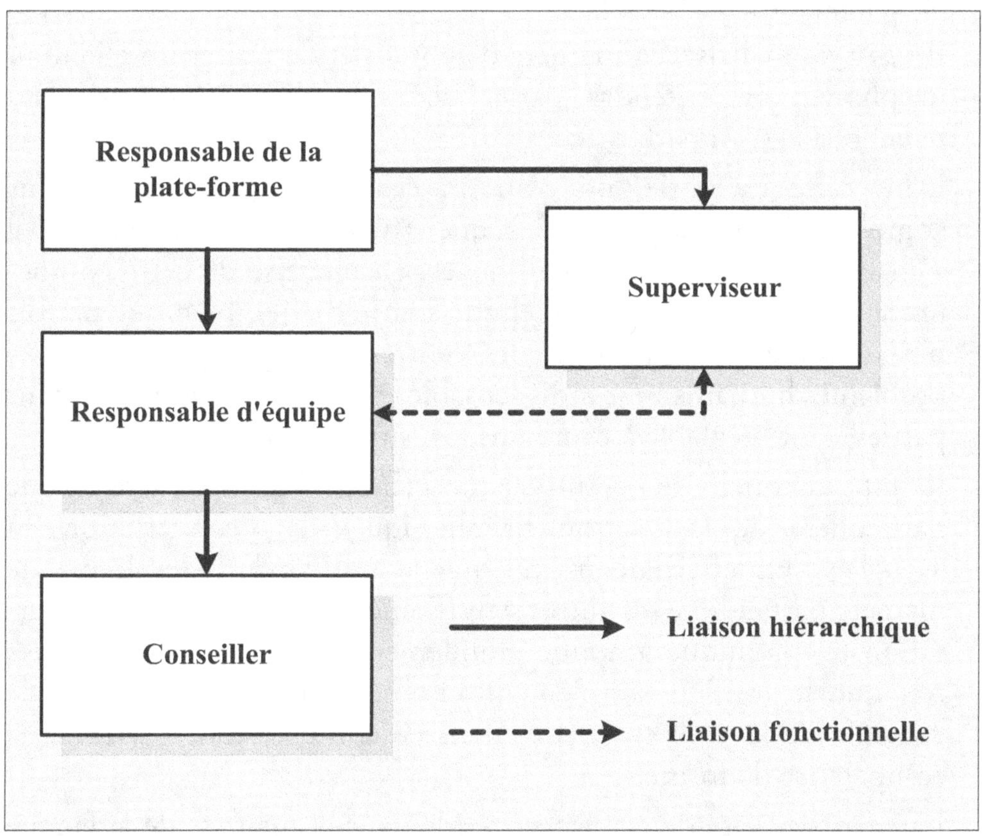

Figure 9-4
Les métiers internes et l'organisation

Les téléopérateurs ou conseillers

C'est la population la plus nombreuse : celle qui produit effectivement ; constatons que la terminologie de désignation a évolué depuis « opérateur » jusqu'à « télé-opérateur » puis « conseiller » qui est le terme aujourd'hui le plus largement utilisé.

Le rôle et le positionnement

C'est la base même, la quintessence du centre d'appels ; ces personnels ont pour mission de fournir le service au client et utilisent les divers outils mis à leur disposition, en particulier le téléphone (précisons cependant que l'objet du centre d'appels n'est pas de répondre au téléphone mais d'utiliser le téléphone pour dispenser un service « métier »).

Par définition, les téléconseillers doivent disposer d'une double compétence. Une compétence de forme sur la manière de gérer la relation client, et une compétence de fond sur le métier.

La compétence de forme

Il s'agit de maîtriser la manière d'aborder et de traiter un client au téléphone ; on entendra parler de sympathie de « sourire au téléphone », d'empathie…

Dans cette catégorie, on trouvera également des qualités plus complexes à développer telles que savoir désamorcer un appel « chaud » ou traiter des cas difficiles. La maîtrise de cette compétence de forme, constante quel que soit le métier, bien que parfois plus sensible (en particulier, les centres d'appels qui traitent de problèmes humains), est indispensable et son acquisition, au moins partielle, est préalable à toute mise en situation réelle.

Il est essentiel de prendre conscience d'une caractéristique particulière de la relation téléphonique : la « conversation en aveugle ». En effet, de même que le non-voyant développe de manière particulière ses autres sens (l'ouïe en particulier), la conversation téléphonique amplifie grandement la perception des effets tels que le ton ou simplement l'humeur de l'interlocuteur ; le contrôle de la voix et du ton dans ce contexte font partie de la compétence de forme.

Une particularité de cet aspect réside dans la maîtrise de la langue de l'interlocuteur lorsque celle-ci diffère de la langue de travail (pour ce qui est des centres d'appels à vocation internationale).

Cette problématique concernant la langue est très fortement liée à une notion de compréhension et, donc, de culture ; c'est pourquoi, on préférera s'appuyer sur des conseillers qui ont pour langue maternelle la langue même des interlocuteurs qu'ils prennent en charge, quitte à leur demander une maîtrise plus ou moins aguerrie de la langue officielle dans laquelle travaille le centre.

La compétence de fond

A contrario, cette compétence est liée au métier lui-même qui est la raison d'être du centre d'appels au sein de l'entreprise ; c'est à ce niveau que se définit et que se crée la valeur ajoutée du centre. Cette compétence n'est, bien entendu, pas transposable dans un autre centre d'appels et, *a fortiori*, dans un autre métier.

N'oublions pas cependant que cette compétence de fond ou « métier » est fortement culturelle au niveau de l'entreprise ; en effet, si nous prenons pour exemple un centre d'appels bancaire, la culture des conseillers sera différente suivant l'organisme considéré et très lié à ce dernier. Ce point présente une limite quant à la portabilité du métier d'un centre vers un autre[1].

1 Le bénéfice de la formation au métier général de la banque subsistera néanmoins.

Le recrutement et la formation

Outre une sélection très fine des personnels en fonction de qualités adaptées au métier (forme et fond), des formations spécifiques sont nécessaires.

La compétence de forme. La formation se déroule en deux parties : une formation initiale en dehors de toute situation de production suivie par des compléments basés sur des enregistrements d'appels réels qui sont ensuite commentés avec le conseiller, à des fins didactiques.

Il est important de noter que, même dans un cadre strictement didactique, ces enregistrements sont encadrés par des règles juridiques définies par la CNIL ; en particulier, tous les protagonistes d'une conversation doivent être préalablement informés de cette possibilité d'enregistrement et les contenus ne doivent pas sortir du centre. Deux entités sur le territoire français échappent officiellement à cette loi pour des raisons évidentes de sécurité : ce sont les sapeurs-pompiers (centre 18) et les SAMU (centre 15).

La compétence de fond. Elle s'acquiert généralement à deux niveaux :

- Une formation initiale ayant pour but de permettre au conseiller de rendre seul un niveau minimal de service.

- Une formation en « doublon » qui permet au conseiller de progresser sur des exemples réels. Un tel fonctionnement, efficace au demeurant, nécessitera une organisation précise et sans failles. On constate que cette seconde partie sera d'autant plus nécessaire (voire longue) que la valeur ajoutée du centre sera élevée.

Cas particulier des notions de « front-office » et « back-office »

Dans les structures d'assistance et de service (en particulier les *help desks*), on se trouve en situation d'avoir à déterminer des niveaux d'incidents et des niveaux de groupes de réponses. Ces groupes ou niveaux de groupes sont généralement appelés « front-office » (accueil de premier niveau) et « back-office » (prise en charge d'incidents plus complexes). Dans cette situation, les deux populations appartiennent à la structure centre d'appels d'assistante.

> **Note**
>
> Il ne faut alors pas confondre ce niveau avec un troisième qui est celui d'expert ; par définition l'expert tire son expertise de la pratique quotidienne de son cœur de métier et l'assistance (les conseillers du back-office exclusivement) le consulte dans des cas très « pointus ».

Si les deux types de conseillers doivent maîtriser la même compétence de forme, ceux des groupes de « back-office » nécessitent de disposer d'une compétence technique plus étendue.

Pour ce qui est du recrutement, en dehors de la phase de mise en route du service qui s'étend, en général, sur une année environ, les conseillers de « back-office » sont principalement recrutés parmi les meilleurs des équipes de conseillers de « front-office ».

Les chefs d'équipes ou responsables de groupes

Si la mission des conseillers est d'effectuer la fonction de base, ils doivent être managés par des encadrants qui maîtrisent parfaitement la fonction à tous les niveaux, de forme comme de fond.

La fonction de chef d'équipe ou de responsable de groupe est par excellence cette fonction d'encadrement des conseillers.

Le rôle et le positionnement

Ces cadres ont pour rôle aussi bien de manager au sens classique du terme (mise en place des plans de charge, gérer et assumer les absences, les charges, les congés, les horaires en général, déterminer des processus d'incitation ou d'émulation, voire de sanction) qu'assister les conseillers, tant au plan de la forme que du fond. En effet, lorsqu'un conseiller se trouve en difficulté avec un client, c'est au responsable de prendre la main (par l'intermédiaire technique d'une entrée en tiers par exemple).

Note

Ce fonctionnement s'appelle « processus d'escalade » et permet d'être activé à plusieurs niveaux ; c'est une manière connue de désamorcer les appels « tendus » partant du principe que le client retrouve son calme en changeant d'interlocuteur et en étant amené à reformuler son problème.

Les responsables de groupe sont fonctionnellement très proches des conseillers ; ils doivent bénéficier des qualités classiques des bons managers de terrain mais aussi de toutes les qualités requises (en particulier sur la forme) pour répondre au téléphone. Ils ont également en charge la formation et le contrôle du niveau de compétence des conseillers[1].

[1] Ce paramètre est fortement pris en compte dans les plans de charges.

Le recrutement et la formation

Les chefs d'équipes et les responsables de groupes sont recrutés parmi les conseillers ayant acquis une expérience minimale et dont les qualités de management sont pressenties.

> **Note**
>
> Cette expérience ne se juge pas en semaines ou en mois mais plutôt par la reconnaissance de compétences des autres conseillers, ce qui instaure d'emblée une relation de confiance.

Il existe des situations plus rares où les responsables d'équipes sont, par choix, recrutés à l'extérieur en fonction de qualités et d'expériences managériales ; cette situation nécessite que leur formation de base soit reprise au niveau des conseillers pour ce qui est du fond (on considérera que la forme est acquise).

Pour ce qui est des formations complémentaires, elles seront essentiellement axées sur le métier de fond car un responsable doit être en mesure de répondre à des questions complexes qui ne rentrent pas nécessairement dans la compétence de tous les conseillers.

Par ailleurs, une formation sur la forme mettra l'accent sur la capacité de « désamorcer » et de gérer les cas difficiles quelle qu'en soit la raison.

Enfin, une formation solide aux techniques de management est très rapidement indispensable dans la mesure où l'origine même du recrutement est interne et hors équipe d'encadrement[1]. Les recrutements externes échappent bien entendu à ce besoin.

[1] On parle très souvent dans la profession de « staff de management ».

Le superviseur

Le rôle et le positionnement

Dans notre définition, le superviseur est l'homme clé du centre d'appels, le chef d'orchestre de la structure. Il a la responsabilité du bon écoulement du flux téléphonique ; à ce titre, il doit assumer des fonctions en « temps réel » et en « temps différé ».

> **Note**
>
> On considère que le superviseur a la charge et la responsabilité de l'écoulement des flux ; dans les très grandes structures on peut envisager d'avoir plusieurs superviseurs contrôlant chacun un (des) flux spécifiques ; dans ce cas, on verra apparaître la fonction « d'hyperviseur ».

C'est le superviseur qui a la maîtrise des chiffres et la lecture des « cadrans » ; c'est à ce titre que lui est impartie la mission de « prévoir ».

Les fonctions temps réel

Le superviseur surveille le flux instantané et ses variations, il veille à son bon écoulement ; il détermine) les décisions qui lui semblent s'imposer à un moment donné en fonction de la température du flux ou du plateau mais ne les met pas en application, ceci étant du ressort des chefs de groupes ou des responsables de centres. Il pourra agir indirectement en termes de :

- ressources humaines (demander aux responsables de groupe d'ajouter ou de retirer un certain nombre de conseillers) ;
- décisions techniques (modifier des paramètres de file d'attente, insérer un message de crise...).

Terminologie

L'expression « température du flux ou du plateau » est entrée dans le jargon du métier ; on dit que le flux est chaud soit quand le taux de pertes est élevé (surcharge ou sous-staffing des équipes) et que les appels se régénèrent spontanément, soit quand la variation du flux dans l'unité de temps est trop élevée pour que l'encadrement soit en mesure de faire face (ceci conduisant à la situation de surcharge).

Le superviseur proposera donc des mesures en fonction de la mission qui lui est impartie (gérer le flux) ; les managers mettront ou non en application ses demandes, mais c'est encore lui qui en vérifiera *a posteriori* le bien fondé par l'analyse de l'évolution de la qualité rendue.

Cette exigence a pour corollaire qu'un centre d'appels ouvert a nécessairement, de façon permanente, un superviseur à son poste car les évolutions instantanées de charges sont, *a priori* et par définition, imprévisibles.

Les fonctions en temps différé

Elles ont pour but de planifier les charges de travail afin que le centre d'appels soit le plus efficace possible dans les meilleures conditions économiques (*staffing* le plus adapté).

Pour réaliser ces missions, le superviseur devra tirer des conclusions des diverses situations vécues dans le passé et sur lesquelles il ne peut plus agir (la veille, la semaine précédente, le même mardi de l'année précédente...), en extraire les éléments d'analyse et d'explication, puis en tirer l'expérience pour le devenir du centre et de la qualité de service.

Il dispose de tous les outils nécessaires (statistiques ACD, statistiques des réseaux, éléments de CTI ou de SVI...) ; il doit en connaître le fonctionnement et le sens général, de même qu'il doit être rompu à l'exercice qui consiste à rechercher systématiquement et profondément le sens des résultats (partant du principe que tous les résultats obtenus – même et surtout les mauvais – ont un sens qui peut échapper complètement au microcosme du centre d'appels mais sont fortement corrélés à des données importantes concernant le métier).

Il a également à charge de mettre en place des indicateurs et un tableau de bord pertinents qui rendent compte du niveau de service réel[1] ; l'exercice est difficile car il est confortable de se contenter de résultats généralement pas mauvais mais qui ne rendent compte que de l'impression interne. La tentation d'en déduire abusivement un niveau de qualité client élevé est naturellement forte mais également suicidaire.

[1] La véritable qualité de service est celle qui, en dernier ressort, est jugée par le client.

Le recrutement et la formation

Le superviseur est donc par définition un personnage rigoureux, doté de compétences de statisticien et de « téléphoniste » (compréhension des flux et de leur écoulement). C'est une compétence très recherchée.

Par ailleurs, pour des raisons d'efficacité, il ne peut échapper à une compréhension culturelle assez étendue du métier dans lequel se situe le centre d'appels. C'est à ce titre que, par exemple, il sera en mesure d'évaluer ou de comprendre l'impact de certains changements (comme la mise en ligne de nouveaux produits) sur des paramètres essentiels dans la vie du centre comme la durée de conversation.

Un bon superviseur est, par conséquent, recruté en fonction de ses compétences d'analyse statistique et de sa compréhension des sens cachés ou apparents des chiffres produits ; mais il a également une vue très précise de l'architecture technique en place (sans pour autant être spécialiste de technologie). Enfin, il s'agit d'un métier où l'expérience est fondamentale.

Note

Nous n'insisterons jamais assez sur cette capacité qui sera la seule garante vis-à-vis de contresens d'analyse qui conduiraient à prendre des décisions non adaptées face à une situation mal évaluée.

Comme il est complexe de trouver toutes ces compétences chez une seule personne (qui plus est disponible !), sa formation se traitera en termes de compléments avec des priorités sur les sujets où il se révélera le mois aguerri. *A contrario*, une formation incontournable concernera la culture de l'entreprise du centre (sauf s'il s'agit d'un recrutement interne).

Le responsable de plate-forme

C'est le « chef », celui à qui l'entreprise a confié la mission de faire fonctionner le centre d'appels dans les meilleures conditions possibles. Il est dépositaire des rôles classiques de management et de décision et assume l'organisation du centre[2]. C'est lui qui rend

[2] Pour ce qui est d'une structure à fonction commerciale, cette responsabilité ira jusqu'à la responsabilité pleine et entière d'une structure type centre de profit.

compte à l'entreprise des points importants. Il s'appuie sur ses plus proches collaborateurs : le superviseur et les chefs d'équipes.

Le rôle et le positionnement

Il a la charge macro-économique d'une structure vue comme indépendante ; il est responsable du recrutement (en nombre comme en qualité) et des plans globaux de formation ; il rend compte à partir d'indicateurs économiques et de qualité très généraux par opposition au niveau de détail géré par le superviseur.

Il détermine les actions à mener et obtient les moyens nécessaires à partir de plans et de schémas directeurs ; il endosse la charge de contrôler la prestation de service au sens large et, par conséquent, le niveau de satisfaction du client.

« L'avis du client l'intéresse… ». À ce titre, il veille à éviter la mise en place d'indicateurs ayant des effets pervers (nous préciserons ce terme dans le chapitre 10 traitant du reporting et pilotage) qui, sous des apparences positives, peuvent mettre en danger la performance réelle du centre.

En résumé, la fonction de responsable de plate-forme est une vraie mission de cadre dirigeant et ne peut être sous-évaluée.

Le recrutement et la formation

Du point de vue hiérarchique, il s'agit d'un manager qui a normalement une expérience forte de ce type de structure et à qui l'on pourra, si besoin est, fournir une formation métier. Une autre approche consiste à trouver quelqu'un, au niveau du métier, ayant des compétences de management et d'organisation et à le former à la spécificité des centres d'appels.

Les liens ressources humaines internes et l'organisation

Enfin l'ensemble des ressources humaines à la disposition ou dans l'environnement du centre d'appels s'inscrivent dans une organisation de management précise que nous allons aborder maintenant.

Vision générale

Lorsqu'on étudie le schéma fonctionnel de la figure 9-4, on constate qu'il existe une chaîne hiérarchique constituée du responsable de plate-forme, des responsables d'équipes et des conseillers ; le superviseur, quant à lui, apparaît « à la marge » dans une relation qualifiée d'analyse ou d'expertise, et si la relation qui le lie au responsable de plate-forme est à caractère hiérarchique, il n'apparaît pas réellement dans la chaîne de commandement ou d'organisation de production.

La chaîne de management ou de commandement ou de production

Constituée dans l'ordre du responsable du centre, des chefs d'équipes et des conseillers, cette chaîne a pour fonction d'organiser et de manager la fonction de production des conseillers. C'est alors une relation purement hiérarchique telle que l'on peut la rencontrer dans n'importe quelle chaîne de production de type industriel ou dans toute organisation de type tertiaire.

On retrouve bien là la caractéristique des centres d'appels tels qu'ils ont été décrits, à savoir, comme des structures aptes à standardiser une fonction traditionnellement du domaine du service.

La chaîne technique d'analyse ou chaîne fonctionnelle

Structurée transversalement du responsable de plate-forme aux chefs d'équipes en passant par le superviseur, la fonction de cette chaîne est de d'apporter, de traiter et d'exploiter les éléments permettant de fournir une adéquation de production et, par conséquent, une productivité maximale.

Elle assume des besoins tels que les prévisions de charges, la planification des ressources (*a priori* et par anticipation) ainsi que les ajustements en temps réel.

Cette chaîne, plus que toute autre, nécessite la mise en place d'indicateurs et de tableaux de bords réels et très efficaces, en temps réel comme en temps différé.

La taille des structures

Le responsable de plate-forme est, d'évidence, unique ; en revanche nous admettrons que selon les métiers – en particulier leur complexité et la valeur ajoutée produite – il est nécessaire d'affecter un responsable d'équipe pour encadrer entre dix et quinze personnes simultanément connectées.

Force est de constater que dans les structures de taille modeste (inférieures à environ vingt-cinq positions actives), le superviseur, alors unique, fait également fonction de responsable d'équipe, lui-même unique.

Si le superviseur est unique pour un flux, il peut également gérer plusieurs flux dans les structures de grande taille.

Enfin, dans les très grandes structures multisites et multiflux, il existe la fonction d'hyperviseur qui est doublement importante. Elle consiste à :

- Encadrer les superviseurs qui assument les divers flux ou groupes de flux.
- Consolider les données sur des plates-formes de traitement unique afin d'obtenir des vues synthétiques de la situation réelle.

Chapitre 10

Reporting et pilotage

Après avoir construit et organisé le centre d'appels, il convient d'en assurer le pilotage comme s'il s'agissait d'un navire. Nous avons pour habitude de dire que les managers doivent être en mesure de « gouverner le bâtiment dans les conditions optimales et ce, même par gros temps ». Cette fonction impose une organisation et des outils adaptés.

Pour l'organisation, le pilotage sera assuré par l'ensemble de la chaîne de management ou de soutien (en particulier par le superviseur).

Ce chapitre portera plus précisément sur les outils, leur construction[1], leur mise en œuvre et sur l'usage qu'il en sera fait quant aux résultats désirés et obtenus.

La difficulté principale se situe au niveau des cas des appels entrants pour lesquels le flux n'est pas choisi par la structure mais imposé par la « clientèle » ; nous étudierons donc essentiellement ce sujet. Les besoins liés à l'émission d'appels, plus simples, seront rencontrés et examinés au long de ce chapitre. (Un certain nombre d'exemples le plus exhaustible possible de tableaux de reporting et d'indicateurs seront présentés en Annexe B.)

Rappel de concepts importants

L'objectif primordial d'un centre d'appels consiste à traiter chaque appel individuellement[2] parlant, la vision collective des flux nous indique que certains de ces appels ne parviennent pas jusqu'à ce résultat ; en effet, entre

[1] Dans le métier des centres d'appel, nous avons cette particularité de construire nos propres outils adaptés et personnalisés en regard de notre propre stratégie.

[2] Nous parlons ici essentiellement des appels entrants émis par les clients.

les abandons, les dissuasions, voire les appelants insatisfaits de la réponse fournie, il convient de dresser ici et préalablement au pilotage proprement dit le bilan des différents cas possibles même si ces informations sont, par ailleurs et pour la plupart, présentes dans des tableaux de description au long du présent chapitres et des suivants.

Les appels offerts

1 On parle des clients soit tombés en dissuasion soit ayant abandonné qui rappellent, éventuellement plusieurs fois.

Il s'agit de l'ensemble des appels qui ont été émis par des clients ayant souhaité joindre la structure ; cette notion ne doit pas être confondue avec un nombre d'appelants car, en particulier en situation de saturation, le taux de ré-émission sur échec[1] peut devenir significatif.

Les appels présentés

Sur la population des appels offerts tels que définis dans le paragraphe précédent, une partie ont réussi à joindre le centre d'appels lui même, d'autres ayant été perdus. Généralement ces pertes sont infimes sauf dans deux cas : l'utilisation de réseaux intelligents qui limitent à la demande le nombre d'appels présentés ou la saturation de la partie terminale (la liaison technique avec le réseau public).

Les appels ayant obtenu réponse

Pour qu'un client soit satisfait il faut, préalablement, qu'il ait obtenu une réponse au téléphone (éventuellement délivrée par un automate) ; par contre cette condition n'est pas suffisante, deux niveaux de satisfaction (sinon trois) vont être pris en compte.

Les appels traités

Il s'agit simplement des appels qui ont obtenu un décrochage de la part d'un automate ou d'un conseiller ; cette simple notion de réponse au téléphone suffit à les qualifier ainsi (la durée de conversation peut être très courte ; on verra par la suite que les conversation de durée anormalement courte doivent être éliminés).

Les appels « normalement » traités

2 En réalité cette satisfaction est à mettre en face de la stratégie de l'entreprise (le client ne peut avoir d'exigences déraisonnables).

Vient se greffer ici une notion de qualité ; ce cas est envisagé si et seulement si le client est satisfait de la réponse qu'il a obtenue[2]. Nous avons ici affaire à une vision purement qualitative des choses qui ne pourra se déterminer que par des moyens adaptés (les systèmes automatiques tels que l'ACD ne sont pas en mesure de répondre à cette question).

Les appels en dissuasion

Lorsque tous les conseillers sont occupés et que la condition d'entrée dans une file d'attente ne peut être satisfaite, les appels sont envoyés en dissuasion et libérés (« veuillez rappeler ultérieurement… »).

Les abandons

La terminaison d'un appel est qualifiée d'abandon lorsque le client (appelant au sens large) décide de raccrocher avant d'avoir obtenu une réponse téléphonique.

Plusieurs cas doivent être envisagés.

Abandons « courts »

Il s'agit des clients qui ont raccroché dans un délai mesuré de l'ordre de quatre à six secondes ; il s'agit soit d'erreurs de numérotation soit de contretemps.

Les managers de centres d'appels, à juste titre, éliminent ces appels des appels présentés considérant qu'il ne s'agissait pas de contacts qui pouvaient être traités.

Abandons sur file d'attente

Ce sont les clients qui raccrochent sur le message d'attente se montrant plus ou moins patients suivant qu'ils prennent cette décision après une durée plus ou moins longue mais au-delà de la durée qui les qualifie de courts.

Il s'agit là des véritables abandons qui seront toujours comptabilisés en tant que tels.

Abandons sur sonnerie

Il s'agit des clients qui raccrochent pendant la sonnerie du poste du conseiller ; hormis les cas où la duré de sonnerie a été très courte (effets de bord en général), ce sont des anomalies de management : soit le conseiller n'est pas à son poste mais a omis de se mettre en pause (ou log off), soit il ne répond volontairement pas.

Définir des objectifs

De toute évidence, le pilotage ne peut se réaliser dans un absolu universel mais sera forcément adapté à des objectifs préalablement fixés pour la structure et par ses « commanditaires » (voir la notion de client interne).

Ces objectifs sont naturellement soumis aux règles générales de l'économie, à savoir un compromis entre la qualité et le coût. Par ailleurs, nous rencontrerons des apparents dysfonctionnements qui peuvent être volontairement provoqués (on peut décider de « dissuader » certaines catégories d'appelants au regard de l'apport économique qu'ils représentent). Il appartient toujours à la direction générale de valider et d'entériner ces objectifs.

Enfin, une règle doit être respectée : les objectifs fixés doivent être communiqués, connus et parfaitement lisibles, c'est-à-dire compris de tous (on s'efforcera même de les faire partager par l'ensemble de la structure dans un large consensus, ce qui présentera un gage de réussite).

Définir les objectifs de qualité

Dans un premier temps, on veillera à définir ou à se définir des objectifs de qualité de manière indépendante de toute autre approche (en particulier économique) ; on notera par exemple que certaines valeurs seront fixées par un minimum lié au métier de l'entreprise dans son ensemble.

Approche « détermination de la qualité »

Il importe dans un premier temps de définir la notion de « qualité » avant d'en fixer les valeurs numériques « limites ». Un certain nombre de grandeurs classiques vont pouvoir être employées ; le tableau 10-1 nous en indique quelques-unes, parmi les plus connues[1].

[1] On ne s'arrêtera pas sur les terminologies employées qui sont très variables ; on se référera plutôt aux définitions.

Tableau 10-1
Quelques indicateurs classiques

Indicateur	Définition succincte	Obtention
Efficacité Qualité de service Taux de décroché	Rapport du nombre d'appels qui ont obtenu une réponse sur le nombre total d'appels présentés	de base
Réponse positive ou efficace	Rapport du nombre d'appels qui ont obtenu une réponse « satisfaisante » (ce terme doit être évalué) sur le nombre total d'appels présentés	de base
Durée d'attente	Rapport de la durée moyenne d'attente de la totalité des appels par rapport à un seuil fixé	existe seuil à définir
Pourcentage d'appels traités avec une attente <= « seuil »	Définition implicite (le seuil est préalablement fixé en secondes)	existe seuil à définir
Durée de conversation	Rapport de la durée moyenne de conversation de la totalité des appels par rapport à un seuil fixé	existe seuil à définir
Pourcentage d'appels traités avec une durée de conversation comprise entre S1 et S2	Définition implicite (les seuils S1 et S2 sont préalablement fixés en secondes)	existe S1 et S2 à définir
Indicateur composite	Indicateur qui rend compte de la qualité de service et des différentes durées (des exemples sont fournis dans la suite de ce chapitre)	à construire
Indice de satisfaction clientèle	Indicateur qui rend compte du niveau de satisfaction perçu par les clients suite à des enquêtes adaptées (le chiffre trouvé est le résultat d'un calcul pondéré)	à construire

Nous choisirons donc, parmi ces indicateurs de qualité ceux adaptés à notre métier (voire en construire de toutes pièces) ; ensuite seulement, nous fixerons les objectifs alinéa par alinéa.

Note

On verra au cours des développements que pour des raisons de synthèse, le management d'un centre d'appels peut être amené à construire des indicateurs composites complexes intégrant en un seul chiffre plusieurs notions.

Approche quantitative

Pour chacun des indicateurs de qualité retenus, nous fixerons les objectifs de qualité, généralement arrêtés à un minimum et à un maximum, et adaptés à notre structure et à notre métier.

Dans une première approche, certains interlocuteurs affirmeront que l'objectif idéal de qualité est de 100 %. C'est un leurre ; en effet, les courbes de coût induit par rapport à la qualité recherchée augmentent exponentiellement et deviennent absolument prohibitifs dès lors que l'on approche de 100% de taux de qualité.

La figure 10-1, présente la courbe caractéristique des coûts induits en fonction de la qualité recherchée.

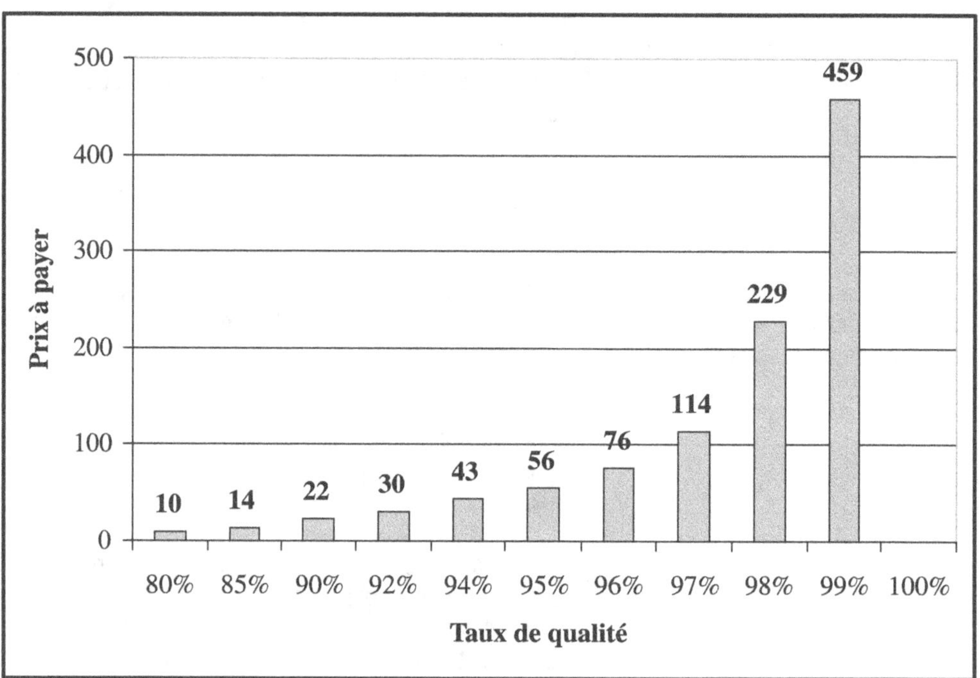

Figure 10-1
Coût induit en fonction du niveau de qualité recherché

On remarquera que la valeur 100 % est volontairement absente de ce graphe ; cet objectif étant réputé impossible à atteindre, le coût induit s'en trouve, par conséquent, infini.

> **Note**
>
> Il faut bien différencier un objectif 100 %, complètement illusoire, de la formulation suivante : « on doit s'approcher le plus possible de la solution idéale » qui est, *a contrario*, toujours vraie.

Une approche qualifiée « au mieux » sera insuffisante en termes de définition des objectifs ; la précision est de rigueur et on devra déterminer, pour chacun des indicateurs choisis, deux seuils représentant respectivement le niveau au-delà duquel notre objectif est atteint (la qualité est considérée comme satisfaisante), et le niveau au-dessous duquel la qualité devient inacceptable. Ces deux valeurs seront respectivement notées N_h (niveau haut) et N_b (niveau bas).

De façon très imagée, trois zones, respectivement verte, orange et rouge sont alors définies en fonction de ces deux niveaux ; la zone « verte » telle que les résultats se trouvent supérieurs à N_h définit le niveau idéal (mais possible) ; la zone « orange » qui se trouve entre N_b et N_h, est dite « d'alerte » et il convient d'intervenir afin d'éviter toute dégradation susceptible de conduire à l'inacceptable zone « rouge » laquelle se situe dans toute la partie inférieure à N_b.

Définir des objectifs économiques

La deuxième étape de notre analyse consiste à définir les moyens économiques acceptables indépendamment du centre lui-même ; ce résultat est lié à la vie même de l'entreprise.

Approche rationnelle

Les moyens et, par conséquent, les budgets alloués à une telle structure[1] ne peuvent être infinis ; ils seront donc calculés en fonction de critères objectifs éventuellement complexes.

Une demande vient spontanément à l'esprit : « Puisque nous sommes en situation d'établir le budget alloué à cette structure, il est tout naturel de s'interroger sur les profits induits » ; autrement dit, combien « rapporte » un appel téléphonique « normalement » traité ?

La réponse, résultat du domaine statistique dans tous les cas, est simple à évaluer pour des structures dédiées à la vente directe (ou indirecte) car on se base sur des moyennes pondérées ou non qui représentent en définitive des grandeurs directes ; un chiffre d'affaires induit ou un coût horaire de personnel ne provoque pas de contestation quant à leur mode de calcul. Le tableau 10-2 nous apporte quelques éléments de calcul classiques.

La seule (!) difficulté rencontrée dans ce contexte sera l'évaluation des coûts effectifs, compte tenu de l'impossibilité d'employer des personnels pour une seule heure et, ce, au moment où le besoin s'en fait sentir. Les heures de présence sont payées (même s'il n'y a pas de flux à traiter).

[1] Le centre de contact ne fait pas exception à la règle générale de l'économie.

Tableau 10-2
Exemples de calcul de rentabilité

Élément	Symbole ou calcul
Nombre d'appels traités sur une durée assez longue (semaine, mois)	N
Chiffre d'affaires généré sur la même période	CA
Marge induite (marge commerciale brute)	MCB
Marge moyenne par appel traité	MCB / N
Nombre d'heures effectivement actives sur la même période	H
Marge moyenne ramenée à l'heure	MBC / H
Pourcentage d'appels traités	T

Le décideur aura donc à évaluer ce domaine « économiquement possible » en fonction de répartitions horaires des conseillers : on se base alors sur deux hypothèses classiques (haute et basse) de rentabilité et on réalise des simulations à l'aide d'outils informatiques adaptés (un tableur est souvent suffisant pour les structures qualifiées de petites et moyennes).

Pour ce qui est des structures dédiées au service (*help desk* par exemple), elles sont plus floues quant à leur rentabilité directe ; on déterminera, tout d'abord, le rapport financier indirect d'un appel ; une fois ce travail de rentabilité réalisé, le problème posé devient identique à celui des structures purement commerciales.

Note

Pour un *help desk* externe, on se référera au chiffre d'affaires induit par le service globalement évalué et on le ramènera au nombres d'appels (ou plus exactement aux heures). Pour un *help desk* interne, on s'efforcera de travailler par comparaison (combien coûtait auparavant ce service).

Résultat escompté

Le résultat escompté est la détermination des moyens « économiquement possibles » en dehors de toutes visions d'objectifs (en pure théorie).

L'idéal sera de décliner ce résultat en nombre d'heures de production de conseillers et, surtout, en ETP[1] par période (l'ensemble déterminant, avec précision, le coût de revient de la structure).

Notons que l'objectif retenu est, d'abord, déconnecté des moyens nécessaires ; de même les coûts acceptables doivent être intrinsèque-

[1] ETP : équivalent temps plein est une donnée des centres d'appels permettant de déterminer le nombre de conseillers présents en moyenne sur une période de référence donnée.

ment évaluées de manière indépendante des objectifs fixés (au moins en première approximation). Le travail de synthèse, qui doit conduire à une adéquation entre les deux et, donc, à une recherche de convergence, sera effectué ultérieurement.

La convergence : couple objectifs-moyens

C'est la troisième étape de cette tâche initiale qui consiste à établir le « cap » et à déterminer « l'équipage ».

Après avoir dessiné l'espace des objectifs acceptables et des moyens possibles, on évaluera, avec des outils de simulation performants, un espace de solutions qui ont un recouvrement sur les deux ensembles[1].

1 Faute de quoi, nous construisons une structure qui n'a pas de sens économique.

Le résultat pourra être présenté au niveau décisionnel sous la forme d'un graphe symbolisant les possibilités offertes.

La figure 10-2 nous donne un exemple de ce type de compromis.

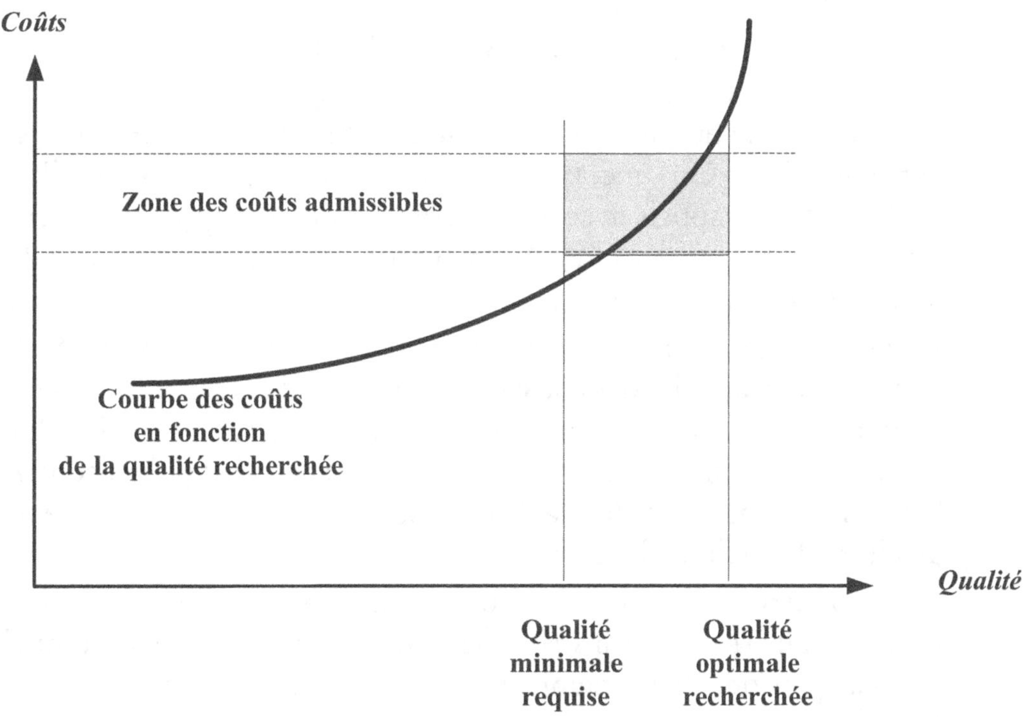

Figure 10-2
Diagramme de décision des niveaux acceptables

Dans cet exemple, les solutions possibles sont dans le rectangle grisé et au voisinage de la courbe des coûts induits en fonction de la qualité recherchée.

Au final, on déterminera, de manière plus stricte, le niveau de qualité souhaitée (objectif) ainsi que le niveau en dessous duquel il ne faut jamais descendre (niveau minimal requis) ; ces résultats devront être largement communiqués à tous les conseillers et à l'ensemble de la structure (les données de coût restant normalement du ressort des managers).

Cette opération réalisée, on parlera de pilotage et d'outils dédiés à cet effet, si on a bien tenu compte des répartitions horaires, journalières, hebdomadaires. Les contraintes de qualité sont très souvent modulées en fonction des « pointes » de flux qui se produisent en cours de journée (tranche horaire chargée) ou en cours de semaine (journée chargée), bien que cette dernière éventualité soit plus facile à gérer en termes de prévisions[1].

Les effets pervers de certains indicateurs

Nous ne pouvons pas ici ne pas attirer l'attention du lecteur sur le caractère pervers de certains indicateurs pris individuellement.

Prenons un exemple : si le responsable de plate forme décide qu'il veut « faire la chasse à l'inactivité », il peut fixer comme objectif majeur, unique et à forte pression le nombre d'appels par heure et par conseiller. On encourt alors le risque que les conseillers « sabotent » les appels avec à l'extrême limite des réponses comme « pouvez vous rappeler ultérieurement » ce qui, en prime, génère du faux trafic de ré-émission.

Un autre exemple sera que l'objectif majeur et à forte pression réside dans le taux d'activité des conseillers pris individuellement et collectivement (ratio entre le temps au téléphone et le temps total de log on) ; le risque est alors que les conseillers fassent durer déraisonnablement les appels ce qui va être nuisible à la qualité de service et produira des besoins fictifs en ETP.

Nous pourrions développer de tels exemples à l'infini ce qui n'apporterait rien ; notons simplement un principe majeur auquel les managers de centres d'appels devront ne pas déroger :

Tout indicateur de performance d'équipe doit être lu avec un indicateur de qualité de service au niveau flux et inversement !

1 Ces « aménagements » ou tolérances possibles existent généralement dans l'esprit des managers mais ne sont pas communiqués aux conseillers.

Les différents types de grandeurs

Dans la conduite d'un centre d'appels, on rencontre plusieurs types et catégories de grandeurs qui concernent soit la structure dans son ensemble, soit le management (analyse des performances individuelles ou collectives des conseillers), soit encore une notion de « valeurs qualitatives » qu'il sera néanmoins nécessaire d'évaluer[1].

Certaines de ces grandeurs devront être disponibles soit en temps réel (vision à chaud d'une situation ce que l'on peut également qualifier de pilotage à vue), soit en temps différé, mesures qui ont pour but de juger d'une situation passée et, corrélativement, d'établir des prévisions, les plus précises possible, dont l'un des objectifs essentiels est de minimiser l'amplitude des corrections temps réel.

Le pilotage en temps différé fixe le cap ainsi que le moyen d'y parvenir et permet de s'assurer qu'il a été tenu ou d'en mesurer les dérives (vitesse, équipage nécessaire…) tandis que le temps réel « tient la barre » et maintient dans la mesure du possible la bonne direction et les conditions fixées en menant le bâtiment au milieu des vagues plus ou moins fortes.

Les mesures et résultats temps réel

En temps réel, on doit savoir en permanence si les ressources présentes « en ligne » sont en adéquation avec le flux présenté. La capacité de mettre à niveau ou non de manière assez rapide pour être efficace est une autre question qui impose que le besoin réel soit connu.

La décision qui résultera de la lecture de ces indicateurs – temps réel – exige un niveau d'expertise élevé tant dans la vie du centre d'appels que dans le métier lui-même.

On perçoit intuitivement qu'il est impossible d'adapter des ressources à la minute ; de plus, non seulement le superviseur dispose d'une file d'attente mais il est également supposé connaître le niveau de patience approximatif des clients ainsi que leur capacité moyenne à renouveler compulsivement un appel qui n'aurait pas obtenu de réponse. Il saura également que si la file d'attente peut « amortir » les pointes instantanées de trafic, elle ne peut en aucun cas écrêter les périodes de forte activité.

[1] Il faut garder à l'esprit que tout le pilotage de ce centre d'appels a pour objet de faire coïncider les mesures internes avec le réel ressenti de la clientèle.

> **Note**
>
> Ces données sont fortement théoriques et empiriques, le centre d'appels n'en a connaissance que globalement et approximativement. On ne peut cependant pas les ignorer car la mise en adéquation des ressources en dépend fortement.

Enfin, il saura estimer les évolutions de durées moyennes de conversation en fonction de la charge (plus le flux est élevé et plus cette durée diminue, parfois au détriment de la qualité de la relation).

> **Note**
>
> Nous décrivons ici l'effet de « sprint » ; face à une augmentation de la pression d'appels, la structure (donc les hommes) réagit spontanément par diminution de la durée d'appel. Attention, cette situation ne peut s'éterniser faute de voir les performances se dégrader rapidement.

Toutes ces finesses, qui font la précision du pilotage et la justesse des décisions prises, résultent de cette expertise du superviseur (connaissances générales de son métier) et de son expérience, en termes de connaissance la plus précise possible de la structure en place comme de son environnement.

Le tableau 10-3 nous présente un certain nombre de ces valeurs souvent utilisées. Elles sont accompagnées de leur définition ainsi que de la durée de prise en compte. En effet, si certaines mesures sont à recollement instantané, d'autres nécessitent une durée minimale d'établissement normalement fixée entre trois et cinq minutes.

Nous avons dressé une liste qui se veut, en fonction de notre expérience, la plus complète possible. Elle ne pourra cependant pas être considérée comme exhaustive, ne serait-ce que par l'apparition fréquente de concepts nouveaux.

Tableau 10-3

Exemples de grandeurs mesurées en temps réel

Type	Définition	Délai de prise en compte
Appels en cours	Nombre d'appels qui se trouvent en cours de conversation (égal au nombre de conseillers occupés)	Instantané
Appels en attente	Nombre d'appels qui, simultanément, sont présents en file d'attente	Instantané
Plus longue conversation	Appel en cours depuis le plus long temps de conversation	Instantané
Plus longue attente	Appel en attente depuis le plus long temps (en file d'attente; ceci n'inclut pas la phase de sonnerie	Instantané
Appels traités	Nombre d'appels ayant obtenu un interlocuteur au téléphone	durée glissante paramétrable (de 3 à 5 minutes)
Abandons	Nombre d'appels terminés par un raccrochage de l'appelant avant d'avoir obtenu un interlocuteur	durée glissante paramétrable (de 3 à 5 minutes)
Dissuasions	Implicite	durée glissante paramétrable (de 3 à 5 minutes)
Taux de prise en compte	Pourcentage d'appels ayant obtenu une réponse (définition sensiblement variable suivant les organisations)	durée glissante paramétrable (de 3 à 5 minutes)

Les mesures quantitatives temps différé (structure)

De même que des indicateurs existent en temps réel et nous permettent de prendre des décisions instantanées (à chaud), les données décrivant la journée avec précision seront disponibles le lendemain (ou des périodicités plus grandes pour lesquelles les données ne sont disponibles qu'une fois la période entièrement écoulée).

Ces données, que nous aurons choisi de recueillir et de traiter en temps différé, revêtent un double objectif : vérifier si le cap a été tenu et fixer les paramètres pour un nouveau « voyage » qui se déroulera ultérieurement.

Nous allons donc retenir et conserver (pour comparaison et prévision) des grandeurs, grâce auxquelles nous effectuerons ces contrôles et vérifierons la bonne adéquation organisationnelle et quantitative de la structure au problème posé. Pour ce faire, nous déterminerons deux types de grandeurs et de mesures nécessaires qui se classeront en approches respectivement quantitative et qualitative.

Par définition, les grandeurs quantitatives sont directement mesurables et se divisent simplement en deux catégories. Les indicateurs simples s'évaluent en grandeurs de comptage et en grandeurs de durées.

Les grandeurs de comptage

La figure 10-3 indique précisément les points de mesure des différents comptages depuis l'émission d'appel par un correspondant jusqu'à son traitement par un conseiller ou tout autre type de terminaison (comme abandon ou dissuasion).

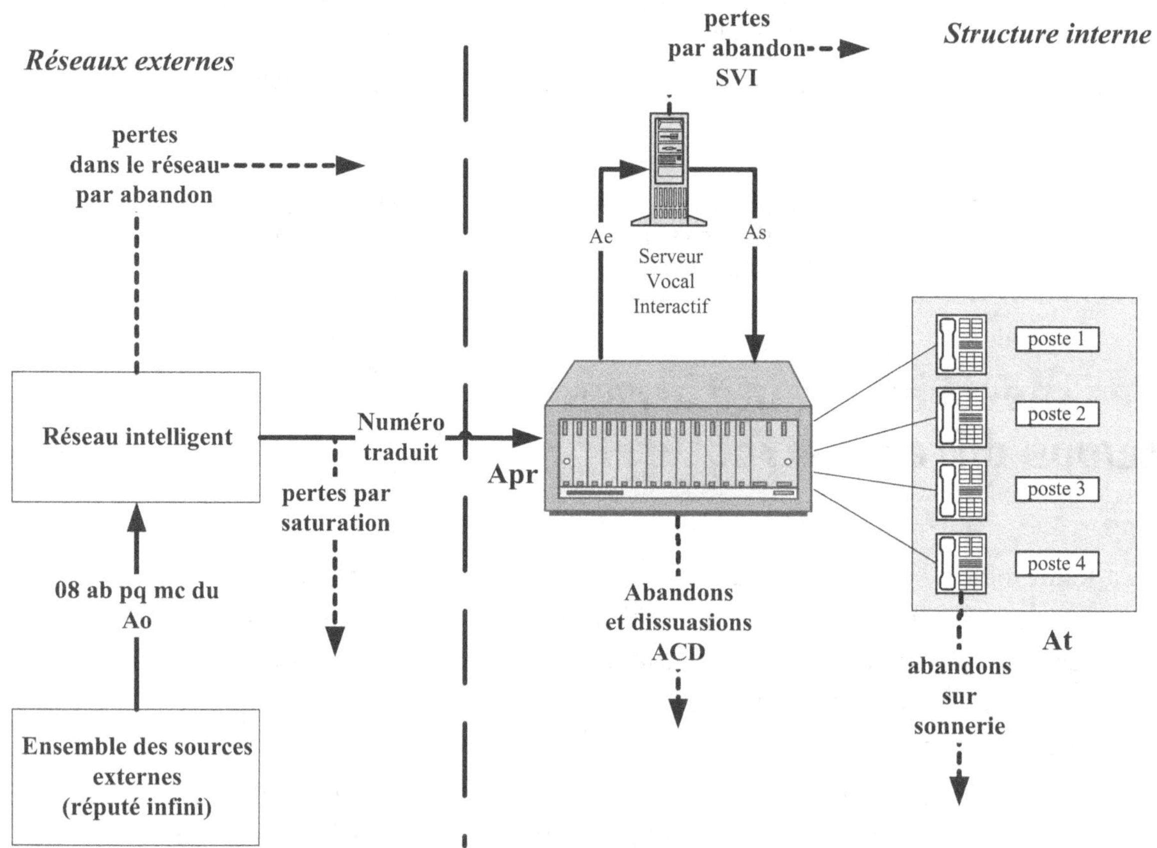

Figure 10-3
Schéma de routage et points de comptage

Le tableau 10-4 recense des valeurs simples de comptage qui seront utiles. Il s'agit de grandeurs correspondant toujours à un flux unique traité par une compétence unique (qui représenterait une seule équipe). Les cas plus complexes ne sont, en général, que des consolidations des situations simples et pour lesquelles il suffira de prêter attention aux règles de calcul.

Tableau 10-4
Comptages : les valeurs de base

Grandeurs de comptage	Définition	Détail	Conditions d'obtention
Appels offerts	Nombre de personnes ayant cherché à joindre le site	A_o	Réseau intelligent
Pertes en réseau	Nombre d'appels perdus dans le réseau public (généralement par construction du réseau intelligent)	P_r	Réseau intelligent
Pertes de durée courte sur le réseau	Nombre d'appels perdus dans le réseau public par abandon de durée courte (de 4 à 6 secondes) permettant de penser qu'il s'agit soit d'erreurs de numéroration soit de contretemps	P_{rdc}	Réseau intelligent
Pertes sur saturation en partie terminale	Nombre d'appels perdus entre le réseau public et l'ACD sur le dernier lien ; ceci est du à la saturation du nombre de lignes	A_{ps}	Sur prestation de l'opérateur
Appels présentés	Nombre d'appels ayant réussi à atteindre le centre	A_{pr}	ACD
Appels traités	Nombre d'appels ayant obtenu une réponse de la part d'un conseiller ou d'une machine (SVI)	A_t	ACD
Abandons	Nombre d'appels terminés par un abandon sur ACD et qui ne sont pas de durée courte	$A_{b(ACD)}$	ACD
Abandons sur sonnerie	Nombre d'appels terminés par un abandon alors qu'un poste conseiller sonne	$A_{b(Sonn)}$	ACD
Abandons de durée courte	Nombre d'abandons dont la durée d'attente est inférieure à une durée donnée (de 4 à 6 secondes) permettant de penser qu'il s'agit d'erreurs de numéroration ou de contretemps	$A_{b(dc)}$	ACD
Dissuasions	Nombre d'appels terminés par une dissuasion	Diss	Diss

Les valeurs de ce tableau sont brutes et ne présentent que l'état ou la situation en cours ; pour rendre compte de la situation en termes de qualité au cours de la période déterminée, il faut se livrer à des calculs simples permettant de déterminer un premier niveau de qualité de service.

La **qualité de service locale** sera donnée par :

$$Q_{sl} = \frac{A_t}{A_{pr} - A_{b(dc)}}$$

Elle représente, en première approche, le pourcentage des appels qui ont obtenu une réponse (c'est-à-dire le rapport entre les appels « offerts » et les appels « traités »). Le terme soustractif $A_{b(dc)}$ apporte simplement une plus grande précision par retrait de la quote-part des appels perçus comme des erreurs de numérotation (les appels à attente courte et qui se terminent par un abandon). Cette mesure rend compte du fonctionnement interne du centre, en aucun cas de ce qui peut se produire en amont dans le réseau.

Note

Il s'agit bien ici de qualité de service téléphonique qui ne rend compte en rien d'une quelconque qualité de réponse, laquelle sera détaillée ultérieurement dans ce chapitre.

[1] Pour lesquels nous constatons des pertes au niveau du réseau qui n'impactent en rien la valeur mesurée de A_o.

[2] C'est en réalité la seule valeur permettant de rendre compte de la « perception client » de la performance du centre.

Ensuite, et en particulier pour les structures qui utilisent les réseaux intelligents présentant la notion de limiteur ou de flux maximal acceptable (vu du réseau)[1], il devient nécessaire de rendre compte du nombre de personnes ayant obtenu une réponse par rapport au nombre total de candidats ayant simplement essayé d'appeler. Il s'agit alors de la **qualité de service globale**[2].

La qualité de service globale se calcule de la manière suivante :

$$Q_{sg} = \frac{A_t}{A_o - A_{b(dc)}}$$

Le terme $A_{b(dc)}$ qui rend compte des appels « erronés » est ici minimisé par la méconnaissance des appels de ce type qui n'ont pas abouti à la structure et qui, donc, n'existent pas dans A_o.

Enfin, comme l'indique la figure 9-6, on peut insérer, entre l'appelant qui atteint l'ACD et le groupe de réponse, un serveur vocal interactif qui présente généralement un nombre d'appels sortants A_s inférieur au nombre d'appels entrants A_e. Cette différence, (hors problème technologique tel que l'encombrement des liens qui auraient été mal dimensionnés en regard du trafic présenté), traduit des abandons lors du passage des appels sur le SVI résultant de situations qu'il faudra éclaircir :

- absence de fréquences vocales sur le poste de l'appelant ;

Note

La sélection dite « par défaut » sur un SVI (aiguillage de l'appel vers un conseiller en l'absence de réponse Q23 de l'appelant) est incontournable et doit se produire dans un délai relativement court. En outre, la clause préalable « appuyez sur la touche étoile de votre téléphone » n'en dispense pas.

- aucun choix ne correspond à la demande de l'appelant ;
- mauvaise rédaction des messages provoquant une mauvaise compréhension ;
- nombre de choix trop important ;
- nombre de niveaux d'arborescence trop important.

On pourra également évaluer la qualité du service attendue par le SVI en calculant le rapport A_s/A_e.

En conclusion, de nombreux calculs peuvent être réalisés et permettent de rendre compte des efficacités rencontrées à divers niveaux. On verra dans la construction d'un tableau de bord et l'élaboration d'indicateurs complexes que l'idéal serait de construire un chiffre unique mais que la synthèse reste un problème difficile.

Les grandeurs relevant des durées

À l'instar des comptages, il est nécessaire de suivre au jour le jour les évolutions des différentes durées qui caractérisent un appel téléphonique dans un centre d'appels (ou dans son environnement contextuel technologique tel que la desserte réseau).

La figure 10-4 résume les diverses phases d'un appel téléphonique en centre d'appels ; nous avons recherché la situation la plus exhaustive possible qui comprend l'utilisation du réseau intelligent avec traduction de numéro ou sélection par le demandeur (SVI du réseau) puis le message d'accueil et un SVI local. Enfin la notion de post-traitement est également prise en compte.

Enfin, s'il peut s'agir d'un appel qui a pu se dérouler normalement de bout en bout (un appel réussi ou efficace), on notera que des pertes, en particulier des abandons, peuvent survenir à tout instant de cette chaîne, ce qui la rompt définitivement pour l'appel considéré.

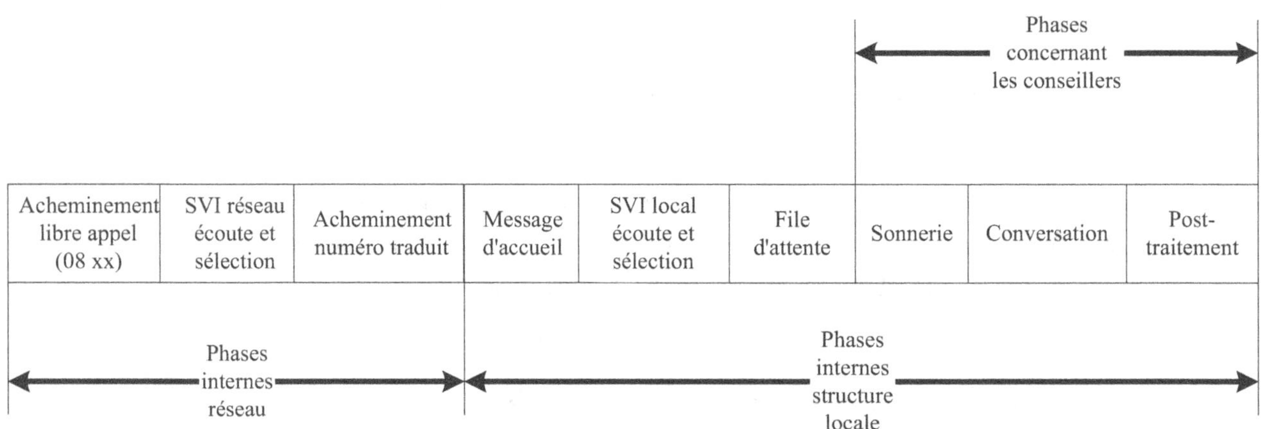

Figure 10-4
Différentes phases de l'appel et leur positionnement

La figure 10-5 nous indique les événements identifiés qui séparent et définissent les différentes phases.

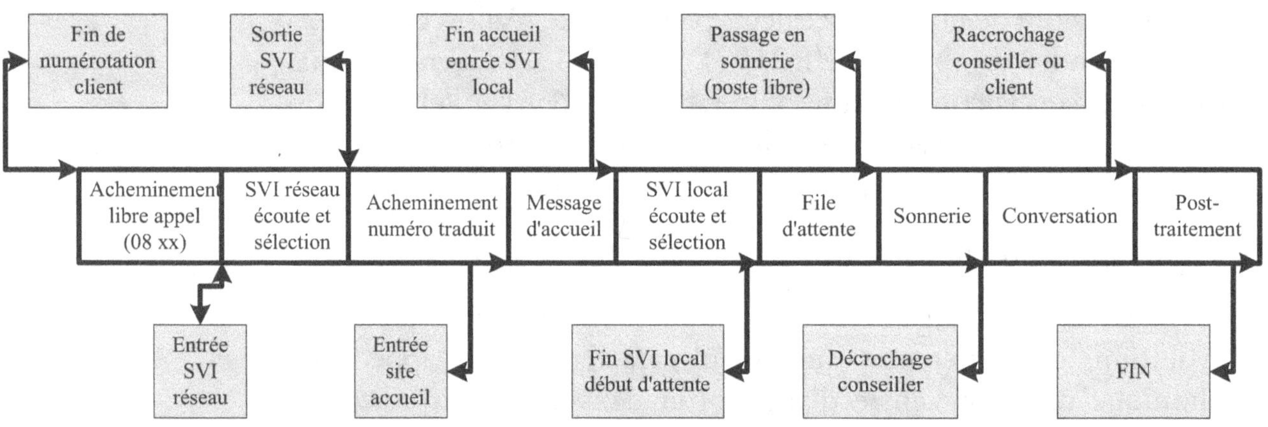

Figure 10-5
Détail des événements séparant les phases

Le pilotage impose de connaître les diverses durées présentées sur les figures 10-4 et 10-5 afin de maîtriser les évolutions de ces grandeurs en fonction d'éléments internes tels que différentes équipes ou d'éléments « quasi externes » tels que le nombre d'appels présentés.

En dehors de conclusions qualitatives toujours délicates, le recensement de ces durées doit permettre, par exemple, de dimensionner correctement les équipements (en particulier le SVI ou les réseaux supports pour les liens CTI) et, plus important encore, d'évaluer les ressources humaines nécessaires et suffisantes sur périodes concernées.

Si l'optimisation des ressources humaines reste l'une des contraintes essentielles de l'entreprise et si les gains de productivité doivent en permanence être recherchés à travers l'optimisation des durées, on prêtera attention à ne pas mettre en exergue un objectif de diminution drastique de la durée de traitement qui aurait pour conséquence une dégradation rapide de tous les autres indicateurs. L'industrie de production, « fordiste » par essence, maîtrise parfaitement ce sujet que l'on peut illustrer par un adage : « nul ne peut sprinter sur une durée infinie »[1].

De même que nous avions un nombre assez significatif de grandeurs de comptage, nous avons une quantité de durées disponibles. L'efficacité du pilotage va imposer la réalisation de synthèses complexes et, pour le moins, fortement dépendantes du contexte professionnel.

Si, dans un premier temps, on est amené à réaliser des synthèses au seul niveau des durées (qui peuvent être de simples sommes), on va, dans un second temps et très rapidement, prendre conscience que les temps pris en compte sont assez étroitement dépendants d'autres événements ou conclusions. Ainsi, on discriminera la durée moyenne d'attente des appels ayant obtenu une réponse de la durée moyenne d'attente des appels ayant été abandonnés.

Enfin, les données de mesure de temps des diverses phases des appels étant statistiques par nature, nous serons amenés à les traiter à l'aide d'outils et de concepts adaptés.

Note

Nous prendrons en compte non seulement les moyennes mais également les moyennes pondérées, les variances, les quartiles, les lois de répartition… Toutes ces définitions qui précisent un sens en regard de l'événement mesuré.

Le tableau 10-5 nous fournit les durées de base, simples, sans calcul de consolidation, les plus fréquemment utilisées. Les cases grisées spécifient l'utilité de la fonction associée à cette grandeur.

Nous avons limité cet exemple aux données internes à la structure et hors SVI (les informations concernant le réseau ne sont pas présentes).

[1] Ceci n'exclut pas que, dans les périodes (demi-heures) de forte charge, on demande aux conseillers d'augmenter sensiblement la cadence.

Tableau 10-5
Quelques extractions de durées

Grandeur prise en compte	Valeur retenue		
	Moyenne	Écart type	Maxima
Durée d'accueil			
Durée d'attente des appels ayant obtenu réponse			
Durée d'attente des appels ayant abandonné			
Durée de sonnerie des appels ayant obtenu réponse			
Durée de sonnerie des appels ayant abandonné (sur cette phase de sonnerie)			
Durée de conversation			
Durée de post-traitement			

Un essai de « convergence » au niveau quantitatif

Comme nous venons de le voir, les mesures de durées peuvent être de sémantiques différentes en fonction de l'aboutissement de l'appel. Cette particularité nous impose, *a priori*, de présenter conjointement deux types de tableaux avec des corrélations (les tableaux de comptages et les tableaux de durées).

Cette situation est très inconfortable pour les managers et, en particulier, pour le superviseur car le manque de synthèse immédiate va imposer une gymnastique intellectuelle pas toujours bénéfique à l'analyse des résultats.

Une synthèse des deux approches peut aider à s'affranchir de cette situation sans pour autant perdre d'informations. Notre objectif étant bel et bien de débusquer la véritable « cause » des chiffres que nous avons sous les yeux.

Nous allons donc pouvoir définir une unité de mesure et une zone à l'intérieur de laquelle les résultats sont satisfaisants. En deçà de cette zone, il faudra que la méthode nous permette de « visualiser » le détail et d'analyser la situation à des fins décisionnelles.

La méthode consiste, non plus à compter des appels type par type, mais plutôt à affecter des coefficients en fonction de ces typologies ; l'exemple suivant va éclairer notre propos.

Soit, par hypothèse, la photographie, pour une période donnée, d'un centre d'appels fournie par le tableau 10-6.

Tableau 10-6
Tableau de base

Type	Nombre
Appels offerts	1000
Appels traités	850
Abandons	120
Dissuasions	30
Qualité de service brute	**0,85**

La qualité de service de base constatée est de 85 %, pourcentage obtenu par simple division du nombre d'appels traités par le nombre total d'appels offerts (850/1 000).

Le tableau 10-7 nous donne la répartition des abandons. 60 appels ont été libérés dans la phase d'accueil (il s'agit d'erreurs ou de contretemps).

Tableau 10-7
Après retrait des abandons de durée courte

Type	Nombre
Total appels perdus (abandon)	120
Sur présentation (4 à 5 s)	60
Autres	60
Qualité de service corrigée	**0,90**

Nous sommes donc en mesure de calculer une qualité de service corrigée dont le résultat est 90 %. On a simplement retiré, des appels abandonnés, ceux, impossibles à traiter parce que très courts, et l'on obtient la valeur corrigée de 1 000-60 = 940 appels offerts (le nombre d'appels traités, quant à lui ne varie bien entendu pas).

À présent, nous allons affecter à chaque appel traité un coefficient qui rendra compte du « niveau de qualité » fourni à l'appelant ; le tableau 10-8 illustre cette étape.

Tableau 10-8

Calcul de qualité sur les appels ayant obtenu réponse

Type	Nombre	Coefficient de qualité	Résultat
Total appels traités	850		
Attente nulle	250	1,5	375
0 s < attente < 30 s	375	0,8	300
30 s < attente < 60 s	210	0,5	105
1 min < attente < 3 min	10	0,4	4
attente > 3 min	5	0	0
BILAN			784

Les appels traités après une attente nulle sont considérés « mieux que bien » et se voient affecter un coefficient de 1,5 par appel ; en revanche, les appels ayant attendu plus de trois minutes se voient attribuer la valeur zéro (comme si on n'avait fourni aucun service). Le résultat est un « score » de 784 « points » qui n'est plus un pourcentage.

De la même manière, nous allons traiter les appels terminés par un abandon de l'appelant, en affectant des coefficients de pondération aux diverses catégories.

Le tableau 10-9 nous fournit en détail ce calcul.

Tableau 10-9

Calcul de qualité sur les appels ayant obtenu réponse

Type	Nombre	Coef	Résultat
Base de départ			784
Total abandons	120		
Sur présentation	60		
Sur attente	60		
« normale » (< 30 s)	42	0	0
« moyenne » (de 30 s à 60 s)	10	− 0,5	− 5
« longue » (de 60 s à 3 mn)	6	− 1	− 6
« très longue » (> 3 mn)	2	− 3	− 6
BILAN			767

Partant de la base de départ « 784 » qui nous a été donnée dans le tableau 10-8, nous affectons des coefficients de pondération aux appels terminés par un abandon. Par exemple nous ne pénalisons pas davantage les appels ayant subi une attente courte, mais nous affectons un coefficient –3 (qualité très mauvaise) aux appels ayant attendu plus de trois minutes.

Le second résultat est un « score » de 767 points.

Enfin, nous allons affecter 3 points de pénalité aux appels tombés en dissuasion (le préjudice nous semble le même que l'attente très longue, par l'obligation de rappeler).

Il en résulte un « score » final de : 767 – 90 = 577 points.

L'indice calculé est enfin : 577/940 = 0,61.

Nous avons obtenu un résultat qui tient compte à la fois de comptages et de durées et s'avère suffisamment synthétique pour être placé entre deux bornes définissant la bonne tenue de la structure face aux performances fixées. Lorsque l'indice se situe au-dessus de la condition supérieure (zone verte), on considère que la performance du centre est excellente.

Lorsque cet indice se trouve entre les deux limites (zone orange), une étude devra être menée pour débusquer les causes, (ceci impose que la contrainte basse soit suffisamment contraignante).

Au contraire, dans la zone rouge (indice en dessous du seuil minimal) on analysera d'urgence la situation et on en tirera des conséquences.

La validité d'une telle approche impose que les coefficients choisis soient adaptés à la vision recherchée ; ces coefficients dépendent d'un grand nombre de paramètres tels que les quantités d'appels reçus ou la stratégie de production, et ne peuvent qu'être calculés au coup par coup. Leur détermination fait l'objet d'une démarche statistique précise qui doit être conduite par des professionnels ainsi que d'un étalonnage par l'intermédiaire d'enquêtes de satisfaction vis à vis de la clientèle.

Note

La démarche consiste à calculer un indice sur des durées longues (plusieurs semaines) et à conduire parallèlement des enquêtes de satisfaction permettant de valider le résultat ; en cas de divergence, on agira sur les coefficients jusqu'à étalonnage total de l'ensemble.

Une approche performance globale

Ces mesures de flux et de durées sont une approche « entrante » ou externe du besoin de pilotage ; elles représentent ce qui doit être produit en terme de travail.

Les managers ont, en plus, une impérative nécessité de valider l'adéquation des ressources humaines aux besoins. Si cette vision peut être corrigée en temps réel, les grandeurs d'analyse et d'élaboration de prévisions se lisent en temps différé.

La performance globale repose sur la comparaison, pour une période donnée[1], entre le besoin résultant de la mesure des flux et l'unité de travail ETP (équivalent temps plein) qui représente le ratio de temps travaillé sur la période (voir chapitre 4).

Une fois ces grandeurs mesurées, on est capable de déterminer des ratios comme le taux d'activité téléphonique ou des temps passés au téléphone (y compris post-traitement) par rapport à l'unité de temps active (ou le nombre d'appels rapporté à la même unité de temps).

Note fondamentale

Ces ratios, lorsqu'ils existent, doivent être manipulés avec précautions et ne peuvent, à eux seuls, fournir d'objectifs essentiels qui ne seraient pas contrebalancés par des grandeurs plus qualitatives. Les effets pervers de telles démarches « univoques » sont effectivement très destructeurs en termes de qualité réelle.

Les grandeurs qualitatives

En dehors de ces visions purement quantitatives et directement mesurables, certaines caractéristiques qualitatives – donc non directement mesurables – devront être évaluées.

La disponibilité de ces données est du domaine « différé » ; on recherchera des éléments qui concernent la veille, la semaine précédente, voire le mois précédent afin d'extraire une vision objective de la situation et d'en tirer des analyses permettant de progresser.

Pour leur évaluation, ces valeurs quantitatives devront être rendues « le plus objectivement possible mesurables ». Sans entrer dans une didactique détaillée de la métrologie, admettons simplement qu'on devra définir :

- l'objet à mesurer de par son existence et ses valeurs limites ;
- les unités de mesure ainsi que l'échelle à utiliser ;

[1] Ce type de période, pour être valide, s'exprime en fraction de journée (demi-heure, heure, demi-journée) qui est applicable côté flux présenté et côté droit du travail.

- le ou les instrument(s) de mesure adapté(s) ;
- un mode d'étalonnage permettant de corroborer les résultats mesurés par rapport à une situation « terrain ».

Pour avoir omis cette approche théorique du problème, un certain nombre de structures de centres d'appels ont pu produire des mesures dont le sens réel et, en particulier, la représentativité par rapport à la réalité étaient fort discutables.

Constatons enfin que ces valeurs qualitatives sont de deux ordres fondamentalement différents comme la qualité de prise en charge au niveau de la forme, et la qualité de la réponse sur le fond même du sujet. Toutefois, la notion de qualité globale tient forcément compte de ces deux composantes.

La notion de qualité de forme

Il s'agit de déterminer quel est le niveau de qualité d'ordre relationnel, parfois simple notion de politesse, qui peut être perçu par la clientèle ; une caractéristique de cette approche est qu'elle est commune à tous les métiers de centres d'appels.

La notion de qualité de réponse est d'un autre domaine et nous l'aborderons plus loin.

Ce qu'il est important d'évaluer ici c'est la notion de qualité rendue par le conseiller et perçue par l'interlocuteur en matière d'empathie et de respect ou, simplement, d'écoute. Nous déterminerons tout d'abord les items qui nous intéresserons avant de chercher à construire une échelle d'évaluation.

Parmi les plus connus, nous rencontrerons le célèbre « sourire au téléphone »[1], mais également d'autres éléments :

- qualité d'accueil ;
- qualité de présentation ;
- qualité de prise en charge ;
- qualité d'écoute ;
- qualité de prise de congé ;
- respect des consignes (éventuellement une par une).

Chaque item présente la particularité de ne permettre qu'une mesure, *a priori*, subjective. C'est pourquoi il est essentiel de définir une échelle de valeurs qui s'étalera de « bon » à « mauvais » mais qui respectera deux règles de fond qui, seules, permettront d'évaluer tout en conservant du sens[2].

[1] Ce terme est devenu évident. En effet, le plaisir ou le déplaisir du conseiller à traiter l'appel est perçu très clairement par les interlocuteurs.

[2] Cette condition, toute nécessaire et incontournable qu'elle soit, ne sera jamais suffisante.

L'échelle de valeurs utilisée comportera un nombre limité de niveaux de choix. Une échelle, construite sur la base de vingt niveaux différents ne sera d'aucun intérêt à cause de la difficulté de choisir entre deux « étages successifs », compte tenu de la finesse de différenciation.

Le nombre de niveaux doit être pair afin d'obliger l'interlocuteur « sondé » à se prononcer sur une valeur plutôt positive ou plutôt négative. Toutes les enquêtes ayant proposé les trois bases classiques, bon, moyen et mauvais se sont retrouvées avec une écrasante majorité de « moyen ».

Le nombre idéal de choix sera par conséquent de quatre. Il ne reste qu'à définir comment, au cours des entretiens, seront qualifiés ces niveaux (excellent, bon, insuffisant, médiocre en constituent un exemple simpliste).

Une appréciation statistique

Cette approche a pour objectif de mesurer la performance qualitative d'une structure, d'un groupe ou d'un ensemble ; ce n'est pas un outil de management individuel mais de pilotage « collectif ».

Nous pouvons choisir, au maximum, trois ou quatre items parmi ceux à notre disposition et leur affecter des poids selon le niveau de réponse ou d'appréciation ; puis nous déterminerons une valeur unique et consolidée de ces résultats. Illustrons cette démarche par un exemple.

> **Note**
>
> On pourra dans le temps varier les approches et, sur plusieurs mois, modifier les items analysés. Cependant, en mode simultané, une approche comprenant quatre items à surveiller est déjà fort complexe.

Considérons trois items : le sourire au téléphone, le dynamisme et la présentation. Pour chacun d'eux, nous précisons quatre niveaux retenus et affectons leur un coefficient (pas nécessairement identique selon les items comme nous le verrons sur le tableau 10-11). Le tableau 10-10 nous propose un exemple pour le « sourire ».

Pour chacun des items, les niveaux pourront être différents sinon en termes de dénomination (qui n'a de valeur qu'au cours de l'enquête) du moins en termes de coefficients et surtout de leurs valeurs relatives.

Tableau 10-10
Niveaux et coefficients concernant l'item « sourire au téléphone »

Item concerné (« sourire au téléphone »)	Coefficient
Très bon	5
Bon	0
Moyen	− 2
Insuffisant	− 5

L'étape suivante consiste à recueillir les réponses (voir la section concernant le mode opératoire) et à en extraire une ou plusieurs valeurs significatives. Le tableau 10-11 nous donne un exemple numérique comprenant un panel de cent appels.

Tableau 10-11
Exemple de calcul

		Variable	Sourire	Dynamisme	Présentation
Très bon	Appels	(A_1)	88	85	90
	Coefficient	(C_1)	5	3	5
	Score	(S_1)	440	255	450
Bon	Appels	(A_2)	4	3	5
	Coefficient	(C_2)	0	1	1
	Score	(S_2)	0	3	5
Moyen	Appels	(A_3)	4	7	4
	Coefficient	(C_3)	− 2	0	0
	Score	(S_3)	− 8	0	0
Insuffisant	Appels	(A_4)	4	3	1
	Coefficient	(C_4)	− 5	-2	− 5
	Score	(S_4)	− 20	-6	− 5
Résultats	Score	(S_t)	412	252	450
	Total Max	(T_m)	500	300	500
	Indice	I_Q	0,82	0,84	0,90

Nous allons ainsi obtenir deux niveaux de résultats dont le premier mesure la performance sur un seul item.

Comme l'indique le tableau, chaque niveau de qualité de chaque item est représenté par un « score » obtenu en réalisant le produit du nombre d'appels concerné par le coefficient adapté :

$$S_i = A_i \times C_i$$

Puis, pour l'item considéré, le « score » total est alors la somme algébrique des scores de chacun des niveaux :

$$S_t = S_1 + S_2 + S_3 + S_4$$

Enfin, le « score » maximum admissible T_m étant de cent fois (ramené au nombre d'appels composant le panel) le coefficient correspondant à la qualité optimale, l'indice est obtenu par le rapport du score atteint au score maximum :

$$I_q = S_t / T_m$$

Ces résultats ayant été obtenus pour chacun des items, il est intéressant de tenter une approche consolidée qui rende compte d'une réalité globale ou, pour le moins, incluant les trois points retenus. Les conditions étant identiques à celles des démarches qualités utilisées dans l'industrie, il nous apparaît opportun en première approche de multiplier entre eux chacun des résultats.

$$I_Q = I_{Q1} \times I_{Q2} \times I_{Q3}$$

Cette méthode donne un résultat relativement bas, sur lequel on communiquera de manière très positive : « ce résultat nous indique que $N\%$ (le résultat consolidé) des appelants ont bénéficié d'une qualité totale de bout en bout » et servira de point de départ à une démarche managériale de progression.

Mode opératoire

Ces résultats ne peuvent être trouvés que de deux manières : soit en interrogeant les clients qui ont appelé, ce sont les enquêtes de satisfaction ; soit en se substituant à des clients suivant la méthodologie qualifiée « d'appels mystères ». L'un des paragraphes de ce chapitre est plus particulièrement dédié à ces méthodes.

La notion de qualité de réponse

Plus loin que pour les alinéas précédents, la recherche de niveau de satisfaction du client par l'évaluation de la qualité même de la réponse qui lui est fournie (sur le fond est incontournable).

Ici, il faut rendre compte de la qualité de service sur le fond, et cette mesure n'aura pas le même impact, suivant qu'il s'agit d'un centre dédié à la fonction commerciale (simple prise de commande) ou d'une structure orientée service client, tel qu'un *help desk*.

Pour l'organisation à but commercial, cette notion de qualité sur le fond concerne essentiellement la mise à jour d'une base de données des commandes[1] et peut s'étendre jusqu'à la notion de conseil fourni au client, plus proche de la notion de forme ; nous ne nous étendrons pas sur ce modèle.

Pour les structures de service de type *help desk*, au contraire, le problème de la qualité rendue devient crucial ; la résolution de problèmes (ou plus simplement la réponse à des questions) étant la raison même de l'existence de la structure, la visibilité de ses performances est essentielle.

La question apparaît alors comme étant de mesurer la qualité de la prestation rendue par rapport à un contrat de service. Aucune notion de qualité de fond ne peut être jugée dans l'absolu sous peine de dériver vers l'absurde du type « moi, utilisateur, je veux tout immédiatement ».

On va devoir juger cette activité avec des indicateurs de qualité, partiellement identifiés, qui vont du délai d'obtention de la réponse ou de résolution du problème jusqu'à l'adéquation réelle de la solution. En définitive le client doit pouvoir répondre « oui » sans hésitation à l'enquête qui lui demandera s'il était satisfait de la solution fournie.

Cette demande de formulation simple va cependant être relativement lourde à formaliser ; il faudra tenir compte de tous les paramètres.

Le contrat de service

Qu'il s'agisse d'une organisation interne ou externe, la contractualisation des missions (au sens qualitatif et quantitatif) est inévitable ; dans les métiers du *help desk*, on a pour habitude de qualifier de « contrat de service » le document qui établit ces règles.

Il s'agit d'un texte signé par la direction de l'entreprise et au nom des utilisateurs, suite à des négociations normales entre le *help desk* et ses « clients internes ».

La méthode consiste à classifier, les différentes questions ou problèmes, en catégories qui se verront chacune affecter un mode de traitement (premier niveau, second niveau, expertise…) et un délai

---

[1] Il s'agit, dans ce cas, d'une fonction « tournée vers l'intérieur » par opposition aux fonctions orientées clients.

« contractuel » de prise en charge, puis un délai contractuel de rétablissement ou de résolution. Pour ce faire on va devoir déterminer et formaliser ces catégories. Le tableau 10-13 donne un exemple de ce type de définitions et d'engagements.

Note

On est typiquement dans un métier où la résolution d'un problème ou la réponse à une question complexe ne sont pas nécessairement fournies en temps réel mais peuvent nécessiter un rappel de la part d'un conseiller ou d'un expert.

Tableau 10-13
Niveau de problèmes et types de résolution

Détermination des catégories et des données contractuelles de réponse			
	Niveau 1 « front »	Niveau 2 « back »	Expert
Question ou problème de type A	temps réel		
Question ou problème de type B	transfert	temps réel	
Question ou problème de type C	transfert et négociation de durée	rappel 4 heures	
Question ou problème de type D	transfert et négociation de durée	rappel journée	
Question ou problème de type E	transfert	négociation de durée	rappel journée
Question ou problème de type F	transfert	négociation de durée	rappel semaine

Mesures et appréciations statistiques

Il faut toujours garder à l'esprit le caractère statistique d'une telle évaluation qui n'aura pas pour objet de déterminer des performances individuelles mais collectives.

Des barèmes devront être établis, lesquels seront un ensemble de scores en fonction des performances réellement atteintes.

En dehors de ce qui est normalement exigible en temps réel (les questions de types A et B du tableau 10-13), nous envisageons que le délai de résolution proposé au client soit identique strictement au délai fourni dans le contrat de service ; trois solutions s'avèrent possibles :

- **Le délai est strictement respecté** : on applique le score maximal puisque c'est l'objectif qui a été fixé.

- **Le délai est plus long que l'engagement contractuel** : on applique une pénalité conformément au barème.

- **Le délai est plus court que l'engagement contractuel** : on pourra être tenté de « bonifier » le score car, par rapport au client, on lui a fourni un niveau de service supérieur à ce qu'il attendait. Cette solution présente des effets pervers, en particulier dans le domaine des habitudes prises ; le client peut s'adapter à cette performance de service, oublier le délai contractuel et devenir mécontent (collectivement et statistiquement parlant) alors que le contrat est respecté. Pour pallier cette situation on pourra, par exemple, pénaliser le « mieux comme étant l'ennemi du bien », en particulier lorsque cette situation perdure. Ces décisions sont délicates et c'est toute la difficulté du pilotage. Nous n'avons pas de solution miracle à cette question mais chaque manager devra l'étudier avec une grande attention et de solides précautions.

En outre, cette situation peut être compliquée par la négociation d'un délai différent du délai contractuel, soit parce que le client est pressé (diminution de délai) soit parce que la structure est fortement sollicitée et que le client acceptera un allongement. Le tableau 10-14 présente différents cas de délais.

Tableau 10-14
Différents cas de délais possibles

négocié		contractuel	
Z1	Z2	Z3	

contractuel		négocié	
Z1	Z2	Z3	

Une fois cette « normalisation » des différents scores établie, il ne restera qu'à déterminer, sur une période donnée, la notion de qualité réellement fournie. On affectera à chaque incident, pris individuellement, la note qui lui revient en fonction du score réalisé et contractualisé, puis on effectuera une somme ou une moyenne pondérée des différents résultats qui pourront être sous-classifiés (par exemple, en fonction de leur catégorie d'appartenance.

Le résultat devra rendre compte de la notion de service rendu et on tentera de s'assurer qu'il correspond à un ressenti réel des utilisateurs.

Mode opératoire

En dehors des méthodes précisées dans la section précédente et faisant appel à la perception des clients (les enquêtes de satisfaction et les appels mystères), les outils d'assistance à la recherche de solution sont dotés de fonctionnalités internes qui permettent de relever les durées d'intervention. On prendra garde cependant à ne pas confondre les éléments statistiques ainsi mesurés avec la véritable perception de satisfaction vue de la clientèle ; un étalonnage est indispensable.

Les évaluations qualitatives et les étalonnages

Autant nous savons mesurer des grandeurs objectives, autant il est difficile de « mesurer » des notions qualitatives. Cependant, le pilotage, des centres d'appels en particulier, impose une telle évaluation.

Nous sommes alors dans un monde en voie de découverte pour lequel les mesures absolument objectives de niveau de service rendu ne sont pas encore définies, sinon dans leur fond du moins dans leur métrique.

Besoins et généralités

Les dirigeants des centres d'appels, via les diverses sources de données sont en mesure de produire des chiffres indiscutables tels que les nombres d'appels ou les durées. Cependant, en dehors des chiffres produits et du truisme « tout ce qui est mieux au niveau mesure correspond à un mieux sur le terrain », par ailleurs discutable, quelle est la validité de ces résultats sur le ressenti de la clientèle ? Seule ladite clientèle peut nous répondre.

Il s'agit de la fonction dite d'étalonnage qui consiste à comparer les résultats obtenus par la mesure ou par la construction d'indicateurs complexes avec des résultats émanant de la clientèle.

De plus, certaines valeurs, comme celles vues dans la section « La notion de qualité de forme », ne peuvent être obtenues que par interrogation des clients ou, au mieux, en se substituant à eux.

En conséquence, il est nécessaire de disposer de méthodes et d'outils statistiquement valides qui permettent de réaliser ces opérations de mesure et d'étalonnage. Ces outils sont de deux types : les enquêtes de satisfaction et les appels mystères.

Méthodes : enquêtes et appels mystères

Comment connaître la perception « client » et son degré de satisfaction sinon en lui demandant (il s'agit alors des enquêtes de satisfaction) ou, à défaut en se substituant à lui afin de percevoir par soi même (ce sont là les appels « mystères »)

Enquêtes de satisfaction

La méthode consiste à interroger les clients qui on appelé pour une raison donnée dans la période que l'on souhaite évaluer ; il est donc nécessaire de disposer d'une base de données composée des appels, de leur source et de leur objet.

> **Note**
>
> Les périodes de référence des enquêtes de qualité sont de l'ordre du mois ou de la semaine, rarement de la journée, jamais de l'heure. Ceci n'interdisant pas, par ailleurs d'étalonner des mesures qui seront par ailleurs disponibles sur des tranches horaires.

Le rappel de tous ces clients étant inacceptable pour des raisons économiques évidentes (on est bien ici dans une structure d'appels de masse), la première démarche sera de sélectionner un panel de clients à contacter. Le nombre, ou plus exactement le ratio, de ces appels étant fortement variable suivant des paramètres comme le nombre global d'appels ou les causes possibles ou encore la précision que l'on veut obtenir, il n'est pas possible de donner une fourchette applicable dans tous les cas. Précisons simplement qu'il s'agit d'un travail de statisticien professionnel et que la maxime qui prétend que plus on émettra d'appels et plus la précision sera élevée n'est pas nécessairement valide. Néanmoins, plus la connaissance de la clientèle sera précise et plus le nombre d'appels à réaliser, à précision souhaitée constante, sera faible.

Ensuite, on devra élaborer un questionnaire dont l'objet est de recenser les informations qui nous intéressent ; là encore, on optera pour un nombre pair de choix par item auxquels on affectera des poids respectifs.

Enfin, on effectue la campagne d'appels et l'on dresse le tableau de résultats qui devra être comparé avec les mesures obtenues par ailleurs (en interne par exemple).

Appels mystères

C'est la seconde méthode possible ; elle consiste à déterminer un nombre d'appels émis en lieu et place de la clientèle afin de percevoir ces données de qualité.

Le pendant de la sélection du panel vue dans le cas précédent sera, comparativement, la détermination du nombre d'appels à émettre et de leur répartition horaire. De même, nous n'aurons pas un interrogatoire avec une série de questions mais plutôt une raison précise par appel ; ici c'est la définition de la campagne et les nombres d'appels différents qui assurent la variété nécessaire.

A contrario, ce n'est pas le client qui va juger de la qualité mais un « enquêteur » professionnel à qui on aura pris soin de dresser un barème pour les différents items que nous souhaiterons observer (ici encore, la règle des quatre choix est imposée).

Les appels ne pouvant être émis par une seule et même personne, il sera nécessaire avant de consolider les résultats de normer les résultats des divers « opérateurs sondeurs » (il est question de faire la différence entre M. plus et M. moins).

Enfin, notons que cette méthode peut permettre également de déterminer, par une source externe, quelles sont les différentes durées (attente, sonnerie, conversation…) et de les comparer avec les résultats internes.

Le management de proximité

Les approches que nous avons abordées précédemment concernent le pilotage de la structure, vue en tant qu'outil de production. Il est clair que la production ou la performance « globale » est un ensemble, une somme de performances et de productivités individuelles, et que le management a besoin de les mesurer et de les juger en permanence.

Dans ce but, des indicateurs de productivité individuelle ont donc été créés tels que présentés dans le tableau 10-15, et des quantités d'indicateurs complexes vont être construits dans ce cadre.

Le lecteur notera que, si les valeurs mesurées ont pour objectif essentiel de juger de l'activité d'un agent et de sa performance individuelle, cette évaluation ne peut être faite intrinsèquement et en valeur absolue (surtout et en particulier dans les centres d'appels). En effet, ces performances relatives vont dépendre intimement du métier et du contexte. Par conséquent, elles seront évaluées par comparaison avec les moyennes du groupe ou d'autres définitions statistiques plus précises comme les quartiles.

Tout particulièrement, on veillera à ne pas confondre activité téléphonique saturée avec temps total occupé. En effet (voir le chapitre 4 portant sur les flux), on considérera que le ratio d'activité téléphonique effective moyenne d'un groupe arrive à saturation aux alentours de 75 % à 85 % du temps total suivant les métiers[1].

1 Au-delà de ce ratio, on va rencontrer des phénomènes de saturation de file d'attente et l'apparition de pertes significatives par abandons (voire dissuasions).

Tableau 10-15
Représentation d'indicateurs individuels

Nom		
Prénom		
Type de mesure	**Définition**	**Symbole**
Durée d'observation	Durée pendant laquelle on mesure (heure, jour, semaine, mois)	T_{tot}
Durée totale de Log on	Durée pendant laquelle « Nom » est connecté sur un poste téléphonique	T_{on}
Dont durée cumulée de pause	Somme des durées où « Nom » est en pause (implicite)	P_t
Ratio d'activité « on »	Ratio des durées de disponibilité	$(T_{on}-P_t) / T_{on}$
Nombre d'appels « sonnés »	Implicite (pendant la période on)	A_s
Durée moyenne de sonnerie	Implicite (pour tous les appels)	<Son>
Nombre d'appels « traités »	Implicite : appels ayant obtenu réponse (pendant la période on)	A_t
Efficacité locale	Ratio des appels traités	$(A_t-A_s) / A_s$
Durée totale cumulée de conversation	Implicite	Conv
Durée moyenne de conversation	Durée moyenne de conversation des appels traités	<Conv>
Durée totale cumulée de post-traitement		Post_t
Durée moyenne de post-traitement	Durée moyenne de post-traitement des appels traités	<Post_t>
Nombre d'appels « courts »	Nombre d'appels dont la durée de conversation n'excède pas un seuil donné	A_c
Ratio d'appels courts	Pourcentage d'appels dont la durée de conversation n'excède pas un seuil donné (en premier rang)	A_c / A_t

Nombre d'appels transférés	Nombre d'appels transférés par le conseiller « nom »	A_{trf}
Ratio d'appels transférés	Pourcentage d'appels transférés par le conseiller « nom »	A_{trf} / A_t
Ratio d'activité téléphonique globale	Pourcentage de temps dédié à l'activité téléphonique	$(Conv + Post\_t) / (T_{on})$
Ratio d'activité téléphonique effective	Pourcentage de temps dédié à l'activité téléphonique (exception faite des pauses)	$(Conv + Post\_t) / (T_{on}-P_t)$

Les sources de données

La figure 10-6 nous indique les différents points où pourront être prélevées les données brutes servant à réaliser les calculs ; chacun de ces points est signalé par un numéro inscrit dans un cercle.

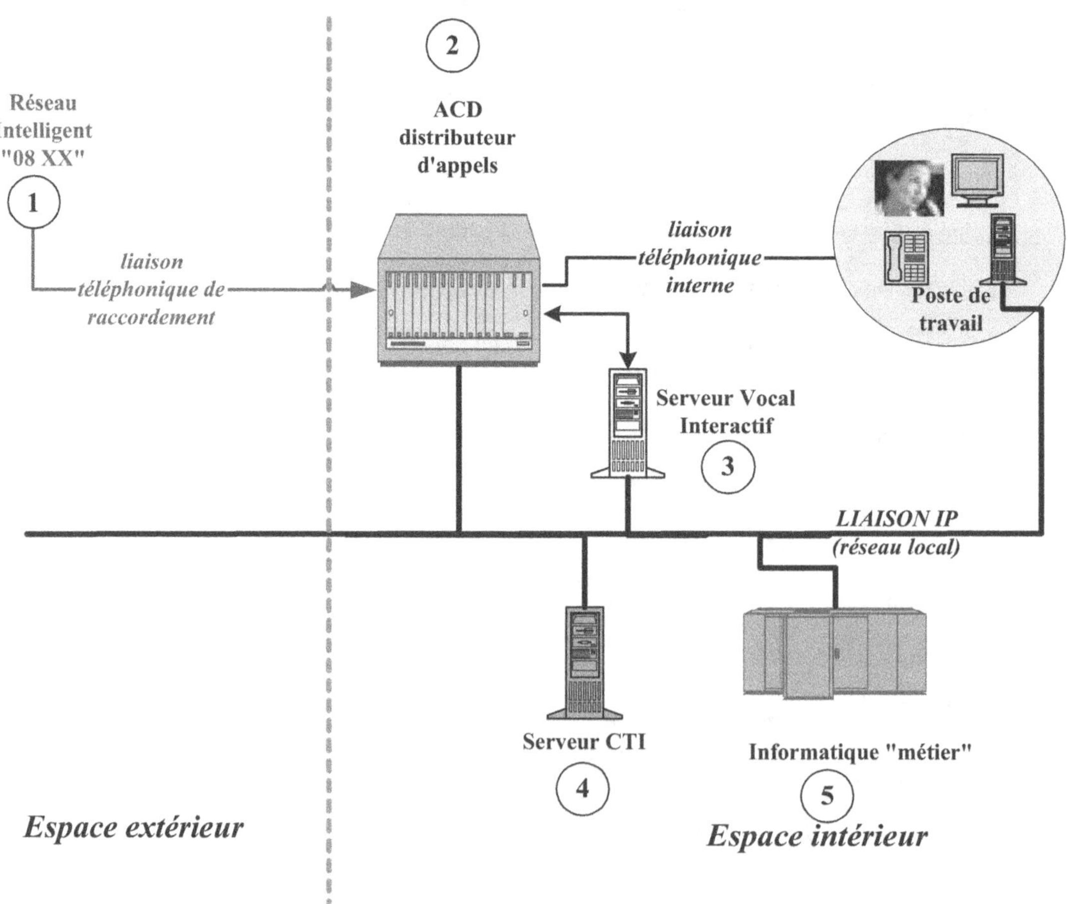

Figure 10-6
Points de prélèvement des mesures

Mesures issues du réseau

Le tout premier point de prélèvement de mesure est le réseau lui-même, en particulier lorsque le centre d'appels est alimenté via le réseau intelligent.

Données brutes

Le réseau intelligent peut fournir des informations brutes et à traiter en local, comme des bases de données d'appels qui contiennent alors un enregistrement pour chaque appel contenant des informations très précises telles que présentées au tableau 10-16.

Tableau 10-16
Présentation d'un enregistrement décrivant un appel

Date	Heure	Numéro demandé	Numéro traduit	Type de fin	Durée d'attente (secondes)	Durée de sonnerie (secondes)	Durée de conversation (secondes)
01/02/2001	14:55:45	08 XX XX XX XX	01 YY YY YY YY	Traité Abandon Dissuasion	25	4	198

Il est du ressort du centre d'appels de développer une base logicielle permettant d'extraire de ces données les résultats attendus.

Notons que, pour ce qui est des durées (les cases grisées du schéma), elles ne seront disponibles que dans le cadre des centres d'appels virtuels exigeant la mise en place des protocoles de conversation riches entre le réseau et les ACD (*peripheral gateways*).

Données consolidées

Parallèlement aux données brutes précisées précédemment, les réseaux intelligents sont désormais en mesure de présenter des données prédigérées, aptes à permettre le pilotage.

Considérons qu'une organisation soit construite sur la base d'un numéro « coloré » et de deux numéros traduits correspondant à deux sites (ou à deux sous-ensembles sur un même site mais cependant disjoints) avec une « répartition au mieux »[1] qui définit le mode centre d'appels virtuel. Dans ces conditions, le réseau fournira des consolidations identiques à celles du tableau 10-17.

Comme les besoins des utilisateurs (entendre managers et responsables) sont pratiquement illimités dans leur formulation, ces réseaux offrent également à présent un sous-système de base de données leur

[1] Il s'agit de l'une des fonctions de distribution des appels par le réseau intelligent dans le cadre du fonctionnement en mode centre d'appels virtuel.

permettant de réaliser des requêtes simplifiées et, pour le moins, assistées.

Tableau 10-17
Données consolidées émanant des réseaux (exemple)

Typologie	Symbole
Appels entrants	N
Pour le site 1 (numéro traduit N° 1)	
Nombre d'appels transférés vers…	N_1
Ratio	N_1 / N
Dont traités	N_{1t}
Dont abandons	N_{1a}
Dont dissuasions	N_{1d}
Qualité de service 1	N1t / N1
Durée moyenne d'attente	<A1>
Durée moyenne de sonnerie	<S1>
Durée moyenne de conversation	<Conv>
Pour le site 2 (numéro traduit N° 2)	
idem….	
Récapitulatif	
Qualité de service globale	$(N_1+N_2) / N$
Attentes	<A1> / <A2>
Sonneries	<S1> / <S2>
Conversations	<Conv1> / <Conv2>
….	…

La vision temps réel

En complément, les réseaux actuels permettent d'établir une connexion temps réel permanente sur les éléments nécessaires au pilotage et à la production de statistiques ; ceci est particulièrement vrai pour ce qui est des bases de données d'appels (les données représentant un appel ou un ensemble d'appels sont actuellement disponibles en temps réel suivant son déroulement). Cette fonction permet aux utilisateurs de prendre des décisions rapides (voir le pilotage temps réel tel qu'il a été défini) et, éventuellement, de transmettre des commandes aux processeurs du réseau qui les exécuteront immédiatement (quelques secondes de délai).

Ces fonctions, dans le cadre riche des PG, rendent certains services que les constructeurs d'ACD ont toujours gardé « sous le boisseau » pour des raisons de marché le plus captif possible ; une situation qui risque de diminuer le pouvoir imputé au nœud de commutation.

Mesures émanant des PABX ACD

Le PABX ACD est la base naturelle de prélèvement de la plupart des données, il va nous permettre d'observer toutes les grandeurs (comptages et durées) telles que nous les avons définies en termes de besoins.

Ces données sont fournies soit en temps réel (sur des panneaux d'affichage le plus souvent installés dans les salles elles-mêmes) soit en temps différé, généralement le lendemain, par l'import de fichiers de résultats. Dans le premier cas, elles sont immédiatement utilisables par lecture directe ; dans le second, l'utilisateur va être amené à en retraiter la partie qui lui sera nécessaire.

Dans cette optique, si un grand nombre de consolidations possibles sont disponibles dans ces systèmes, ils fournissent des éléments de base qui souffrent de deux travers.

- Premier problème : les industriels ayant cherché à couvrir un maximum de besoins utilisateurs (jusqu'au fantasme : tous !) fournissent, sous un format qui leur est propre[1], une très importante quantité de tableaux de données qui noient l'utilisateur. Celui-ci se voit contraint de réaliser des extractions et des croisements à partir de données qui sont déjà des résultats de calcul ; l'inconvénient majeur de cette démarche est d'interdire certaines approches statistiques et de produire des outils qui deviennent inutilisables du fait de leur caractère pléthorique (trop d'information, ici aussi, nuit à l'information).

- Second problème illustré par l'adage « le mieux est l'ennemi du bien » : à savoir que lorsque les industriels fournissent des séries impressionnantes de données qui sont censées couvrir tous les besoins, on aboutit au résultat qu'elles ne satisfont réellement personnc ; comme les formats présentés ne sont pas souples, on aboutit à des difficultés de pilotage liées à l'impossibilité de construire un véritable outil personnalisé.

[1] Format MS-excel ou base de données préconstruite, mais jamais la base interne des appels.

Note

Les systèmes proposés fournissent, par exemple, le taux d'appels ayant attendu moins de 10 secondes et, moins de 30 secondes… Certains utilisateurs ont besoin, pour des raisons de métier, de transformer ces durées en 12 secondes, 15 secondes…

En conclusion, la mise à disposition par les constructeurs d'ACD (dernier bastion), des bases de données d'appels en tant que données les plus basiques possibles est une demande très forte du marché.

Mesures émanant des SVI

En plus des données brutes présentées sous formes de bases d'appels que l'utilisateur devra retraiter ou, pour le moins, extraire par des outils adaptés (comme pour le réseau), les SVI (serveurs vocaux interactifs) fournissent toutes les consolidations possibles concernant les appels qui les traversent. On en trouvera une liste à titre d'exemple dans le tableau 10-18.

Ce tableau propose un exemple que l'on pourra complexifier à l'infini ; chaque choix présenté peut lui-même déboucher sur un nouveau niveau de sélection et ainsi de suite. Dans ces conditions, il appartient au superviseur de déterminer quelles sont les valeurs réellement pertinentes dans le contexte de son métier.

Mesures émanant du CTI

Les primitives CTI ont pour mission d'assister les conseillers dans l'ergonomie de leur métier mais aussi de permettre des routages complexes d'appels. Rappelons, pour exemple, le cas le plus évident où l'appelant qui n'est pas à jour de ses paiements se voit automatiquement aiguillé vers un service de recouvrement et ce, quelle que soit la raison initiale de son appel.

C'est dans ces conditions que ces systèmes fourniront des données statistiques sur les appels dont ils ont eu la charge.

En outre, le module « statistiques et *reporting* » dans les primitives CTI peut permettre de développer des outils d'analyse personnalisés qui intègrent des informations émanant des bases de données « métier » (le lien se fait à ce niveau) telles que le nombre de commandes ou le chiffre d'affaires en moyenne par appel.

Tableau 10-18
Données produites par les SVI (exemple)

Typologie	Symbole
Appels entrants	
Nombre brut	N
Abandons	A
Qualité de service globale	$(N-A) / N$
Durée moyenne de présence	$<T>$
Pour le choix 1 (numéro traduit N° 1)	
Nombre d'appels transférés vers…	N_1
Ratio	N_1/N
…	
Pour le choix 2 (numéro traduit N° 2)	
Nombre d'appels transférés vers…	N_2
Ratio	N_2/N
…	
Pour le choix « par défaut »	
Nombre d'appels transférés vers…	N_d
Ratio	N_d/N
…	

Mesures émanant de l'informatique métier

En dehors des données qui vont déterminer des moyennes par appel (commandes et chiffres d'affaires) avec l'aide des primitives CTI telles que nous les avons envisagées, il s'agit essentiellement de données de type « qualité de réponse » liées à des organisations *help desk*.

Ces données sont alors destinées à être consolidées avec des grandeurs de types différents afin de produire de véritables indicateurs complexes.

Construire un système de *reporting*

Le pilotage impose que des outils personnalisés et efficaces soient mis en place ; il s'agira en réalité d'un véritable système d'information « pilotage ou *reporting* »[1] dont l'une des caractéristiques sera de s'enrichir de sa propre expérience. Plus les données stockées seront exhaustives et sur une longue période, et plus les prévisions seront précises (et donc les corrections nécessaires plus légères).

Principes

Définissons les règles sous lesquelles nous allons réaliser cet outil efficace et adapté.

- L'outil de base est à la disposition du superviseur.

- Nous devons connaître parfaitement l'organisation en place (y compris l'architecture technique) depuis l'appelant jusqu'au conseiller.

- Nous devons être en possession de toutes les valeurs qui peuvent être collectées, de leurs sources et de leurs formats (afin de faire des choix).

- Nous avons recensé les différents besoins du pilotage et avons déterminé les valeurs nécessaires simples ou composites et ce par catégorie de « lecteur ».

- Nous avons travaillé sur l'ensemble de ces valeurs afin d'en réaliser, pour chaque besoin éventuel[2], la présentation la plus synthétique ; l'idéal étant de ne présenter qu'un seul indicateur, ce qui est rarement possible.

- Cette synthèse est non destructive ; c'est une affaire de présentation. Toutes les valeurs connues seront stockées dans une base de données prévue à cet effet.

- Nous avons défini comment construire les indicateurs complexes (données de base prises en compte, mode de cossolidation, coefficients, lecture sémantique du résultat…).

- Nous avons besoin de conserver un historique qui ervira de base à nos prévisions.

Détermination des besoins

Considérant par hypothèse, et c'est notre approche des choses, qu'un tableau de bord (ou toute autre structure complexe de reporting) est fortement personnalisé et dépendant de la culture du centre, la détermination des besoins spécifiques est alors la première étape indispensable.

Sur le fond

Le superviseur ou les différents managers vont déterminer les besoins de suivi et vont en déduire les valeurs qu'il convient d'observer et de restituer.

Les demandes ainsi recueilles seront de deux types, suivant qu'elles intéressent la supervision ou la direction, c'est-à-dire les différents niveaux hiérarchiques.

Pour ce qui est de la supervision proprement dite, nous considérons et retenons toutes les valeurs utiles (dans leur présentation de base)[1] afin d'assurer et de consolider la fonction d'expertise dédiée à ce niveau. C'est le superviseur qui produira les indicateurs synthétiques dédiés aux autres lecteurs. Enfin, le superviseur produira et présentera les indicateurs de management de proximité (la vision nominative).

Ensuite, il convient de déterminer les indicateurs très ponctuels parce que dédiés à une vision parcellaire de la structure ou les indicateurs complexes, mais indispensables, issus de plusieurs données de base et pour lesquels il faudra élaborer la formule de construction.

> **Exemple**
>
> Le directeur commercial peut être intéressé par le chiffre d'affaires perdu en fonction des appels qui n'auront pas été servis.

Sur la chronologie de présentation

Les indicateurs nécessaires vont s'inscrire collectivement ou individuellement dans une chronologie d'apparition qu'il est indispensable de déterminer.

Les bases de données de flux sont de l'ordre du quart d'heure à l'heure[2] et on devra conserver un découpage toujours identique.

Au-delà de cette vision, on prendra en compte les diverses approches et consolidations utiles comme la demi-journée, la journée, la semaine, le mois ou, comme on le rencontre généralement, les jours de même type (les « lundis »).

[1] Nous avons bien noté « toutes les valeurs qui peuvent être utiles » ; ceci ne veut pas dire tout ce qui est produit, cette fonction demande un certain niveau d'analyse.

[2] Le meilleur compromis est fourni par la demi-heure (voir les règles d'Erlang et calculs associés).

Enfin, certains indicateurs n'étant disponibles que sur la semaine ou au mieux la journée, on sélectionnera ces grandeurs en fonction des périodes possibles.

Validation des besoins des possibilités réelles

L'étape suivante consiste, bien évidemment, à vérifier et à certifier que les besoins exprimés peuvent être couverts ; c'est-à-dire que nous avons des sources de données susceptibles, sous une forme ou une autre, de nous permettre de construire les indicateurs que nous avons retenus. Souvent, des choix devront être réalisés entre plusieurs sources possibles pour une même valeur.

Cette étape terminée, la base de données pourra être construite.

Construction du système d'information

Comme les phases précédentes s'apparentent à une analyse de base de données, nous sommes maintenant en mesure de construire un système qui inclut de manière très classique le modèle (MCD), les méthodes et procédures de mise à jour, les autorisations et les différents outils d'interrogation (requêtes) qui permettront l'accès aux divers types d'utilisateurs.

La figure 10-7 nous indique l'organisation de ce système d'information.

Historique et prévisions

Le système ainsi construit permet de stocker des informations horodatées avec précision ; par conséquent, il tient lieu d'historique.

C'est la maîtrise et l'analyse, au plus fin possible, de cet historique qui permet de réaliser les prévisions les plus pertinentes.

Enfin, la mise en place d'un tableau de bord, qui pourra être le reflet, jour après jour, de l'un des indicateurs synthétiques construits, sera la mesure de la progression de la structure, dans tous les sens du terme. La progression en termes d'évolution de pénétration du service (nombre d'appels par exemple) et la progression en termes de performance des équipes de conseillers et de qualité du management sont sous contrôle.

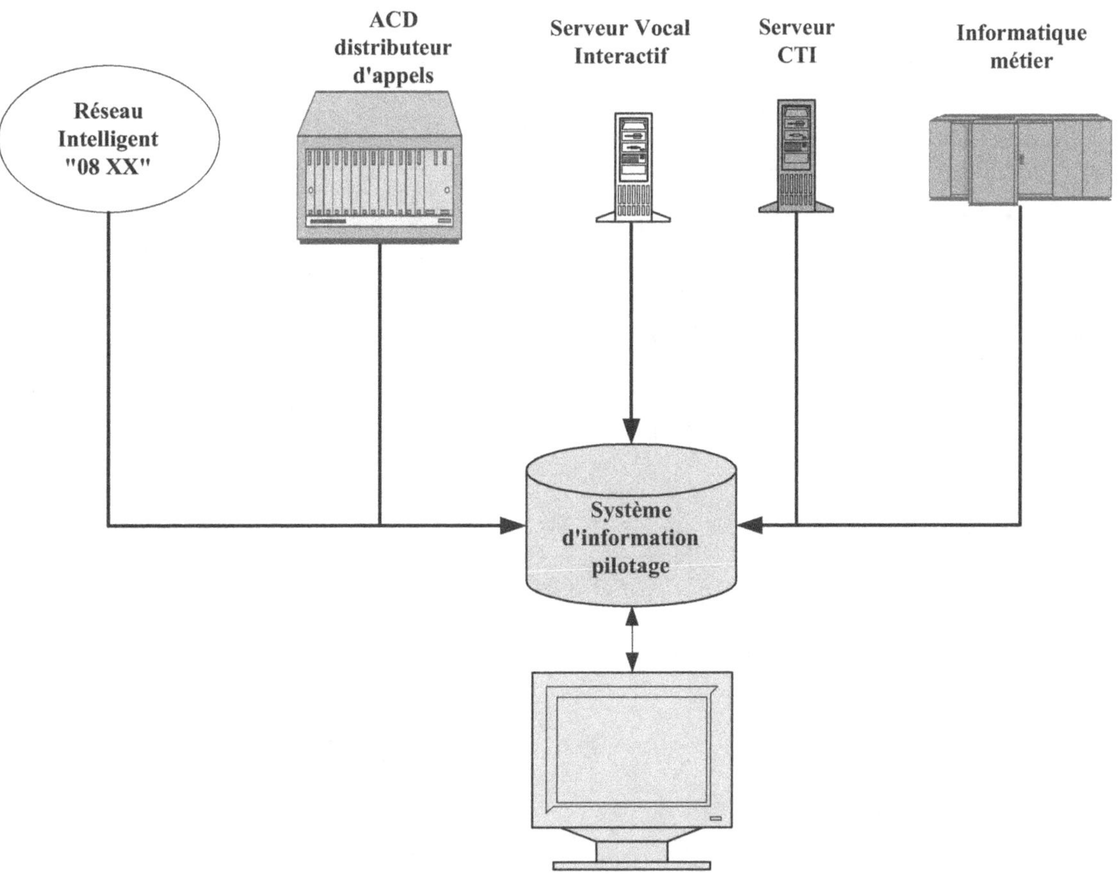

Figure 10-7
Systèmes d'information pilotage (organisation)

Chapitre 11

Staffing : prévision des flux et planification des ressources humaines

Tous les développements présentés dans le chapitre précédent consacré au *reporting* et au pilotage, avaient deux objectifs. L'un, direct, qui constate quels sont les résultats et les performances de la structure telle qu'elle était en place hier ; l'autre, indirect, est de prévoir et mettre en place les ressources nécessaires pour demain, voire au-delà.

Les fonctions qui consistent à planifier les ressources humaines, en regard des besoins, sont généralement qualifiées de *staffing* dans les centres d'appels.

Dans le chapitre 9, nous avons abordé cette notion[1] de ressources humaines et les fonctions de calcul ; nous allons à présent déterminer les méthodes précises de calcul afin d'aborder la prévision sur le moyen terme avec des approches hebdomadaires et mensuelles.

[1] Voir chapitre 9, la section « Détermination des besoins en ressources humaines ».

Élaboration des prévisions de flux

Le chapitre 3 est dédié au traitement mathématique et aux diverses approches de calcul ou d'évaluation des flux ; nous n'y reviendrons pas, ce paragraphe informe simplement sur les données prévisionnelles qui doivent nécessairement être connues, pour mettre en place les ressources adaptées.

Valeurs à prendre en compte

La première étape consiste à déterminer quelles sont les grandeurs ou les mesures qu'il est indispensable à la fois de connaître et de maîtriser pour avoir une chance de prévoir dans de bonnes conditions de précision.

Ces évaluations seront ici réalisées pour une organisation simple : un flux, un groupe, une compétence et, *a fortiori*, un site. Les prévisions plus complexes pourront alors être envisagées comme des consolidations de ces résultats ; la phase zéro de cette fonction est donc un travail d'analyse permettant de découper le problème en données élémentaires.

Généralement admis, les valeurs à déterminer sont de trois types, simplement identifiables ; une quatrième grandeur, le flux proprement dit étant le résultat d'un calcul conforme à ce qui a été vu au chapitre 3 traitant plus particulièrement de ce sujet.

Les périodes de référence

Tout d'abord, il conviendra de déterminer la période de référence sur laquelle tout va reposer. Cette valeur peut être fortement variable (entre quelques minutes et plusieurs heures) suivant les distributions, typologies et nombres d'appels traités. Elle devrait normalement être établie à partir de calculs d'Erlang précis. Cependant, les distributions connues étant très proches les unes des autres, une évaluation simple et assez générale peut être fournie dans la plupart des cas au niveau de la **demi-heure** qui correspond aux intervalles de définition les plus courants (durée moyenne d'appel comprise entre 1 et 8 minutes ; nombre de conseillers nécessaires compris entre 8 et 75)[1].

Certains matériels permettent le quart d'heure, même moins (cinq minutes) et un certain nombre d'experts y souscrivent. Ne nous y trompons pas, ces besoins sont valides mais ne correspondent pas à la même démarche.

En effet, s'il s'agit de déterminer le point de départ de l'augmentation normale, dans la matinée, du flux entrant, la demi-heure ne convient pas. Il sera nécessaire d'évaluer une période plus restreinte pour mettre en face les ressources adéquates au bon moment.

[1] On pourra également utiliser la demi-heure à l'extérieur de ces bornes tout en conservant à l'esprit que certaines corrections devront éventuellement être apportées.

A contrario, la période de base de calcul des moyennes des flux comme des ressources sera la demi-heure, ce qui n'implique pas qu'une période commence en début d'heure juste[1].

Rappel

La théorie statistique qui décrit le trafic téléphonique repose sur une base mathématique de Poisson qui inclut des processus dits de naissance (apparition d'un appel) et de mort (raccrochage et terminaison de l'appel). Dans ces conditions, pour que les divers calculs soient valides, il faut que la probabilité de déroulement d'un cycle complet (apparition et disparition du même appel dans la même période de référence) soit très élevée ce qui implique que ladite période soit très grande devant la durée moyenne d'appel.

Les nombres d'appels

La connaissance des flux à traiter impose que soient déterminés, en termes de prévision, les nombres d'appels à traiter par période de référence ; les tableaux 11-1 et 11-2 indiquent des exemples de répartition de ces nombres d'appels par jour et, dans la journée par tranche horaire.

Tableau 11-1
Répartition des nombres d'appels par jour

Jour	Lundi	Mardi	Mercredi	Jeudi	Vendredi	Samedi
Nombre d'appels	1250	1870	1900	1850	1925	675

Tableau 11-2
Répartition des nombres d'appels par par tranche horaire

Début de période	08:00	08:30	09:00	09:30	10:00	10:30	11:00	11:30	12:00	12:30
Nombre d'appels	10	25	48	65	95	107	85	54	45	35

Ces prévisions seront, bien entendu, établies à partir des historiques[2] et par un niveau d'expertise élevé (certains paramètres peuvent être très lourdement opérants tels que le mois de l'année ou le jour de la semaine. Certains autres, *a priori* inopérants, revêtent finalement une influence en seconde analyse ; des données de type météorologique, par exemple).

Note

Les paramètres fortement influents dépendent en particulier du métier ; il s'agit en outre d'une expertise dans le domaine de l'analyse statistique. Par exemple, l'étude des plates-formes d'appels bancaires montre que la « fréquentation » du centre d'appels s'apparente à celle des guichets automatiques.

[1] Il est naturellement envisageable qu'une période calée sur une demi-heure débute à 9 h 37.

[2] On peut penser que plus une structure a d'existence dans son organisation présente et plus les prévisions sont fiables.

Il demeure l'impossibilité de réaliser des prévisions absolument exactes : on est amené à poser deux hypothèses respectivement haute et basse. C'est la méthode la plus utilisée et l'on constatera que le GAP entre les deux hypothèses peut être d'autant plus important qu'il sera comblé par l'activité stockable ; dans ces conditions, on placera l'hypothèse haute de manière un peu plus optimiste, se gardant ainsi une marge de sécurité.

Les durées

La détermination des flux doit s'exprimer en rapports de durées, en particulier le rapport de la somme des durées concernées sur la mesure de la période (en général en secondes). Pour ce faire, il est nécessaire de prendre en compte toutes durées affectées par la mise en place de ressources humaines.

Tout d'abord, et de manière la plus évidente, la bonne connaissance de la durée moyenne de conversation est incontournable ; c'est la base de l'activité des conseillers. Ensuite, il convient de tenir compte des durées dites de post-traitement qui ont été définies dans le chapitre 3 (il s'agit de l'intervalle de temps nécessaire à la clôture d'un appel à travers un certain nombre d'actions obligatoires comme la mise à jour de la base de données). La durée de sonnerie, quant à elle, pose une question tout à fait particulière car, en toute rigueur, elle correspond à l'occupation au sens téléphonique du poste de travail, mais pas à une activité réelle du conseiller. Cependant, comme il n'y a qu'un conseiller par poste, la sonnerie est interprétée comme une occupation par le dispositif ACD ; nous proposons donc d'inclure ce temps dans l'occupation des conseillers. Enfin, certaines structures nécessitent que soit prise en compte une durée de *back-office* qu'il faudra bien se résoudre à ramener à un temps moyen par appel même si cette moyenne peut présenter une vision parcellaire des variations (c'est le cas lorsque les activités de ce type concernent essentiellement une partie de la journée). Il s'agit alors de structures pour lesquelles cette activité est intégrée dans le temps de travail normal.

Dans le cas présent, toutes ces durées et périodes devront être ramenées à des moyennes par appel ; les durées globales cumulées sont utiles à l'analyse, *a posteriori*, des performances mais elles deviennent inutilisables pour ce qui est des prévisions proprement dites.

Enfin, autant les nombres d'appels devront être envisagés avec des hypothèses, autant les durées pourront être évaluées avec une certaine précision dès lors que l'on dispose d'un historique suffisant.

Un résultat incontournable : le flux

Donnée de base permettant de servir de base au *staffing*, le flux est, comme nous le savons, le rapport des durées d'activité sur la période de référence ; il nous est donc inévitable de connaître la durée totale d'activité « prévue ».

Un tableau comme le tableau 11-3 évaluera les flux à traiter en fonction d'hypothèses telles que définies dans le paragraphe consacré aux nombres.

Tableau 11-3
Évaluation des flux à traiter en deux hypothèses

Début de période		08:30	09:00	09:30	10:00	10:30	11:00	11:30	12:00
Nombre d'appels	**Hypothèse basse**	25	48	65	95	107	85	54	45
	Hypothèse haute	29	56	75	110	124	98	63	52
Durées moyennes (secondes)	**Conversation**	185	182	179	178	181	180	184	187
	Post-traitement	67	63	65	61	59	62	64	65
	Sonnerie	4	3	3	2	4	2	3	4
	Total	310	352	387	446	475	427	368	353
Flux (Erlang)	**Hypothèse basse**	4,31	9,39	13,98	23,54	28,24	20,16	11,04	8,83
	Hypothèse haute	4,99	10,95	16,13	27,26	32,72	23,25	12,88	10,20

Ce tableau est un exemple qui ne décrit qu'une partie de journée ; en général, les managers partent des données hebdomadaires évaluées, auxquelles on applique des pourcentages de répartition par type de jour puis des pourcentages de répartition par tranche horaire.

Le tableau 11-4 nous fournit un exemple de ce type de répartition.

Tableau 11-4
Répartition prévisionnelle par jour et par tranche horaire des nombres d'appels présentés

		TOTAL	08:00	08:30	09:00	09:30	10:00	10:30	11:00	11:30	12:00
		18 500	1,87 %	4,68 %	8,99 %	12,17 %	17,79 %	20,04 %	15,92 %	10,11 %	8,43 %
Lundi	14,21 %	2 629	49	123	236	320	468	527	419	266	222
Mardi	21,26 %	3 933	74	184	354	479	700	788	626	398	331
Mercredi	21,60 %	3 997	75	187	359	486	711	801	636	404	337
Jeudi	21,03 %	3 891	73	182	350	474	692	780	619	394	328
Vendredi	21,89 %	4 049	76	190	364	493	720	811	645	409	341

Considérant connue la prévision hebdomadaire (plus aisée à obtenir car le nombre est plus grand) et disposant d'assez d'historique pour trouver les pourcentages moyens de répartition, on applique les coefficients journaliers afin d'obtenir les nombres quotidiens (colonne grisée), puis les ratios moyens horaires ; ce qui donne une base de tableau de service dont la forme se retrouvera dans les plannings réels.

Détermination des besoins en ressources humaines par période de référence

La phase initiale du staffing consistera, bien entendu, à établir les besoins en ETP pour chaque période de référence ; les consolidations et approximations liées aux possibilités réelles (droit du travail par exemple) s'appliqueront par la suite.

Principes de base

L'objectif primordial est d'adapter les ressources aux besoins supposés connus.

L'hypothèse retenue ici pour simplifier dans un premier temps, concerne une organisation monoflux et monoéquipe ; il suffira donc, supposerons-nous, de mettre en place un groupe unique de conseillers, de compétence déterminée identique et le besoin théorique en ressources humaines va se calculer très simplement.

Admettons que nous soyons en mesure de pronostiquer, avec une bonne précision, le flux (en quantité et en dispersion) que la structure devra traiter « demain » ou au-delà et que cette valeur nous donne un intervalle situé entre 60 et 65 appels dans une période d'une demi-heure.

Considérons également que la durée moyenne des appels incluant la sonnerie et le post-traitement (ou post-appel ou *wrap-up*) soit connue et s'évalue à 347 secondes.

Dans ces conditions, le flux moyen « période » nous est alors donné par la formule :

$$F = \frac{N \times t}{1800}$$

N = nombre d'appels présentés.

t = durée totale de traitement d'un appel (conversation + post-appel).

1 800 = durée en secondes de la période (une demi-heure).

Ce résultat connu, nous allons donc être à même de calculer le nombre d'ETP.

Le calcul d'ETP

Le besoin en ETP (équivalent temps plein qui correspond au nombre cumulé d'heures de production dans la période considérée ; voir chapitre 9) devrait, en toute rigueur, être calculé à partir des formules d'Erlang (voir chapitre 3) qui permettent de déterminer un nombre d'appuis en fonction d'un taux de pertes et, ce, dans l'hypothèse de l'existence d'une file d'attente.

En réalité, si ces théories doivent être connues afin de préserver la compréhension des phénomènes statistiques, il apparaît plus simple de se référer à un coefficient dit « coefficient d'Erlang » qui permettra d'effectuer des calculs simples avec une bonne précision. La seule concession faite à la théorie étant alors la détermination du coefficient qui dépend du métier, des types de flux, du niveau de service imposé et de la répartition statistique des appels.

Note

Plus le coefficient d'Erlang Cer est élevé et plus la probabilité d'attente et la durée probable d'attente sont élevées. Par conséquent, et de façon purement intuitive, plus cette valeur est élevée et plus la probabilité de perte l'est également, que ce soit par abandon (augmentation de la durée moyenne d'attente appliquée à une population dont la patience reste constante) ou par dissuasion (l'augmentation du nombre d'appels qui se voient infliger une attente ajoutée à une progression de la durée ont pour conséquence de saturer la file d'attente).

Le besoin en ETP est alors donné par

$$N(ETP) = \frac{F}{C_{er}}$$

F = flux présenté en Erlangs.

Cer = coefficient d'Erlang (strictement inférieur à 1 dans tous les cas) rendant compte de la dispersion statistique des appels. Dans un environnement doté d'une file d'attente et de façon empirique, nous admettrons que cette valeur varie entre 0,7 et 0,8 pour des taux de pertes qui doivent rester acceptables en regard de l'objectif fixé. Nous conseillons, pour les structures modestes et moyennes où les développements des calculs purement statistiques sont en limite de validité, de se référer à l'historique connu : on va « lire » le coefficient d'Erlang correspondant au niveau de qualité de service que nous recherchons et en tirer une moyenne que nous appliquerons. Cette méthode, bien conduite, donne des résultats relativement précis.

Enfin, le nombre de conseillers nécessaire est alors l'encadrement entier par excès (partie entière de... +1) ou par défaut (partie entière de...) de cette valeur ETP.

Nous pouvons alors déterminer « simplement ! » les ressources humaines nécessaires. Le tableau 11-5 nous fournit un résultat en fonction des données de notre exemple.

Tableau 11-5
Calcul des besoins « ponctuels » en ressources humaines

Durée moyenne d'occupation (en secondes)			347

		Coefficient d'Erlang	
		Hypothèse basse	Hypothèse haute
		0,7	0,8
Nombre d'appels présentés dans la période	Hypothèse basse 60	17	15
	Hypothèse haute 65	18	16

Ayant déterminé les ressources humaines dans le cas le plus simple et en fonction de données que nous sommes en mesure d'évaluer, nous sommes en droit d'espérer une précision élevée.

Il n'en est rien, le résultat le plus précis que nous obtenons varie (en fonction de nos hypothèses) entre 15 qui est la solution la plus basse et 18 qui est la solution la plus haute avec une moyenne raisonnable de 16. En conclusion, même dans ce cas simpliste, la détermination des ressources n'est pas aussi évidente puisque notre résultat est fourni aux alentours de 15 % près !

Toute la notion d'expertise au niveau du *staffing* va reposer sur la capacité d'approche de cette problématique.

Les niveaux de compétence

Comme précisé dans le chapitre 7, l'une des limites de la notion d'équipe unique est que la population des conseillers que nous allons pouvoir mettre en place sur le plateau est nécessairement hétérogène en termes de niveaux de formation.

Rappelons que la formation d'un conseiller se déroule classiquement en trois phases : la formation initiale (où le conseiller n'est pas en ligne), la « formation en binôme » sur poste de travail, la formation en solo sur poste de travail à la suite de quoi, il est autonome.

Considérons, par observation de notre organisation, que nous soyons en mesure de déterminer trois groupes ou niveaux de compétences correspondant respectivement aux niveaux 1, 2 et 3 du tableau 11-6.

Tableau 11-6
Approche multicompétence

Niveau de formation	Durée moyenne de traitement	Flux présenté simulé	ETP nécessaires	Appels par période et par conseiller
Niveau 1	358	13,92	18	4,02
Niveau 2	345	13,42	17	4,17
Niveau 3	321	12,48	16	4,49
Nombre d'appels retenu		70		
Durée de la période		1 800 secondes		
Cer		0,8		

Dans ces conditions, les durées moyennes de traitement s'avèrent sensiblement différentes et, dans notre exemple, varient entre 321 secondes et 358 secondes pour la prise en compte complète d'un appel.

Si par hypothèse (voir la partie basse du tableau 11-6), nous présentons 70 appels dans la demi-heure, alors les flux respectivement évalués en fonction des niveaux de compétence sont différents et sont donnés dans la colonne « flux présenté simulé » qui représente les trafics offerts si tous les appels sont servis par le niveau de compétence unique en ligne.

Enfin, par application d'un coefficient d'Erlang (ici 0,8), nous obtenons les besoins en ETP, visibles dans la colonne concernée (de 16 à 18), si le flux total était traité par un seul et même niveau de compétence.

Cette approche représente en réalité trois hypothèses telles que la situation simple du paragraphe précédent et la situation réelle sur le terrain ne se présentent pas de cette manière ; en réalité le manager dispose d'un certain nombre de conseillers par compétence et va les répartir en fonction du besoin incontournable exprimé en nombre d'appels.

Pour cela, il est utile d'évaluer le nombre d'appels que peut traiter un conseiller d'un groupe de compétence donné pendant la période de référence.

$$N = \frac{T}{\langle t \rangle} \times C_{er}$$

N : nombre d'appels traités dans la période de référence par le niveau de compétence considéré.

T : période de référence = 1 800 secondes.

$<t>$: durée de traitement d'un appel pour le niveau considéré.

C_{er} : coefficient d'Erlang = 0,8.

(Cette valeur est donnée par la colonne « Appels par période et par conseiller ».)

Après avoir effectué ces divers calculs, il restera à résoudre l'équation :

$$N \leq K1 \times N1 + K2 \times N2 + K3 \times N3 \leq N + E$$

où chacun des Ki représente le nombre de conseillers nécessaires au niveau i et chacun des Ni est le nombre d'appels traités dans la période par un conseiller de ce niveau.

La formule est encadrée par N et $N+E$ où N est le nombre total d'appels à traiter et E représente une évaluation de l'erreur acceptable par excès.

La méthode consiste à tester des simulations en fonction des ressources dont on dispose (tableau 11-4) et l'on constate que, dans la plupart des cas, un tableur de type Ms Excel est suffisant pour réaliser ce type de calcul simple.

Tableau 11-7
Exemple de répartition

Définitions		Niveau 1	Niveau 2	Niveau 3	
Données de base	Nombre de conseillers (à déterminer)	K1	K2	K3	Résultats (appels traités au total)
	Appels par conseiller de ce groupe	4,02	4,17	4,49	
Exemple N° 1	Nombre	6	6	5	71,61
	Appels traités	24,13	25,04	22,43	
Exemple N° 2	Nombre	10	3	4	70,69
	Appels traités	40,22	12,52	17,94	
Exemple N° 3	Nombre	1	9	7	72,99
	Appels traités	4,02	37,57	31,40	

Le lissage et les problèmes de compromis

Après avoir calculé, avec la meilleure précision possible, les besoins en ressources par tranche horaire[1] et après avoir réalisé un choix en termes de nombre de conseillers par groupe de compétence, il reste à tenter d'effectuer un lissage sur la journée qui représente le meilleur compromis possible entre les performances, qui sont dégradées par le sous-staffing (trop peu de ressources), et le coût qui, lui, est obéré par le sur-staffing (trop de ressources).

Or, toutes les périodes horaires d'une même journée ne sont pas de même importance[2]. Il est donc indispensable de réaliser des compromis plus ou moins souples. Les évaluations et décisions concernant ces compromis ne sont jamais simples, elles demandent expertise et précision.

[1] Dans un souci de simplification, les calculs de ce paragraphe se basent sur des heures pleines (ceci ne modifie en rien le mode de calcul).

[2] On constate empiriquement que les variations sont d'autant plus faibles en valeurs relatives que le nombre d'appels à traiter est élevé.

Envisageons un exemple illustré par le tableau 11-8. Afin de ne pas compliquer inutilement, nous avons adopté la solution simple d'un seul groupe de compétences.

Tableau 11-8
Exemple de représentation d'une journée

Tranche horaire		09:00	10:00	11:00	12:00	13:00	14:00	15:00	16:00	17:00
Durées d'appels		235	235	235	235	235	235	235	235	235
Appels	hyp. basse	216	318	324	186	228	336	318	288	246
	hyp. haute	249	366	373	214	263	387	366	332	283
Flux	hyp. basse	14,10	20,76	21,15	12,14	14,88	21,93	20,76	18,80	16,06
	hyp. haute	16,25	23,89	24,35	13,97	17,17	25,26	23,89	21,67	18,47
ETP	hyp. basse	17,63	25,95	26,44	15,18	18,60	27,42	25,95	23,50	20,07
	hyp. haute	20,32	29,86	30,44	17,46	21,46	31,58	29,86	27,09	23,09
ETP Moyen		18,97	27,91	28,44	16,32	20,03	29,50	27,91	25,30	21,58
Conseillers	hyp. basse	18	26	27	16	19	28	26	24	21
	hyp. haute	21	30	31	18	22	32	30	28	24

Pour simplifier notre exemple, nous avons choisi de travailler sur des tranches horaires entières et non des demi-heures. Nous avons une durée moyenne d'appel qui est constante et se situe à 235 secondes. Le coefficient d'Erlang (calcul d'ETP) a été fixé pour cet exemple à 0,8.

Pour le reste, chaque tranche horaire est affectée d'un nombre d'appels prévu qui va se situer entre une hypothèse haute et une hypothèse basse.

Les flux correspondants ainsi que les ETP seront calculés dans ces conditions. Un nombre d'ETP moyen est fixé afin d'aider à la répartition des ressources.

Enfin, correspondant à chacune des deux hypothèses et pour chacune des tranches horaires, nous avons établi, par le calcul, un besoin en conseillers simultanément présents.

Quels choix vont pouvoir être faits à présent dans le peuplement de la structure au cours de la journée.

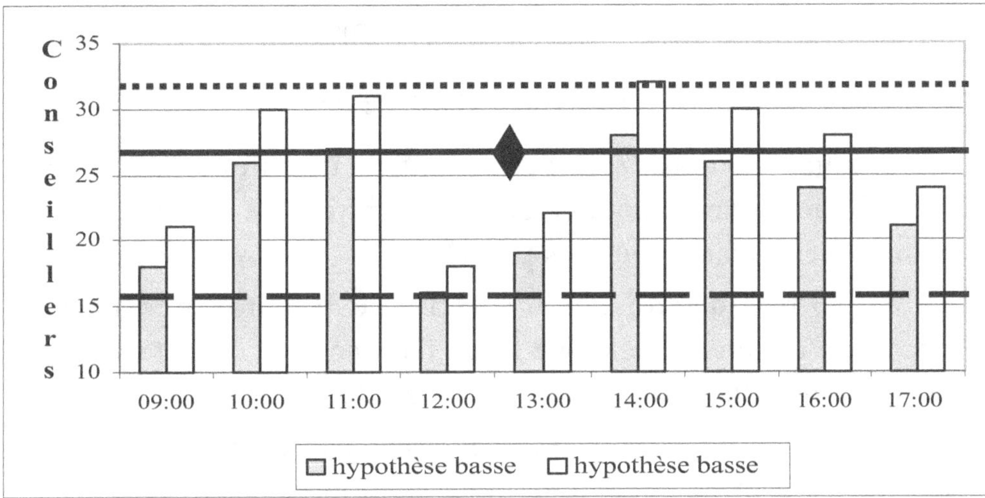

Figure 11-1
Exemple de recherche de compromis

La figure 11-1 nous indique les possibilités offertes dans cette recherche ; entre la représentation du trait « pointillé court » qui couvre la totalité des besoins[1] mais laisse de larges zones de non-activité et la représentation du trait « pointillé long » qui ne laisse personne inactif mais présente vraisemblablement des taux de pertes inacceptables. L'exercice consiste à faire varier le trait plein suivant les flèches haute et basse et à décider de quel nombre de conseillers on va peupler la structure.

[1] On verra que cette solution devient idéale en cas de présence d'activité stockable.

On constate que le déplacement vers le bas augmente le taux de pertes que seul le superviseur peut évaluer en fonction du métier et du contexte de l'organisation aussi bien qu'en fonction des comportements génériques de clientèle. De même, le déplacement vers le haut diminue le taux de pertes mais augmente le taux d'inactivité et, par conséquent, le coût.

Nous insistons encore sur le niveau élevé d'expertise dont doit disposer le responsable de cette fonction de *staffing*. En effet, l'élément absolument décisif est l'évaluation d'un taux de pertes « acceptable » en regard du métier. Ce taux de pertes possible sera déterminé par des critères d'apparence subjective mais que l'on doit s'efforcer d'évaluer le plus précisément possible :

• Ne pas atteindre le niveau où le taux de réémission d'appel s'amplifie.

- Permettre que ces appels puissent être traités s'ils se renouvellent dans un délai faible de quinze à vingt minutes.
- Éviter que les pertes, quant au service lui-même, ne soient supérieures à l'économie réalisée en comprimant la ressource.

Remarque sur « un travail composé »

Les résultats obtenus nous permettent de déterminer un nombre d'ETP effectivement connectés sur la fonction de réponse au téléphone (c'est l'état *log on* hors pause).

Le *staffing* réel (détermination effective de ressources humaines ou encore besoin en ETP globaux) doit tenir compte des intervalles de temps non dédiés à l'activité directement téléphonique.

Dans ce cadre, nous avons les périodes de pause ou de repos qui se définissent comme une fraction prédéterminée du temps de travail et qui se répartissent en périodes plus ou moins longues mais encadrées par deux limites.

La prise en compte de ces fractions de temps se fait par simple application de ratios après le calcul d'ETP réel ; considérons que nous ayons 10 % du temps pour des pauses, alors le nombre d'ETP nécessaire s'obtient en multipliant le résultat initial obtenu par le coefficient égal à 1/0.9

Dans une proportion plus importante et plus complexe, on trouve les structures où l'équipe concernée effectue en même temps une quantité de travail qui lui incombe et qui ne permet pas de simultanéité avec la fonction de téléphonie ; il s'agit en général d'organisations de type *help desk,* voire de prises de commandes (on parlera, abusivement, de *back-office*).

Ici, pour atteindre le résultat on devra tout d'abord déterminer quelles sont les quotes-parts des deux activités et leurs répartitions respectives dans une journée.

Ensuite, on essayera de déterminer si ces fonctions de « back-office » ne peuvent pas, pour partie et sous conditions, appartenir au domaine de l'activité stockable, ce qui permettrait au management de les placer dans les périodes de faible activité avec éventuellement un peuplement constant au niveau des ressources.

En conclusion, ce calcul de besoin en ETP est d'autant plus complexe que la structure est multiforme (les méthodes et instruments de mesure objectifs de telles activités sont en devenir).

La mise à disposition des ressources réelles

Si nous connaissons bien notre métier et que nous avons de la chance, le calcul des besoins en ETP est exact et le professionnalisme expert du superviseur a placé la barre au bon endroit qui représente le meilleur compromis.

Le travail n'est pas pour autant terminé ; il nous reste en effet à placer des conseillers avec des horaires de travail éventuellement différents, ce qui présente à la fois une complexification et une source de souplesse.

- Complexification dans le sens où la mise en place de personnes physiques réelles doit tenir compte des éléments liés à la réglementation du travail, tels que les horaires continus, les heures effectuées par semaine, les droits à congés…
- Source de souplesse dans la mesure où le nombre d'ETP disponibles sur deux plages successives n'est pas nécessairement constant et où l'on va tenter de se rapprocher au mieux des variations de flux.

L'opération consiste à dresser un tableau comme celui de la figure 10-9 qui détermine les heures de travail de chacun des conseillers par période ; il s'agit d'ores et déjà d'une ébauche de tableau de service.

Tableau 11-9
Tableau de service de la journée

Tranche horaire	09:00	10:00	11:00	12:00	13:00	14:00	15:00	16:00	17:00
Conseiller 1	1,00	1,00	1,00			1,00	1,00	0,75	
Conseiller 2		1,00	1,00	1,00	1,00	1,00	1,00	0,75	
Conseiller 3		1,00	1,00	1,00		1,00	1,00	1,00	1,00
Conseiller 4	1,00	1,00	1,00	1,00	1,00				
Conseiller 5					1,00	1,00	1,00	1,00	1,00
Conseiller 6		1,00	1,00	1,00	1,00				
Conseiller 7					1,00	1,00	1,00	1,00	1,00
Conseiller 8					1,00	1,00	1,00	1,00	1,00
Conseiller 9	1,00	1,00	1,00	1,00					
Conseiller 10						1,00	1,00	1,00	1,00
E T P	3,00	6,00	6,00	5,00	6,00	7,00	7,00	6,50	5,00

Enfin, ce tableau permet de visualiser les résultats sur un graphe (figure 11-2).

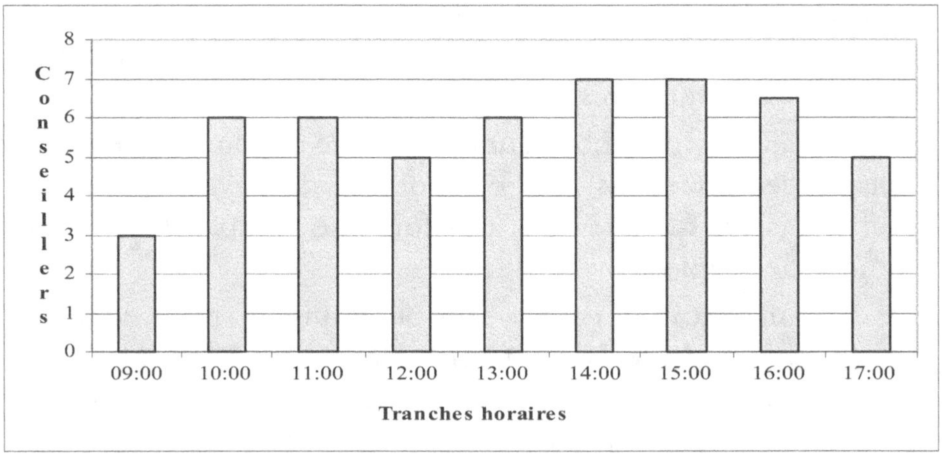

Figure 11-2
Vision graphique de la répartition des ressources dans la journée

L'apport positif de l'activité stockable

Nous avons abordé, dans le chapitre 7, la notion d'activité stockable ; il s'agit en réalité d'un certain nombre d'activités qui font partie du métier et peuvent être réalisées par des conseillers, dès lors que la quantité d'appels téléphoniques n'occupe plus l'ensemble de la structure. Ce type d'activité répond nécessairement aux critères suivants :

- Le niveau d'urgence du travail ainsi effectué ne doit pas être supérieur à une ou plusieurs journées, ce qui le rend ainsi non concurrent de l'activité téléphonique par ailleurs immédiate.

- Ce type de tâche peut être interrompu à tout instant (priorité du téléphone) et repris sans qu'un gros effort de concentration ne soit consenti.

- Il ne demande pas une formation particulière spécifique.

- Il n'est pas concurrent de l'activité téléphonique en termes d'intérêt.

- Il peut être effectué sur le poste de travail sans déplacement physique.

- Il ne nécessite pas de changer radicalement d'outil (tout au plus une nouvelle fenêtre ne rendant pas inactive celle qui assiste la téléphonie).

- Il ne nécessite pas d'installation particulière sur le poste de travail.

Dans les conditions où l'organisation dispose de suffisamment d'activité stockable pour combler les déficits en matière d'activité téléphonique, alors la solution du *staffing* par demi-journée (ou par journée) est extrêmement simple puisqu'il suffit d'adapter les ressources au besoin de la période la plus élevée (prendre une marge).

Dans ce cadre, la mise en place d'un média Internet de communication pour le centre de contact aura deux effets importants : tout d'abord, elle aura naturellement tendance à diminuer le flux d'appels sur le téléphone pur (ou à en diminuer l'augmentation) ; ensuite, elle représentera une source idéale d'activité stockable en aide au pilotage et au *staffing* (même métier, même activité, impératif de temps de réponse sans commune mesure).

La production d'appels « sortants » comme activité stockable

Le présent ouvrage traite quasi exclusivement des appels entrants. Nous avons constaté que l'architecture technologique est la même (voire plus simple) pour ce qui est de l'émission d'appels, et que l'organisation se résume soit à « Je suis libre de l'émission d'appels » soit elle peut être complexifiée par une surémission permettant aux groupes de conseillers d'utiliser les files d'attente (*predictive diailing*).

Concernant les appels sortants qui sont émis à la discrétion de la structure, on peut penser que cette activité va pouvoir combler les périodes de faible activité des conseillers pour ce qui est du traitement des appels entrants. Cette solution est effectivement envisageable en conservant à l'esprit quelques précautions :

- Ne pas demander aux conseillers d'émettre des appels immédiatement lorsque la file d'attente est vide et leur poste libre, ce serait nier la répartition statistique des appels.

- Réquisitionner un certain nombre de conseillers pour émettre des appels départ, les rendre non accessibles en arrivée (par activation d'une fonction de retrait par exemple) mais conserver le nombre de conseillers nécessaire pour traiter la totalité des appels entrants et savoir réagir vite.

Complexification : niveaux et compétences

Sur le plan de l'organisation, nous avons déterminé les contraintes de *staffing* qui permettent d'organiser les périodes horaires et journalières d'une équipe simple, même si les compétences ne sont pas toujours au même niveau, en fonction des acquis de formation.

Vision d'une organisation à deux niveaux

Dans le cadre de structure de service comme les *help desks* nous avons très généralement des organisations à deux niveaux, respectivement appelées (réellement cette fois) *front-office* et *back-office* ; le premier ensemble est le destinataire immédiat des appels qui peuvent être traités à ce niveau ou pris en compte par le second niveau, réputé plus compétent, suite à un transfert téléphonique obligatoire[1]. Dans cette optique, une disposition de *staffing* doit être mise en place par niveau.

Pour ce qui est de la structure *back-office*, nous sommes ramenés à un cas simple car la population statistique d'appels est constante ; on n'omettra pas simplement de tenir compte, dans les calculs, de la durée de transfert pendant laquelle les deux conseillers sont occupés simultanément.

En revanche, le premier niveau va devoir gérer deux types d'appels qui sont respectivement ceux qu'il peut traiter et ceux qu'il doit transférer. Dans ces conditions, nous avons affaire à deux populations statistiques qui correspondent à deux durées moyennes différentes et qui ne peuvent être confondues sous peine d'obtenir des résultats faux.

Il est donc nécessaire de connaître, non seulement le nombre global d'appels, mais aussi la répartition, en pourcentage, entre les deux types. Seule cette approche permettra une évaluation des besoins en ressources à peu près réaliste.

Tableau 11-10
Exemple à deux niveaux

Niveau de formation	Durée moyenne de traitement	Flux présenté simulé	ETP nécessaires
Appels traités FRONT	425	10,74	14
Appels transférés	127	1,73	3
Appels traités BACK	657	8,94	12
Nombre d'appels retenu			70
Appels front (pourcentage)			65 %
Durée de la période			1 800 secondes
Cer			0,8

Le tableau 11-10 nous donne un exemple simplifié sur lequel apparaît une différence de durée de traitement très sensible entre les deux types (de 425 secondes à 127 secondes) ce qui correspond à une réalité sur le terrain des *help desks*.

Notre période d'observation est de 1 800 secondes et la répartition des types d'appels fait apparaître que 65 % d'entre eux sont entièrement traités au premier rang.

Le coefficient de répartition d'Erlang Cer est considéré ici comme étant constant à 0,8. Il s'agit d'une approche simplifiée car c'est rarement le cas, les appels transférés au second rang étant généralement très longs[1].

Enfin, on constate un besoin important de ressources *back-office*, le flux étant de 8,94 Erlangs, cela correspond à un besoin de 12 personnes environ.

Nous avons donc à « staffer » les deux niveaux de compétence et à ne pas oublier que la somme des heures de travail nécessaires correspond à : (10,74 + 1,73 + 8,94) × 1 800 = 10h42 minutes réparties entre les deux niveaux.

Une équipe à plusieurs types de compétences

Il n'est plus ici question de niveaux mais plus exactement de compétences différentes sur des sujets donnés.

Considérons, par exemple, que la structure nécessite trois types de compétences[2] et que les conseillers sont classés en deux catégories de niveaux.

Le tableau 11-11 propose une répartition entre les différents conseillers présents (ou potentiels s'il s'agit de *staffing*).

Nous avons alors trois flux entrants bien distincts et séparés[3] pour chacun des types de compétences demandés. Chaque flux correspond, *a priori* à des durées de traitement et donc à des besoins en ETP différents. En outre, les deux niveaux de formation répondent également à des durées de traitement qui peuvent varier sensiblement.

[1] Intuitivement on peut se rendre compte que, proche de la saturation, le coefficient sera d'autant plus élevé que les durées d'appels seront longues.

[2] Il peut s'agir, tout simplement, de réaliser une même fonction (SAV par exemple) sur trois produits différents.

[3] Soit par l'émission de numéros d'appel différents soit par reconnaissance de demandeur au niveau SVI.

Tableau 11-11
Niveaux de compétence des conseillers en fonction des types de demandes

Conseillers	Sujet A	Sujet B	Sujet C
Conseiller N° 1	1	2	2
Conseiller N° 2	1	2	2
Conseiller N° 3	1	2	2
Conseiller N° 4	1	2	2
Conseiller N° 5	2	1	2
Conseiller N° 6	2	1	2
Conseiller N° 7	2	1	2
Conseiller N° 8	2	2	1
Conseiller N° 9	2	2	1
Conseiller N° 10	2	2	1
Conseiller N° 11	2	2	1
Conseiller N° 12	2	2	1

Un exemple d'algorithme définissant les règles de routage et d'acheminement est présenté sur la figure 11-3.

Pour établir le *staffing* de ce type d'organisation, on procède généralement en trois temps.

Tout d'abord, on trace les courbes de flux correspondant à chacune des compétences prises indépendamment des autres (en réalité on élabore trois schémas simples et indépendants) sur lesquels on évalue en première approximation les ETP nécessaires NA, NB, NC.

Ensuite, on établit une courbe de flux globale qui représente, en une seule approche, la somme des trois flux présentés et l'on réalise une approche unique des ETP globalement nécessaires. On obtient une valeur N qui est toujours inférieure à la somme NA + NB + NC. Dans ces conditions la solution « optimale » se situe entre les deux valeurs :

$$N < S < NA + NB + NC$$

Enfin, on va réaliser par approches successives de type empirique, la détermination de la solution S.

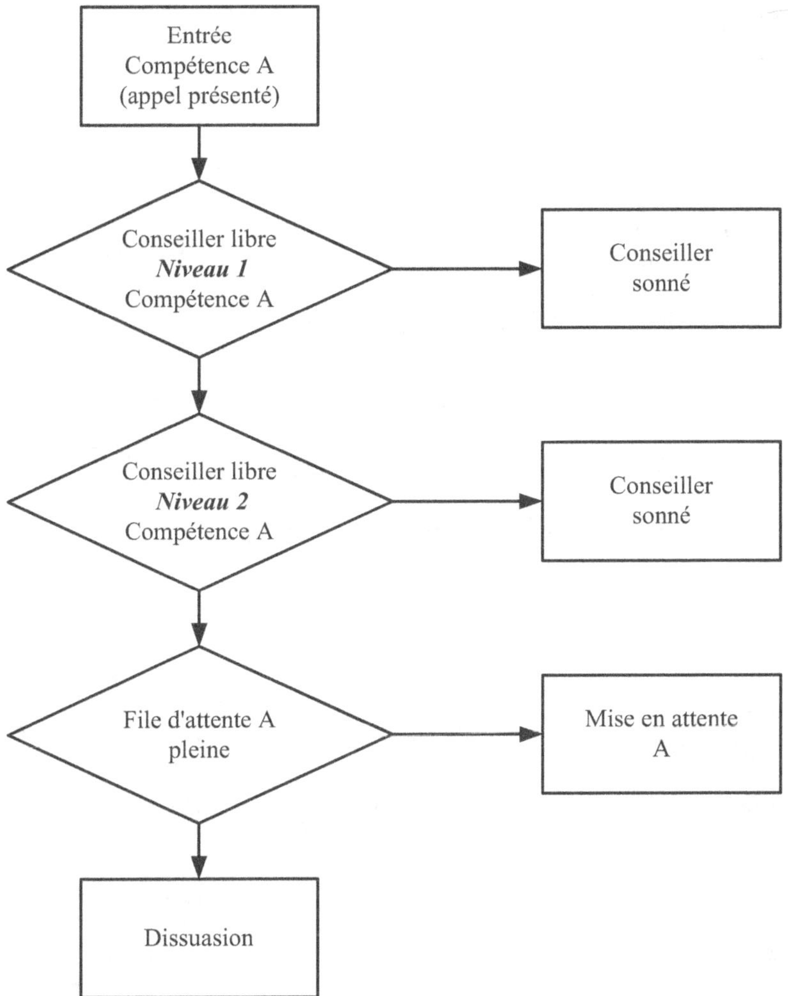

Figure 11-3
Exemple de scripting de routage d'appels dans le cadre d'une équipe où sont
définies plusieurs compétences

Les tableaux des figures 11-12 et 11-13 indiquent, à travers un
exemple encore une fois simplifié, un mode opératoire d'obtention
de ces besoins en ressources humaines.

La figure 11-12 présente, pour une période donnée, un nombre
d'appels à traiter par type de compétence (A, B et C) ainsi que les
durées de traitement constatées par des conseillers des deux
niveaux ; on en déduira le flux présenté simulé par type et niveau :

$$Fl = \frac{N \times T}{1800}$$

Où N représente le nombre d'appels dans la période et T la durée
constatée ou évaluée de traitement (1 800 correspondant au nombre

de secondes présentes dans une demi-heure). Enfin, on peut calculer les ETP nécessaires par type et par niveau.

Tableau 11-12
Données et calculs de base

Type de flux	Appels par période	Durée moyenne de traitement		Flux présenté simulé		ETP nécessaires	
		Niveau 1	Niveau 2	Niveau 1	Niveau 2	Niveau 1	Niveau 2
Flux A	65	385	425	13,90	15	18	20
Flux B	42	550	612	12,83	14,28	17	18
Flux C	57	215	245	6,81	7,76	9	10

Tableau 11-13
Première simulation

Type de flux	Capacité de traitement d'appels par période		Conseillers		Appels traitables		
	Niveau 1	Niveau 2	Niveau 1	Niveau 2	Niveau 1	Niveau 2	Total
Flux A	3,61	3,25	11	8	40	26	65
Flux B	2,47	2,33	12	6	30	14	43
Flux C	6,33	5,7	6	4	38	23	60

Le tableau 11-13 présente un essai de simulation de *staffing* : partant de la capacité de traitement (en nombre d'appels) par type et par niveau, on va déterminer empiriquement un nombre de conseillers jusqu'à obtention d'un résultat correct voisin du nombre d'appels à traiter par type.

Ce travail est une expertise dévolue au superviseur car, si le calcul peut s'avérer simple, des questions subsistent une fois le tableau produit, et seul un arbitrage « en toute connaissance de cause » permet de converger vers une solution réellement acceptable. Si les conseillers de niveau 1 sont parfaitement identifiés, quel que soit le type concerné, ceux du niveau 2 peuvent toujours appartenir à l'une des deux autres catégories ; en clair les « types B niveau 2 » peuvent correspondre soit à des « types A niveau 1 » soit à des « types C niveau 1 ». Cette réalité présente à la fois une souplesse et une difficulté.

Le staffing proprement dit

Véritable anglicisme, il s'agit là d'un terme qui est maintenant fortement, voire majoritairement employé dans la profession générique des centres d'appels. Il s'agit tout simplement de réaliser deux fonctions simples dans leur expression mais d'un abord assez délicat quant à l'obtention de résultats tangibles.

Tout d'abord, il s'agit de mettre en place les ressources nécessaires tranche horaire après tranche horaire afin que, jour après jour, le service soit rendu dans les meilleures conditions de performances et de coûts.

Ensuite, le responsable a en charge le recrutement et la formation des conseillers afin que le « staff[1] » soit adapté au plus juste.

1 Définit l'ensemble des conseillers d'une équipe et, par extension obligatoire, de tout le service.

Mise en place des ressources par période

Il est question de la fonction corollaire du paragraphe précédent (détermination des ressources humaines) où il devient nécessaire de prendre en compte la succession des périodes horaires hétérogènes au cours de la journée.

Le manager commence par établir les besoins en ressources nécessaires sous formes d'ETP puis de personnes (il s'agit d'établir le tableau des besoins indépendants des possibilités). Ensuite, on confronte les résultats obtenus avec l'ensemble des autres contraintes (c'est la prise en compte de la situation réelle) et l'on recherche le meilleur compromis entre les trois clés : le besoin, les objectifs et les possibilités.

C'est un travail difficile car la convergence est rarement idéale. C'est pourquoi la recherche de la souplesse donnée par la notion d'activité stockable est systématique dans les centres d'appels[2].

2 Nous donnons l'impression d'insister sur ce point, mais il s'agit d'un débat de fond dans le métier et d'une recherche absolument systématique de tous les managers.

Le tableau 11-14 représente le calcul des ETP nécessaires ainsi qu'une évaluation du nombre de conseillers devant être présents sur le plateau.

Tableau 11-14
Besoins en ETP et mise en place de conseillers

Début de période		08:30	09:00	09:30	10:00	10:30	11:00	11:30	12:00
Nombre d'appels	Hyp. basse	25	48	65	95	107	85	54	45
	Hyp. haute	29	56	75	110	124	98	63	52
Durées moyennes (secondes)		310	352	387	446	475	427	368	353
Flux (Erlang)	Hyp. basse	4,31	9,39	13,98	23,54	28,24	20,16	11,04	8,83
	Hyp. haute	4,99	10,95	16,13	27,26	32,72	23,25	12,88	10,20
ETP	Hyp. basse	5,38	11,73	17,47	29,42	35,30	25,20	13,80	11,03
	Hyp. haute	6,24	13,69	20,16	34,07	40,90	29,06	16,10	12,75
	Valeur moyenne	5,8	12,7	18,8	31,7	38,1	27,1	15,0	11,9
Conseillers simultanément présents		6,00	12,00	20,00	33,00	40,00	28,00	15,00	11,00

Le tableau représente un exemple partiel ; l'objectif réel de cette partie du traitement est de déterminer le *staffing* sur une journée complète pour laquelle on pourra se fixer des objectifs différents suivants les grandes périodes.

Note

Il ne s'agit pas des périodes de demi-heures mais on peut envisager que les objectifs de Qualité de service soient plus élevés en heures de jour (8 h – 18 h) qu'en heures de nuit (en dehors).

Le planning « long terme »

La détermination d'une journée servira de base au *staffing* de la semaine prendra en compte les paramètres liés aux conseillers et qui influent sur les durées d'activité. Ainsi, on tiendra compte des variables collectives telles que :

- La durée d'activité maximale autorisée en une fois.
- Les périodicités et durées de pause.
- Les modes de récupération des heures complémentaires.

Voire des valeurs individuelles :

- Le taux d'emploi (de x % temps partiel jusqu'à 100 % pour un temps plein).
- La durée d'activité par jour (en fonction des lois en vigueur).

Cette opération, consistant à faire coïncider le plus possible les ressources aux besoins, est très délicate et représente un travail considérable, d'autant plus que la structure est importante ; c'est pourquoi plusieurs outils logiciels (des très simples aux très compliqués) ont été produits par les prestataires informatiques.

Attention

Les préconisations de ce chapitre sont souvent effectuées pour un cas simple ; dans la réalité, les managers ont à établir des plannings sur plusieurs équipes, plusieurs compétences, et cette situation complique lourdement le problème dès lors que des conseillers peuvent être affectés à plusieurs missions.

Tous ces produits présentent respectivement des avantages et des inconvénients variables suivant l'usage qui leur sera imparti. Le choix doit être le résultat d'une étude approfondie en besoins réels.

PARTIE III

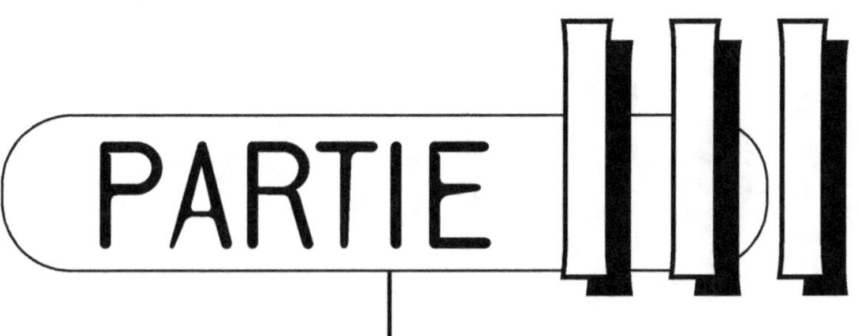

Annexes

Annexe A

Pour en savoir plus

Dans l'esprit de l'ouvrage et sachant l'évolutivité des besoins en formation et en connaissances sur un sujet aussi en pointe que les centres d'appels, nous proposons au lecteur un ensemble de liens Internet classifiés par typologie de recherche ; on y trouvera, par ordre d'apparition, de sites concernant :

- divers fournisseurs de produits et services ou de solutions ;
- divers prestataires de service ;
- des cas de télé-secrétariat ou télé-standard ;
- les salons importants ;
- des expériences ou exemples ;
- des portails et forums ;
- des organismes de formation ;
- des sites de recherche ou d'information.

Les URL trouvées ont été laissées dans l'ordre d'apparition des moteurs de recherche, il n'est donc pas question d'y trouver quelque préférence technologique ou organisationnelle que ce soit de notre part vis à vis de tel ou tel autre fournisseur.

Produits et services

- VOCALCOM : la solution intégrale pour votre centre d'appels - centre d'appel multi-canal - IP -CALLS - VOIP -FAX - SMS – EMAIL.

  www.vocalcom.com/

- PGE : solutions pour centre d'appels, calcul de besoins et ressources.

  www.pge.qc.ca/produits/solutionscentreappel.asp?LANG=FR

- SVI : serveur vocal, serveur fax, centre d'appels, lexique, recrutement. SVI

  www.wellx.com/serveur-fax.html

- ATOS : intégration de centre d'appels

  www.si.fr.atosorigin.com/ica/

- Alcatel – Nextira one : matériel et logiciel

  www.nextiraone.fr

- Nortel Networks : solutions clients

  www.nortelnetworks.com/solutions

- Cyrtel - CTI : messageries unifiées, SVI, centres d'appels, PCBX, Internet et IVR.

  www.cyrtel.com/

- Coriolis : organisation et gestion de centre d'appels.

  www.coriolis.fr/

- Teletch International : conception et gestion de centres d'appels.

  http://www.teletech-int.com/

- NetCentrex • Produits & Solutions • Solutions d'entreprise : Serveur vocal interactif, Centres de contact Multi-Média et Web Call Center.

  www.netcentrex.fr/produits/solutions_d_entreprise.shtml

- CTI : présentation du CTI, les services réseau ; les services téléphoniques; les stations de travail Unix.

  www.cti.ecp.fr/

- VoiceXML & Idylic : centre d'appels et services

  www.idylic.com/appli_service.php

- ATNR : couplage téléphonie informatique pour centre d'appels, CTI, serveur vocal interactif pour centre d'appels.

  www.atnr.fr/Page_0.htm

- ASCOM : solutions centre d'appels proposées par :
  www.ascom.be/ecore/WebObjects/ecore.woa/de/showNode/
  siteNodeID_29869_contentID_52967_languageID_31.html
- Cegetel : centre d'appels numéros spéciaux.
  www.eclairage-telecom.com/centre_appels.html
- Casques microcasques : centre d'appels.
  www.lemindus.com/produit/cm_tm_centre.htm

Prestataires

- T-Online France
  www.t-online.fr/index.phtml?type=6&contact
- Pratic Appel : centre d'appels multiservices offrant aux entreprises des prestations personnalisées sur site ou hors site.
  www.pratic-appel.fr/
- Groupe Victoria : exploitation helpdesk, hotel centre d'appels
  www.victoria-line.com/exploitation-helpdesk.html
- Helpline - centre d'appels, help desk, gestion de la relation client...
  www.helpline.fr/default.asp
- Cosmocom : solutions pour centre d'appels et service à la clientèle, centre d'appels multimédia.
  www.cosmocom.com/French/Solutions/solutionsf.htm
- Libertel : centre d'appels, externaliser, hotesses d'accueil, Libertel est un centre de contact en émission, réception d'appels.
  www.libertel.fr/
- absys : accueil téléphonique, télé-hôtesse... : permanence téléphonique, centre d'appels, gestion de standard téléphonique...
  www.absys.fr/

Télé-secrétariat - Télé-standard

- Call Office : logiciel destiné aux centres d'appels et aux métiers du télé-secrétariat.
  www.calloffice.soprane.fr/

- Behersoft : logiciel pour les télé-services et le télé-secrétariat.
  www.behersoft.com/

- Tempora : logiciel de télé-secrétariat des permanences téléphoniques pour les centres d'appels, gestion des agendas et messages de leurs clients.
  www.tempora.com.fr/index2.htm

- Absys : permanence téléphonique, relève de standard délocalisée, standard en débordement d'appels. Centre d'appels bilingue anglais, télévente et hotline.
  www.accueil-standard-permanence-telephonique.com/

Salons

Seca et Progimark : salon européen des centres d'appels et salon de la gestion de la relation client.
www.salonseca2002.tarsusgroup.com/

Expériences

- Fidelium-net, instant T : solutions métiers centre d'appels, gère environ 2 millions d'appels par an.
  www.doing.fr/conception-logiciels/centre-appels.htm

- Microsoft bCentral : un centre d'appels rentable...
  g.bcentral.fr/0BCFRwww/60857.

- Centre d'appels et e-commerce : (émission/réception d'appels) avec France Telecom (centre d'appels Champagne-Ardenne, Bourgogne...).
  www.aubedev.com/ecommerce.htm

- L'assistant, centre d'appels multimédia : externalisation. Vous pouvez interroger vos messages aux heures d'ouverture de notre centre d'appels...
  www.lassistant.fr/centr_apel_multime/estern_standa.asp

Portail et recherche

- Centres-appels.com : portail de centres d'appels, et espace de rencontre entre fournisseurs et entreprises cherchant à s'équiper.
  www.centres-appels.com
- call center / centre d'appels
  w3.olf.gouv.qc.ca/terminologie/fiches/8872794.htm

Formation

- Prestations assistance création centre d'appels pour la mise en œuvre d'un centre d'appels multimédia ou centre de contacts...
  www.ideo-crm.com/callcenter_texte.htm
- Centre d'appels : introduction cours inscription service info-contact
  www.centre-champlain.qc.ca/cfcc/francais/lca0s.html
- Formation – Télé-services en centre d'appels
  www.collanaud.qc.ca/Regional/Teleservices/cegrep3.htm

Information recherche

- Next call center - Ingénierie et déploiement d'un centre d'appels informatique.
  membres.lycos.fr/dvdwwwledanvic/Memoire.html
- Centre d'appels, termes génériques : téléphone catégorie thématique :
  www.assnat.qc.ca/fra/Publications/thesaurus/00000868.htm
- Les nouveaux métiers des centres d'appels, le concept du centre d'appels.
  www.afrc.org/docs/evenements/53.doc

Annexe B

Exemples de reportings : tableaux et graphes

Cette annexe doit être considérée comme une suite, une illustration du chapitre 10 consacré au reporting et au pilotage. Afin de ne pas alourdir la lecture et de ne pas la rendre fastidieuse par l'insertion d'une succession de tableaux et de chiffres, nous avons opté pour le déplacement de ces derniers vers la présente annexe.

Les divers tableaux de bord et outils de reporting sont, comme nous l'avons vu dans le corps de l'ouvrage, étroitement liés aux architectures en place ; en conséquence, le lecteur trouvera ici une série, bien entendu non exhaustive, d'exemples qui illustrent essentiellement le cas simple (un flux – une équipe). On aura noté dans les chapitres précédents (10 en particulier) que la complexité pourra être vue comme une consolidation plus ou moins sophistiquée de cas simples.

Comptages et qualités de service

Rappels de définitions

Appels offerts (A_o) : nombre d'appels effectivement émis par les clients

Pertes réseau (P_r) : nombre d'appels perdus dans le réseau (normalement négligeable sauf cas particulier de dysfonctionnement et accès par réseau intelligent avec limitation.

Appels présentés (A_p) : nombre d'appels ayant atteint le centre d'appels.

Appels traités (A_t) : nombre d'appels ayant obtenu un conseiller au téléphone.

Abandons de durée courte (AB_c) : nombre de clients ayant raccroché avant d'obtenir un conseiller au téléphone et dans un délai court (inférieur à 5 ou 6 secondes).

Abandons (AB_n) : nombre de clients ayant raccroché avant d'obtenir un conseiller au téléphone.

Dissuasion (D) : nombre d'appels éliminés par le système pour cause de saturation.

QS globale (QS_G) : qualité de service rapportée aux appels offerts.

$$QS_G = \frac{A_t}{A_o - AB_c}$$

QS Locale (QS_L) : qualité de service rapportée aux appels présentés.

$$QS_L = \frac{A_t}{A_p - AB_c}$$

Reporting quotidien

Tableaux de résultats

Tableaux B-1
Tableaux de comptage journaliers

Période (début)	08:30	9	09:30	10	10:30	11	11:30	12	12:30
Appels offerts	19	58	82	127	160	142	100	58	34
Pertes	1	0	0	1	2	1	0	1	0
Appels présentés	18	58	82	126	158	141	100	57	34
Appels traités	15	51	72	109	132	123	92	54	31
Abandons de durée courte	2	4	6	5	12	7	3	0	0
Abandons	1	2	2	8	9	9	3	3	2
Dissuasion	0	1	2	4	5	2	2	0	1
Q S Globale	88 %	94 %	95 %	89 %	89 %	91 %	95 %	93 %	91 %
Q S Locale	94 %	94 %	95 %	90 %	90 %	92 %	95 %	95 %	91 %

Période (début)	13	13:30	14	14:30	15	15:30	16	16:30	17	Totaux
Appels offerts	25	40	58	103	130	225	112	73	40	1 586
Pertes	1	0	0	1	1	50	0	2	1	62
Appels présentés	24	40	58	102	129	175	112	71	39	1 524
Appels traités	20	35	55	93	115	152	102	68	38	1 357
Abandons de durée courte	2	1	2	3	3	5	4	2	0	61
Abandons	1	3	1	5	6	11	4	0	1	71
Dissuasion	1	1	0	1	5	7	2	1	0	35
Q S Globale	87 %	90 %	98 %	93 %	91 %	69 %	94 %	96 %	95 %	89 %
Q S Locale	91 %	90 %	98 %	94 %	91 %	89 %	94 %	99 %	97 %	93 %

Présentations graphiques

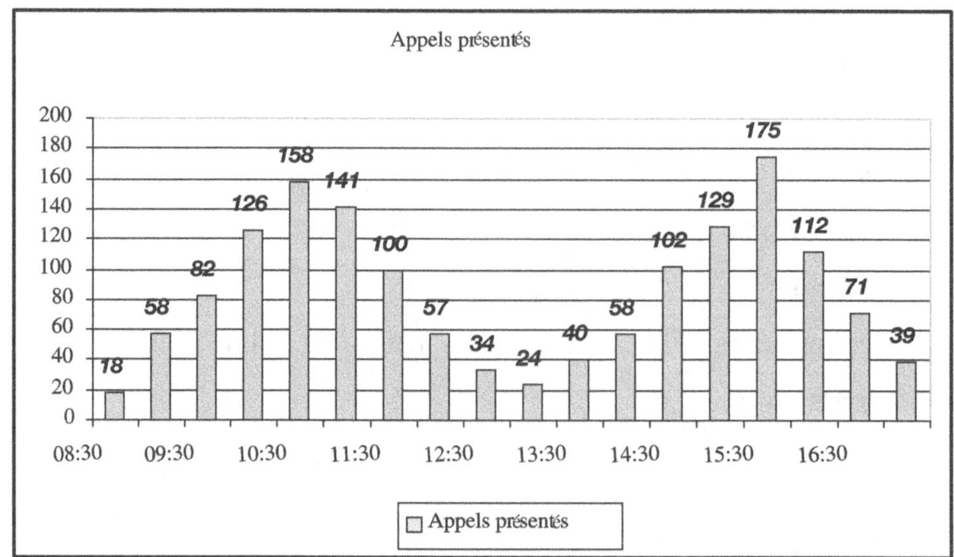

Figure B-1
Comptage (représentation graphique des appels présentés)

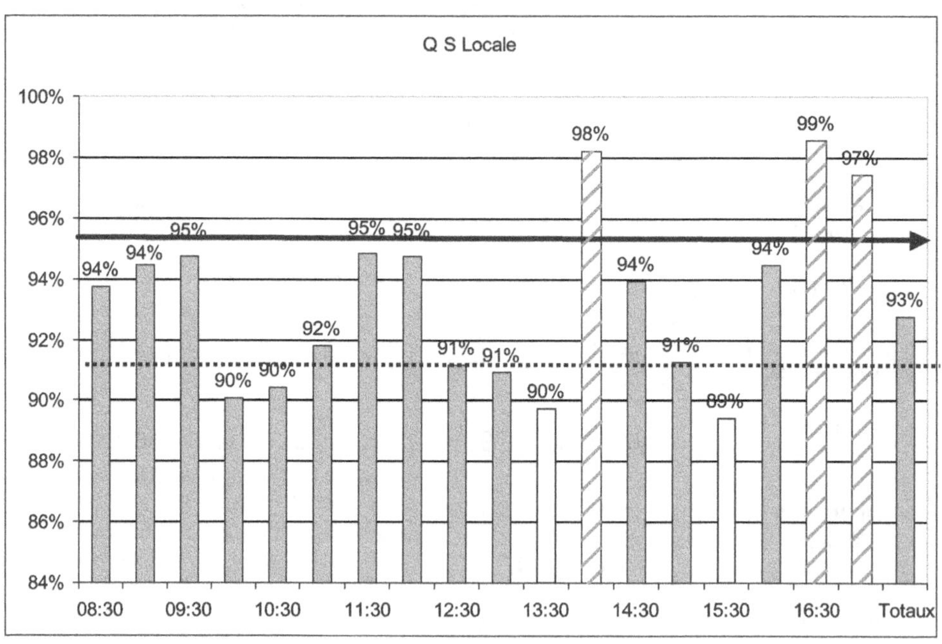

Figure B-2
Graphique de la qualité de service locale avec les trois niveaux
(bon, moyen mauvais = respectivement hachuré, gris, blanc)

Consolidations hebdomadaires

Tableau de résultats

Tableau B-2
Comptages – consolidation hebdomadaire

Jour	Lundi	Mardi	Mercredi	Jeudi	Vendredi	Samedi	Totaux
Appels offerts	1644	1765	1425	1800	1851	1437	9922
Pertes	11	4	5	7	12	45	84
Appels présentés	1633	1761	1420	1793	1839	1392	9838
Appels traités	1521	1652	1360	1598	1683	1210	9024
Abandons de durée courte	5	4	6	5	12	7	39
Abandons	65	76	44	136	127	144	592
Dissuasion	42	29	10	54	17	31	183
Q S Globale	93 %	94 %	96 %	89 %	92 %	85 %	91 %
Q S Locale	93 %	94 %	96 %	89 %	92 %	87 %	92 %

Présentations graphiques

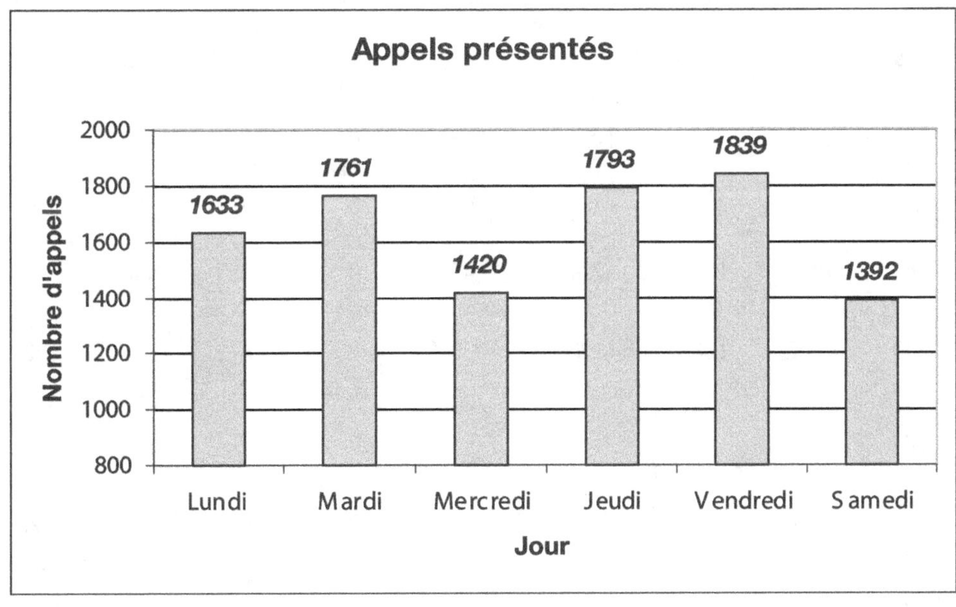

Figure B-3
Graphique de comptage hebdomadaire

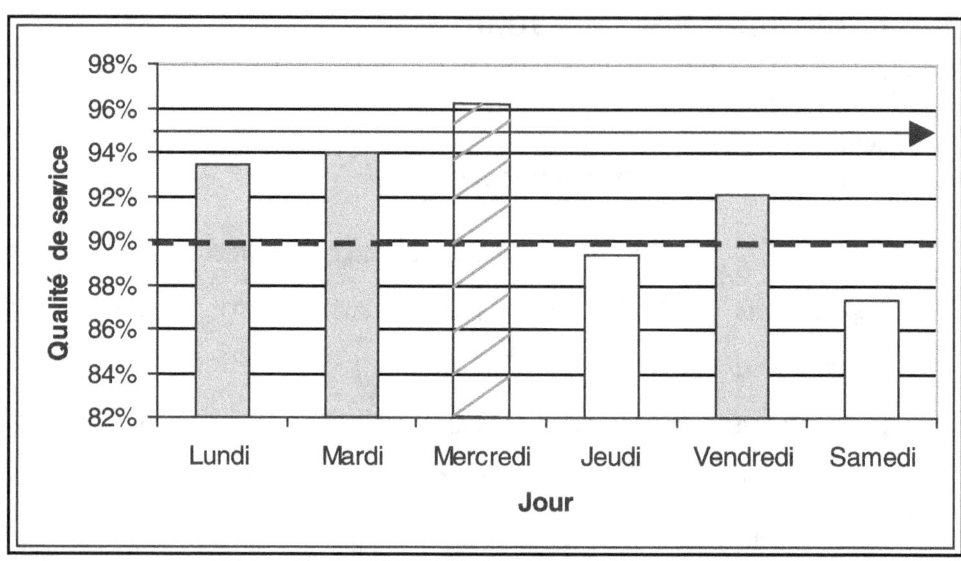

Figure B-4
Graphique de Qualité de Service hebdomadaire

Consolidations mensuelles

Tableaux de résultats

Tableaux B-3
Graphiques mensuels des comptages et qualité de service

Jour	02-sept	03-sept	04-sept	05-sept	06-sept	07-sept	08-sept	09-sept	10-sept	11-sept
Type de jour	Lundi	Mardi	Mercredi	Jeudi	Vendredi	Samedi	Dimanche	Lundi	Mardi	Mercredi
Appels offerts	1677	1442	1400	1318	1277	1153	0	1664	1456	1414
Pertes	3	1	6	8	6	4	0	9	8	1
Appels présentés	1674	1441	1394	1310	1271	1149	0	1655	1448	1413
Appels traités	1446	1243	1202	1239	1125	1035	0	1572	1301	1234
Abandons de durée courte	1	12	4	5	11	0	0	9	12	1
Abandons	169	143	124	49	103	78	0	49	104	128
Dissuasion	58	43	64	17	32	36	0	25	31	50
Q S Globale	86 %	87 %	86 %	94 %	89 %	90 %		95 %	90 %	87 %
Q S Locale	86 %	87 %	86 %	95 %	89 %	90 %		96 %	91 %	87 %

Jour	12-sept	13-sept	14-sept	15-sept	16-sept	17-sept	18-sept	19-sept	20-sept	21-sept
Type de jour	Jeudi	Vendredi	Samedi	Dimanche	Lundi	Mardi	Mercredi	Jeudi	Vendredi	Samedi
Appels offerts	1331	1290	1171	0	1656	1449	1407	1325	1283	1159
Pertes	7	9	4	0	5	9	0	5	2	7
Appels présentés	1324	1281	1167	0	1651	1440	1407	1320	1281	1152
Appels traités	1241	1209	1097	0	1498	1269	1322	1246	1161	1034
Abandons de durée courte	5	12	12	0	9	1	13	3	5	11
Abandons	58	39	45	0	98	112	49	46	89	81
Dissuasion	20	21	13	0	46	58	23	25	26	26
Q S Globale	94 %	95 %	95 %		91 %	88 %	95 %	94 %	91 %	90 %
Q S Locale	94 %	95 %	95 %		91 %	88 %	95 %	95 %	91 %	91 %

Jour	22-sept	23-sept	24-sept	25-sept	26-sept	27-sept	28-sept	29-sept	30-sept	Totaux
Type de jour	Dimanche	Lundi	Mardi	Mercredi	Jeudi	Vendredi	Samedi	Dimanche	Lundi	
Appels offerts	0	1718	1463	1422	1338	1303	1176	0	1700	34992
Pertes	0	7	6	8	7	3	8	0	1	134
Appels présentés	0	1711	1457	1414	1331	1300	1168	0	1699	34858
Appels traités	0	1627	1361	1338	1204	1174	1119	0	1609	31906
Abandons de durée courte	0	13	8	4	12	10	14	0	13	200
Abandons	0	48	64	54	90	90	23	0	51	1984
Dissuasion	0	23	24	18	25	26	12	0	26	768
Q S Globale		95 %	94 %	94 %	91 %	91 %	96 %		95 %	92 %
Q S Locale		96 %	94 %	95 %	91 %	91 %	97 %		95 %	92 %

Présentations graphiques

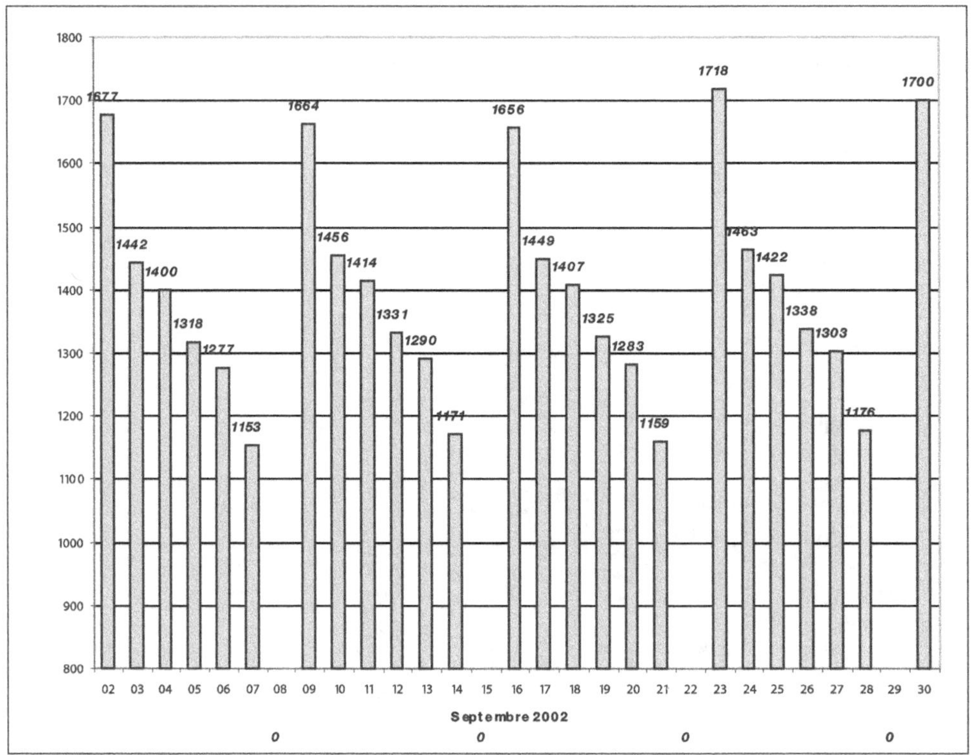

Figure B-5
Répartition par jour des appels présentés

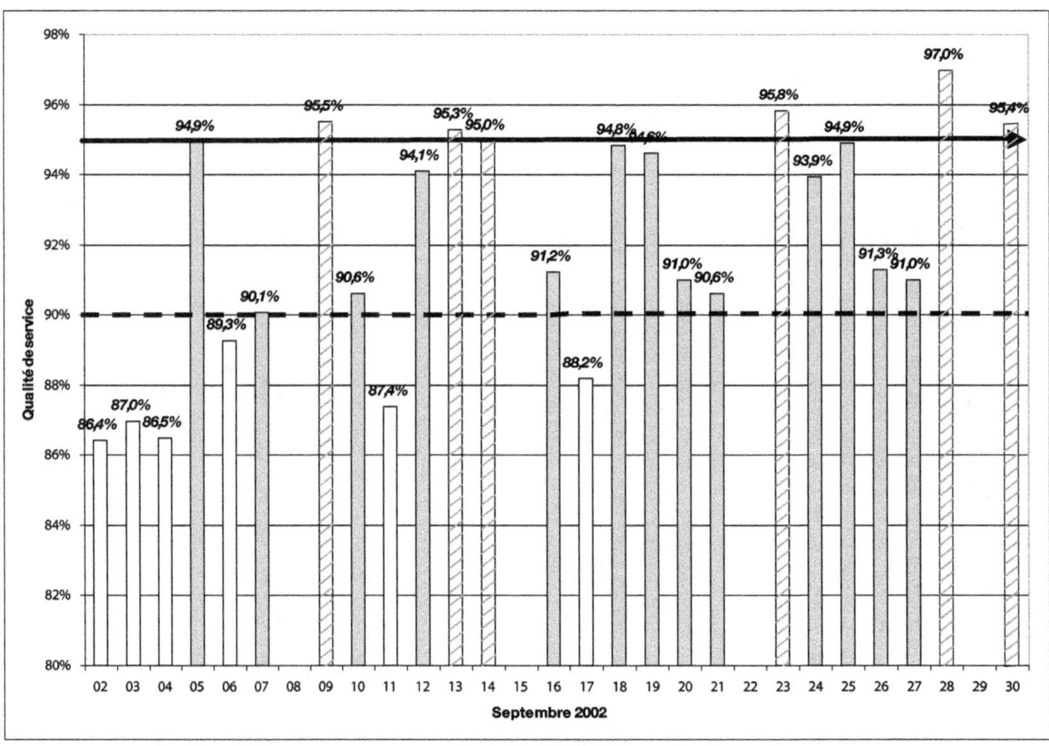

Figure B-6
Présentation de la qualité de service sur un mois

Consolidations annuelles

Tableau de résultats

Tableau B-4
Une présentation annuelle des comptages

Mois	Janvier	Février	Mars	Avril	Mai	Juin	Juillet	Août	Septembre	Octobre	Novembre	Décembre	Totaux
Appels offerts	34 992	34 745	32 313	40 166	38 894	36 203	27 458	19 751	39 675	33 277	39 675	57 892	435 041
Pertes	158	103	127	94	154	81	74	68	90	115	90	193	1 347
Appels présentés	34 834	34 642	32 186	40 072	38 740	36 122	27 384	19 683	39 585	33 162	39 585	57 699	433 694
Appels traités	30 507	32 978	28 450	37 451	35 408	30 904	24 981	16 357	35 789	29 354	35 789	52 784	390 752
Abandons (durée courte)	137	124	108	169	148	127	105	155	126	142	126	130	1 597
Abandons	3 020	1 197	2 440	1 200	2 312	4 124	1 717	2 349	2 388	2 772	2 388	3 458	29 365
Dissuasion	1 170	343	1 188	1 252	872	967	581	822	1 282	894	1 282	1 327	11 980
Q S Globale	88%	95%	88%	94%	91%	86%	91%	83%	90%	89%	90%	91%	90%
Q S Locale	88%	96%	89%	94%	92%	86%	92%	84%	91%	89%	91%	92%	92%

Présentations graphiques

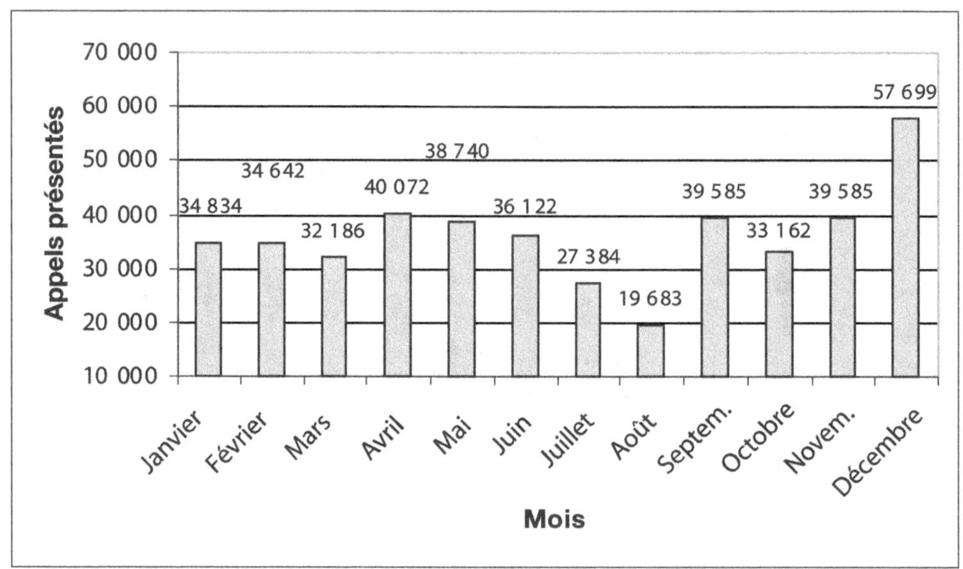

Figure B-7
Appels présentés par mois sur un an

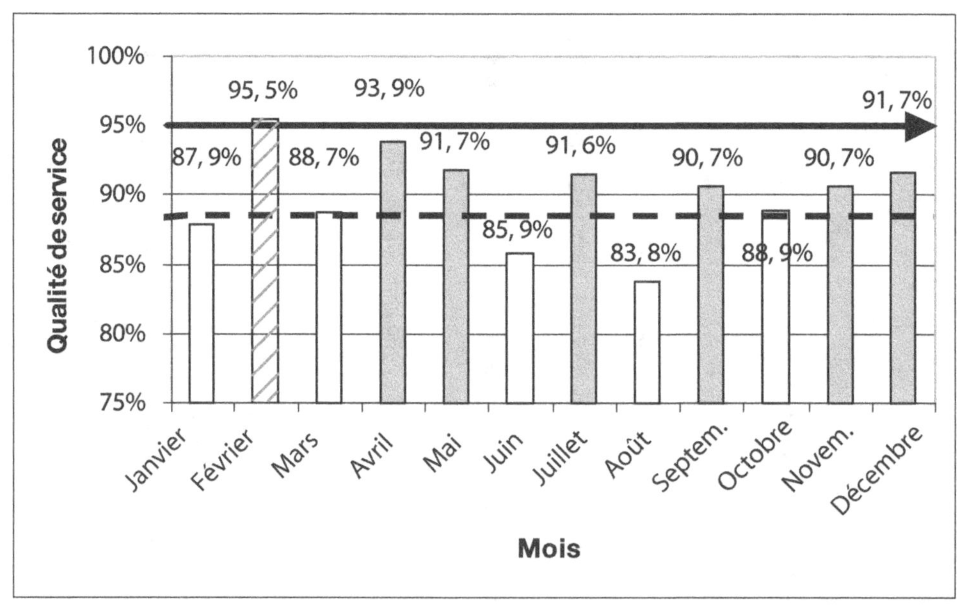

Figure B-8
Qualité de service par mois sur un an

Présentation à but prévisionnel

Les différentes présentations que nous venons de voir ont un objectif de reporting ; avec des données de base identiques, il est concevable de dresser des tableaux adaptés à la prévision. Ce sont toujours des représentations graphiques, elles peuvent se présenter par semaine ou par type de jour.

Évolutions hebdomadaires

Il s'agit de déterminer les courbes d'évolution des nombres d'appels en se basant sur une semaine.

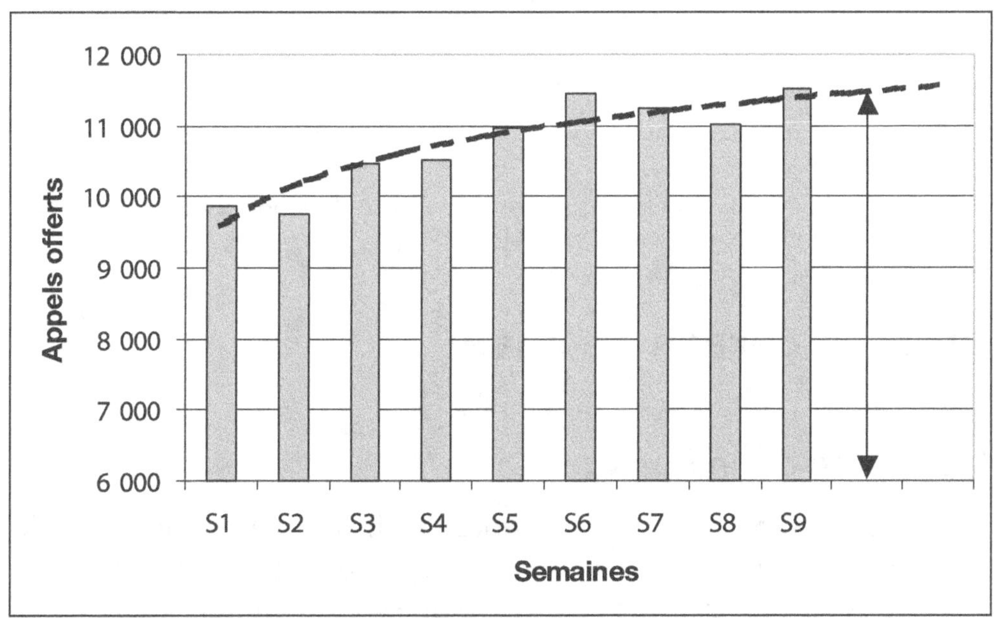

Figure B-9
Recherche d'évolution hebdomadaire par courbe de tendance (en pointillé)
(cette présentation inclut la semaine complète)

Évolutions hebdomadaires (type de jour)

Même exercice que dans le cas précédent mais on détaille pour un ou deux types de jour (ici, par exemple, les lundis et les vendredis) ; le pas d'incrémentation est également la semaine mais on cherche à évaluer la progression des nombres d'appels sur ces types déterminés.

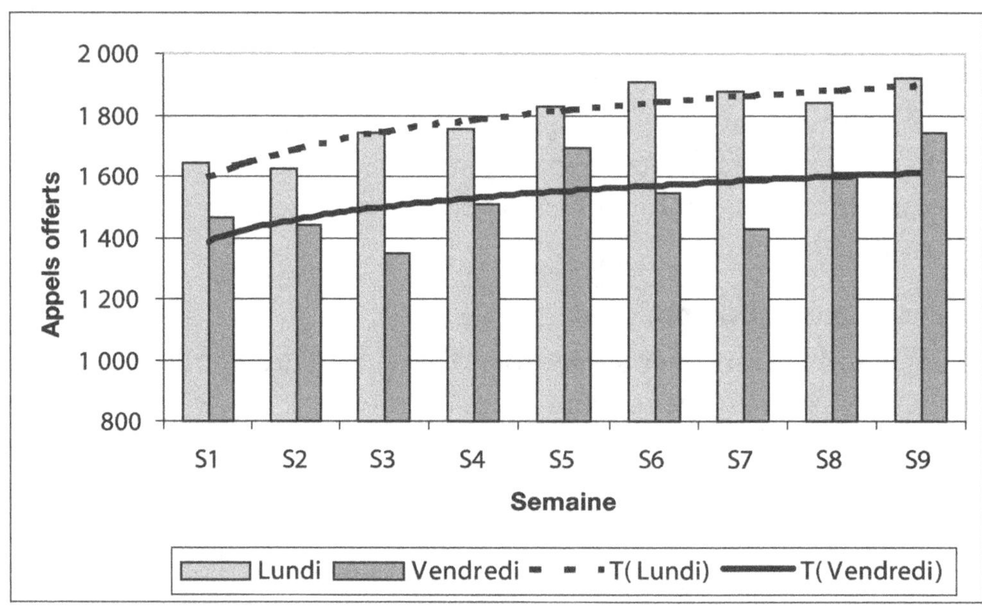

Figure B-10
Recherche d'évolution hebdomadaire par courbe de tendance (en pointillé)
(cette présentation inclut deux types de jours)

Diverses durées de base

Rappels de définitions

Durée moyenne d'attente (appels traités) : durée moyenne de « stationnement en file d'attente » de tous les appels traités (y compris les appels ayant bénéficié d'une attente nulle).

Durée moyenne d'attente (abandons) : durée moyenne de « stationnement en file d'attente » de tous les appels terminés par un abandon (non compris les abandons sur durée courte).

Durée moyenne de conversation (implicite) : durée moyenne de l'entretien téléphonique.

Durée moyenne de post-traitement (implicite) : voir le concept de post-traitement au chapitre 4.

Durée moyenne d'occupation de conseiller : recouvre la somme de la conversation et du post-traitement.

Reporting quotidien

Tableaux de résultats

Tableaux B-5
Répartition des durées dans une journée

Période (début)	8:30	9	09:30	10	10:30	11	11:30	12	12:30
Durée moyenne d'attente (appels traités)	27	30	26	23	24	21	22	29	21
Durée moyenne d'attente (abandons)	42	38	43	41	38	45	40	42	44
Durée moyenne de conversation	185	210	177	170	174	199	196	181	177
Durée moyenne de post-traitement	124	131	118	113	105	131	139	114	137
Durée moyenne d'occupation conseiller	309	341	295	283	279	330	335	295	314

Période (début)	13	13:30	14	14:30	15	15:30	16	16:30	17	Moyennes
Durée moyenne d'attente (appels traités)	27	30	21	22	24	22	21	23	33	24
Durée moyenne d'attente (abandons)	42	46	42	43	45	46	40	38	44	42
Durée moyenne de conversation	174	190	185	181	185	159	183	189	155	181
Durée moyenne de post-traitement	127	111	137	138	116	116	133	139	110	124
Durée moyenne d'occupation conseiller	301	301	322	319	301	275	316	328	265	306

Présentations graphiques

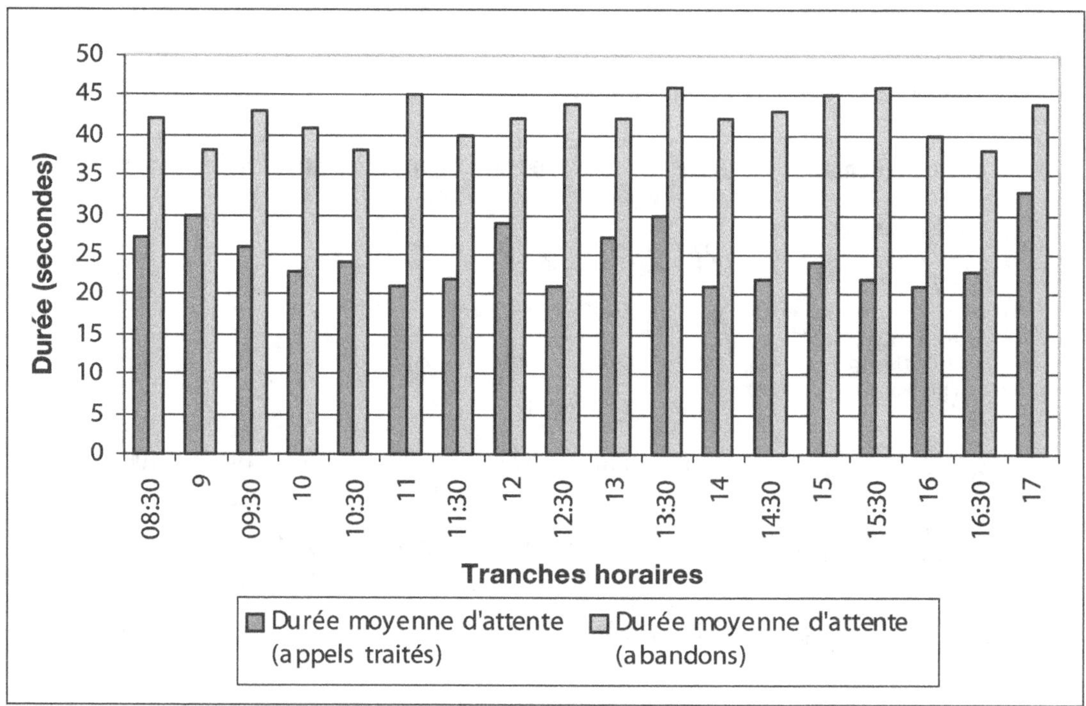

Figure B-11
Durées moyennes d'attente

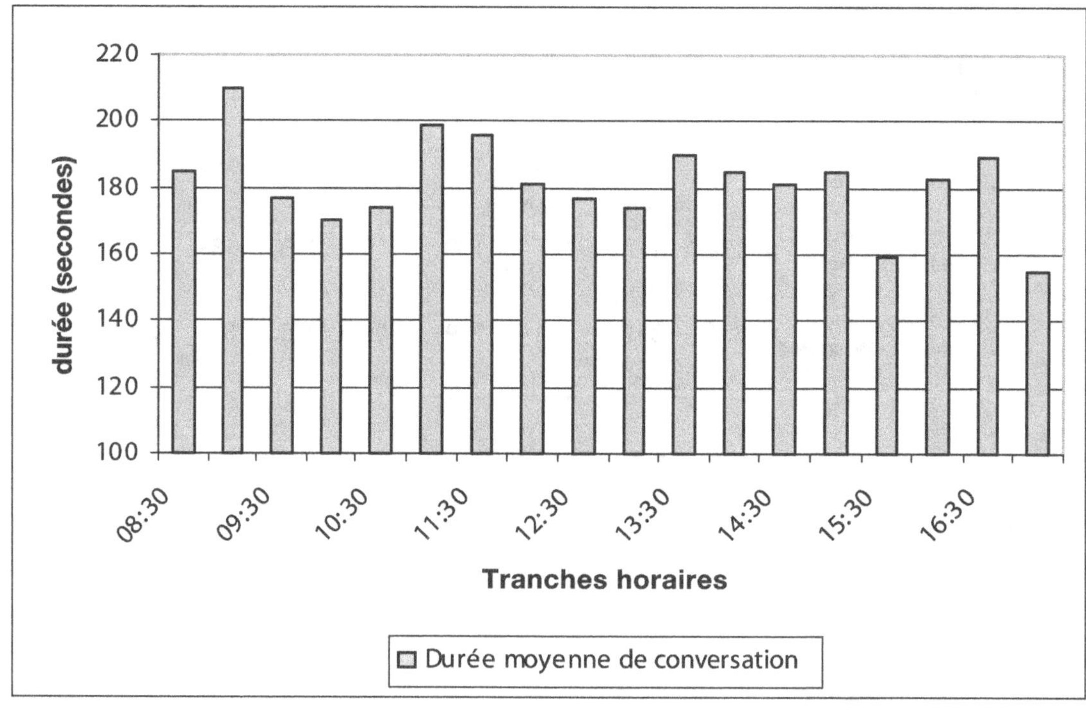

Figure B-12
Durées moyennes de conversation

Représentation hebdomadaire

Au-delà de la simple consolidation telle que vue dans le cadre des comptages, la représentation hebdomadaire aura surtout pour utilité de connaître des durées moyennes (de traitement par exemple, en fonction des types de jour).

Tableau de résultats

Tableau B-6
Variation des durées moyennes de conversation par type de jour

Période (début)	Lundi	Mardi	Mercredi	Jeudi	Vendredi	Samedi	Moyennes
Durée moyenne d'attente (appels traités)	25	24	25	25	26	25	25
Durée moyenne d'attente (abandons)	39	44	33	42	39	42	39
Durée moyenne de conversation	178	192	165	192	187	199	185
Variation / moyenne	−7	7	−20	7	2	14	
Durée moyenne de post-traitement	124	131	118	113	105	131	120
Durée moyenne d'occupation conseiller	302	323	283	305	292	330	305

Représentation graphique

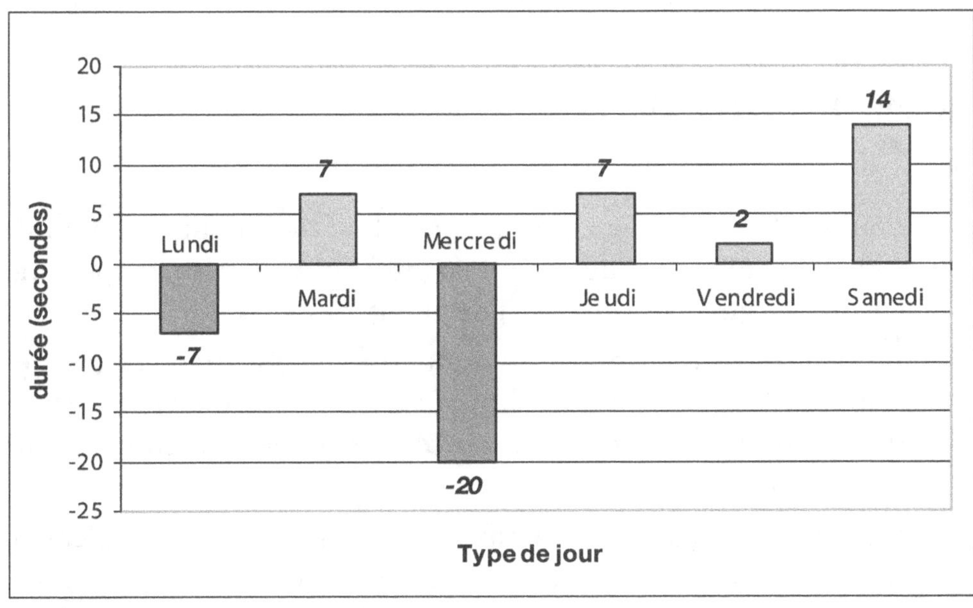

Figure B-13
Variations des durées de conversation par type de jour

Représentations de rang supérieur

Certains tableaux et surtout graphes de reporting ont pour objectif de « lire » le plus visuellement possible des évolutions de compétences (suite à une formation ou à une intégration d'équipe nouvelle) ayant pour résultat des diminutions de durées moyennes de traitement global.

La figure B-14 nous présente une évolution de durée totale de traitement par quinzaine.

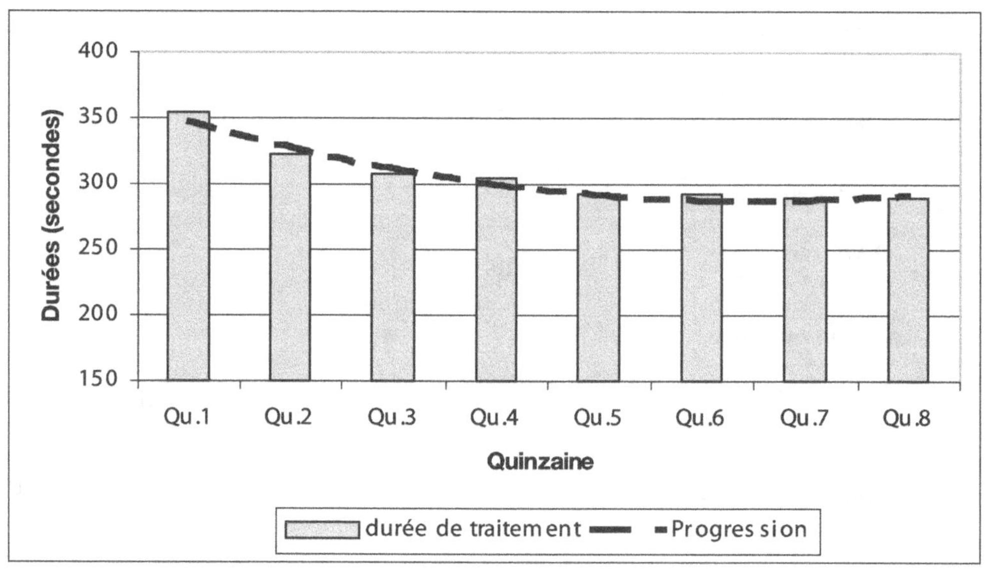

Figure B-14
Évolution des durées de traitement

Les notions de flux

Pour les définitions se rapportant aux flux (en Erlang ou en ETP qui sont des grandeurs de même nature) le lecteur se rapportera au chapitre 4 qui traite en détail de ce sujet.

En ce qui concerne les présentations et les reportings, ces grandeurs, soit calculées, soit mesurées, n'ont pas d'autre intérêt que sur des durées courtes ; exception sera faite cependant du besoin de contrôler la dispersion hebdomadaire.

Nous traitons dans ce paragraphe les flux au niveau conseiller et non technique ; le calcul tient donc compte des durées de conversation et de post-traitement.

Répartition journalière de flux

Tableaux de résultats

Tableaux B-7
Les flux journaliers (constaté et total)

Période (début)	8:30	9	09:30	10	10:30	11	11:30	12	12:30
Appels présentés	18	58	82	126	158	141	100	57	34
Appels traités	15	51	72	109	132	123	92	54	31
Durée moyenne de conversation	185	210	177	170	174	199	196	181	177
Durée moyenne de post-traitement	124	131	118	113	105	131	139	114	137
Durée moyenne d'occupation conseiller	309	341	295	283	279	330	335	295	314
Flux constaté	2,575	9,662	11,8	17,14	20,46	22,55	17,12	8,85	5,408
Flux simulé total (qualité de service = 100 %)	3,09	10,99	13,44	19,81	24,49	25,85	18,61	9,342	5,931

Période (début)	13	13:30	14	14:30	15	15:30	16	16:30	17	Totaux / Moyennes
Appels présentés	24	40	58	102	129	175	112	71	39	1524
Appels traités	20	35	55	93	115	152	102	68	38	1357
Durée moyenne de conversation	174	190	185	181	185	159	183	189	155	182
Durée moyenne de post-traitement	127	111	137	138	116	116	133	139	110	124
Durée moyenne d'occupation conseiller	301	301	322	319	301	275	316	328	265	306
Flux constaté	3,34	5,85	9,84	16,48	19,23	23,22	17,91	12,39	5,59	12,82
Flux simulé total (qualité de service = 100 %)	4,01	6,69	10,38	18,08	21,57	26,74	19,66	12,94	5,74	14,40

Représentation graphique

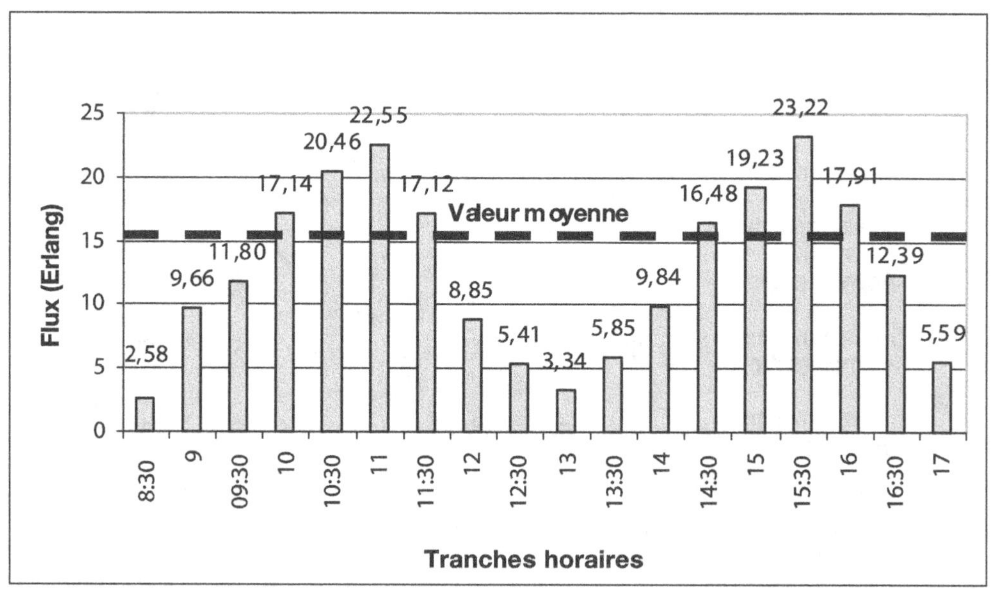

Figure B-15
Représentation graphique du flux constaté

Dispersion hebdomadaire

Il n'est pas question, pour cause de sens, d'observer le flux moyen dans une journée mais plutôt le flux maximal constaté pour une période d'une demi-heure et ce par type de jour. On utilise généralement exclusivement la représentation graphique.

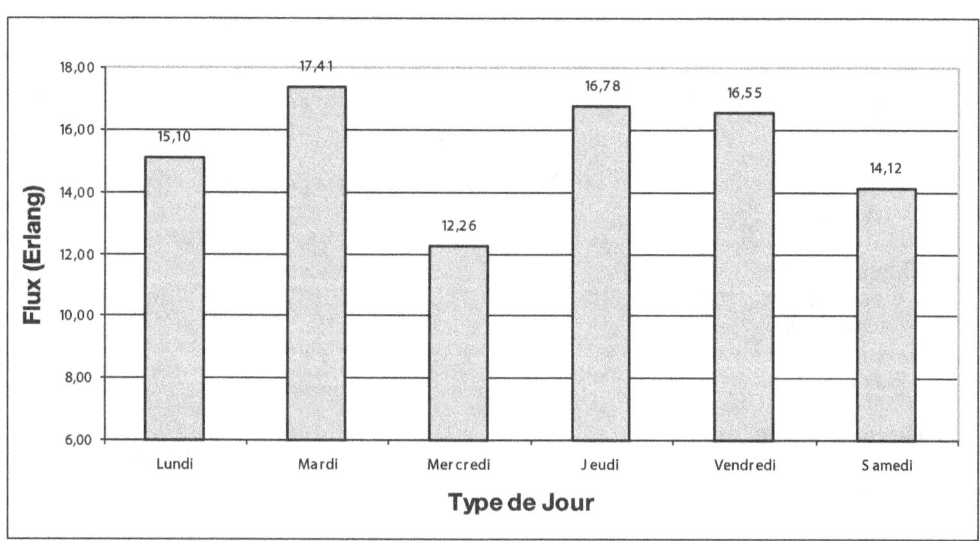

Figure B-16
Dispersion des flux maxima par type de jour

Approche flux en relation avec les ETP

Tableaux de résultats

Tableaux B-8
Flux et ETP

Période (début)	8:30	9	09:30	10	10:30	11	11:30	12	12:30
Appels présentés	18	58	82	126	158	141	100	57	34
Appels traités	15	51	72	109	132	123	92	54	31
Durée moyenne d'occupation conseiller	309	341	295	283	279	330	335	295	314
Flux constaté	2,58	9,66	11,80	17,14	20,46	22,55	17,12	8,85	5,41
ETP Constaté	3,72	13,82	16,93	24,06	28,61	30,71	24,92	12,87	7,76
Qualité de service	0,83	0,88	0,88	0,87	0,84	0,87	0,92	0,95	0,91
Coefficient d'Erlang (Flux / ETP)	0,69	0,70	0,70	0,71	0,72	0,73	0,69	0,69	0,70

Période (début)	13	13:30	14	14:30	15	15:30	16	16:30	17
Appels présentés	24	40	58	102	129	175	112	71	39
Appels traités	20	35	55	93	115	152	102	68	38
Durée moyenne d'occupation conseiller	301	301	322	319	301	275	316	328	265
Flux constaté	3,34	5,85	9,84	16,48	19,23	23,22	17,91	12,39	5,59
ETP Constaté	4,51	8,10	13,38	23,15	26,97	32,30	26,24	17,83	7,53
Qualité de service	0,83	0,88	0,95	0,91	0,89	0,87	0,91	0,96	0,97
Coefficient d'Erlang (Flux / ETP)	0,74	0,72	0,74	0,71	0,71	0,72	0,68	0,70	0,74

Représentation graphique

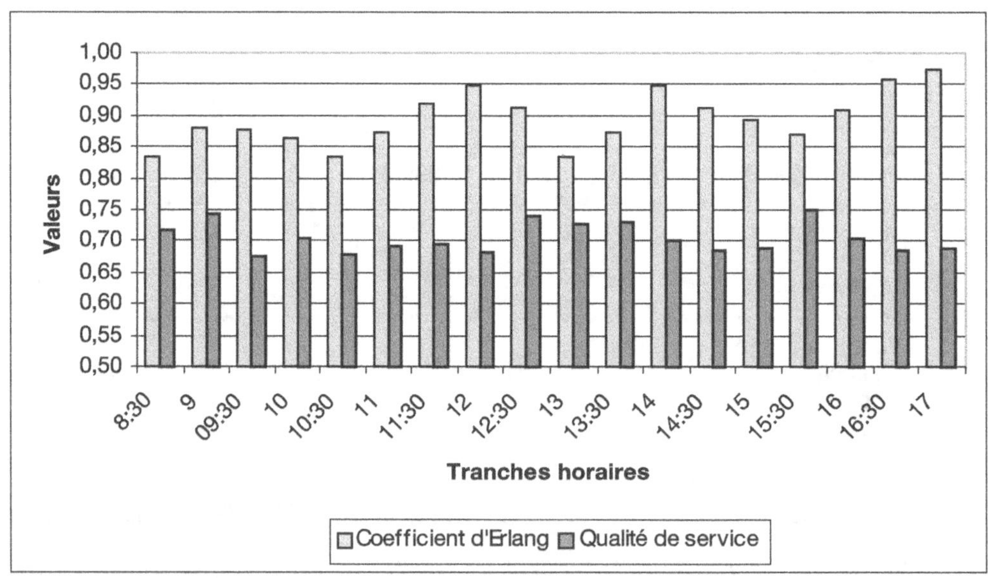

Figure B-17
Flux et ETP – représentation graphique

Note

Il sera important de constater sur ce graphique (vue macroscopique) que dès lors que le coefficient d'Erlang augmente, la qualité de service diminue et inversement ; ce phénomène, parfaitement naturel est lié à l'inactivité des conseillers représentée par le complément à 1 de ce coefficient d'Erlang.

Les indicateurs simples de management

Le suivi quotidien

Suivi de l'activité « brute » sur une journée

Tableau B-9
Suivi d'activité des conseillers d'une équipe pour une journée
(les durées sont exprimées en minutes)

Conseiller	Date						
	Présence	Log On		Pauses		Actif en mode réception	
		temps	% présence	temps	% log on	temps	% log on
Conseiller A	225	175	78 %	14	8 %	161	92 %
Conseiller B	385	294	76 %	28	10 %	266	90 %
Conseiller C	357	318	89 %	27	8 %	291	92 %
Conseiller D	331	256	77 %	24	9 %	232	91 %
Conseiller E	278	223	80 %	18	8 %	205	92 %

Suivi de l'activité purement téléphonique sur une journée

Tableau B-10
Suivi d'activité des conseillers d'une équipe pour une journée
(les durées sont exprimées en minutes)

Conseiller	Date						
	Présence (durée)	Appels		Conversation		Occupation (avec post traitement)	
		Nombre	Ratio appels / h	Durée	Ratio % durée	Nombre	Ratio % durée Cer
Conseiller A	161	27	10	37	23 %	87	54 %
Conseiller B	266	42	9	40	15 %	140	53 %
Conseiller C	291	38	8	28	10 %	144	49 %
Conseiller D	232	44	11	39	17 %	134	58 %
Conseiller E	205	27	8	28	14 %	112	55 %

Suivi hebdomadaire ou mensuel de performance

Tableau B-11
Suivi hebdomadaire des conseillers d'une équipe (les durées sont exprimées en minutes hormis dans la dernière colonne)

Conseiller	Présence (durée cumulée)	Appels		Conversation		Occupation (avec post-traitement)		Durée moyenne de traitement (secondes)
		Nombre	Ratio appels / h	Durée cumulée	Ratio % durée	Nombre	Ratio % durée Cer	
Conseiller A	839	140	10	185	22 %	449	54 %	271
Conseiller B	1 396	203	9	187	13 %	989	71 %	347
Conseiller C	1 445	167	7	198	14 %	957	66 %	414
Conseiller D	1 273	212	10	180	14 %	975	77 %	326
Conseiller E	962	125	8	128	13 %	577	60 %	338

Note

On peut déterminer que le conseiller C est en début de formation (durée globale de traitement assez longue).

Évolution individuelle

Tableau de résultats

Tableau B-12
Tableau d'évolution des performances d'un conseiller par quinzaine

Période (début)	Qu.1	Qu.2	Qu.3	Qu.4	Qu.5	Qu.6	Qu.7	Qu.8
Durée moyenne de conversation	225	201	195	192	187	180	178	180
Durée moyenne de post-traitement	178	157	136	113	105	103	101	99
Durée moyenne d'occupation conseiller	403	358	331	305	292	283	279	279

Représentation graphique

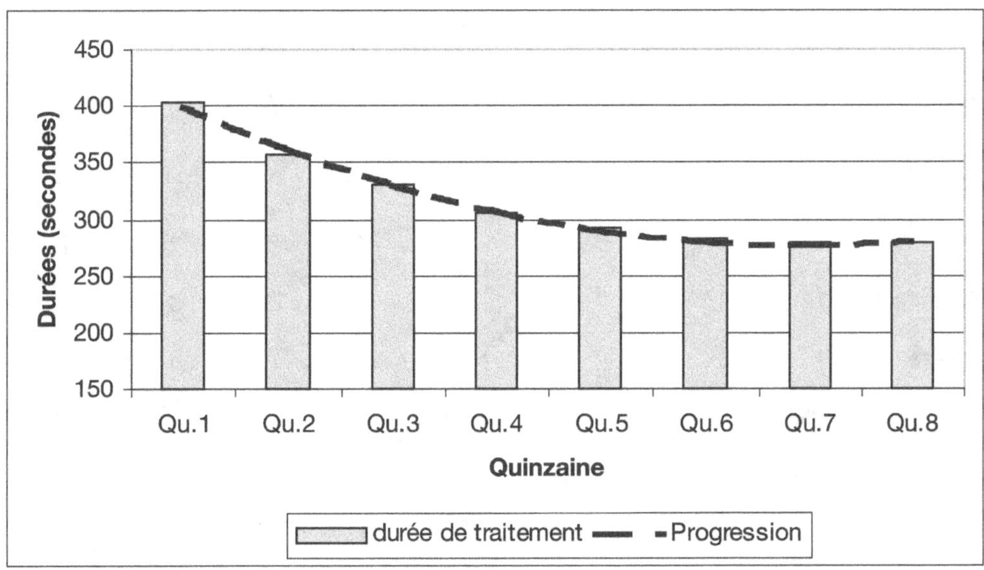

Figure B-18
Graphe de l'évolution des performances d'un conseiller

C'est une approche identique, dans la méthode, à celle que nous trouvons sur la figure B-14 ; on remarquera une pente d'évolution plus importante liée à l'unicité du conseiller « observé ». On arrive à un régime de croisière aux alentours de 280 s de durée cumulée de traitement.

Les cas plus complexes ou « multiples »

Notre intention est d'aborder ici quelques exemples de multi-équipes ou multi-sites ou multi-flux afin que le lecteur mesure la diversité des possibilités de reporting.

Site de débordement : qualité de service

Les tableaux et graphiques suivants sont également valides si le débordement est local ; on parle alors d'équipe ou de groupe de débordement.

Tableaux B-13
Qualité de services dans une architecture avec débordement

Période (début)	8:30	9	09:30	10	10:30	11	11:30	12	12:30
Appels présentés	18	58	82	126	158	141	100	57	34
Appels traités site principal	16	52	75	115	124	122	86	51	28
Abandons	1	2	2	8	9	9	3	3	2
Présentés site secondaire	1	4	5	3	25	10	11	3	4
Traités site secondaire	1	3	3	3	20	8	7	3	4
Q S Site principal	89 %	90 %	91 %	91 %	78 %	87 %	86 %	89 %	82 %
Q S Site secondaire	100 %	75 %	60 %	100 %	80 %	80 %	64 %	100 %	100 %
Q S générale consolidée	94 %	95 %	95 %	94 %	91 %	92 %	93 %	95 %	94 %

Période (début)	13	13:30	14	14:30	15	15:30	16	16:30	17	Totaux
Appels présentés	24	40	58	102	129	175	112	71	39	1524
Appels traités site principal	19	33	50	85	110	121	87	58	33	1265
Abandons	1	3	1	5	6	11	4	0	1	71
Présentés site secondaire	4	4	7	12	13	43	21	13	5	188
Traités site secondaire	3	4	5	9	8	18	17	11	4	131
Q S Site principal	79 %	83 %	86 %	83 %	85 %	69 %	78 %	82 %	85 %	83 %
Q S Site secondaire	75 %	100 %	71 %	75 %	62 %	42 %	81 %	85 %	80 %	70 %
Q S générale consolidée	92 %	93 %	95 %	92 %	91 %	79 %	93 %	97 %	95 %	92 %

On notera que les appels présentés sur le site secondaire (ou appels en débordement) sont ce qui reste après avoir enlevé les traités et abandons sur le site principal ; il s'agit donc bien des « dissuasions » vu du site.

Réseau intelligent avec distribution en pourcentage

Nous allons présenter une vision de flux par le réseau intelligent avec une répartition en pourcentage sur trois sites ; les pourcentages ainsi que la limitation en amont sont déterminés avec le client par contrat et sont respectivement de 35 % pour le site 1, 45 % pour le site 2 et 20 % pour le site 3 (pour ce qui est de notre exemple).

Tableaux de résultats

Tableaux B-14
Vision globale d'une distribution trois flux

Période (début)	8:30	9	09:30	10	10:30	11	11:30	12	12:30
Appels offerts	18	58	82	126	158	141	100	57	34
Rejets limiteurs	0	0	0	5	22	17	3	0	0
Appels présentés	18	58	82	121	136	124	97	57	34
Site 1									
Nombre d'appels présentés	6	20	31	44	50	39	31	18	11
Pourcentage / total présentés	33 %	34 %	38 %	36 %	37 %	31 %	32 %	32 %	32 %
Nombre d'appels traités	5	18	25	40	41	36	26	16	9
Site 2									
Nombre d'appels présentés	8	26	37	50	57	53	44	25	14
Pourcentage / total présentés	44 %	45 %	45 %	41 %	42 %	43 %	45 %	44 %	41 %
Nombre d'appels traités	7	23	34	43	53	44	38	20	12
Site 3									
Nombre d'appels présentés	4	12	14	32	27	27	20	11	6
Pourcentage / total présentés	22 %	21 %	17 %	26 %	20 %	22 %	21 %	19 %	18 %
Nombre d'appels traités	3	10	12	29	26	23	18	10	5
Q S Site 1	83 %	0 %	0 %	4 %	14 %	12 %	3 %	0 %	0 %
Q S Site 2	88 %	88 %	92 %	86 %	93 %	83 %	86 %	80 %	86 %
Q S site 3	75 %	83 %	86 %	91 %	96 %	85 %	90 %	91 %	83 %
Q S Globale service	83 %	88 %	87 %	93 %	88 %	83 %	85 %	81 %	76 %

Période (début)	13	13:30	14	14:30	15	15:30	16	16:30	17	Totaux
Appels offerts	24	40	58	102	129	175	112	71	39	1 524
Rejets limiteurs	0	1	2	3	3	27	4	2	28	117
Appels présentés	24	39	56	99	126	148	108	69	11	1 407
Site 1										
Nombre d'appels présentés	8	13	19	32	40	50	36	24	3	475
Pourcentage / total présentés	33 %	33 %	34 %	32 %	32 %	34 %	33 %	35 %	27 %	8 %
Nombre d'appels traités	7	10	15	29	35	43	33	21	2	411
Site 2										0,38845
Nombre d'appels présentés	11	18	25	47	56	61	50	30	5	617
Pourcentage / total présentés	46 %	46 %	45 %	47 %	44 %	41 %	46 %	43 %	45 %	44 %
Nombre d'appels traités	10	15	22	41	50	51	43	26	4	536
Site 3										
Nombre d'appels présentés	5	8	12	20	30	37	22	15	3	302
Pourcentage / total présentés	21 %	21 %	21 %	20 %	24 %	25 %	20 %	22 %	27 %	21 %
Nombre d'appels traités	4	6	10	16	24	30	20	14	2	262
Q S Site 1	88 %	77 %	79 %	91 %	88 %	86 %	92 %	88 %	67 %	87 %
Q S Site 2	91 %	83 %	88 %	87 %	89 %	84 %	86 %	87 %	80 %	87 %
Q S site 3	80 %	75 %	83 %	80 %	80 %	81 %	91 %	93 %	67 %	87 %
Q S Globale service	88 %	79 %	84 %	87 %	87 %	84 %	89 %	88 %	73 %	86 %

Les tableaux B-14 apparaissent comme complexes et il est vrai que leur lecture nécessite une expérience de ce type de distribution ; ils ont néanmoins l'avantage de présenter sur une même figure les règles de distribution et les diverses valeurs ajoutées.

Représentation graphique

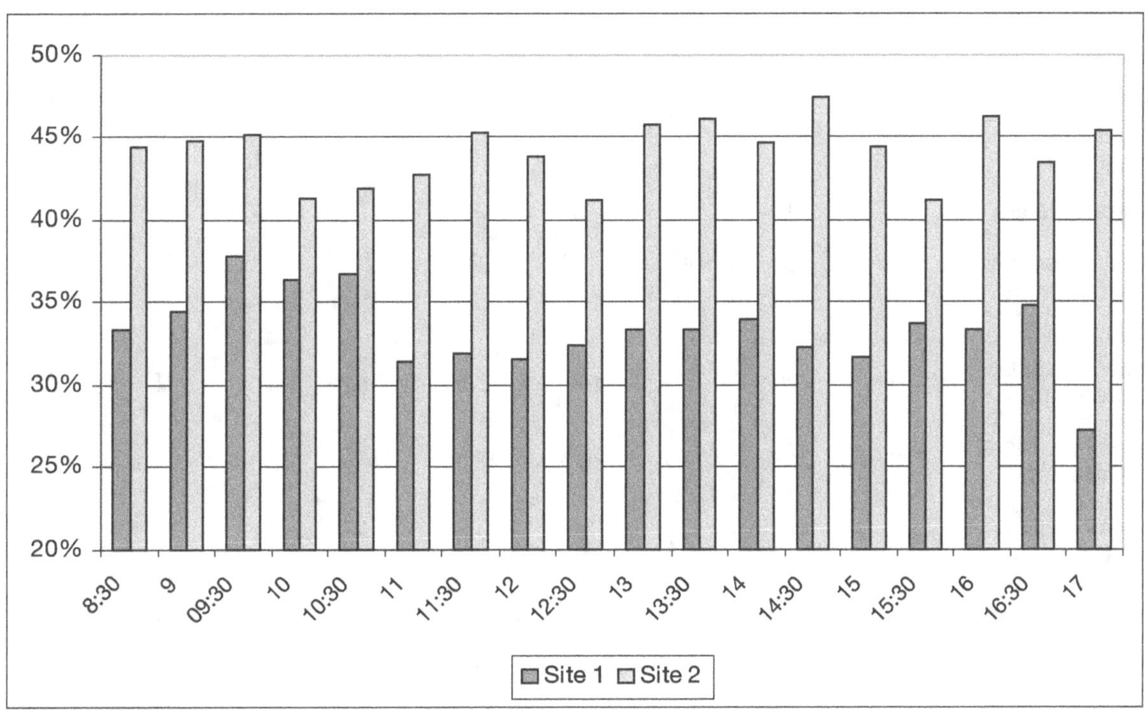

Figure B-19
Répartitions des pourcentages pour les sites 1 et 2

Réseau intelligent : Centre d'appels virtuel

Les présentations qui suivent montrent pour un site la distribution des appels *via* le réseau intelligent et en fonction des ressources disponibles (PG) ; nous n'avons retenu qu'une matinée qui suffit à illustrer.

Les tranches horaires de 10 h 30 et 11 h témoignent d'un problème au niveau du site 2 et on constate que la charge se bascule automatiquement pour partie sur le site 1.

Tableau de données

Tableau B-15
Tableau de répartition CAV avec problème

Période (début)	8:30	9	09:30	10	10:30	11	11:30	12	12:30
Appels offerts	18	58	82	126	158	141	100	57	34
Rejets limiteurs	0	0	0	5	22	17	3	0	0
Appels présentés	18	58	82	121	136	124	97	57	34
Site 1									
Nombre d'appels présentés	6	20	31	44	59	58	31	18	11
Pourcentage / total présentés	33 %	34 %	38 %	36 %	43 %	47 %	32 %	32 %	32 %
Nombre d'appels traités	5	18	25	40	41	36	26	16	9
Site 2									
Nombre d'appels présentés	8	26	37	50	25	10	44	25	14
Pourcentage / total présentés	44 %	45 %	45 %	41 %	18 %	8 %	45 %	44 %	41 %
Nombre d'appels traités	7	23	34	43	22	8	38	20	12
Site 3									
Nombre d'appels présentés	4	12	14	32	52	56	20	12	6
Pourcentage / total présentés	22 %	21 %	17 %	26 %	38 %	45 %	21 %	21 %	18 %
Nombre d'appels traités	3	10	12	29	26	23	18	10	5
Q S Site 1	83 %	0 %	0 %	4 %	14 %	12 %	3 %	0 %	0 %
Q S Site 2	88 %	88 %	92 %	86 %	88 %	80 %	86 %	80 %	86 %
Q S site 3	75 %	83 %	86 %	91 %	50 %	41 %	90 %	83 %	83 %
Q S Globale service	83 %	88 %	87 %	93 %	65 %	54 %	85 %	81 %	76 %

Représentation grahique

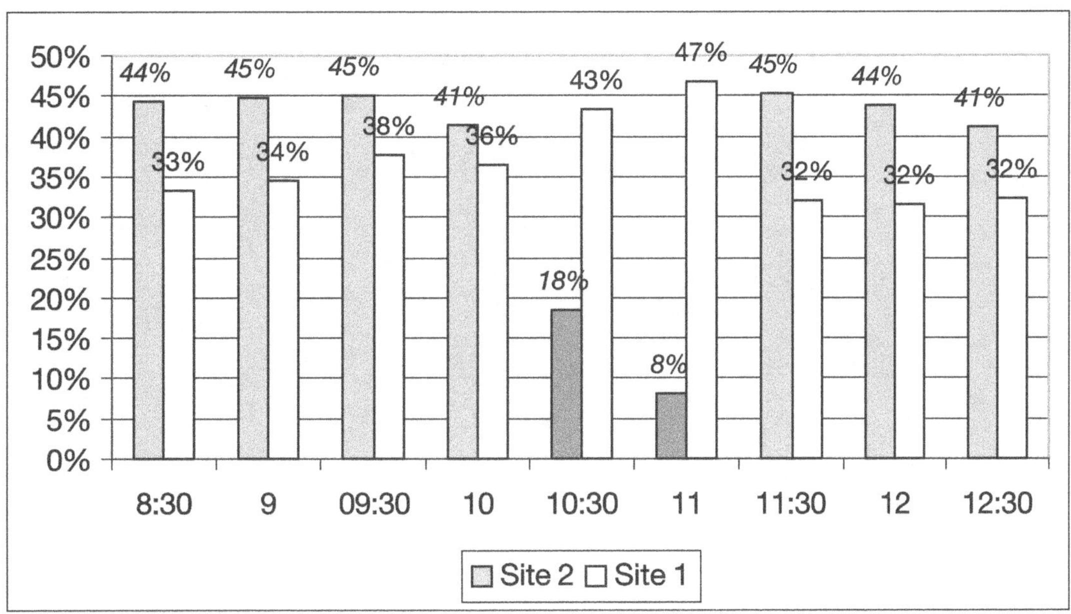

Figure B-20
Graphique de CAV avec problème ponctuel

Une conclusion succincte

On pourrait varier ce type de présentation à l'infini (en particulier par la complexification des organisations ou l'adjonction d'éléments externes tels que SYI ; cette démarche ne présenterait pas d'autre intérêt que celui de « catalogue » jamais exhaustif.

Il appartient au lecteur de déterminer ses propres besoins en fonction de sa culture et des données sources dont il dispose.

Annexe C

Glossaire

Abandons : appels qui se terminent par le raccrochage du demandeur avant d'avoir obtenu réponse d'un conseiller ou d'un automate.

Accueil : phase de démarrage et de prise en compte de la conversation téléphonique. Par extension, on affecte également ce terme au message préalable que reçoit le client lorsqu'il appelle.

ACD (Automatic Call Distributor) : distributeur d'appels et répartiteur de charges téléphoniques dans les centres d'appels.

Activité stockable : activité qui peut être confiée à des conseillers afin d'occuper les périodes de faible activité téléphonique. La définition de cette activité obéit à des règles strictes.

Afficheur : dispositif visuel sur le poste téléphonique du conseiller qui permet de visualiser un certain nombre d'informations (durée d'appel en cours, divers numéros...)

Appels entrants : appels téléphoniques destinés aux centres d'appels.

Appels mystères : appels émis par des prestataires pour tester la qualité de la réponse d'un centre d'appels.

Appels offerts : totalité des appels émis par les clients qui ont tenté de joindre la structure.

Appels présentés : appels qui sont parvenus au point d'entrée du centre.

Appels sortants : appels émis par le centre et destinés à des clients.

Application : point d'entrée (numéro ou faisceau) dans certains ACD (Nortel Networks en particulier) ; chez d'autres constructeurs, on parlera de pilote ou vecteur par exemple.

Appui ou support : élément permettant d'écouler ou de traiter un appel téléphonique et un seul. La distribution des appels étant « discrète », l'observation d'un appui à un instant donné fait apparaître « libre » ou « occupé » (0 ou 1). Par extension, on peut ainsi qualifier un conseiller dans le cadre des calculs de flux.

Attente courte : appel qui se termine prématurément (délai inférieur à six secondes) par raccrochage du demandeur. Il s'agit d'erreurs de numéro ou de contretemps.

Authentification : action qui suit l'identification d'un appelant dans les centres d'appels où cette reconnaissance est nécessaire. Si l'identification se fait par numéro client, l'authentification se fait par mot de passe.

Azur (numéro) : type de service fourni par les réseaux intelligents et qui consiste à ce que l'appelant se voie affecter un équivalent communication locale quelles que soient l'heure ou la distance ; le reste du montant est à la charge de l'appelé donc, ici, du centre.

Back-office : **1.** une autre définition concerne les opérations qui sont effectuées en retrait par des équipes de conseillers (essentiellement help desk). **2.** service qui a pour mission de prendre en charge des appels qui ne peuvent pas, généralement pour cause de niveau de compétence, être traités par les conseillers de premier niveau.

Cahier des besoins : dans le contexte de la conduite d'un projet, document qui recense les besoins exprimés et validés.

Cahier des charges : rédaction de sous-ensembles du cahier des besoins à destination des fournisseurs potentiels. L'un des avantages d'un cahier des charges repose sur son opposabilité.

Call me trough : fonction, dans le cadre Internet, de permettre à un interlocuteur d'émettre un appel vocal sur réseau IP.

Casque : dispositif à fins d'ergonomie, branché sur le téléphone, permettant aux conseillers de travailler en « mains libres ».

CAV (centre d'appels virtuel) : fonction de haut niveau fournie par les réseaux intelligents ayant pour objet de « centraliser au niveau réseau » une partie de l'intelligence de distribution des appels (voir aussi PG).

Chef d'équipe : responsabilité d'encadrement d'équipe dans un centre d'appels ; c'est une fonction purement managériale.

Circuit : voir appui. La notion de circuit est une réduction aux organes techniques de transport.

Client interne primaire : service ou département pour lequel a été mis en place le centre d'appels (direction commerciale dans le cadre de la VPC par exemple).

Client interne secondaire : ensemble des utilisateurs internes du centre d'appels. Cette notion est généralement réservée au domaine des help desks.

CNIL (commission nationale de l'informatique et des libertés) : organisme qui veille à la bonne éthique de l'utilisation des données informatiques concernant les individus.

Coefficient d'Erlang : coefficient qui relie la qualité de service au niveau d'occupation des conseillers (voir Erlang).

Coloré (numéro) : service fourni par les réseaux intelligents ; numéros n'ayant par rapport au plan national aucune définition géographique (08 XX).

Compétence de fond : compétence d'un conseiller quant au fond du service qu'il est censé rendre. Cette compétence dépend étroitement du métier.

Compétence de forme : compétence d'un conseiller quant à la gestion générale de l'appel téléphonique et la relation avec le client.

Conseiller ou téléopérateur : personne dont la mission est de traiter les appels téléphoniques.

Console de supervision : terminal permettant de superviser l'ACD et d'en extraire les mesures et résultats (en général un PC en mode client).

Contrat de service : contrat qui lie les utilisateurs et le prestataire de services dans le cadre du help desk.

Crise trafic : situation dans laquelle le flux entrant est devenu tellement élevé (voir critique), souvent quasi instantanément, qu'il est inimaginable de ne pouvoir en traiter ne serait-ce qu'une partie raisonnable.

Critique (flux) : flux constaté en situation de crise trafic.

CTI (couplage téléphonie informatique) : représente l'ensemble des passerelles matérielles et logicielles qui permettent aux deux mondes de dialoguer.

Débordement : re-routage vers une équipe ou un site particulier (dit de débordement) des appels en surnombre qui ne peuvent être traités au niveau principal.

Décrochage automatique : dispositif qui décroche automatiquement le poste d'un conseiller dès qu'un appel se présente.

Dimensionnement : action de calculer les ressources techniques et humaines en fonction des flux.

Dissuasion : élimination des appels en surnombre par l'intermédiaire d'un message et libération de la ligne.

Distributeur d'appels : voir ACD.

Distribution : action de répartir les appels entre les conseillers (ACD).

Distribution dynamique : type de distribution qui tient compte de l'évolution instantanée du contexte en termes de ressources.

Distribution haute (réseau intelligent) : distribution des appels réalisée par le réseau intelligent lui-même.

Durée de traitement : durée pendant laquelle un appel occupe, au sens large, un conseiller.

Durée technique : durée pendant laquelle un appel occupe, au sens large, les ressources techniques.

Enregistreur : dispositif permettant d'enregistrer et de dater les conversations téléphoniques sur un centre d'appels.

Entraide : situation selon laquelle deux équipes chargées de traiter des flux différents sont respectivement le débordement l'une de l'autre.

Équipe : ensemble plus ou moins homogène de conseillers appelés à traiter le même type de flux.

Équivalent temps plein : voir ETP.

Erlang (A.K.) : mathématicien danois ayant effectué les travaux de calcul et divers traitements des flux téléphoniques.

Erlang B, Erlang C : les deux approches de base permettant de traiter respectivement de flux sans ou avec file d'attente.

Erlang : unité de mesure de flux téléphonique.

État actif : état du poste de travail et, par extension, du conseiller, déterminé comme en phase d'activité (entre log on et log off, pauses non comprises).

ETP (équivalent temps plein) : ratio des temps cumulés d'activité par rapport à une durée de référence ; représente le nombre moyen de conseillers présents sur la période.

Exploitant : personnels techniques qui ont pour mission de paramétrer les différentes machines tels que ACD, SVI ou serveur CTI ; on trouve un exploitant par type de technologie.

Externalisation : action de confier tout ou partie d'un centre d'appels à un partenaire externe. Cette « partie » peut être réduite à la seule mise à disposition de ressources humaines (conseillers).

Faisceau : ensemble de circuits ou d'appuis qui réalisent la même fonction et supportent le même flux.

File d'attente : dispositif « logique » dans lequel les appels peuvent être mis en attente de traitement lorsque tous les conseillers sont occupés.

First in/first out : se dit d'une file d'attente dans laquelle les appels sortent dans l'ordre où ils sont entrés (premier entré – premier sorti).

First party : type de CTI dans lequel la liaison se fait directement au niveau du terminal téléphonique qui communique alors avec le poste de travail informatique.

Flux : mesure du trafic téléphonique qui représente le nombre moyen de communications établies dans une période.

Flux instantané : mesure du nombre de communications établies à un instant donné sur un faisceau.

Fonctions CTI (primitives) : fonctions de base qui composent les logiciels CTI.

Fordisme : standardisation maximale d'une activité (taylorisme).

Fréquences vocales (Q23) : fréquences normalisées au plan international et qui représentent les chiffres de la numérotation téléphonique (il y a un couple de fréquences par chiffre de 0 à 9 ainsi que # et *).

Front-office : ensemble des tâches qui sont réalisées par les conseillers de premier niveau par opposition à back-office.

Help desk : assistance informatique interne ou externe reposant sur une structure de centres d'appels.

Homogène (population) : **1.** se dit d'un ensemble d'éléments statistiques qui ont les points communs nécessaires dans le contexte d'une observation donnée. **2.** se dit également d'une population humaine présentant les mêmes caractéristiques.

Hypertexte : dans le contexte Internet, il s'agit d'un objet (mot, groupe de mots ou image) qui contient une adresse accessible par clic souris.

Hyperviseur : superviseur « plus » dont la mission consiste à superviser plusieurs sites ou plusieurs groupes indépendants.

Indicateur de productivité collective : généralement le rapport du temps passé au téléphone sur le temps de présence total de l'ensemble des conseillers d'une équipe.

Indicateur de productivité individuelle : même indicateur mesuré au niveau individuel, conseiller par conseiller.

Indicateur de qualité : généralement le rapport entre le nombre d'appels traités et le nombre d'appels présentés.

Intégration : action d'insérer des logiciels complexes comme CTI dans le contexte général du système d'information existant.

Interne primaire (client) : voir client interne primaire

Intervalle d'échantillonnage : intervalle de temps court entre deux mesures de flux instantané successives.

Kiosque : prestation de services proposée par les opérateurs de télé-communications et dont l'objet consiste à pouvoir se rémunérer sur le montant des communications.

Libération : terminaison d'un appel par raccrochage technique du circuit.

Limiteur : dans les réseaux intelligents, valeur limite, fixée par contrat entre l'opérateur et son client, du nombre d'appels simulta-nément établis vers un numéro traduit donné. Les appels en supplé-ment sont rejetés par le réseau.

Log off : action pour un conseiller de sortir de phase active sur son poste téléphonique ou son terminal informatique (procédure de log off).

Log on : action pour un conseiller de passer en phase active sur son poste téléphonique ou son terminal informatique (procédure de log on).

Message d'accueil : dispositif délivrant un message vocal préalable au client afin de l'assurer qu'il a appelé le bon service.

Message d'attente : dispositif délivrant un message vocal au client lorsqu'il se trouve en file d'attente.

Message de dissuasion : dispositif délivrant un message vocal au client afin de l'informer d'un état de saturation totale. On lui demande alors de renouveler son appel et le dispositif libère la ligne.

MIC télécoms « T2 » : groupe de 30 circuits en technologie RNIS qui relie un PABX au réseau public.

Multiple (compétence) : se dit de conseillers ou d'équipes suscep-tibles de traiter, dans la même période, plusieurs sujets.

Noir (numéro) : numéro classique de 10 chiffres fourni par les opérateurs de télécommunications. Le numéro noir définit une zone géographique par opposition aux numéros dits « colorés ».

Normale (distribution) : courbe de Gauss, répartition symétrique.

Offerts (appels) : voir appels offerts.

Opérateur de télécommunications : prestataire de services qui fournit des services de réseau (on parlera d'opérateur historique comme France Télécom et d'opérateur alternatif comme Cégétel par exemple).

PABX (Private Automatic Branch Exchange) : autocommutateur privé ou central privé d'entreprise.

Panel : extraction ciblée d'une population statistique à des fins d'étude.

Pas libre : état du poste téléphonique qui le rend non accessible parce que le conseiller termine une tâche liée à l'appel précédent bien qu'il ne soit plus en conversation. On parle aussi de pas prêt, de post-appel, de post-traitement et de wrap-up.

Pas prêt : voir pas libre.

Pause : état dans lequel le conseiller n'est pas présent à son poste pour des raisons de repos ou d'activité courte (envoi d'un fax par exemple).

PG (Peripheral gateway) : protocole de communication entre les PABX ACD et le réseau intelligent qui permet à ce dernier de distribuer les appels en fonction de la charge et des ressources disponibles sur chaque site équipé d'un ACD.

Pilote : voir application.

Plan de numérotation : plan selon lequel sont affectés les numéros de téléphone ; le plan national français est dit « fermé cohérent ».

Poisson : loi statistique qui sert de base à la théorie d'Erlang.

Population statistique : ensemble d'objets statistiques sous étude ou observation.

Post-traitement : voir pas libre.

Post-appel : voir pas libre.

Prédictive dialing : fonction qui permet d'émettre automatiquement des appels sortants en masse puis de les répartir sur les conseillers présents lorsque le client a décroché.

Primitives CTI : voir fonctions CTI.

Q23 : voir fréquences vocales.

Qualité de service : souvent rapport des appels ayant obtenu réponse sur les appels présentés.

Règles de routage : ensemble des règles qui déterminent le cheminement d'un appel à travers un réseau complexe.

Reporting : ensemble des actions et éléments de mesure de l'activité du centre (temps réel et différé).

Réseau intelligent : sous-ensemble des réseaux des opérateurs de télécommunications qui offrent des fonctionnalités riches ; les numéros colorés appartiennent au réseau intelligent.

Responsable de groupe : voir chef d'équipe.

Responsable de plate-forme : patron du centre d'appels.

Routage intelligent : routage tenant compte de paramètres complexes et surtout externes à la commutation elle-même.

Routage : cheminement d'un appel à travers un réseau complexe.

Script : construction et écriture de l'ensemble des règles de routage.

Secondaire (client interne) : voir client interne secondaire.

Self-care : dans un contexte de SVI, actions que le client réalise lui-même de bout en bout ; résultat de ces actions.

Serveur CTI : serveur informatique, relié au PABX et au réseau informatique interne qui héberge les fonctions CTI.

Serveur vocal interactif : voir SVI.

Situation de crise (flux) : voir crise trafic.

Sous-staffing : état dans lequel les ressources humaines sont insuffisantes.

Staffing : action de planifier les ressources humaines en fonction de besoins évalués ; résultat de ces actions : tableau de service.

Superviseur : cadre d'un centre d'appels qui a en charge la responsabilité des flux et du staffing global. C'est lui également qui effectue les reportings et expertises de situations.

Support physique (ligne, appui…) : voir appui.

Sur-staffing : état dans lequel les ressources humaines sont pléthoriques.

SVI (serveur vocal interactif) : serveur qui permet au client d'effectuer un certain nombre d'actions ou d'obtenir des renseignements via les codes Q23.

Taux d'activité téléphonique : ratio entre le temps passé au téléphone et le temps total d'activité.

Taux d'occupation : ratio entre les durées cumulées d'occupation téléphonique et les durées totales (technique).

Taux de pertes : pourcentage d'appels perdus.

Taux de ré-émission d'appel : nombre moyen de ré-émission d'appels de la part de clients n'ayant pas réussi à entrer en communication avec un conseiller.

Téléopérateur : voir conseiller.

Temps différé : se dit de mesures ou d'actions que l'on effectue *a posteriori* (au mieux le lendemain).

Temps réel : se dit de mesures ou d'actions que l'on effectue immédiatement (au pire dans le quart d'heure).

Terminal de supervision : voir console de supervision.

Third party : fonctions CTI qui passent par des organes centraux (par opposition à first party).

Touches préprogrammées : touches du combiné téléphonique qui ont été programmées afin de réaliser toujours la même fonction par une seule « pression ».

Traduit (numéro) : numéro noir associé à un numéro coloré.

Trafic : voir flux.

Traités (appels) : appels ayant obtenu une réponse de la part d'un conseiller.

Vecteur : voir application.

Vert (numéro) : numéro coloré fourni par les réseaux intelligents et selon lequel la totalité du montant de la communication est à la charge du destinataire.

Web call center : centre d'appels intégrant la technologie Internet.

Wrap-up : voir pas libre.

Zone arrière : zone correspondant à une tranche de numérotation en numéro noir. Par exemple OZ = 01 correspond à l'Ile-de-France.

Zone géographique d'appartenance : voir zone arrière.

Index